# 天津规划和自然资源年鉴

TIANJIN GUIHUA HE ZIRAN ZIYUAN NIANJIAN 2024

（总第16卷）

天津市规划和自然资源局　编著

天津社会科学院出版社

图书在版编目（CIP）数据

天津规划和自然资源年鉴．2024：总第16卷 / 天津市规划和自然资源局编著．-- 天津：天津社会科学院出版社，2024．10．-- ISBN 978-7-5563-1026-5

Ⅰ．TU984.221-54；F124.5-54

中国国家版本馆CIP数据核字第20247K3V90号

天津规划和自然资源年鉴．2024：总第16卷
TIANJIN GUIHUA HE ZIRAN ZIYUAN NIANJIAN. 2024：ZONG DI 16 JUAN

**选题策划：**吴　琼
**责任编辑：**周知航
**装帧设计：**王　妍
**出版发行：**天津社会科学院出版社
**地　　址：**天津市南开区迎水道7号
**邮　　编：**300191
**电　　话：**（022）23360165
**印　　刷：**天津市隆达印刷有限公司
**开　　本：**889×1194　1/16
**印　　张：**23.25
**字　　数：**690千字
**版　　次：**2024年10月第1版　2024年10月第1次印刷
**定　　价：**180.00元

# 天津市市域地图

审图号：津 S（2024）012

行政界线仅供参考，不作法律依据。

审图号：津 S（2024）012

行政界线仅供参考，不作法律依据。

审图号：津 S（2024）012

行政界线仅供参考，不作法律依据。

# 工作动态 / 局机关

2023年1月12日，市规划资源局召开局系统党章学习专题辅导讲座暨局党委理论学习中心组（扩大）学习会 （李刚　摄）

# 工作动态 / 局机关

2023年1月16日，市规划资源局召开2022年度落实全面从严治党主体责任暨党组织书记抓基层党建述职评议会（李刚　摄）

# 工作动态 / 局机关

2023年2月2日，市规划资源局召开领导班子2022年度民主生活会　　（李刚　摄）

# 工作动态 / 局机关

2023年2月2日，市规划资源局、蓟州区政府在天津市蓟州区下营环秀湖国家湿地公园管理中心联合组织2023年“世界湿地日”宣传活动暨下营环秀湖国家湿地公园授牌仪式。蓟州区副区长王桂山出席仪式并讲话。各湿地管理机构、蓟州区林业局、水务局，下营环秀湖国家湿地公园所在地两个街镇等各界群众参加　　（湿地处　提供）

# 工作动态 / 局机关

2023年2月3日，市规划资源局召开2023年度局系统工作会议　　（李刚　摄）

# 工作动态 / 局机关

2023年2月23日，东二营镇天然富硒土地授牌仪式现场　　（地勘处　提供）

2023年2月24日，市规划资源局领导调研地质博物馆布展运行情况　　（矿管处　提供）

# 工作动态 / 局机关

2023年2月25日，市规划资源局党委召开2023年全面从严治党暨党风廉政建设工作会议
（李刚　摄）

# 工作动态 / 局机关

2023年3月3日，国家林草局驻北京森林资源监督专员办事处、市规划资源局和天津市滨海新区政府举办“世界野生动植物日”联合宣传活动暨中国天津滨海观鸟文化节　（李刚　摄）

# 工作动态 / 局机关

2023年3月10日，市规划资源局举办第一季度法治讲座　（李刚　摄）

2023年4月7日，市规划资源局举办机关档案培训会　（李刚　摄）

# 工作动态 / 局机关

2023年4月13日，天津市规划资源系统学习贯彻习近平新时代中国特色社会主义思想主题教育动员部署会 （李刚　摄）

# 工作动态 / 局机关

2023年4月17日，市规划资源局举办学习贯彻习近平新时代中国特色社会主义思想主题教育专题读书班开班式暨局党委扩大会议 （李刚　摄）

2023年4月25日，市规划资源局领导赴武清区南蔡村镇东粮务村、丁家酆村现场调研服务 （村镇处　提供）

# 工作动态 / 局机关

2023年4月28日，市规划资源系统举办主题教育调查研究专题辅导讲座　　（李刚　摄）

2023年5月4日，市规划资源局召开青年干部座谈会暨青马工程一二期培训班总结会
（李刚　摄）

# 工作动态 / 局机关

2023年5月10日，市规划资源局在蓟州举办天津市第一届地质调查员（地质灾害方向）技能大赛

（地勘处　提供）

2023年5月11日，市规划资源局领导赴宁河区廉庄镇木头窝村现场调研服务

（村镇处　提供）

# 工作动态 / 局机关

2023年5月13日，市规划资源局主要领导赴北辰区中河头村参观天津第一个农村党支部和安幸生烈士故居交流研讨（李刚　摄）

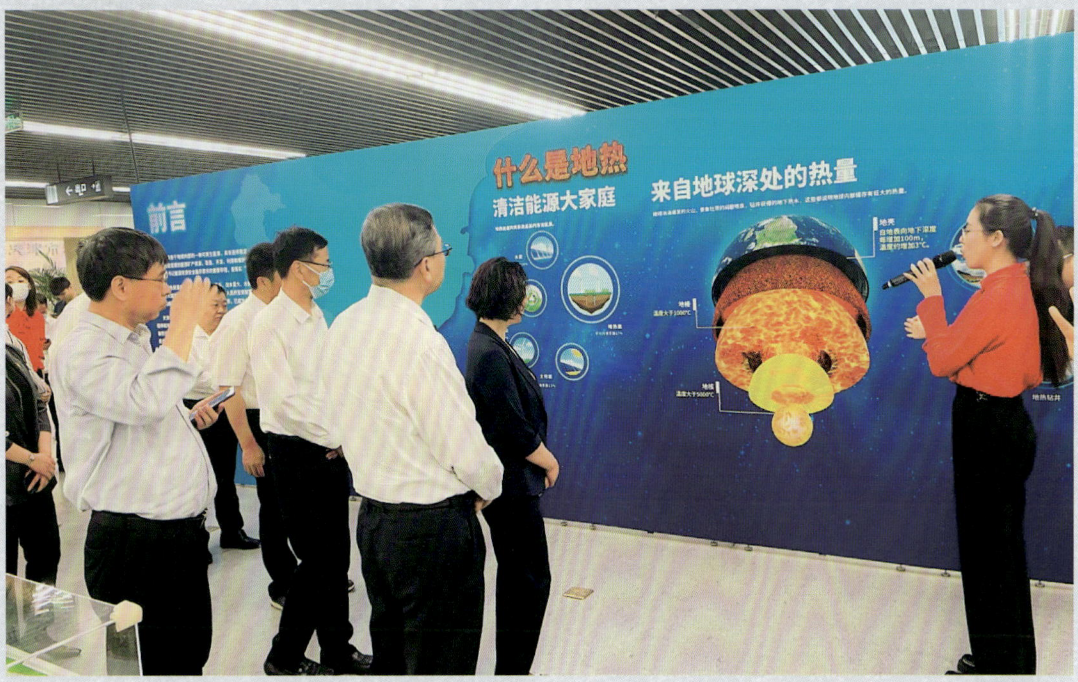


2023年5月23日，市规划资源局在市规划展览馆举办“天津市地热资源暨第37届科技周”专题展（李波　摄）

# 工作动态 / 局机关

2023年5月24日，市规划资源局系统召开主题教育工作调度会　　（李刚　摄）

2023年5月25日，市规划资源局召开天津市海洋经济发展工作推动会　　（陶钢　摄）

# 工作动态 / 局机关

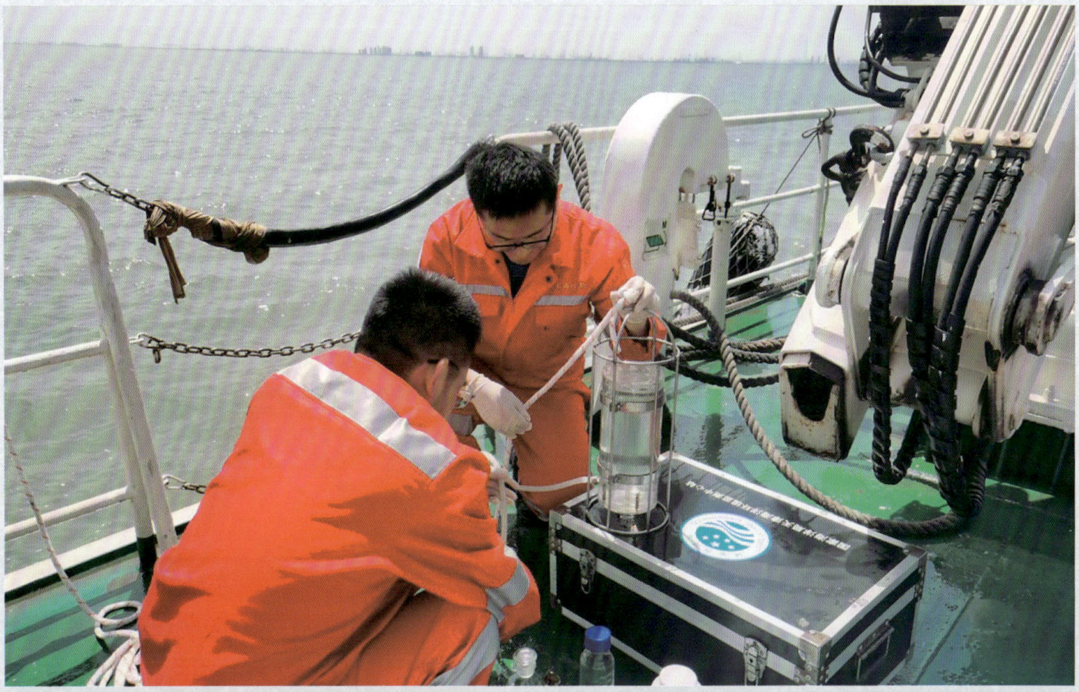

2023年6月2日，市规划资源局组织开展2023年赤潮灾害海上应急监测联合演练
（资必武　摄）

2023年6月2日，市规划资源局召开局行政复议行政应诉工作办法培训　　（李刚　摄）

# 工作动态 / 局机关

2023年6月16日，市规划资源局举办“我为群众办实事”实践活动示范项目现场评选活动（李刚　摄）

2023年7月19日，市规划资源局调研丹娜生物公司（张文亮　摄）

# 工作动态 / 局机关

2023年8月23日，市规划资源局领导班子学习贯彻习近平新时代中国特色社会主义思想主题教育专题民主生活会 （李刚　摄）

2023年9月14日，天津市规划资源系统学习贯彻习近平新时代中国特色社会主义思想主题教育总结会议 （李刚　摄）

# 工作动态 / 局机关

2023年9月19日，市规划资源局与中国银行天津市分行《共同加强荒漠化综合防治和推进“三北”等重点生态工程建设战略合作协议》签约仪式（李刚 摄）

# 工作动态 / 局机关

2023年9月28日，市规划资源局召开天津市潮白新河（张贾庄—董塔庄）自然资源确权登记单元现场登簿会 （李刚 摄）

2023年10月19日，市规划资源局专项审计组深入大港区沟北成片林，开展林业有害生物防治补助资金专项审计项目现场踏勘 （审计处 提供）

# 工作动态 / 局机关

2023年10月26日，自然资源部工程技术创新中心调研会暨授牌仪式现场　　（李刚　摄）

2023年11月1日，市规划资源局召开落实市委全面依法治市委员会办公室督察反馈意见整改工作部署推动会　　（李刚　摄）

# 工作动态 / 局机关

2023年11月6日，市规划资源局举办中国战略空间规划系列讲座　　（李刚　摄）

# 工作动态 / 局机关

2023年11月11日，市规划资源局赴西青区地热利用项目，开展地热开发利用监督检查和现场教学 （李波　摄）

2023年11月16日，市规划资源局领导带队赴天津轨道交通集团调研服务（市政处　提供）

# 工作动态 / 局机关

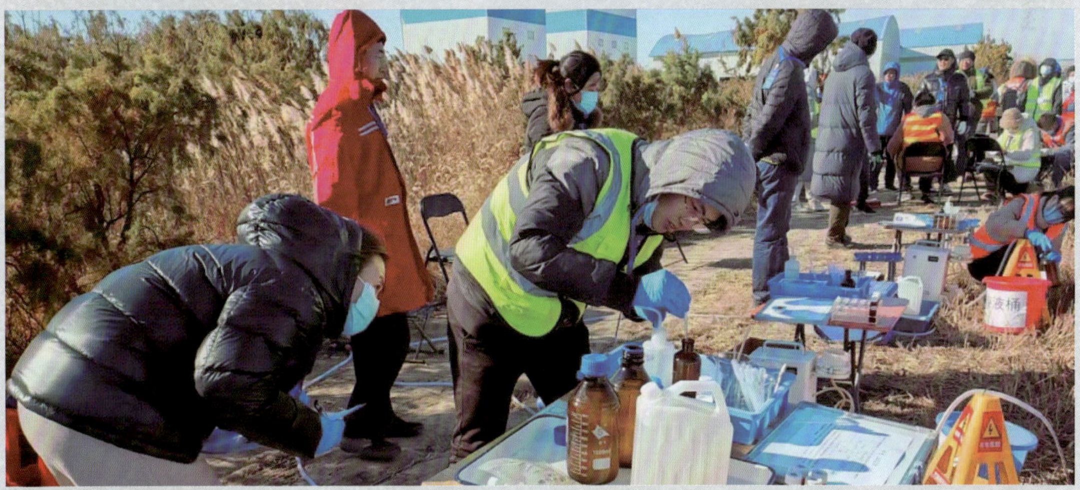

2023年11月16日，市规划资源局举办2023年“海河工匠杯”天津市自然资源调查监测职业技能竞赛
（李刚　摄）

# 工作动态 / 局机关

2023年11月28至29日，自然资源部在天津召开全民所有自然资源资产所有权委托代理机制试点总结交流会

（李刚　摄）

# 工作动态 / 和平分局

2023年5月16日，和平分局主要领导会同市不动产登记局中心城区分局、市区不动产登记事务中心领导及工作人员赴天成晟远公司服务 （和平分局　提供）

2023年9月27日，市规划资源局领导带队赴和平区现代集团开展调研服务，深入现场查看天津国际金融中心项目建设情况 （和平分局　提供）

# 工作动态 / 河北分局

2023年11月9日，河北分局领导带队赴国印二期等现场调研服务　　（河北分局　提供）

2023年11月27日，天津均和科技产业发展有限公司一次性领取《交付土地确认书》与《不动产权证书》，实现了中心城区产业用地首个“交地即送证”　　（河北分局　提供）

# 工作动态 / 河东分局

2023年5月26日，市规划资源局领导赴河东分局专题调研全面从严治党工作（李鹤然　摄）

2023年5月30日，市规划资源局领导带领政务处、河东分局相关负责同志赴河东区棉三创意街区开展调研工作　（韩红叶　摄）

# 工作动态 / 河西分局

2023年2月15日，河西分局领导服务轨道集团，加速推进先达地块控规修改及佟楼TOD保租房细分调整进度 （孙慧　摄）

2023年5月31日，河西分局领导赴海绵城市建设项目现场踏勘 （丁关淇　摄）

# 工作动态 / 中心城区分局

2023年3月3日，市区不动产登记事务中心干部职工赴和平区小白楼街道开展“学雷锋”服务活动 （黄咪咪 摄）

2023年9月6日，市不动产登记局中心城区分局服务企业，获赠锦旗 （孟宪伟 摄）

# 工作动态 / 东丽分局

2023年8月15日，东丽分局主要领导赴东丽城投集团调研服务　　（东丽分局　提供）

2023年10月13日，东丽分局主要领导深入区政务服务办审批受理一线收集意见建议
（东丽分局　提供）

# 工作动态 / 西青分局

2023年3月9日，市规划资源局西青分局主要负责同志赴张家窝田丽小学讲授“大运河的历史演变与新时代的规划”为主题的思政课 （西青分局　提供）

2023年6月5日，天津市环境建设投资有限公司向市规划资源局西青分局赠送锦旗，对分局高效服务水西片区土地规划手续表示感谢 （西青分局　提供）

2023年8月3日，市规划资源局西青分局召开“向群众汇报会”，向群众汇报不动产登记“带押过户”新模式 （西青分局　提供）

# 工作动态 / 津南分局

2023年4月11日，津南分局为地壹区（天津）产业园发展有限公司办理全市首个“竣备即首登”，获赠锦旗　　（袁野　摄）

2023年10月8日，津南分局主要领导带队赴小站乡村振兴发展项目现场调研　（陈达　摄）

# 工作动态 / 北辰分局

2023年6月27日，北辰分局领导带队赴大张庄镇就郊野公园配套项目开展调研

（王智栋　摄）

2023年9月13日，北辰分局主要领导陪同市规划资源局领导赴京滨高铁北辰站开展调研

（王留洋　摄）

# 工作动态 / 武清分局

2023年4月20日，武清分局主要领导带队赴广深渝地区开展招商推介活动（陈振鹏　摄）

2023年5月11日，武清分局邀请中央京津冀协同发展专家咨询委员会、自然资源部国土空间规划研究中心等单位的5位国家级专家把脉《天津市武清区国土空间总体规划（2021—2035年）》（金鑫　摄）

# 工作动态 / 宝坻分局

2023年5月15日，宝坻分局主要领导陪同市规划资源局领导赴宝坻区京津中关村科技城开展调研服务
（张龙　摄）

2023年6月25日，宝坻分局开展“节约集约用地 严守耕地红线”宣传教育活动
（王旭　摄）

# 工作动态 / 蓟州分局

2023年4月26日，天津市副市长范少军赴许家台镇大石峪村南废弃矿山地质灾害隐患点检查。市消防救援总队、市应急局、市规划资源局领导参加检查。蓟州区副区长李树国及市规划资源局蓟州分局、区应急局、区林业局、许家台镇主要领导陪同检查 （刘书亭 摄）

2023年7月30日，蓟州区委书记贺亦农赴罗庄子镇和平村张连山民宅崩塌隐患点检查。区委常委、区委办公室主任宋立夫参加检查。市规划资源局蓟州分局、区应急局、罗庄子镇主要领导等陪同检查并汇报相关情况 （刘书亭 摄）

# 工作动态 / 宁河分局

2023年4月12日，市重点项目工作专班、宁河分局主要领导调研服务苗庄镇新时代农村共同富裕示范基地项目 （许蓓 摄）

2023年4月19日，宁河分局干部深入辖区农村集市、田间地头和农户家中发放宣传资料，讲解保护耕地、保护资源知识，增强村民依法用地、保护耕地意识 （刘大健 摄）

# 工作动态 / 静海分局

2023年9月27日，静海分局在市重点项目——国家医学中心项目实现“交地即送证”，一书三证同步核发，获赠锦旗　　（静海分局　提供）

2023年12月11日，群众前来“领帮办”窗口咨询办理业务，静海分局开创的“领帮办”服务在全市推广　　（静海分局　提供）

# 工作动态 / 天津华北地质勘查局

2023年7月26日，华勘新疆和田项目组在海拔5000多米的高原无人区开展找矿工作

2023年8月30日，华勘局领导出席峰峰矿区矿山生态修复总承包项目签约仪式，将用3年时间推动矿区47处矿山“旧貌换新颜”

2023年10月26日，自然资源部科技发展司司长姚华军为“金属矿山地下水灾害防治工程技术创新中心”授牌

2023年11月13日，在河东区人民政府举办华勘集团落户河东金贸产业园签约仪式

（华勘局　提供）

# 工作动态 / 天津市地质矿产勘查开发局

2023年6月26日，市地矿局地调院开展天津市地表基质调查、矿山生态修复效果跟踪评估无人机航测

2023年7月21日，市地矿局监测总站开展汛期地质灾害巡查排查、国家级省级监测井地下水监测

2023年7月26日，市地矿局领导赴北部山区地质灾害巡查与气象风险预警项目现场调研

2023年8月7日，市地矿局地质二队参加大清河防洪抢险应急工作，对台头镇附近大清河南岸防洪堤进行坝体结构检测 （地矿局 提供）

# 工作动态 / 天津市城市建设档案馆

2023年1月10日，市规划资源局主要领导赴城建档案馆调研指导工作　（李刚　摄）

2023年1月16日，市规划资源局领导赴城建档案馆调研指导工作　（李刚　摄）

# 工作动态 / 天津市规划展览馆

2023年6月28日，韩国仁川市市长一行参观天津市规划展览馆　　（杨佳锟　摄）

2023年11月11日，尼泊尔共产党（联合社会主义）高级干部考察团一行参观天津市规划展览馆　　（杨佳锟　摄）

# 工作动态 / 天津市规划和自然资源综合行政执法总队

2023年3月15日，行政执法总队在市内六区开展日常执法检查

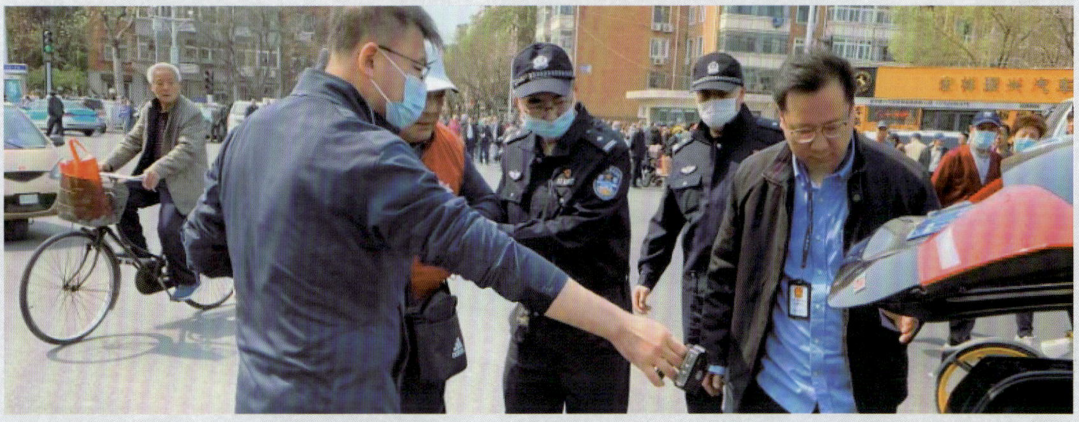

2023年4月1日，“清风行动”期间，行政执法总队联合公安局红桥分局在千里堤开展黑鸟市治理联合行动

2023年4月18日，行政执法总队在红桥区千里堤联合公安、市场监管、城管以及属地政府开展天津市第42届爱鸟周暨《中华人民共和国野生动物保护法》普法宣传活动

（行政执法总队　提供）

# 工作动态 / 天津市海监总队

2023年5月31日，海监总队执法人员配合国家海洋督察组开展现场核查，介绍项目执法监管情况（张彪　摄）

2023年10月24日，海监总队执法人员搭乘海监执法快艇对汉沽海域及天津大神堂牡蛎礁国家级海洋特别保护区开展执法巡查（马艳伟　摄）

# 工作动态 / 天津市自然资源调查与登记中心

2023年11月16日，市规划资源局主要领导带队赴天津警备区调研服务，利用处、建管处、测管地名处、法监处、登记处、调查登记中心相关负责同志参加　　　　（田志军　摄）

2023年12月21日，调查登记中心组织召开驻津部队安置类住房产权办证工作推动会　　　　（陆嫣　摄）

# 工作动态 / 天津市土地利用事务中心

2023年8月8日，市规划资源局主要领导带队赴东丽区智慧科学城项目调研市政基础设施配套工作（土地利用中心　提供）

2023年10月26日，第25届中国国际矿业大会开幕式现场（土地利用中心　提供）

# 工作动态 / 天津市地质事务中心

2023年1月5日，地质事务中心工作人员赴天津城西供热有限公司验收新补建的地热回灌井NK-06B号
（刘玉超　摄）

2023年3月28日，地质事务中心、滨海新区水务局与河北省唐山市水利局等相关单位负责人在唐山市召开滨海新区丰南区两区交界处地面沉降防控及水资源管理联防联控工作座谈交流会议
（地质事务中心　提供）

# 工作动态 / 天津市规划和自然资源局林业事务中心

2023年5月26日，京津冀协同发展2023年林草有害生物灾害应急防控演练现场
（宋东　摄）

2023年7月21日，林业事务中心相关技术人员赴蓟州区进行林草生态综合监测样地调查省级质检
（邱家瑞　摄）

# 工作动态 / 天津市规划和自然资源局综合服务中心

2023年6月6日，服务中心积极服务企业，获赠锦旗　　（服务中心　提供）

2023年7月7日，服务中心召开2023年度市级土地资源整理联席会，统筹服务工作
（服务中心　提供）

# 工作动态 / 天津市野生动物救护驯养繁殖中心

2023年4月19日，野生动物救护驯养繁殖中心工作人员为丹顶鹤佩戴GPS动物追踪器
（野生动物救护驯养繁殖中心　提供）

2023年9月21日，野生动物救护驯养繁殖中心举办野生动物保护宣传活动
（野生动物救护驯养繁殖中心　提供）

# 工作动态 / 天津市规划编制研究中心

2023年5月8日，规划编研中心主要领导带队赴宁河区木头窝村调研　（张旭　摄）

2023年5月30日，规划编研中心领导带队赴市政院调研　（市政院　提供）

2023年6月27日，规划编研中心主要领导带队赴公交集团调研　（焦健　摄）

# 工作动态 / 天津市测绘地理信息研究中心

2023年5月18日，测绘地理中心为第七届智能大会会展用图进行现场服务保障

（刘晖　摄）

2023年8月3日，测绘地理中心主要领导带队赴永定河指挥部开展应急保障服务，绘制洪水监测专题图查看水势情况

（吴浩　摄）

2023年8月16日，测绘地理中心对《2022年天津市重点区域1比2000地形图更新维护》基础测绘项目进行外业检查验收

（张雪　摄）

# 编 辑 说 明

一、《天津规划和自然资源年鉴2024》是由天津市规划和自然资源局主办、局志鉴编委会领导、编辑部编辑的专业性年刊。2009年创刊，逐年出版，公开发行。本卷是第十六卷。

二、本年鉴坚持以马克思列宁主义、毛泽东思想、邓小平理论、“三个代表”重要思想、科学发展观和习近平新时代中国特色社会主义思想为指导；坚持“存真求实，确保质量”，全面、系统、客观、准确；坚持突出专业特点和地方特色。

三、《天津规划和自然资源年鉴2024》力求全面记述2023年全市城乡规划、土地管理、矿产管理、海洋管理、林业管理和不动产登记等主要工作，突出新思路、新举措、新成绩、新特点。

四、本年鉴记述的时限，以上一年度为主。考虑到事项的完整性和年鉴的时效性，个别记述适当上溯或下延。

五、本年鉴采用分类编辑法，以类目为纲，类目下设分目，分目下设条目，部分分目下设子目（或称次分目），条目是主要信息载体。《天津规划和自然资源年鉴2024》设有14个类目。

六、本年鉴的统计资料数据原则上使用法定计量单位。其中“亩”为非法定计量单位，在现实生活中广泛使用，为方便阅读，本年鉴仍保留“亩”。1亩＝1/15公顷≈666.67平方米。

七、本年鉴资料由局机关各部门、局系统各单位提供。稿件由各部门各单位指定联系人汇总和撰写，各部门各单位主要负责人审核把关，编辑部编辑修改校对，局编委会审定，最后交付出版。

# 《天津规划和自然资源年鉴2024》编委会

## 《天津规划和自然资源年鉴2024》编委会办公室

主　任　孙君普
副主任　阎　冬　张建平
成　员　黄迎军　杨　锴

## 《天津规划和自然资源年鉴2024》编辑部

主　　编　张建平
副 主 编　李丽婷
编　　辑　王　妍

# 《天津规划和自然资源年鉴2024》
# 供稿、摄影、翻译人员

（以姓氏笔画为序）

| | | | | | | |
|---|---|---|---|---|---|---|
| **供稿人员** | 丁小满 | 于小川 | 于振民 | 王长深 | 王亚轩 | 王　欣 |
| | 王美图 | 王晓欢 | 王晓暄 | 王梦佳 | 王　敏 | 王鸿滨 |
| | 王　磊 | 元绍伟 | 尹鹏阳 | 申　旭 | 田万里 | 冯兆成 |
| | 曲晓琳 | 吕怀峰 | 朱文津 | 朱继欣 | 刘军宝 | 刘　洋 |
| | 刘海峰 | 齐晓宇 | 孙君普 | 孙雅楠 | 杜贻清 | 李　扬 |
| | 李佳璇 | 李金鹏 | 李　波 | 李思睿 | 李晓骅 | 李晓源 |
| | 杨书畅 | 杨平立 | 杨　旸 | 杨佳锟 | 杨金璐 | 杨美镇 |
| | 杨　涛 | 杨　锴 | 杨耀栋 | 邹广彦 | 辛　潮 | 汪治良 |
| | 宋培帅 | 迟　鸣 | 张小锟 | 张世慕 | 张占奎 | 张　华 |
| | 张　弛 | 张忠义 | 张振东 | 张　敏 | 张　琪 | 张　薇 |
| | 陆　嫣 | 陈　宁 | 林雅静 | 庞瑞瑞 | 孟宪伟 | 赵湘东 |
| | 胡中飞 | 胡文培 | 胡守政 | 郜舒睿 | 段原婧 | 姜梦莹 |
| | 祝宏婕 | 费　翔 | 姚　依 | 耿艺铭 | 顿爱军 | 翁立晖 |
| | 高秀翠 | 高岩松 | 高建刚 | 高艳楠 | 陶　钢 | 曹新华 |
| | 康艳红 | 董文斌 | 董　瑜 | 焦　捷 | 樊孝赞 | 魏相谋 |
| | 魏树俊 | | | | | |

**摄影人员** 丁关淇　马艳伟　王　旭　王留洋　王智栋　田志军
刘大健　刘书亭　刘玉超　刘　晖　许　蓓　孙　慧
李　刚　李　波　李鹤然　杨佳锟　吴　浩　邱家瑞
宋　东　张文亮　张　龙　张　旭　张　雪　张　彪
陆　嫣　陈　达　陈振鹏　金　鑫　孟宪伟　袁　野
资必武　陶　钢　黄咪咪　韩红叶　焦　健

**翻译人员** 尚　华

# 目　录

## 特　载



## 概　览



## 综　述



## 大事记



## 新闻媒体关注天津规划和自然资源



## 规划　设计

## 天津规划和自然资源管理

## 天津市规划和自然资源局派出机构

## 天津市规划和自然资源局局属单位

## 滨海新区功能区规划工作机构

## 党政与巡察

## 人物　荣誉



## 综合统计



## 附　录



## 索　引

# contents

## Tianjin Planning and Natural Resources Management

## Agencies of Tianjin Planning and Natural Resources Bureau

## Affiliated Units Under Tianjin Planning and Natural Resources Bureau

## Planning Organization of Functional Areas of Tianjin Binhai New Area



## Party, Government and Inspection



## Figures Honor



## General Statistics

## Appendix



## Index

# 特　载

## 天津市2024年政府工作报告

### ——2024年1月23日在天津市第十八届人民代表大会第二次会议上

天津市市长　张　工

各位代表：

现在，我代表市人民政府向大会报告工作，请予审议，并请市政协委员和其他列席人员提出意见。

**一、2023年工作回顾**

2023年是全面贯彻党的二十大精神的开局之年，是三年新冠疫情防控转段后经济恢复发展的一年。全市上下坚持以习近平新时代中国特色社会主义思想为指导，全面贯彻党的二十大和二十届二中全会精神，认真落实习近平总书记对天津工作的一系列重要指示要求，坚定不移贯彻中央决策部署和市委工作要求，深入实施推动高质量发展“十项行动”，应对多重挑战，克服多重困难，统筹多重任务，着力打基础利长远、提质量增效益、顺民意惠民生、防风险守底线，经济发展实现质的有效提升和量的合理增长。

——经济运行整体向好。全市地区生产总值增长4.3%。工业增长稳定，规上工业增加值增长3.7%，工业投资增长5.4%；港口物流平稳畅通，集装箱吞吐量达到2218万标准箱、增长5.5%；金融支撑稳固，新增社会融资规模5338亿元，本外币存贷款余额月平均增速8.7%；就业物价保持平稳，城镇调查失业率5.4%，居民消费价格涨幅0.4%。

——新的动能加速培育。集成电路、中医药、车联网、高端装备、航空航天产业链增加值增速超过10%，高技术产业投资增长5.9%，战略性新兴服务业、科技服务业营业收入分别增长14.4%、14.2%。

——发展质效稳步提升。财税保持较快增长，一般公共预算收入达到2027.3亿元，增长9.8%，其中税收收入增长17.2%，占比达到77.9%；经营主体活力持续增强，市管国企利润增长14.4%；民营经济贡献加大，增加值增幅比上年提高4.5个百分点，民营企业限上批发零售业销售额、规上重点服务业营业收入增速均好于全市平均水平，民营经济税收增长26.1%。

——向好预期不断积蓄。先行指标趋势向好，全社会用电量、公路货物周转量、邮电业务总量、快递业务量分别增长6%、14.1%、16%、19.3%。新产业投资持续增加，平台经济等新业态加快发展，消费市场加速恢复，社会消费品零售总额增长7%，新建商品房销售面积增长20.9%。

一年来，主要做了以下工作：

**一是“十项行动”见行见效。**坚持系统谋划、统筹推动，各项行动取得阶段性成效。京津冀协同发展走深走实。三省市协同推进机制更加务实紧密，各方面主动与北京资源对接的意识明显增强，市场化机制引进疏解功能资源在津新设机构1793家，中海油新能源等40家央企二三级公司在津布局。协同创新和产业协作持续深化，共同举办京津冀产业链供应链大会，共绘6条重点产业链图谱，“北京研发—天津制造”创新转化格局加快构建。重点领域协同扎实推进，津兴城际正式通车，京津塘高速改扩建工程开工建设，公共服务共建共享继续深化，实现“一企一证”场景统一、区域异地就医“一码通行”。滨海新区支撑引领作用有效发挥。突出滨海新区主引擎拉动，临港综合保税区正式获批，海洋工程装备产业集群入选国家级创新型产业集群，获批建设国家知识产权保护示范区，主要经济指标支撑有力。科教兴市人才强市成效明显。天开高教科创园成功开园，注册科技型企业1200余家，引入金融和科技服务机构225家，成立天开实验室创新发展联盟，创新创业生态加快培育。先进医用材料与医疗器械等10个全国重点实验室获批建设，脑机交互与人机共融海河实验室正式揭牌，国家新一代人工智能公共算力开放创新平台获批筹建，中科曙光牵头建设国家超算互联网联合体，全市技术合同成交额突破1900亿元，国家高新技术企业、国家科技型中小企业均突破1.1万家。“海河英才”行动计划累计引进各类人才47.9万人，新增博士后站55个，中国博士后科学基金会与我市联合资助项目正式启动。港产城融合发展相互赋能。出台促进港产城高质量融合发展政策措施，建成全球首个全物联网集装箱码头，航运服务要素不断集聚，启运港退税政策获批执行，东疆综合保税区获批国家骨干冷链物流基地，成功举办首届天津国际航运产业博览会，天津港集装箱航线达到145条。制造业高质量发展提速加力。12条重点产业链持续壮大，增加值占规上工业比重79.8%，现代中药创新中心获批国家制造业创新中心，中芯国际大二期、中石化南港120万吨乙烯、华为天津区域总部、特变电工智慧园等项目加快建设，联想创新产业园、360科创园等项目竣工投产投用，荣程钢铁等3家企业获评国家级智能制造示范工厂。中心城区更新提升有力有序。开工建设第一机床总厂等14个城市更新项目，盘活一批闲置低效资源资产，金融、科技、信息、设计、航运等领域新产业新业态有效导入。乡村振兴全面推进。新创建乡村振兴示范村30个，新型农业经营主体突破2万家，“津农精品”增加到225个，年销售额突破100亿元。绿色低碳发展稳步推进。绿色创新产业园区启动建设，投运全国首个政企合作电力双碳中心，培育绿色低碳领域国家级高新技术企业超千家。高品质生活成色更足。城镇新增就业35.69万人，居民人均可支配收入增长与经济增长同步，20项民心工程全面完成。党建引领基层治理提质增效。基层组织、基础工作、基本能力建设持续增强。

**二是改革开放蹄疾步稳**。突出改革系统协同，稳步扩大制度型开放，高质量发展动力活力持续增强。自贸试验区示范引领作用有效发挥。入选对接国际高标准推进制度型开放试点，累计实施615项制度创新举措，39项经验案例在全国复制推广，商业保理公司资产总额和保理融资余额、绿色租赁资产均位居全国第一，飞机租赁规模位居全球第二，融资（金融）租赁公司资产规模超2.1万亿元。天开园科教融合创新发展势头良好。突出市场化导向和激励创新创业取向，出台34条含金量高的政策措施，着力培育科技服务业，打造创投基金群，构建政务、科创、金融、商务、知识服务体系，举办天开大讲堂、天开沙龙、创新创业大赛、创业训练营等活动300余场，创新策源力稳步提升。金融创新运营示范区建设扎实推进。服务实体经济成效明显，科技型中小企业贷款余额增长41.3%，制造业贷款余额增长13.9%，新增上市公司5家。数字人民币、区域性股权市场制度和业务创新等全国性试点稳步实施。金融业增加值占比达到13.4%。城市活力持续增强。国家会展中心（天津）二期建成运营，成功举办夏季达沃斯论坛、第七届世界智能大会、第二届全国职业技能大赛、中国国际大学生创新大赛、中国旅游产业博览会、世界斯诺克国际锦标赛、天津马拉松赛等展会赛事，大型演唱会等文商旅活动精彩纷呈。国际消费中心城市建设有序推进，建成和平印象城、杉杉奥特莱斯、中海环宇城等一批高品质商业载体，佛罗伦萨小镇入选首批全国示范智慧商圈。对内对外开放不断深化。深度融入共建“一带一路”，中新双边合作机制会议圆满召开，累计建成鲁班工坊22个，国际友城增至99个。东西部协作和支援合作取得新成绩。

**三是经营主体竞相发展**。坚决落实“两个毫不动摇”，促进各类经营主体全面发展，市场活力进一步激发。营商环境不断改善。稳经济运行33条等惠企政策精准落地，出台新一轮优化营商环境措施，推出56项“免申即享”政策和285项“四免”事项清单，“减证便民”取消证明事项189项，160个高频政务服务事项实现“跨省通办”，政务服务从“能办”向“好办”有效转变。国资国企提质增效。国企改革连续三次获国务院国资委评估A级，市管国企上缴税费等增长8.3%，防风险促稳定保民生功能有效发挥。民营经济活力增强。召开推动民营经济高质量发展大会，出台促进民营经济发展壮大29条措施，新增民营经营主体30.1万户，增长13.3%。外向型经济稳定发展。空客二线等项目开工建设，与诺和诺德、英力士、明治乳业等一批外企拓展合作，实际使用外资57.7亿美元。全面深化服务贸易创新发展试点任务圆满完成。平行进口汽车总量持续保持全国第一，冷链贸易规模保持全国领先。

**四是乡村振兴扎实推进。**坚持农业农村优先发展，“五个振兴”升级加力。粮食安全基础进一步夯实。克服旱情洪灾不利影响，全年粮食产量255.7万吨，蔬菜产量253.7万吨，新建和改造提升高标准农田32万亩。都市型农业加快发展。小站稻产业集群入选国家级优势特色产业集群，蓟州区上仓镇入选国家级农业产业强镇。乡村旅游蓬勃发展，农文旅融合新业态有效带动农民增收。和美乡村建设深入实施。提升改造农村公路251公里、农村户厕8985座，完成农村房屋安全隐患排查整治三年行动任务，乡村治理水平进一步提升。

**五是民生福祉不断增进。**强化惠民生兜底线，公共服务均衡性和可及性不断增强，群众生活得到新改善。民生保障更加有力。聚焦高校毕业生等重点群体，优化调整稳就业政策措施，全力支持企业稳岗扩岗，兜底帮扶就业困难人员就业3.97万人。新建养老服务综合体30个，新增养老床位3168张，医保、生育、失业、养老、工伤等待遇继续提高。新筹集保障性租赁住房1.4万套（间），优化购房政策，更好满足群众刚性和改善性住房需求。退役军人服务保障水平不断提高。公共服务持续加强。深化基础教育综合改革国家实验区建设，新增义务教育学位2.85万个、普通高中学位1.04万个，构建部市共建现代职业教育体系新模式，天津美术学院和天津音乐学院选址扩建加快推进。北京协和医学院天津医院一期投入运营、天津校区和天津医学健康研究院开工建设，海河医院、市中心妇产科医院等新建改扩建项目投入使用，肿瘤医院滨海医院乳腺癌防治研究中心启用。举办首届天津音乐节和海河戏剧节，新建“海河蓝丝带”自行车道等一批健身场地设施。生态宜居水平稳步提升。深入打好污染防治攻坚战，PM2.5年均浓度完成国家下达目标，地表水环境质量继续改善。新梅江公园南段、柳林公园一期等建成开放，建设口袋公园56个，让市民拥有更多休闲赏绿好去处。改造完成城镇老旧小区410万平方米、燃气管网637公里、供热管网136公里、供水管网135.9公里。累计建成5G基站7.2万个，新建小区公共充电桩2.1万台。地铁11号线一期东段建成运营，增建城市停车泊位5000个，增投个人普通车摇号指标3.5万个。新建大型连锁超市8个、品牌连锁便利店69个，新建改造菜市场21个，一刻钟便民生活圈更加便利。

**六是统筹发展和安全有力有效。**保持“时时放心不下”的责任感，着力防范化解重点领域风险。防汛抗洪救灾取得全面胜利。坚持人民至上，有效应对海河流域性特大洪水，紧急转移安置受灾群众近9.2万人，实现人员无伤亡、水库无垮坝、重要堤防未决口、重要基础设施未受冲击，灾后恢复重建扎实推进。城市整体安全水平巩固提升。积极争取国家一揽子政策资源支持，制定实施“1+10”全口径债务化解工作方案，全面完成年度化债任务。有序做好“5·31”局部地面沉降地质灾害等突发事件处置工作。深入开展城镇燃气、危化品、道路交通、建筑施工、消防等重点行业领域安全隐患排查整治，能源保供、网络安全、食品药品安全等得到加强，扎实做好信访工作，严厉打击各类违法犯罪，社会大局安全稳定。

一年来，我们坚定不移推进全面从严治党，政府自身建设得到全面加强。深入开展学习贯彻习近平新时代中国特色社会主义思想主题教育，努力践行“学思想、强党性、重实践、建新功”总要求，政府工作人员忠诚拥护“两个确立”、坚决做到“两个维护”更加坚定自觉。严格执行市人大及其常委会决议决定，主动接受人大和政协监督，全力办好人大代表建议、政协委员提案，积极听取各民主党派、无党派人士和工会、共青团、妇联等人民团体意见建议。提请市人大常委会审议地方性法规草案11件。严格执行中央八项规定及其实施细则精神，深入纠治“四风”，从严整治形式主义官僚主义和不担当不作为，求真务实、正气充盈的氛围日益浓厚，良好政治生态持续巩固。军民融合、国防动员、双拥共建等工作不断深化，民族、宗教、侨务、港澳台等工作有力推进。

各位代表！过去一年，在市委坚强领导下，

我们踔厉奋发、勇毅前行，难中求成、稳中求进，全市经济社会发展呈现向上向好、健康积极的变化。发展态势更好了，“十项行动”凝聚人心、汇聚力量，激发了全市上下、社会各界谋发展、抓发展、促发展的动力活力。市场信心更强了，一大批央企和金融机构、领军民企及知名跨国公司来津洽谈对接、拓展合作，看好天津、投资天津、深耕天津的信心日益增强。城市人气更旺了，会展经济蓬勃发展，文旅市场全面复苏，海河边赏靓景、大理道观海棠、东疆港看日出、西北角品美食，城市的“烟火气”更加浓郁。干事创业劲头更足了，广大干部群众积极进取、奋发作为，想干事、能干事、干成事的精气神更加提振。过去一年的生动实践，使我们深切感受到，津沽大地发生的变化、取得的成绩，根本在于有习近平总书记领航掌舵，有习近平新时代中国特色社会主义思想科学指引，是党中央、国务院坚强领导的结果，是市委带领全市人民团结奋斗、拼搏进取的结果，是市人大及其常委会、市政协和社会各界鼎力支持、有效监督的结果。在此，我谨代表市人民政府，向全市人民，向全体人大代表、政协委员和各民主党派、无党派人士、人民团体、社会各界人士，向中央各部门、兄弟省区市，向驻津解放军和武警部队，向为天津发展作出贡献的各类经营主体，向所有关心、支持天津发展的港澳台同胞、海外侨胞和国际友人，致以崇高敬意和衷心感谢！

在总结成绩的同时，我们也清醒看到存在的问题和不足。主要是：产业结构调整任重道远；新动能“底盘”仍较小；民营经济活力尚待增强；营商环境对标先进还有差距；更好满足人民高品质生活需求仍需不断加力；重点领域风险隐患不容忽视；政府系统一些工作人员能力素质还不能完全适应新形势新任务需要。我们一定采取有力举措，切实加以解决。

**二、2024年主要目标任务**

今年是中华人民共和国成立75周年，是天津实施“十四五”规划、全面建设社会主义现代化大都市的关键一年。当前，外部环境复杂多变，经济运行仍面临不少风险挑战，但我国经济回升向好、长期向好的基本趋势没有改变。从天津看，我市拥有京津冀协同发展的战略优势，拥有滨海新区、自贸试验区、国家级开发区、国家自主创新示范区、综合保税区等产业承载和政策创新优势，拥有产业配套基础优势和超大城市市场需求优势，拥有相对富集的科教人才、公共服务、城乡空间等资源要素优势，拥有作为京津冀和“三北”地区海上门户、“一带一路”海陆交汇点的港口交通枢纽优势，为高质量发展提供了坚实支撑；市委团结带领全市人民有力应对系列急事难事、有效化解各类风险隐患，形成了行之有效的思路和招法，凝聚了砥砺前行的智慧和力量。我们完全有条件、有信心、有能力克服发展中的困难，战胜前进中的挑战，变潜能为动能，化压力为动力，积优势为胜势，奋力开创天津高质量发展新局面。

政府工作的总体要求是：以习近平新时代中国特色社会主义思想为指导，全面贯彻落实党的二十大和二十届二中全会精神，认真落实习近平总书记对天津工作的一系列重要指示要求，深入落实中央经济工作会议精神，按照市委十二届历次全会部署要求，坚持稳中求进工作总基调，完整、准确、全面贯彻新发展理念，积极融入和服务构建新发展格局，着力推动高质量发展，全面深化改革开放，统筹扩大内需和深化供给侧结构性改革，统筹新型城镇化和乡村全面振兴，统筹高质量发展和高水平安全，深入推进京津冀协同发展，有力实施“十项行动”，大力推进科技创新、产业焕新、城市更新，进一步盘活存量、培育增量、提升质量，加快形成新质生产力，切实增强经济活力，巩固和增强经济回升向好态势，持续推动经济实现质的有效提升和量的合理增长，防范化解风险，改善社会预期，增进民生福祉，保持社会稳定，扎实推进中国式现代化的天津实践。

全市经济社会发展的主要预期目标是：地区生产总值增长4.5%左右，一般公共预算收入、居民人均可支配收入增长与经济增长同步，固定资产投资实现正增长，社会消费品零售总额增长6%，城镇新增就业35万人，城镇调查失业率5.5%左右，居民消费价格涨幅3%左右，节能减排减污降碳完成国家下达目标。

实现今年经济社会发展目标，关键在干，关键在落实。必须坚持党的全面领导，不折不扣把中央决策部署和市委工作要求贯彻到政府工作全过程各领域；必须坚持稳中求进、以进促稳、先立后破，把握好稳与进、当前与长远、高质量发展与高水平安全等关系，不断推动高质量发展实现新跃升；必须坚持问题导向目标导向结果导向，统筹用好国资、民资、外资，以盘活存量、培育增量、提升质量为主抓手，以科技创新、产业焕新、城市更新为突破口，在勇于担当、攻坚克难中务实功求实效；必须坚持开拓进取、创新发展、敢作善为，脚踏实地推动天津高质量发展的生动实践。

我们将全力做好七个方面重点工作：

**（一）全力推动京津冀协同发展走深走实，在取得更多成果成效上展现新作为**

立足十周年新起点，持续在机制、平台、途径、共享上找抓手求突破，拓展三地合作广度深度，形成更多协同发展的新成效。

更加注重市场化引聚资源要素。主动服务承接北京非首都功能疏解，唱好京津"双城记"。持续提升滨海—中关村科技园、宝坻京津中关村科技城、武清京津产业新城等既有合作平台承载质效，着力完善合作共赢机制，着力深化与链主企业在产业链配套和增值拓展领域合作，着力推动各类创新资源、服务资源的市场化合作，着力强化平台建设、渠道建设、利益共享机制建设，积极创造条件让各类市场资源充分对接，发挥好同城化趋势下自身比较优势，统筹承接好央企资源、民企资源、科技创新资源、产业配套资源和生产性服务业资源，年内市场化引进疏解功能资源落地项目投资额超过1600亿元。着力服务北京"新两翼"建设，强化天津港同北京空港、陆港运输衔接和港口延伸服务，做强天津港集团雄安服务中心，深化津雄职业教育发展联盟建设。

更加注重发挥京津协同创新和产业协作优势。健全科技成果转化供需对接清单机制，强化科技、人才、金融等配套服务和政策协同，做实京津冀国家技术创新中心天津中心，深化天开园与北京科教资源全面合作。用好北交所，支持更多"专精特新"优质企业上市。积极争取京津冀产业链供应链大会在津举办，协同培育网络安全（信创）、集成电路、生物医药、高端工业母机等产业链群。

更加注重提升滨海新区承载功能。积极争取国家出台新一轮支持滨海新区高质量发展措施，在扩大更深层次开放、更好服务京津冀协同发展、疏解北京非首都功能上担当更多重任、展现更大作为。推动各开发区提质升级、创新发展，加强服务支撑和要素保障，培育新动能、布局新赛道，持续提升产业承载能力和发展能级，以"链"聚能厚植发展潜力。

更加注重发挥港口优势。推动港口作业智慧化向航运服务智慧化拓展，建设港口物流综合信息服务共享平台，加大"船边直提""抵港直装""内外贸同船"覆盖范围，提升港口效率和服务便利化水平。强化同国际国内重要港口和航运、物流等头部企业创新合作，从衔接供需上重点拓展服务京津冀区域发展的航线，集装箱吞吐量突破2300万标准箱。发挥综合保税区优势，推动现代物流、冷链增值、跨境电商等适港产业加速集聚。持续引育航运、贸易、物流企业要素，支持金融机构为适港企业提供结算、跨境融资、信用担保、融资租赁、风险对冲等金融服务，建设北方国际贸易中心城市，布局北方黑色金属矿石储运基地，加快推进国能天津港码头、远洋大厦（二期）等标志性项目建设，高水平市场化举办天津国际航运产业博览会和"中国航海日"活动。优化港城发展布局，加快建设兴港高速，推动港区与城区、产业园区、物流园区有机衔接和深度互动，统筹用好存量土地和政策资源，打造东疆示范片区、海港核心片区、临港经济片区等特色片区。

更加注重公共服务领域协同发展。深化教育医疗、社保养老、文商旅体等领域合作，健全京津冀社保卡居民服务"一卡通"模式，集成医疗、交通、政务服务等事项。研究推出一批京津出行便利化举措，更好释放京津同城化效能。持续深化生态环境联建联防联治。

**（二）全力促进科技创新、产业焕新、城市更新，加快形成更多新质生产力**

以科技创新引领现代化产业体系建设、开辟新领域新赛道，以产业焕新推进转型升级、促进提质增效，以城市更新优化功能布局、提升城市和业态品质，不断为高质量发展注入强劲动能。

加快提升科技创新带动力。深入推进科教兴市人才强市，塑造发展新动能新优势。提质推进天开园建设。完善"一核两翼多点"发展布局，增强核心区策源带动作用，提高"两翼"和滨海高新区华苑片区等孵化转化产业化承载能力，推动"两翼"完善管理机制和增强实体化、市场化运作能力。出台升级版支持政策，持续完善创新创业生态，提升市场化、专业化科创服务能力，引育科技型企业累计达到1500家，培育具有上市潜力的企业10家。设立50亿元天开九安海河海棠科创母基金，推动与央院央企合作设立基金，发挥海河产业基金、天使投资引导基金、天开园创业种子基金、高成长初创科技型企业专项投资等作用，打造天开基金群，鼓励"投早、投小、投硬科技"。深化国内外科技交流，拓展天开园影响力。集聚资源强化平台支撑和成果转化。高标准重组元素有机化学等实验室，力争全国重点实验室突破20家，完善海河实验室等创新平台运行机制，促进国家合成生物技术创新中心等提质增效，支持中科曙光、天津超算中心加快国家超算互联网联合体建设。加强关键核心技术攻关，健全成果筛选跟踪机制，拓展校企"握手"通道，发挥技术经理人发展促进会和概念验证中心、中试平台咨询委员会等各类科技服务主体作用，畅通科技成果在津转化通道，加强知识产权保护和利用，出台强化专利转化运用专项行动举措，全市技术合同成交额突破2000亿元。充分发挥企业创新主体作用。进一步优化科技型企业梯度培育和上市培育机制，优选100家科技型企业纳入上市培育库，国家高新技术企业、国家科技型中小企业各新增1000家。强化高等教育和高端人才支撑。支持高校加强基础研究，布局建设基础学科研究中心、学科交叉中心，深化"双一流"高校和优先发展学科建设，扩面推进新工科改革，结合产业需求组织科研攻关。优化"海河英才"行动计划，推动海河实验室实行科学家"举荐制"。深化产业工人队伍建设改革，持续擦亮"海河工匠"品牌。

有效激发产业焕新驱动力。加快推进新型工业化，促进先进制造业与现代服务业深度融合。提升产业链竞争力。推动政府"定链"向市场"成链"转变，充分发挥产业联盟、商会、行业协会、企业家联盟、校友会在建链强链中的融合作用，强化上下游供需合作、产业协作、创新协同。完善"链长+链主"协同牵引机制，对重点产业链探索政府负责同志和链主企业家共当链长，机制化开展政府与企业协同调度，做优做强12条重点产业链，统筹推进支柱产业、战略性新兴产业、未来产业发展。强化重大项目、重点企业支撑带动，推进联想创新产业园、中兴高端装备产业园等重点项目达产，加快空客二线、中海油渤海海域勘探开发、力神新能源产业基地等重点项目建设，服务推动既有整车企业聚焦新能源转型升级。新增单项冠军企业20家、"专精特新"企业500家、创新型中小企业1000家。推动智能化升级。加快"智改、数转、网联"，鼓励基础电信企业、互联网企业与制造业企业联合组建第三方专业化服务平台，培育一批制造业数字化转型优秀服务商，建成一批面向工业行业共性化典型应用场景，支持中小企业"上云上平台"和数字赋能。新建100家智能工厂和数字化车间、10个5G全连接工厂，启动双万兆宽带项目试点建设，推动曙光超算互联网平台、天津超算中心、基础电信运营商算力设施等广泛应用赋能，扩大智能算力产业规模。加快绿色化转型。鼓励新能源企业、能源管理服务公司参与企业绿色化改造，以绿色标准促进企业有序实施清洁化生产和节能降耗改造，新创建20家国家级绿色制造单位。重点建设南港化工新材料基地和绿色石化产业聚集区，优化基础设施配套和管理服务，建设南港绿色石化科创中心，推动中石化南港120万吨乙烯投产，提速建设渤化新材料产业园二期、天津石化炼油提质改造等项目，推进恒河、新和成等精细化工项目落地。组织实施中新天津生态城绿色创新产业园区规划建设，积极引进国内外优质绿色低碳产业资源，推动绿创园、天津软件园建设，统筹绿色低碳经济和城市建设协同共进。促进融合化发展。围绕金融服务、科技服务、信息服务、平台服务、航运物流服务、商务会展服务等，引育高端生产性服务业产业集群。深入推进国家先进制造业与现代服务业融合试点工作，鼓励更多经营主体拓展标准制定、工业设计、检验检测等服务业态。推动华为、360科技、中关村"硬创"空间、万帮数字能源等，更好赋能各类中小企业智能化绿色化发展。制定建设北方会展之都实施方案，做优做精会展经济，推出一批市场化品质展会和"文旅商赛演"活动。

持续释放城市更新生产力。统筹优化生产、生活、生态布局，推进业态更新、功能更新、品质更新、有机更新。增强产业承载能力。围绕提升中心城区现代服务业发展能级，着力引聚高端资源要素。打造特色金融集聚标志区，有序推进解放北路、友谊北路、东疆综合保税区、"于响"中央商务区分别建设金融历史文化区、金融发展活力区、租赁创新示范区、产业金融发展区。加快建设京津冀同城商务区和南站科技商务区，推进海河柳林"设计之都"建设，支持地铁沿线地块开发利用，促进现代服务业加快发展，形成更多产业集聚、特色鲜明的城市节点。完善城市设施和服务功能。推进保障性住房建设、"平急两用"公共基础设施建设、城中村改造等"三大工程"，启动建设配售型保障性住房，实施7个城市更新项目和一批城中村改造项目，启动275个老旧小区改造提升，开展城市社区嵌入式服务设施建设。制定城市燃气、供热、供水等老旧管网改造计划，集中力量分年度分区域有序实施改造，今年改造燃气管网623公里、供热管网150公里、供水管网30公里。实施易积水地道、片区等内涝治理工程，有效提升城市防洪排涝能力。建成地铁11号线一期西段、5号线延伸线、津静市域（郊）铁路首开段，加快推进津滨轻轨改造，开工建设机场三期等项目，提升改造一批桥梁道路。完善城市服务智慧平台功能，提高城市治理效能。优化生态宜居品质。多措并举改善空气质量，加强煤炭清洁高效利用，推动第三条入津特高压通道开工，提高净外受电比例，支持企业绿色化技术改造，实施重点地区钢铁产业整体提升改造，持续精准打击各类损害环境违法行为。深入实施北部山区、湿地、海洋等生态保护修复，完善公园养护机制，建成新梅江公园北段，推进柳林公园二期建设，新建提升口袋公园50个。推进一刻钟便民生活圈建设，合理配置菜市场、停车泊位、公共充电桩等服务设施。提升鼓楼、古文化街等特色街区品质，着力强化城乡结合部、次支道路、背街里巷等精细化管理。

充分发挥经济大区“添秤”作用。推动经济大区勇挑大梁、扬长避短，为全市发展多作贡献。河西区要推动金融、航运、设计、数字经济等产业升级，不断增强产业功能区集聚辐射效应。西青区要做强天开园西翼拓展区，做强做优集成电路、车联网、汽车和新能源汽车、高端装备等产业。武清区要高水平建设京津产业新城，全力推动轨道交通、智能装备制造、生物医药和云数据应用等产业链上下游企业集聚发展。北辰区要依托京津医药谷、智能制造谷等特色园区，推动高端装备、智能制造、医药等产业加快发展。和平区要大力发展总部经济、商务经济、平台创新经济，加快打造楼宇经济样板区、国际消费中心城市标志区。支持其他各区依托资源禀赋和产业优势，开拓创新、主动作为，百舸争流、各显其能，用自身发展的实绩支撑大局、服务全局。

**（三）全力盘活存量、培育增量、提升质量，有效实现城市内涵式发展**

紧扣高质量发展内在逻辑，激活并优化城市潜在生产力，培育新的经济增长点，推进城市向内涵式发展转变。

聚焦重点盘活存量。坚持规划引领、品质升级，充分激活闲置或低效的资源资产资金，更好支撑产业发展、供需衔接、城市功能提升和公共服务完善。做强有优势的产业。努力盘活闲置土地、房产、老旧厂房、产能和老字号、老品牌等，深度挖掘存量资源再生价值，吸引优质生产力要素聚集，加快导入总部经济、数字经济、现代服务业、先进制造研发、信息文化创意设计等产业资源，实现产业空间供给与优质要素需求的更新匹配。扩大有效益的投资。深入挖掘低效存量资产潜力，吸引新的投资增量，促进资产运用和资源配置动态优化，提高资源资产资金使用效益。

激发有潜能的消费。优化“圈、街、楼、店、网”空间布局，充分利用商务楼宇、商业载体、小洋楼、品牌展会等资源价值，培育有优势、有特色的楼宇，大力发展“首发经济”、“首店经济”、会展经济、文旅商贸，建设有活力、有品牌的商圈。增加有适需的民生保障服务供给。新建提升一批养老托幼场所、便民服务设施、休闲娱乐空间等，更好统筹满足群众公共服务需求与产业提质、消费升级有机结合。完善利长远的城市功能。有效加强统筹谋划，在存量盘活中强化水电气热等老旧管网提升、积水片改造、垃圾污水治理和轨道交通配建，推动城市管理服务向智慧化升级，加快打造智慧城市、韧性城市。强化盘活政策机制创新。建立市、区两级推进机制和工作专班，实行台账式管理、项目化清单化推进，加快处置规划、产权、法律纠纷、债权债务等历史遗留问题。完善政府引导、市场参与的政策体系，探索更多通过市场化手段引入社会资本有效途径。开展现场观摩、互学互鉴，形成一批盘活存量典型示范案例。

拓宽思路培育增量。在推进存量与各类社会资本市场化合作中做优增量。统筹政府投资引导和社会资本参与，建立健全与央企、民企、行业头部企业、链主企业等市场化合作机制，通过股权合作、项目合作、产业合作等灵活有效方式，不断提高既有资源资产配置效率。在强化精细管理中做强增量。突出运营管理，提升产出质效，培育特色业态，推动津湾广场、天拖片区、棉三创意街区、国际航运大厦等一批存量资源“腾笼换鸟”，建设一批主题突出、特色鲜明的标志性楼宇和产业园区。在把握未来趋势发展新质生产力中做实增量。顺应产业智能化、绿色化、融合化发展趋势，加快数字经济与实体经济深度融合，积极布局人工智能与超算、生物制造、生命科学、脑机交互与人机共融、深海空天、通用机器人等未来产业新赛道，大力发展研发设计、检验检测、特色金融等生产性服务业，培育一批紧密服务我市先进制造业的现代服务业龙头企业。

苦练内功提升质量。坚持把提高质量作为盘活存量、培育增量的出发点和落脚点，善建善用善营提高项目投资质量，强化绩效管理提高财政运行质量，不断提升全市发展的科技含量、产业体量、税收增量、就业容量、环境质量。

**（四）全力深化改革扩大开放，持续增创高质量发展新优势**

深入落实全面深化改革重大举措，有序扩大制度型开放，谋划实施一批新的政策措施，充分激发各类经营主体内生动力和创新活力。

推进重点领域改革。以“三量”为牵引实施国企改革深化提升行动，加快融资平台市场化转型，强化竞争性经营类国企提升创新能力和发展质效，推动城市服务保障类国企管控成本、优化服务，促进金融类国企稳健经营、守牢风险底线。增强民营经济发展活力，有序扩大民间资本市场准入，持续清理妨碍统一市场和公平竞争的政策措施，在支持发展政策上做到一视同仁。充分发挥工商联、各类商会协会等作用，建立畅通与民营企业和民营企业家的务实交流机制。推进科技体制机制改革，统筹用好科技项目、科技平台和科技资源，改革重大项目组织方式，优化科技人才培养机制，落实好已出台的科技和人才激励政策，持续完善科创服务生态。深入推进投融资体制改革，落实中央金融工作会议精神，聚焦服务实体经济，积极发展科技金融、绿色金融、普惠金融、养老金融、数字金融、产业金融和航运金融，鼓励发展创业投资、股权投资，支持高新技术和“专精特新”企业直接融资和跨境融资，提高各类项目的市场化融资能力。加快高标准市场体系建设，争取要素市场化配置综合改革试点事项落地。积极稳妥落实新一轮机构改革任务，推动机构职能优化、协同高效。

提高对外开放水平。制定推进更高水平对外开放意见，塑造通道型、平台型、制度型、都市型、海洋型开放新优势。更好发挥滨海新区对外开放龙头作用，拓展与欧美、日韩、东南亚等经济交流，全年实际使用外资50亿美元。出台自贸试验区提升行动方案，在监管框架等“边境后”领域开展更大程度压力测试，探索数据跨境流动制度创新，推动“融资租赁+保税维修”再制造全产业链集成创新，实施个性化医疗、临床急需药品进口、细胞治疗等政策创新。全面落实自贸试验区对接国际高标准推进制度型开放试点任务。优化自由贸易账户功能。争取新一轮服务业扩大开放综合试点，在电信、医疗等领域开展先行先试，加快推进条件成熟的示范园区纳入自贸试验区联动创新基地。深度融入共建“一带一路”，深化鲁班工坊建设，密切友城港口务实合作。做强“留学天津”品牌，不断扩大留学生规模。扎实做好东西部协作和支援合作。

营造一流营商环境。提升智慧政务服务效能，进一步扩大政务服务事项承诺制应用范围，在全市推广“证照联办”改革，推出175个“高效办成一件事”场景，着力降低企业融资、物流、用工、能源等成本。积极对接国际高标准经贸规则，拓展国际贸易“单一窗口”综合服务功能，抓好智慧口岸建设。大力弘扬企业家精神，格外珍惜和重视各类企业家在推动高质量发展中的独特作用，持续优化法治环境、信用环境和公平竞争环境，依法保护各类经营主体合法权益。

**（五）全力推进乡村全面振兴，加快提升农业农村现代化水平**

学习运用“千万工程”经验，坚持农业现代化和农村现代化一体推进，提升乡村产业发展和治理水平，不断丰富城乡融合发展内涵。

做优现代都市型农业。着力构建服务京津两个超大城市的现代都市型农业体系和商品流通网络。严守耕地保护红线，高质量完成50万亩以上高标准农田建设任务，粮食、蔬菜分别稳定播种550万亩和75万亩以上，为超大城市提供重要农产品有效供给。发挥龙头企业作用，培育壮大农村电商、“周末经济”、“后备箱经济”等新增长点，大力发展乡村物流，形成联通内外、覆盖城乡、货畅其流的商品流通网络。发挥城市对乡村的带动提升和乡村对城市的服务保障作用，加速集聚资金、技术、人才等要素，多方导入文商旅体、研学、康养等资源，搭建农文旅发展平台，启动建设蓟州下营镇、宁河七里海镇等12个乡村旅游示范片区，让乡村成为市民度假休闲的向往地。

推动农村综合改革。围绕农民增收、农地增

值、农业增效加快改革步伐，扎实推进农村集体经济“三变”改革，有序推进第二轮土地承包期延长30年试点，新创建40个乡村振兴示范村，完成800个经济薄弱村三年扶持任务。

提质建设和美乡村。深化农村人居环境整治提升，健全管护和运营机制，强化垃圾处理、污水治理、厕所革命、植绿护绿、村庄清洁美化。加快推进紧密型区域医共体建设，提升镇村两级基层医疗卫生机构服务能力，高水平创建乡村治理示范镇村。精心举办“庆丰收”等系列活动，组织开展群众喜闻乐见的文体赛事，充分展现新时代农民风采。

**（六）全力办好民生实事，持续提高群众生活品质**

着力解决群众急难愁盼问题，持续实施20项民心工程，把好事办好、实事办实，不断增强人民群众获得感幸福感安全感。

提升就业质量和社会保障水平。更加突出就业优先导向，落实落细稳就业政策措施，着力促进高校毕业生在津来津就业创业，支持重点群体参加职业技能培训，兜底帮扶就业困难人员就业3万人。打造智慧化养老服务机构10家，完成居家适老化改造1000户，推进7类特殊困难老年人探访关爱服务，深化老年人助餐服务。统筹提高医保待遇水平，推进长护险制度试点。深入实施妇女儿童健康提升计划，完善生育支持政策。更好关爱帮扶特困群体，发展残疾人、公益慈善、红十字等事业。做好退役军人服务保障工作，继续发挥好关爱退役军人协会等社会组织的积极作用。

促进优质教育加快发展。推进“大思政课”综合改革试验区建设，强化学生五育并举、全面发展，持续建强高素质教师队伍。加快义务教育优质均衡发展，扎实推进品牌高中培育工作和强校工程建设，新建改扩建义务教育学校12所、增加学位2万个。深入实施高职“双高”计划和中职“双优”计划，推进高水平本科层次职业学校建设，打造一批产教融合联合体、共同体，办好第二届世界职业技术教育发展大会。

加强医疗健康服务。健全重大传染病防治体系，完善多渠道监测预警机制。全力支持中国医学科学院血液病医院、中医一附院创建国家医学中心，加快市人民医院、环湖医院、第三中心医院等改扩建，推进社区医院建设，建立健全乡村医疗卫生体系，持续优化医疗资源均衡布局。促进“三医”协同发展和治理，实施提升医疗质量、患者体验与改善护理服务专项行动，拓展药品、医用耗材集采成果。推动中医药传承创新发展，实施中药大品种二次开发。为生活困难职工、特殊岗位一线农民工和新就业形态劳动者免费开展健康查体。深入开展爱国卫生运动。

丰富群众文体生活。推出文旅四季主题活动，组织一批名家经典惠民演出、文化场馆展览展示，支持国内外团体市场化举办丰富多彩的文艺展演。实施全民健身场地设施提升行动，发放数字体育惠民卡5万张，办好天津马拉松赛、中国冰壶联赛、全国短道速滑冠军赛等体育赛事。推进长城、大运河国家文化公园（天津段）建设，实施梁启超旧居修缮等工程，开展第四次文物普查、国家级非遗代表性传承人记录工程。深化全民阅读，建设书香天津。做好哲学社会科学、新闻出版、广播影视、图书档案等工作，深入推进全域科普。

**（七）全力防范化解风险，统筹高质量发展和高水平安全**

坚持底线思维，全面落实总体国家安全观，增强预判性，打好主动仗，切实以高水平安全保障高质量发展。

提升城市运行安全水平。深入实施安全生产治本攻坚三年行动，持续开展重点行业领域排查整治，加快建设城镇燃气、供热监管平台，加强安全监管执法，坚决防范遏制重特大事故发生。用足用好国家支持政策，稳妥有序做好债务化解工作。持续做好重要民生商品保供稳价，强化水电油气运等要素供应保障，加强食品药品安全监管。

强化防灾减灾救灾能力建设。织密织牢防灾减灾救灾防护网，汛前完成43项水毁修复工程，实施一批行洪河道达标工程和蓄滞洪区安全建设工程。加快自然灾害应急能力提升工程建设，进一步增强灾害预警防范、应急处置、抢险救援能力。

维护社会大局稳定。推进基层社会治理创新，加快数字治理综合应用平台“津治通”迭代升级。坚持和发展新时代“枫桥经验”“浦江经验”，全面推进信访工作法治化，积极预防化解各类社会矛盾纠纷。完善社会治安防控体系，严密防范、严厉打击各类违法犯罪行为，建设更高水平平安天津、法治天津。

**三、努力提升政府治理效能和水平**

坚决当好推动高质量发展的执行者、行动

派、实干家，努力建设人民满意的法治政府、创新政府、廉洁政府和服务型政府。

**铸牢政治忠诚之魂。**坚持不懈用党的创新理论凝心铸魂，深刻领悟“两个确立”的决定性意义，增强坚决做到“两个维护”的政治自觉、思想自觉、行动自觉。深刻领会中央战略意图和市委工作要求，不断提高政治判断力、政治领悟力、政治执行力，做到以政治引领工作方向、以成效彰显政治效果。

**厚植依法行政之基。**高质量落实法治建设“一规划两纲要”，增强重点领域政府立法质效，推进严格规范公正文明执法，扎实开展“八五”普法。认真做好第五次全国经济普查。自觉接受人大法律监督、工作监督和政协民主监督，主动接受社会和舆论监督，更好发挥工会、共青团、妇联等人民团体桥梁纽带作用，认真落实党的民族、宗教和侨务政策，切实做好港澳台工作，巩固发展军政军民团结。

**汇聚担当实干之力。**把抓落实作为政府工作的重中之重，不折不扣抓落实、雷厉风行抓落实、求真务实抓落实、敢作善为抓落实，形成办实事、求实效、重实绩的鲜明导向。大力弘扬斗争精神，引导激励政府工作人员勇挑重担子、敢啃硬骨头，不断增强推动高质量发展、服务群众、防范化解风险的本领，以新气象新作为推动各项工作取得新成效。

**严守廉洁从政之规。**纵深推进政府系统党风廉政建设，压紧扛牢全面从严治党政治责任，以“关键少数”示范引领“绝大多数”。锲而不舍落实中央八项规定及其实施细则精神，纠“四风”树新风，厉行节约过紧日子，持续为基层减负。坚持一体推进“三不腐”，强化审计监督和成果运用，始终把牢严的基调。牢记权为民所用、利为民所谋，把心系群众、情系百姓体现到履职尽责全过程各方面。

各位代表！新征程催人奋进，新使命重任在肩。让我们更加紧密地团结在以习近平同志为核心的党中央周围，在市委坚强领导下，笃行实干、善作善成，奋力开创全面建设社会主义现代化大都市新局面！

（摘自《天津日报》2024年1月29日）

# 概 览

## 天津市规划和自然资源局

2018年11月7日，中共天津市委、天津市人民政府印发《关于印发〈天津市机构改革实施方案〉的通知》，组建市规划和自然资源局。作为市政府组成部门，加挂市海洋局牌子。

根据中共天津市委办公厅、天津市人民政府办公厅《关于印发〈天津市规划和自然资源局职能配置、内设机构和人员编制规定〉的通知》（津党厅〔2018〕151号）的规定，天津市规划和自然资源局主要职责如下：

（一）贯彻执行城乡规划、自然资源、测绘地理信息、地名、城建档案管理等法律法规、方针政策、决策部署，拟定有关地方法规规章草案和政策文件等，制定职责范围内的有关政策文件，并监督检查。

（二）履行全民所有土地、矿产、森林、草原、湿地、水、海洋等自然资源资产所有者职责和所有国土空间用途管制职责。

（三）负责自然资源调查监测评价。贯彻执行自然资源调查监测评价制度、指标体系和统计标准。实施自然资源基础调查、专项调查和监测。负责自然资源调查监测评价成果的监督管理和信息发布。指导区自然资源调查监测评价工作。

（四）负责自然资源统一确权登记工作。贯彻执行各类自然资源和不动产统一确权登记、权籍调查、不动产测绘、争议调处、成果应用的制度、标准、规范。建立健全自然资源和不动产登记信息管理基础平台。负责自然资源和不动产登记资料收集、整理、共享、汇交管理等。指导监督自然资源和不动产确权登记工作。

（五）负责自然资源资产有偿使用工作。建立全民所有自然资源资产统计制度，负责全民所有自然资源资产核算。编制全民所有自然资源资产负债表，按照标准组织实施考核。指导全民所有自然资源资产划拨、出让、租赁、作价出资和土地储备政策落实，合理配置全民所有自然资源资产。负责自然资源资产价值评估管理，依法收缴相关资产收益。

（六）负责自然资源的合理开发利用工作。组织拟订自然资源发展规划，按照自然资源开发利用标准组织实施，建立政府公示自然资源价格体系，组织开展自然资源分等定级价格评估，开展自然资源利用评价考核，指导节约集约利用。组织拟订并实施土地、海洋等自然资源年度利用计划。负责土地、海域、海岛等国土空间用途转用工作。负责土地征收征用管理。负责自然资源市场监管。

（七）负责落实空间规划体系并监督实施。推动实施“一张蓝图、多规合一”，推进主体功能区战略和制度，组织编制、指导并监督实施国土空间规划、控制性详细规划、地下空间规划等重要专项规划。组织指导、综合平衡或者会同有关部门编制其他专项规划。组织编制、指导开展全市城市设计工作。指导乡镇、村庄规划的编制工作。

（八）开展国土空间开发适宜性评价，建立国土空间规划实施监测、评估和预警体系。组织划定生态保护红线、永久基本农田、城镇开发边界等控制线，构建节约资源和保护环境的生产、生活、生态空间布局。建立健全国土空间用途管制制度，负责建设用地、建设工程的规划管理工作，负责土地许可、建设项目的规划管理。

（九）承担历史文化名城和历史文化街区、

名镇、名村的规划统筹和保护管理工作。负责地下管线工程信息管理工作。负责规划编制单位资质管理、城乡规划行业管理。

（十）负责统筹国土空间和自然资源生态修复。牵头组织编制国土空间和自然资源生态修复规划并实施有关生态修复重点工程。负责国土空间综合整治、土地整理复垦、矿山地质环境恢复治理，林业、湿地、海洋生态、海域海岸线和海岛修复等工作。牵头负责全市城乡绿化工作。负责组织协调、指导监督全市城乡的全民义务植树工作。负责组织、指导全市古树名木保护工作。牵头建立和实施生态保护补偿制度，制定合理利用社会资金进行生态修复的措施，提出重点备选项目。

（十一）负责组织实施最严格的耕地保护制度。牵头组织实施耕地保护政策，负责耕地数量、质量、生态保护。组织实施耕地保护责任目标考核和永久基本农田特殊保护。完善耕地占补平衡制度，监督占用耕地补偿制度执行情况。

（十二）负责管理地质勘查行业和全市地质工作。编制实施地质勘查规划并监督检查执行情况。管理全市地质矿产资源勘查项目。监督地质资料汇交、保护、利用。组织实施市级重大地质矿产勘查专项。负责古生物化石的监督管理。

（十三）负责落实综合防灾减灾规划相关要求，负责地质灾害预防和治理，组织编制地质灾害防治规划和防护标准并组织实施。组织指导协调和监督地质灾害调查评价及隐患的普查、详查、排查。指导开展群测群防、专业监测和预报预警等工作，指导开展地质灾害工程治理工作。承担地质灾害应急救援的技术支撑工作。监督管理地面沉降等地质问题，配合有关部门对地下水过量开采的监督管理。

（十四）负责矿产资源管理工作。负责矿产资源储量管理及压覆矿产资源审批。负责矿业权管理。会同有关部门监督指导矿产资源合理利用和保护。

（十五）负责监督实施海洋战略规划和发展海洋经济。组织编制海洋发展规划并组织实施。会同有关部门拟订海洋经济发展、海岸带综合保护利用等规划并组织实施。负责海洋经济运行监测评估工作。

（十六）负责海洋开发利用和保护的监督管理工作。负责海域使用管理。编制海域保护利用规划并组织实施。负责无居民海岛、海域、海底地形地名管理工作。负责海洋观测预报、预警监测和减灾工作。参与重大海洋灾害应急处置。

（十七）负责测绘地理信息管理工作。负责基础测绘和测绘行业管理。负责测绘资质资格与信用管理，监督管理地理信息安全和市场秩序。负责地理信息公共服务管理。负责测量标志保护。

（十八）推动规划和自然资源领域科技发展。编制并实施规划和自然资源领域科技创新发展和人才培养规划和计划。组织落实技术标准、规程规范。组织实施重大科技工程及创新能力建设，推进规划和自然资源信息化和信息资料的公共服务。

（十九）开展规划和自然资源合作交流。组织开展自然资源领域对外交流合作。配合开展维护国家海洋权益工作。

（二十）查处自然资源开发利用和国土空间规划及测绘重大违法案件。指导各区规划和自然资源行政执法工作。

（二十一）负责地名、城建档案的管理和监督检查，依法查处各类违法行为。

（二十二）负责林业的监督管理和推进林业改革相关工作。拟订集体林权制度、国有林场等重要改革意见并组织实施。拟订农村林业发展、维护林业经营者合法权益的政策措施，指导农村林地承包经营工作。组织实施林业资源优化配置及木材利用政策，组织、指导林产品质量监督。负责林业有害生物防治、检疫工作。承担林业应对气候变化的相关工作。

（二十三）负责森林、湿地资源的监督管理。负责林地管理，拟订林地保护利用规划并组织实施，管理国有林场的国有森林资源。组织开展森林、湿地动态监测与评价。组织实施湿地保护规划和相关标准，组织、协调、指导和监督湿地保护工作。

（二十四）负责陆生野生动植物资源监督管理。组织开展陆生野生动植物资源调查，指导陆生野生动植物的救护繁育、栖息地恢复发展、疫源疫病监测，监督管理陆生野生动植物猎捕或采集、驯养繁殖或培植、经营利用。组织开展陆生野生动植物资源动态监测与评价。

（二十五）负责监督管理自然保护区、风景名胜区、自然遗产、地质公园等各类自然保护地。组织拟订实施各类自然保护地规划和相关标准。负责自然保护地的自然资源资产管理和国土空间用途管制。提出新建、调整各类自然保护地的审核建议并按程序报批。负责生物多样性保护相关工作。

（二十六）指导国有林场基本建设和发展，组织林木种子、草种种质资源普查，组织建立种质资源库，负责良种选育推广，管理林木种苗、草种生产经营行为，监管林木种苗、草种质量。监督管理林业生物种质资源、转基因生物安全、植物新品种保护。

（二十七）指导森林公安工作，监督管理森林公安队伍，指导林业重大违法案件的查处。监督管理林业市级资金和国有资产，提出林业预算内投资、财政性资金安排建议，组织实施林业生态补偿工作。

（二十八）负责落实综合防灾减灾规划相关要求，组织编制森林火灾防治规划，指导实施防护标准，指导开展防火巡护、火源管理、防火设施建设等工作。组织指导国有林场开展宣传教育、监测预警、督促检查等防火工作。必要时，可以提请市应急管理局，以市应急指挥机构名义，部署相关防治工作。

（二十九）负责规划和自然资源领域安全生产监督管理工作。

（三十）负责规划和自然资源领域人才队伍建设。

（三十一）组织推动规划和自然资源领域招商引资工作。

（三十二）完成市委、市政府交办的其他事项。

根据上述职责，市规划和自然资源局设38个内设机构：

（一）办公室。负责党务和政务工作的组织、协调、服务。负责公文、会务、保密、督办、政务信息、公务接待、应急值守、建议提案、部门网站有关管理、安全生产监督管理、政府信息和政务公开等工作。组织综治、反恐等工作。负责组织重要文稿起草工作。负责城建档案管理工作。

（二）综合业务处。负责综合业务管理和业务协调、督办、服务工作。负责指令性任务和年度业务经费计划管理。负责全市规划和自然资源系统综合统计工作。负责组织推动规划和自然资源行政审批制度改革工作。负责组织开展规划和自然资源管理领域行政许可、公共服务事项等政策研究、标准制订和规范化管理工作。

（三）政策研究室。负责组织开展本市规划和自然资源发展政策性研究以及重大问题的调查研究。承担规划和自然资源重要研究课题、调研报告的组织起草。统筹本系统调查研究工作。

（四）法规处。组织拟定规划和自然资源地方性法规和政府规章草案。承担规划和自然资源有关政策文件的合法性审查工作。负责规范性文件管理工作。负责行政复议、行政应讼有关工作。负责推进法治政府建设、依法行政、法治宣传教育和普法依法治理工作，并监督检查。

（五）自然资源确权登记处（市不动产登记局）。贯彻执行各类自然资源和不动产统一确权登记、权籍调查、不动产测绘、争议调处、成果应用的制度、标准、规范。指导监督全市自然资源和不动产确权登记工作。负责全市自然资源和不动产登记信息管理。

（六）自然资源调查监测和所有者权益处。贯彻执行自然资源调查监测评价的制度、指标体系和统计标准。组织实施全市定期的土地、水、草原等自然资源基础调查、变更调查、动态监测和分析评价。承担自然资源调查监测评价成果的管理工作。拟订全市全民所有自然资源资产管理政策，建立全民所有自然资源资产统计制度，承担自然资源资产价值评估和资产核算工作。拟订全市全民所有自然资源资产划拨、出让、租赁作价出资和土地储备政策。

（七）自然资源开发利用处。落实自然资源资产有偿使用制度并监督实施。建立健全全市自然资源市场交易规则和交易平台，组织开展自然资源市场调控。负责全市自然资源市场监督管理和动态监测，建立自然资源市场信用体系。建立政府公示自然资源价格体系，组织开展自然资源分等定级价格评估。拟定自然资源开发利用标准，开展评估考核，指导节约集约利用。牵头组织审核土地开发项目方案并实施。组织编制、推动重点地块、重点项目供地前方案策划工作。负责全市建设项目用地预审管理，开展重大建设项目用地预审或出具初审意见。负责建设工程选址和建设用地规划许可管理工作。

（八）总体规划管理处（市规划委员会办公室秘书处）。负责落实空间规划体系并监督实施，推动实施“一张蓝图、多规合一”。参与京津冀协同发展规划相关工作。负责组织编制主体功能区规划并协调实施、监测评估。负责组织编制和指导国土空间规划。负责本市重点镇、示范镇总体规划的审核工作。指导各区做好镇、乡国土空间规划的编制和组织实施工作。负责配合、协调、综合平衡各类市域专业（专项）规划编制工作。负责组织、指导地下空间规划的编制工作。组织划定生态保护红线、永久基本农田、城镇开发边界等控制线。承担市规划委员会办公室日常工作。

（九）详细规划管理处。负责组织和指导全市控制性详细规划管理工作。负责组织中心城区控制性详细规划的编制、报批和修改、维护工作。负责指导中心城区以外区域的控制性详细规划编制工作。负责组织对本市控制性详细规划的实施进行评估和监管。

（十）建筑规划管理处。负责全市建筑项目建设工程规划管理工作。负责组织并指导全市建筑工程项目的建设工程规划许可管理工作。负责组织审查市管范围内项目的建设工程设计方案。组织修编动态维护规划设计导则，加强对建筑外檐的规划管理。负责全市城市雕塑规划管理工作。负责建筑项目规划许可证后工作。

（十一）交通与市政基础设施处。负责组织交通、市政、河道、综合管廊等专项规划空间落位。负责组织市政管线综合规划、道路竖向高程规划的编制、审查报批和动态维护。负责组织指导全市交通和市政工程项目建设工程规划许可管理。负责组织审查市管范围内交通和市政工程项目的建设工程设计方案。负责组织指导地下管线工程信息管理。负责市政项目规划许可证后工作。

（十二）村镇规划管理处。负责组织推动全市镇、乡村详细规划编制工作。负责制订相关规划编制技术标准和导则。指导镇区控制性详细规划的编制和组织实施。负责乡村建设规划管理工作。指导村庄整治和农村基础设施、公共设施规划工作。

（十三）资源保护管制处。组织拟订并实施土地、海洋等自然资源年度利用计划。负责土地、海域、海岛等国土空间用途转用工作。负责土地征收征用管理。负责全市耕地保护、耕地保护责任目标考核。负责永久基本农田占用和补划的监督管理。负责耕地保护政策与林地、草地、湿地等土地资源保护政策衔接。负责土地整理复垦工作，承担耕地占补平衡管理工作。负责城乡建设用地增减挂钩管理工作。

（十四）国土空间生态修复处。负责统筹国土空间和自然资源生态修复。牵头组织编制国土空间和自然资源生态修复规划并实施有关生态修复重点工程。负责国土空间综合整治、矿山地质环境恢复治理、防沙治沙，林业、湿地、自然保护地、海洋生态、海域海岸线和海岛修复等工作，指导全市城市建成区以外造林绿化工作。负责组织、指导林业有害生物防治、检疫和预测预报。承担林业应对气候变化相关工作。牵头建立和实施生态保护补偿制度，制定合理利用社会资金进行生态修复的措施，提出重点备选项目。

（十五）地质勘查管理处。负责管理地质勘查行业和全市地质工作。负责组织编制实施全市地质勘查规划。负责地质矿产资源项目实施过程管理和监督检查。负责全市地质资料汇交、保管、利用的监督管理工作。负责地质灾害预防和治理，组织编制地质灾害防治规划和防护标准并组织实施。组织实施市级重大地质矿产勘查专项。监督管理地面沉降等地质问题，配合有关部门对地下水过量开采的监督管理。

（十六）矿产资源管理处。负责组织编制实施本市矿产资源规划，会同有关部门监督指导矿产资源合理利用和保护。承担矿产资源储量评审、备案、登记、统计及压覆矿产资源审批管理。负责管理全市矿业权的出让及审批登记。负责组织对重大破坏浪费矿产资源案件的鉴定工作。负责古生物化石的监督管理。

（十七）海洋经济与规划处。负责监督实施海洋战略规划和发展海洋经济。组织编制海洋发展规划并组织实施。会同有关部门拟订海洋经济发展、海岸带综合保护利用、海域海岛保护利用、海洋军民融合发展等规划并监督实施。拟订海洋经济政策。推动海洋科技能力建设，配合开展维护国家海洋权益工作。承担推动海水淡化与综合利用、海洋可再生能源等海洋新兴产业发展工作。开展海洋经济运行综合监测、统计核算、调查评估及信息发布工作。

（十八）海域管理与预警监测处。监督实施海洋功能区划，拟订围填海管控政策。组织开展海洋科学调查和勘测。拟订海域使用、海岸线和海岛保护利用的政策与技术规范，监督管理海域，海岸线和海岛开发利用活动。组织开展海域海岛监视监测和评估，负责无居民海域、海岛、海底地形地名管理以及自然资源部授权的海底电缆管道铺设与保护。承担项目用海、用岛的审核、报批。负责海洋观测预报、预警监测和防灾减灾工作，参与重大海洋灾害应急处置。

（十九）测绘管理处（地名管理处）。负责组织制定、实施全市基础测绘地理信息发展规划。负责测绘行业管理。负责测绘资质资格与信用管理。负责组织管理测绘基准、测绘系统、测量标志、基础测绘工作。负责组织卫星导航定位基准服务系统建设和运行维护，实施卫星导航定位基准站建设备案管理。负责应急测绘保障工作，承担测绘地理信息军民融合及区域协调发展工作。负责测绘地理信息产品质量监督管理，组织测绘地理信息市场监督检查。负责全市测绘行政许可事项管理、指导和监督检查工作。负责全市地图市场监管工作。

（二十）网络安全和信息化办公室。负责组织落实本系统网络意识形态工作责任制、网络安全工作责任制相关工作。牵头研究提出本系统网络安全和信息化发展规划和计划，并组织实施。负责本系统网络综合治理相关工作。负责本系统政务网、政务新媒体等网络内容建设管理、安全等工作。负责本系统网络舆情的发现、研判、报告和应对工作。牵头本系统政务数据共享和开放等工作，推动大数据应用相关工作。负责监督管理地理信息安全。负责组织规划和自然资源系统数据资源整合和管理平台的建设、管理、运行维护等工作。负责“一张蓝图，多规合一”系统平台的建设、运行维护等工作。负责组织编制全市规划和自然资源信息化建设发展规划，并组织实施。组织并配合做好职责范围内相关智慧城市建设工作。负责局政务网建设、维护和安全等技术支撑工作。

（二十一）执法监督处。负责组织规划和自然资源行政执法法律、法规、规章执行情况的监督检查工作。指导各区规划和自然资源行政执法工作。负责组织推动建设项目施工过程“双随机、一公开”检查工作。

（二十二）森林资源和野生动植物保护处。承担全市林地相关管理工作，组织编制全市林地保护利用规划并监督实施。组织指导编制森林经营规划、方案并监督实施。开展全市林地的专项调查监测评价工作。组织编制全市森林采伐限额，指导、监督林木凭证采伐、运输。负责推进国有林场、集体林权等林业改革相关工作。指导农村林地承包经营工作。组织实施林业资源优化配置及木材利用政策，组织、指导林产品质量监督。指导林木种苗管理工作。牵头负责全市城乡绿化工作。负责组织协调、指导监督全市城乡的全民义务植树工作，负责城市建成区外的全民义务植树实施工作。负责组织、指导全市古树名木保护工作，监督指导城市建成区外的古树名木保护工作。负责组织部门绿化工作。负责组织开展全市陆生野生动植物资源调查和评估。负责监督管理、指导全市陆生野生动植物保护管理工作。承担天津市实施林长制的组织、协调、推动工作。承担市绿化委员会办公室日常工作。

（二十三）湿地和自然保护地处。协调、指导全市湿地保护工作；组织编制实施湿地保护规划和相关标准，监督管理全市湿地的开发利用；开展全市湿地的专项调查监测评价工作；负责监督管理全市自然保护区、风景名胜区、自然遗产、地质公园等各类自然保护地；组织编制并实施自然保护地规划和相关标准；负责组织、指导、监督全市自然保护地的自然资源资产管理；提出新建、调整全市各类自然保护地的审核建议并按程序报批；负责生物多样性保护相关工作。

（二十四）绿色生态屏障建设管理处。承担天津市滨海新区与中心城区中间地带规划管控建设绿色生态屏障工作领导小组办公室日常工作，牵头负责绿色生态屏障建设管理工作，组织协调推动专项规划、建设计划编制，并对落实情况开展检查评估。

（二十五）名城保护处（城市设计处）。负责历史文化名城保护规划编制和管理。负责历史文化街区保护规划编制和管理。负责指导历史文化名镇名村保护规划编制和管理。负责依据保护规划，对历史文化街区、历史文化名镇和历史文化名村规划实施的保护与发展进行指导。负责组织历史文化名城名镇名村申报工作。负责组织全市范围内历史建筑规划管理工作。负责全市城市设计管理工作。负责组织编制、审查中心城区重点地区的城市设计和城市设计导则。负责指导各区开展其他区域城市设计编制工作。组织推动和指导城市更新、城市修补规划工作。负责市政府主导城市更新重点项目的规划策划。

（二十六）科技合作处。负责组织推动实施

规划和自然资源领域科技发展。组织制定有关技术标准、规程规范。负责本系统科技项目和科技成果管理。负责沟通协调中国国际矿业大会相关工作。指导中国国际矿业大会招商、服务保障工作。开展高新技术体系建设，组织实施重大科技工程及创新能力建设。开展规划和自然资源合作交流，指导涉外、援外项目实施。负责外事管理工作。

（二十七）财务管理处。承担自然资源专项收入征管和专项资金、基金的管理工作。负责财政专项资金申请、拨付以及专项资金的绩效评价管理工作。负责局机关部门预、决算编制和局属单位部门预、决算审核、汇总及报送工作。负责局机关国有资产财务管理与局属单位国有资产对外投资、交易和处置的监管工作。负责组织局机关政府采购管理工作。

（二十八）审计处。负责制定本系统内部审计制度，并组织实施。负责对本系统重大项目进行审计监督。负责局属处级单位负责人的经济责任审计（离任审计）工作。配合做好国家和本市专项审计工作。

（二十九）人事处。负责局机关机构设置，职能分工和监督管理工作。负责局系统劳动工资、福利保险与退休、教育培训、执业（职业）等工作。负责组织局系统公务员招录、遴选、选调、参公人员交流、考核、登记、奖惩等相关管理工作。负责局系统专业技术人员资格申报、专业技术职务聘任监督管理工作。负责承担天津市工程系列相关专业技术资格评审工作。

（三十）政务服务处。负责局审批窗口和进驻市政务服务中心各项工作。负责市局权限的行政许可、服务事项的集中办理工作。负责做好全市重大项目联合审批涉及相关工作。

（三十一）信访处。组织接待群众来访及业务咨询，组织办理来信、来电及网上信访。负责协调群众信访突发应急事项处理。负责组织办理各类服务热线、网络留言、信访系统来件等专项工作。

（三十二）森林防火处。贯彻落实森林防火方面法律法规，落实综合防灾减灾规划相关要求，组织编制森林火灾防治规划、标准并指导实施。组织、指导开展防火巡护、火源管理、防火设施建设、火情早期处理等工作并监督检查。组织指导国有林场林区开展宣传教育、监测预警、督促检查等工作、负责行业安全生产相关工作。

（三十三）干部处。负责抓好领导班子建设、干部队伍建设。负责牵头高层次人才队伍建设。负责处级干部和机关科级干部的选拔任用工作以及处级后备干部选拔、培养、管理工作。负责对直属单位科级干部选拔任用工作进行指导和监督。负责做好处级干部的教育培训、监督管理等工作。负责管理和指导干部人事档案工作。负责党外干部管理工作。

（三十四）党建工作处（宣教处）。组织全面从严治党、党风廉政建设工作。负责党的组织建设工作。负责组织管理、协调和指导对外宣传教育工作。负责津云客户端管理工作。负责新闻报道、对接新闻媒体工作。负责意识形态工作。负责精神文明建设工作的规划和组织实施。组织党委理论学习中心组学习。负责组织推动窗口建设工作。管理各类对外展示馆的宣传教育内容。

（三十五）机关党委办公室。负责基层党建工作，指导、检查机关党委所属党组织的组织发展、组织生活、党员教育管理等工作。负责工会、共青团工作。承担机关纪委日常工作。

局工会。负责局系统工会管理工作，负责工会组织建设、民主管理、帮扶解困、女工工作、服务职工工作、群众性文体活动、职工素质工程建设、劳模和工会评优等管理工作。组织推动经费管理、资产监督工作。

（三十六）巡察工作办公室。向巡察工作领导小组报告工作情况，传达贯彻巡察工作领导小组的决策和部署。统筹、协调、指导巡察组开展工作。承担政策研究、制度建设等工作。对党委和巡察工作领导小组决定的事项进行督办。配合有关部门对巡察工作人员进行考核、培训、监督和管理。

（三十七）巡察组。负责对被巡察单位领导班子及其成员执行党章和其他党内法规，遵守党的纪律，落实全面从严治党主体责任和监督责任等情况进行监督，按照规定将巡察中了解到的重要情况和重大问题及时向巡察工作领导小组、党委汇报，并有针对性地提出意见和建议，协助做好督促巡察整改有关工作。办理巡察工作领导小组交办的其他事项。

（三十八）离退休干部处。负责离退休干部工作。

# 天津市规划和自然资源系统

**天津市规划和自然资源局二级单位**

**中心城区派出机构：**

1.天津市规划和自然资源局和平分局
2.天津市规划和自然资源局河东分局
3.天津市规划和自然资源局河西分局
4.天津市规划和自然资源局南开分局
5.天津市规划和自然资源局河北分局
6.天津市规划和自然资源局红桥分局
7.天津市不动产登记局中心城区分局

**涉农区派出机构：**

1.天津市规划和自然资源局东丽分局
（天津市不动产登记局东丽分局）
2.天津市规划和自然资源局西青分局
（天津市不动产登记局西青分局）
3.市规划和自然资源局津南分局
（天津市不动产登记局津南分局）
4.市规划和自然资源局北辰分局
（天津市不动产登记局北辰分局）
5.市规划和自然资源局武清分局
（天津市不动产登记局武清分局）
6.市规划和自然资源局宝坻分局
（天津市不动产登记局宝坻分局）
7.市规划和自然资源局宁河分局
（天津市不动产登记局宁河分局）
8.市规划和自然资源局静海分局
（天津市不动产登记局静海分局）
9.市规划和自然资源局蓟州分局
（天津市不动产登记局蓟州分局）
10.市规划和自然资源局滨海新区分局
（天津市不动产登记局滨海新区分局）

**天津市规划和自然资源局局属单位**

1.天津市规划展览馆
2.天津市城市建设档案馆
（天津市地质资料馆）
3.天津市规划编制研究中心
4.天津市测绘地理信息研究中心
5.天津市自然资源调查与登记中心
6.天津市土地利用事务中心
（天津市中国国际矿业大会综合服务中心）
7.天津市自然资源生态修复整治中心
（天津古海岸与湿地国家级自然保护区管理中心）
8.天津市地质事务中心
9.天津市渤海海洋监测监视管理中心
10.天津市规划和自然资源局林业事务中心
（天津市林业调查规划设计院）
11.天津市野生动物救护驯养繁殖中心
12.天津市规划和自然资源局综合服务中心

**执法机构：**

1.天津市规划和自然资源综合行政执法总队
2.天津市海监总队

**归口管理单位：**

1.天津市地质矿产勘查开发局
2.天津华北地质勘查局

# 天津市规划和自然资源工作机构沿革

2018年11月7日，根据《中共天津市委天津市人民政府关于印发〈天津市机构改革方案〉的通知》（津党发〔2018〕32号）精神，将市规划局的职责，市海洋局的职责，以及国土资源和房屋管理局的国土资源管理职责，市发改委的组织编制主体功能区规划并协调实施和进行监测评估职责，市水务局的水资源调查和确权登记管理有关职责，市农村工作委员会、市城乡建设委员会等部门的自然保护区、风景名胜区、自然遗产、地质公园、林业管理职责等整合，组建市规划和自然资源局，作为市政府组成部门，保留市海洋局牌子。

按照机构改革工作总体部署，2018年11月27日，天津市规划和自然资源局正式挂牌运行，职责领域涉及山水林田湖草，实现了从国土空间战略到自然资源的统抓统管。

2018年12月，《中共天津市委办公厅天津市人民政府办公厅关于印发〈天津市规划和自然资源局职能配置、内设机构和人员编制规定〉的通知》（津党发〔2018〕151号）正式印发，局机关设37

个处室。

2019年2月3日，市委编办印发《关于设置市规划和自然资源局派出机构的通知》（津党编办发〔2019〕110号），设置17个分局为派出机构。2019年7月18日，市委编办印发《关于设置乡镇土地和规划管理所的通知》（津党编发〔2019〕36号），在全市除滨海新区外的146个乡镇和涉农街道中，按每3个乡镇（街道）设置1个土地和规划管理所的标准，共设置49个土地和规划管理所，名称统一规范为“天津市XX区第X土地和规划管理所”，为市规划和自然资源局各区分局管理的公益一类事业单位。

2019年7月26日，滨海新区区委编委印发《关于设置街镇土地和规划管理所的通知》（津滨党编字〔2019〕93号），滨海新区胡家园街、大沽街、北塘街、汉沽街、茶淀街、寨上街、海滨街、古林街8个涉农街道，新城镇、杨家泊镇、中塘镇、太平镇、小王庄镇5个镇设置土地和规划管理所，名称统一规范为“天津市滨海新区××街道（镇）土地和规划管理所”，为市规划和自然资源局滨海新区分局管理的财政补助事业单位。

2019年8月8日，市委编办印发《关于市规划和自然资源局各分局有关机构编制事项的通知》（津党编办发〔2019〕291号），将武清区、宝坻区、静海区、宁河区、蓟州区原规划局，整建制划入市规划和自然资源局相应分局。将武清区、宝坻区、静海区、蓟州区原行政审批局承担规划审批的人员编制，划入市规划和自然资源局相应分局。

2019年8月8日，市委编办印发《关于市规划和自然资源局滨海新区分局有关机构编制事项的通知》（津党编办发〔2019〕292号），市规划和自然资源局滨海新区分局行政编制不划转市规划和自然资源局，由滨海新区保障和管理。

2019年9月23日，市委编委印发《关于设立滨海新区海洋局的批复》（津党编发〔2019〕40号），同意设立滨海新区海洋局为区政府工作部门。不再保留市海洋局所属塘沽海洋管理处、汉沽海洋管理处、大港海洋管理处，其所属中国海监塘沽支队、汉沽支队、大港支队划转滨海新区海洋局管理。

2019年10月8日，市委编委下发《关于印发〈天津市规划和自然资源综合行政执法队伍组建方案〉〈天津市海监总队组建方案〉的通知》（津党编发〔2019〕46号），组建天津市规划和自然资源综合行政执法总队，为天津市规划和自然资源局管理的行政执法机构，规格为正处级，以天津市规划和自然资源局名义实行统一执法。组建天津市规划和自然资源综合行政执法滨海新区支队、东丽支队、津南支队、西青支队、北辰支队、武清支队、宝坻支队、静海支队、宁河支队、蓟州支队等10支队伍，分别为天津市规划和自然资源局相应分局管理的行政执法机构，机构规格为副处级，以各局名义实行统一执法。不再保留天津市规划执法监察总队、天津市国土资源和房地产执法监察总队、天津市森林病虫害防治检疫站、天津市林木种子管理站（天津市林木种子质量监督检验站）、天津市野生动植物保护管理站（天津市湿地保护管理站）、天津市林业工作站、天津古海岸与湿地国家级自然保护区管理处。组建天津市海监总队，为天津市规划和自然资源局管理的行政执法机构，机构规格为正处级，以市规划和自然资源局名义实行统一执法，同时接受天津市生态环境局业务指导。市海监总队人员全部从原中国海监总队划转。

2019年11月21日，市委编办同意市规划资源局报送的各区土地和规划管理所机构设置和编制划转意见备案登记，备案登记编号为津党编备字〔2019〕73号。

按照全市生产经营类事业单位转企改制工作总体要求，积极推动四院转企改制工作。2019年9月30日，市政府正式批复市规划院、市建院、市测绘院转企改制工作方案。10月15日，市委编办等部门对市勘察院及其管理的市建设工程技术开发中心转企改制工作方案进行联合批复。

市规划院、市测绘院转企改制，承担的公益性职能剥离。2019年10月，市委编办印发设立市规划编制研究中心和市测绘地理信息研究中心的批复。

2019年11月，根据市公益类事业单位改革有关工作精神，市规划资源局改革调整所属公益类事业单位由95个调整为54个，其中，市直属公益类事业单位11个，区分局所属公益类事业单位26个，华勘局、地矿局所属公益类事业单位18个。公益类事业编制由5595名精简为4935名，其中，核减财政补助事业编制148名、收回经费自理事业编制475名。

2020年5月19日，市委编办印发《关于天津市规划和自然资源局设置网络安全和信息化办公室的批复》（津党编办发〔2020〕107号），设置网络安全和信息化办公室，撤销信息管理处，相关职责进行调整。调整后，内设机构数、行政编制数和处级领导职数保持不变。

2020年7月3日，市委编办印发《关于调整市规划资源局森林防火工作有关机构编制事项的通知》（津党编办发〔2020〕190号），局机关增设森林防火处，增加行政编制9名、处级领导职数1正2副。

2020年9月4日，市委编办印发《关于撤销天津市建筑设计院等5个事业单位的批复》（津党编办发〔2020〕277号），同意撤销天津市建筑设计院、天津市城市规划设计研究院（天津市交通规划研究中心）、天津市测绘院、天津市勘察院、天津市建设工程技术开发中心事业单位建制，共计1373名事业编制由市收回。

2020年9月25日，滨海新区区委编委印发《关于改革调整天津市规划和自然资源局滨海新区分局所属公益类事业单位有关问题的通知》（滨党编发〔2020〕32号），整合组建天津市滨海新区自然资源调查与登记中心、天津市滨海新区规划编制研究中心，保留天津市滨海新区土地发展中心。撤销天津市滨海新区不动产登记中心（天津市滨海新区权籍事务中心）、天津市滨海新区不动产登记一中心、天津市滨海新区不动产登记二中心、天津市滨海新区不动产登记三中心、天津市滨海新区不动产登记四中心、天津市滨海新区大港房地产登记制证中心、天津市渤海城市规划设计研究院、天津市滨海新区测绘所、天津市滨海新区汉沽勘察设计所、天津市滨海新区大港规划土地测量队、天津市滨海新区大港城市规划设计事务所、天津市滨海新区城市建设档案馆（天津市滨海新区城市建设档案管理办公室）、天津市滨海新区规划和国土资源地理信息中心、天津经济开发区土地整理中心、天津港保税区（天津空港经济区）土地储备中心、天津滨海高新技术产业开发区土地储备中心。调整后，天津市规划和自然资源局滨海新区分局事业单位由17个调整为3个；事业编制由374名精简为261名，核减经费自理事业编制253名由区收回。

2021年5月6日，市委编委印发《关于设立天津国家海洋博物馆的通知》（津党编发〔2021〕18号）：在国家海洋博物馆筹建办公室基础上，设立天津国家海洋博物馆，由市规划资源局管理调整为滨海新区管理，作为区政府直属事业单位，规格正处级，划入公益二类；撤销国家海洋博物馆筹建办公室。

2021年6月29日，市委编办印发《关于调整市规划资源局内设机构设置的批复》（津党编办发〔2021〕158号），调整部分内设机构设置及职责：设置政策研究室，政策法规处更名为法规处；设置自然资源开发利用处、自然资源调查监测和所有者权益处、自然资源确权登记处（市不动产登记局），撤销自然资源所有者权益和开发利用处、自然资源调查登记处（市不动产登记局）；将巡察一组、巡察二组合并设置为巡察组；将名城保护处、城市设计处合并设置为名城保护处（城市设计处）；总体规划管理处加挂市规划委员会办公室秘书处牌子；宣教处更名为党建工作处（宣教处）；组干处更名为干部处。同时明确相关内设机构职责。

2021年6月29日，市委编办印发《关于调整市规划资源局和有关分局行政编制的批复》（津党编办发〔2021〕159号），对市规划资源局、市不动产登记局中心城区分局等10个分局的行政编制进行调整：核减市不动产登记局中心城区分局45名行政编制；为市规划资源局增加36名行政编制；为市规划资源局东丽分局、西青分局、津南分局、北辰分局、武清分局、宝坻分局、静海分局、宁河分局、蓟州分局等9个分局，各增加1名行政编制。

2021年10月13日，市委编办印发《关于调整市城市管理委和市规划资源局有关机构编制事项的批复》（津党编办发〔2021〕272号），将牵头负责全市城乡绿化工作职责由市城市管理委划入市规划资源局，相应将市城市管理委3名行政编制划入市规划资源局，调整部门职责1项、市规划资源局与市城市管理委在绿化方面的职责分工、森林资源和野生动植物保护处及国土空间生态修复处2个内设机构职责。

2022年6月29日，市委编委印发《关于市规划资源局增设绿色生态屏障建设管理处的通知》（津党编发〔2022〕7号），增设绿色生态屏障建设管理处，明确相应职责，核增处级领导职数1正1副，所需编制使用纳入全市统筹的行政编制6名。

2023年3月3日，市委编办印发《关于调整市规划和自然资源局所属执法队伍编制的通知》（津党编办发〔2023〕63号），将市规划和自然资源综合行政执法总队编制调整为156名，市海监总队编制调整为89名。

# 综　述

## 在2024年全市规划资源工作会议上的讲话

（2024年1月19日）

市规划资源局党委书记、局长　陈　勇

2023年是全面贯彻党的二十大精神的开局之年，是我市全面建设社会主义现代化大都市的关键之年，在市委、市政府正确领导下，规划资源系统积极助力“十项行动”落地见效，认真履行“两统一”核心职责，加强自然资源保护和利用，统筹经济社会发展与安全，全面完成年初制定的各项工作任务。

**一、2023年工作总结**

**（一）服务经济社会发展实现稳中有进。**一是推进京津冀协同发展走深走实。服务北京非首都功能疏解，完成35亿元的承接任务。推进“部市合作”，签署《市政府与中国地质调查局战略合作协议》《京津冀测绘地理信息协同发展战略合作协议》，建立京津冀三省市规划资源部门联席工作机制。推进京津冀协同发展重大工程，加速“轨道上的京津冀”规划建设。二是强化自然资源要素保障政策支撑。出台系列超常规、阶段性自然资源要素保障政策文件37件，同比增加42%。细化实施阶段性土地出让政策，有效减轻企业融资压力；创新用海政策，在全国率先明确打捆整体论证的具体要求和实现路径，获得自然资源部认可并在全国推广；采用“环境修复+开发建设”模式推进工业污染地块出让，降低开发企业成本，缩短开发建设周期。三是提高用地用海审批效能。633个市重点建设项目涉及规划资源审批，推动完成率达91.3%，做到了应批尽批；2022年度全国建设用地审批“双随机、一公开”检查中，资源处和生态修整中心牵头，与利用处及各涉农区分局共同努力，我市取得全国第一名好成绩。四是优化营商环境。全局系统办理政务服务事项2.9万件，同比增加15.5%。搭建“一地一码”协同服务，在手机移动端和门户网站同步开发“天津码上看地”专栏。试行建设工程规划许可“全程网办+无纸化”新模式，提升工程建设领域审批效率。和平分局提前谋划，南门外城市更新项目实现签订土地合同当天即核发建设工程规划许可证。静海分局率先实现多审合一，多证合一，完成天津医学健康研究院等项目“一书三证”的同步核发。河东分局砥砺实干，降低民营企业项目时间成本，东孙台地块从出让到取得建设工程规划许可证仅用18个自然日，实现了“河东速度”。五是支持经济及实体产业发展。全年农用地转用土地征收933.17公顷，审批建设用地项目166个，涉及新增建设用地922.47公顷，同比增长33.70%。全市累计供应各类用地3778.4公顷。组建市、区两级土地出让协调机制。利用处、土地利用中心、各分局克难前行，逆境突破。实现出让土地价款791.4亿元，同比增长86%。通过土地出让和发行再融资债券，化解约118.5亿元本年度政府债务本金；拆迁整理入库的储备土地约2400公顷，土地供应出库约2900公顷。完成4宗农村集体经营性建设用地交易，入市面积210.58亩，实现土地出让金7790万元。武清分局率先试点集体土地入市，形成可复制、易推广的“武清经验”。完善工业用地供应政策。推行工业用地“标准地”出让，全年工业用地“标准地”出让约2822亩。保障用海需求。全年审核用海项目63宗，审核用海面积约984公顷，同比增加10.6%；征缴海域使用金约4.1亿元，同比减少42.3%。严格林地使用。审核审批永久使用林地建设项目169项，发放林木采伐许可证2876个。

**（二）“两统一”制度和工作体系建设扎实推进。**一是优化国土空间开发格局。划定“三区三线”并获批。市人大常委会出台《关于加强生态红线管理的决定》，以地方性法规的形式进一步加强生态保护红线管理。市国土空间总体规划已报国务院待批。10个涉农区区级国土空间总体规划已报市政府待批。《天津市“津城”轨道交通场站综合开发近期建设规划》等专项规划获市政府批复。协和医学院天津校区等26个项目控规修编或编制获市政府批复。东丽分局完成《东丽区农林空间详细规划（村庄规划）（2022—2035年）》，提出农林空间核心管控指标，构建农林空间生产、生活、生态布局，对城镇开发边界外详细规划编制进行了开创性探索。编制完成《“津城”总体城市设计（2021—2035年）》等规划设计。全面推进天开高教科创园规划、土地、登记工作。完成《科技广场及科研东（西）路、大学道环境景观提升方案》，完成天开园核心先导区天津科技广场项目首次登记和全部1288套房转移登记，以及其中1286套房屋的抵押登记。南开分局以重点项目为牵引，核发天开园核心区首个新建科创项目建设工程规划许可证。名城设计处牵头开展中心城区盘活存量优化生产力布局，编制完成《中心城区盘活存量资源优化生产力布局规划策划方案》。红桥分局深挖存量空间潜力，保障国家级科技创新项目天津水泥工业设计研究院绿色数智双碳创新中心顺利落地，确保了首届“中材国际全球水泥发展高峰论坛”在我市如期举办。河北分局推动以天美城市更新、窗帘城等为载体的片区整体激活，实现校区、街区、老旧小区、景区“四区联动”建设。修编《天津市历史文化名城保护规划（2021—2035年）暨天津市历史文化保护传承规划》，并报住房城乡建设部、自然资源部审查。成功召开京津冀第一次历史文化名城保护体系交流会。出台《天津市规划设计导则（2023年版）》《天津市城镇社区公共服务设施规划设计标准（试行）》。修订印发《天津市村庄规划编制导则》。新审批村庄规划414个，同比增加270%。规划编研中心完成560个村庄规划数据库审核，其中298个村庄规划已完成审批汇交。指导推动全市20个乡村产业项目落实乡村建设规划许可证与集体建设用地批准书合并办理制度，北辰分局率先实现了乡村建设规划许可证与集体建设用地“两证合一”。二是做好自然资源调查监测。首次完成年度地下水资源调查分层评价，《市政府要情》《自然资源部要情》和自然资源报进行了宣传。调查登记中心高质量完成2022年度国土变更调查，自然资源部刊发《天津市局对年度国土变更调查提出三点建议》要情获广华部长批示。成功举办首届天津市自然资源调查监测劳动和技能竞赛并受到自然资源部表扬。滨海新区分局在“十四五”全国自然资源调查监测劳动和技能竞赛中，获先进集体荣誉称号；在天津市劳动和技能竞赛中，被天津市总工会授予“天津市五一劳动奖状”。三是推动全民所有自然资源资产所有权委托代理机制试点。自然资源部在津成功举办全民所有自然资源资产所有权委托代理机制试点总结交流会，对我市三个方面试点工作给予肯定。编绘全市全民所有自然资源资产“一张图”。完成蓟州区全民自然资源资产清查试点。推动三个试点区编制2022年度全民自然资源资产平衡表，阶段成果已报自然资源部审查。2022年度国有自然资源资产报告已纳入天津市国有资产报告。市政府印发《天津市国有建设用地有偿使用规定》。四是推进确权和登记改革。全市不动产登记120万件，同比增加33%。完成北运河、三河岛等14处自然资源的地籍调查，其中北运河等9处已完成验收。完成潮白新河和潮白河国家湿地公园自然资源确权登记，宁河分局、宝坻分局积极助推，潮白新河成为全国首批、天津首条完成登簿的河流。对具备登记条件的全部48.2万宗房地一体宅基地发放电子权属证书。登记处和市调查登记中心共同努力，提前完成我市集体土地所有权登记成果更新汇交。出台《关于集体土地征收后依嘱托办理集体土地所有权变更或注销登记有关问题的通知》《关于做好不动产统一登记与土地承包合同管理工作有序衔接的通知》，被纳入自然资源部要情并向全国推广。初步建成全市“地籍一张图”和“不动产单元表”。以“部市共促”机制，从业务标准化、平台建设等五个方面推进不动产登记信息平台建设。开通“京津冀+晋蒙”三省两市不动产登记“跨省通办”。实行个人存量房屋线上交易“带押过户”、推行“交地、交房即交证”智能版、“竣备即首登”，全部实现在建工程抵押线上办理。津南区完成我市首例“先投入后转让”项目土地使用权正式转让，为盘活低效土地、促进优质项目落地开辟了全新路径。五是生态保护修复迈上新台阶。印发《天津市国土空间生态修复规划（2021—2035年）》《天津市生态系统碳汇能力巩固提升实施方案（2021—2030年）》《天津市湿地保护规划（2022—2030年）》，加强生态保护顶层设计。大黄堡湿地进入国家重要湿地名录。持续推进“871”重大生态工程建设。在全国率先完成违规侵占国家湿地公园等自然保护地问题排查整治专项行动并受到国家林草局有关司局表扬。推进绿色生态屏障植树造林、拆迁修复等73项工程，蓝绿空间占比保持65.6%以上。编制形成绿色生态屏障维护运营工作方案，形成5个维护运营试点策划方案并推进试点运营，经营性收入突破3000万元。推进蓟州区新开工废弃矿山生态修复，累计开工面积11.24平方公里。完成中新生态城临海新城东堤路西侧公园15公顷生态绿地建设。推进滨海湿地和海岸线修复，整治修复岸线17.7公里，修复滨海湿地227.9公顷。汉沽区域73.5公顷互花米草治理竣工验收。天津港保税区临港湿地二期生态修复项目和中新生态城河口生态减灾案例分别入选《国土空间生态修复典型案例集》《海岸带生态减灾协同增效国际案例集》。全年未发生新增围填海行为，无新增占用自然岸线的开发建设活动。

**（三）统筹严格保护与合理利用资源取得新成效。**一是严格落实耕地保护责任。制定对区级党委和政府落实耕地保护考核评分细则和评分方法，组织与各区签订2023年耕地保护和粮食安全责任书，推动压实党委和政府耕地保护主体责任。全国2022年度耕地保护考核试算中我市排名第四。完成耕地占补平衡专项整治问题排查，持续推动整改。审批建设项目涉及占用耕地289.57公顷，全部落实占补平衡。推动组织各区编制2023年度耕地“进出平衡”方案，严格控制耕地转为其他农用地。出台《天津市土地征收成片开发标准实施细则》，完善征地制度。开展占用耕地和永久基本农田超标准建设廊道绿化问题专项排查整改行动，以及耕地和永久基本农田划定成果核实处置。二是节约集约土地利用。完善“增存挂钩”机制。全年消化批而未供土地1659.58公顷；处置“增存挂钩”同口径闲置土地205.83公顷。滨海新区、河东区、西青区获评全国首批自然资源节约集约示范县（市）。对200余家开发园区开展年度更新评价，土地集约利用水平逐年向好。修订《天津市建设项目用地控制指标》。启动低效用地再开发试点。印发《关于开展低效用地调查认定有关工作的通知》。三是加强森林资源保护与利用。全面落实“林长制”。市总林长会议成功召开，报请市总林长签发2个总林长令，出台7项林长制配套制度，四级林长累计巡林35.5万次，形成“周报信息、月报问题、季报总结”的督查模式，完成国家林草局林长制考核和森林督查通报问题全部整改工作。保障市党政军领导参加义务植树活动，组织“互联网+全民义务植树”活动30余场次。造林0.72万亩，占全市计划任务的152.7%；完成重点区域生态保护和修复专项2023年燕山山地生态综合治理封山育林7.14万亩，占中央预算内投资计划的102%。申请中央100万元专项资金抢救复壮濒危衰弱的一级古树25株。组织各区开展古树名木保护宣传周活动，联合公安、城管开展打击破坏古树名木违法行为的“春风行动”。出台《天津市野生动物致害补偿管理办法（试行）》，发布《天津市重点保护野生植物名录》。举办京津冀晋四省市野生动物保护联合宣传与培训，以及野生动植物保护主题演讲比赛。野生动物救护驯养繁殖中心对需要采取救护措施的野生动物全部实施了收容救护。充分发挥“政府+民间”保护机制作用，广泛动员志愿者参与护飞行动，圆满完成全年候鸟护飞任务，实现过境候鸟非正常零死亡、零负面舆情历史性目标。完成国家下达我市食用林产品质量安全监测510批次任务，开展外来有害生物入侵普查及野生动物疫源疫病监测，全年未发生野生动物疫病疫情。审核审批建设项目永久占用林地定额254.67公顷，使用采伐限额约9.94万立方米。推进集体林权改革，印发《天津市第一批林业改革发展典型案例》。出台《天津市林草品种审定办法》等规范性文件，公布我市第一批林草良种名录。完成天津市种质资源普查与收集外业工作。开展打击假劣林草种苗和保护植物新品种权专项行动，全年未发生假冒侵权现象。生态处与林业事务中心督导各涉农区加强林业有害生物防治，我局被评为松材线虫病疫情防控攻坚行动省级先进单位。加强森林防火基础建设，补充森林防火物资储备，严格火源管控，我市连续33年无重大森林火灾。蓟州区113个双光谱智能摄像头全部投入使用，实现山区智能监测全覆盖。完善林业基层建设。新设3个区级林业工作站，建立生态护林员队伍，设定巡护路线14条。四是加强海洋资源保护和合理开发。修订《海岸线保护与利用规划》。推动已填成陆历史遗留问题区域内绿地、水域项目备案。组织滨海新区做好国家海洋经济创新发展示范城市验收，争取后续中央资金1600万元下拨至滨海新区。完成海洋经济发展“十四五”规划中期评估报告，更新规划重点项目清单，增补16个重点项目。完成海洋经济运行情况分析评估报告。编制“龙腾渤海、活力海岸”建设行动方案，提出海岸带地区发展方向和80个重点项目。初步划定20个港产城融合发展特色片区，完成岸线利用布局优化、过渡期集疏运交通优化、海岸线风貌引导3项工作。五是加强地质勘查和矿产资源管理。推进地质环境监测、地面沉降监测以及地热和矿泉水资源监测；推进地表基质调查。帮促蓟州区下营镇、西青区辛口镇获得中国地质学会评审认定“天然富硒土地”。创建全国地热示范城市工作取得新进展。完成我市“十四五”矿产资源规划中期评估。公开出让东46等7个区块地热矿业权，成交金额4278万元。成功举办2023（第二十五届）中国国际矿业大会。科技处、土地利用中心尽心筹备，测绘地理信息中心审核保障大会现场用图，各单位全力保障接待，大会顺利召开。中央广播电视总台新闻联播十年来首次对矿业大会进行报道。

**（四）治理能力现代化持续推进。**一是提升测绘地理信息服务支撑能力。建设完成市国土空间基础信息平台和市国土空间规划“一张图”实施监督系统。渤海监视中心及时跟进、更新完善海域权属管理、海域使用数据，助力信息平台建设应用。夯实基础测绘要素保障基础。完成全市域1：2000地形图和0.2米高分辨率航空遥感影像数据年度更新，推动完成天津市卫星导航定位基准服务系统兼容北斗3号升级改造。成功举办第七届世界智能大会“新时代数字孪生城市”论坛。组建应急测绘保障队伍，编制应急测绘保障工作预案，定期进行专业培训、专业演练。为今夏海河流域特大洪水抗洪抢险工作提供了应急测绘保障服务。二是推动科技创新。持续加强规划资源领域基础项目研究，强化科技成果转化应用。完成自然资源天津国产卫星应用技术中心三年建设。推动自然资源部两个工程创新中心建设。批准立项2项自然资源行业标准、11项天津市地方标准。三是加强地质、海洋灾害防治。稳妥处置“5・31”津南区八里台镇局部突发地面沉降事件。地质事务中心组织召开有关防治技术研讨会，发挥智库作用。经实施多项应急抢险工程，事发区域地面沉降趋势进一步向好。今夏汛期，未发生因地质灾害致人身伤亡和重大财产损失。地勘处、蓟州分局严抓地质灾害防治工作，全年开展常态化临灾避险演练19场，汛期与气象部门每日会商研判，及时发布风险预警信息。严格落实24小时地质灾害专项值班制度，专业技术支撑队伍24小时驻防一线，完成受地质灾害隐患威胁的9处、12户居民避险移民搬迁以及4处隐患点工程治理验收。扎实推进区域性地面沉降防治。年沉降量50毫米以上区域性沉降严重区清零，全市平原区平均沉降量4毫米，较2022年减少50%。常态化做好常规海洋环境预报，定期开展海洋灾害趋势预测分析研判。组织做好风暴潮及近岸海域赤潮、绿潮早期预警监测。

**（五）法治建设取得新进展。**一是法治政府建设不断推进。持续深入学习宣传贯彻习近平法治思想。落实法治建设“一规划两纲要”中期评估及实地督察工作要求，出台我局整改方案，提出61条整改措施。“以习近平法治思想为引领全面加强湿地保护修复工作”入选《天津市法治政府优秀案例汇编（2023年）》。西青分局“交房即交证”项目入选天津市法治政府建设示范项目。《天津市湿地保护条例》（修订）于2024年1月1日起施行。改进行政复议应诉工作。局系统办理复议诉讼案件342件，同比下降40%。全面实施“八五”普法规划。中国自然资源报、天津政法报等多次报道我局有关做法。严格落实合法性审核制度。法制审核114件，同比增加185%。依法开展重大行政决策。不断提高信访工作能力和水平。市局共办理群众诉求事项5412件，同比下降约20%。完成市、部交办的214件信访突出问题上报审核。登记处、河西分局、中心城区分局通力合作，成功化解陈塘热电燃煤电厂拆迁过程引发的居民聚集上访问题。二是综合执法持续加强。完善执法制度。出台《规划资源领域轻微违法行为免罚清单》等制度文件。规范化执法。全年行政检查11.13万件，立案316件，实现执法全过程记录，全面履行法治审核程序，行政处罚结果100%公示公开，执法信息100%纳入市行政执法监督平台。每季度开展案卷评查，两宗案卷被自然资源部评为全国优秀案卷。提升执法能力。深入16个分局开展“一对一”个性化培训，组织开展重大事故隐患排查整治2023专项行动专题培训。严格落实执法人员持证上岗和资格管理制度。全市督察反馈问题整改到位率从年初的63.68%提高到87.16%。推进全市农村乱占耕地建房专项整治非住宅类试点工作，处置存量6054.79亩，整治完成率91.5%，超额完成国家规定的2023年不低于70%的目标任务。发挥卫片执法“天眼”作用，我市卫片执法工作核查差错率全国最低。各级执法队伍把卫片执法与日常执法巡查、信访线索办理结合起来，查处违法占用耕地41.76亩，较去年同期下降73.4%，违法占用耕地数量连续五年保持大幅下降态势，新增乱占耕地违法行为得到有效遏制。签订《京津冀林业和草原行政执法协作备忘录》《北京市平谷区、天津市蓟州区、河北省三河市、兴隆县交界处联合打击非法开采矿产资源行为工作机制》，加强京津冀联合执法。以“2023清风行动”为抓手，严厉打击破坏野生动物资源违法行为。海监总队持续打造“海天陆网”监管，开展2023年“蓝剑”“蓝湾”“碧海”专项执法行动，基本完成我市区域用海规划范围外大规模围填海历史遗留问题处置。三是行政运转有序规范。收文12747件、发文6196件。主动公开信息24694条，依申请公开1465件，代表市政府答复信息公开108件。依申请信息公开工作实现行政应诉零败诉。市政府、自然资源部和国家林草局政务信息主管部门刊用我局政务信息159篇，在市级政府系统排名第三，局办公室被自然资源部评为“年度政务信息工作表现突出单位”。“天津规划资源”微信公众号的公众参与度大幅提升，政务网站管理居市政府网站监测考核优秀行列。人大建议和政协提案办理满意率100%。建成“市级机关数字档案室”。城建档案馆首次投入使用电子档案。坚持总体国家安全观，参加“新时代·新国安”短视频大赛，获全市二等奖。压实保密工作责任，强化保密知识培训。综合服务中心全力以赴完成局核心机房搬迁工作。网络安全防护体系建设不断加强。狠抓安全生产，保持“零事故”。

**（六）全面从严治党不断巩固深化。**一是落实全面从严治党责任。坚持习近平新时代中国特色社会主义思想为指导，深入学习贯彻党的二十大精神，完善全面从严治党制度要求，严肃严谨开展年度考核，先后召开40余次局党委会，采取集中研讨等形式组织理论学习中心组学习12次。严格执行重大事项请示报告制度，向市委报送请示报告27件，市委刊用我局党委信息51篇，局办公室被市委办公厅评为“2021—2023年天津市党委信息工作先进集体”“年度信息工作成绩优异单位”。严格落实意识形态工作责任制，组织开展全面排查和专项检查。建立维护网络意识形态安全协调机制，及时通报、协调处置网络意识形态事件。落实局党委巡察工作五年规划和巡察全覆盖要求，完成2轮次7家局属单位常规巡察，推动巡察整改。二是扎实开展主题教育和新闻宣传。经市委第十督导组评定，我局主题教育工作位列8家督导单位第一。牢牢把握“学思想、强党性、重实践、建新功”总要求，成立主题教育领导小组并设置8个专项工作组。抓实“5专题+6学习”，策划举办“双百示范”班等活动；深入开展调查研究，全局系统形成169篇调研报告，成果转化政策措施326条，解决实际问题493个；强化检视整改，局属各单位领导班子制定问题清单326条、整改措施485条，全部整改完成或取得阶段性成果并全部销号。讲好规划资源故事，规划展览馆推出一批主题鲜明的线上线下宣传教育活动，被评为自然资源部宣传工作业绩突出单位。全年形成各主流媒体及行业报道宣传成果共492篇。开展“两优一先”“我为群众办实事”评选活动。三是加强干部队伍建设。贯彻新时代党的组织路线，加强各级党组织和领导班子建设，打造过硬干部队伍。提拔重用处级干部26人，免职4人，开展职级公务员晋升137人。开展处级干部轮岗交流36人次，跨系统处科级干部交流10余人，选派2名干部援疆。强化党外干部队伍建设，搭建实践锻炼平台。推荐1人任市人大代表，3人任市政协委员，1人任市政府参事。向市人社局争取3个正高级和2个中级岗位，拓展人才空间。完成公务员招录21名，事业单位招聘65人。局系统团员青年获市级以上团内荣誉3人、集体3个。完成“五一劳动奖状”及“五一劳动奖章”推荐工作。四是加强纪律和作风建设。严格落实中央八项规定精神，组织开展“立规矩、正风气、比担当、创一流”干部队伍作风建设活动。落实主体责任，健全与驻局纪检监察组的监督贯通协调工作机制，扎实推进“三个以案”警示教育，局系统运用监督执纪“四种形态”处理68人。召开持续净化政治生态暨警示教育大会，开展警示教育月和回访教育活动，加强廉洁文化建设。规范财务管理，实现预算资金下达率和下达执行率双100%，取得改革来最好成绩。首次聚焦规划资源业务领域实施重大项目审计，对14名领导干部完成经济责任审计，开展2022年度预算执行和决算草案等7个外审项目的整改工作，涉及我局的45个问题全部完成整改，整改率位列全市第一。

在总结成绩的同时，我们也要清醒认识到不足和短板：贯彻新发展理念还不够到位，规划资源领域改革力度还不够强，推进新兴产业发展的规划土地政策跟进不足，存在因调整规划审批耗时长等问题。我们要正视这些问题，下大力气加以解决。

**二、2024年重点工作**

2024年，以习近平新时代中国特色社会主义思想为指导，围绕党的二十大确定的目标任务，贯彻中央经济工作会议、中央农村工作会议、全国自然资源工作会议、全国住房城乡建设工作会议、国家林业和草原局2024年工作要点和市委十二届四次全会暨市委经济工作会议要求，按照市委市政府决策部署，聚力实施“十项行动”，从加强“两统一”制度和工作体系建设，统筹自然资源保护与合理开发利用，提高治理能力现代化、推进法治建设、全面从严治党5个方面16项重点任务，扎实推进规划资源系统各项工作。

**（一）加强“两统一”制度和工作体系建设。**一是强化国土空间管控和用途管制。落实“三区三线”有关工作。研究制定我市永久基本农田、生态保护红线、城镇开发边界管控细则，出台配套文件，加强刚性约束。完善市国土空间总体规划。制定市国土空间总体规划实施方案。指导10个涉农区完善区国土空间总体规划。推进涉农区90个乡镇完成国土空间总体规划编制。出台《关于推进天津市国土空间总体规划实施并加强监督的若干意见》。启动“津城”核心区街区控规编制。高质量实现村庄规划按需应编尽编。加强规划技术标准体系建设。出台《天津市道路交通和市政基础设施建设项目规划核实管理技术规程》，出台住宅多样性空间增值利用政策。推进城市更新。开展海河两岸提升更新规划编制，优化海河三岔河口至刘庄桥段两岸公共空间和慢行体系。推进天开园“一核两翼”规划设计成果落地。推动天美艺术街区等历史文化资源活化利用项目实施。推动《历史文化街区保护规划规程》申报地方标准。以一宫花园等历史文化街区为试点，开展历史文化街区保护规划修编。二是全面加强全民所有自然资源资产权益和确权登记工作。开展自然资源调查监测。完成年度国土变更调查。深化国土“三调”等调查监测成果共享应用。开展全市自然资源调查监测劳动和技能竞赛。深化全民自然资源资产所有权委托代理机制试点。更新全市全民所有自然资源资产“一张图”。落实国有自然资源资产报告制度。开展全市资产清查。编制年度全民所有自然资源资产负债表。完成三河岛等市级自然资源确权登记，启动区级自然资源确权登记。三是加快生态修复。落实《天津市国土空间生态修复规划（2021—2035年）》，指导各涉农区编制区级国土空间生态修复规划。建成七里海国家重要湿地生物多样性监测系统，开展古海岸与湿地国家级保护区等重要湿地监测，落实自然保护地整合优化任务，确保陆域自然保护地面积占陆域国土面积比例8.5%以上，海域自然保护地面积占海域国土面积比例9.5%以上；推动重大生态工程建设。持续推进湿地自然保护区“1+4”规划深入实施。加快绿色生态屏障建设，实施17大类、60项建设工程，造林700亩，蓝绿空间占比达到66.2%以上。启动官港动物庄园等运营试点。推进蓟州废弃矿山修复。推进天津市滨海新区（汉沽区域）生态保护修复工程项目验收和我市剩余区域345公顷及其蔓延扩散互花米草治理。建设完成南港工业区红旗路3公顷景观工程，启动中港池北部岸线生态修复项目二期7.9公里段水工主体建设等工程，推动实施天津市滨海新区（马棚口北部）海洋生态保护修复项目。

**（二）统筹自然资源保护与合理开发利用。**一是严格耕地保护。严格落实耕地保护党政同责。压实各级党委和政府耕地保护主体责任，配合牵头部门组织与各区层层签订耕地保护和粮食安全责任书，严格考核各涉农区2023年度耕地保护责任并强化结果应用。加强耕地用途管制。改革完善耕地占补平衡制度，报请市委市政府出台我市加强耕地保护提升耕地质量完善占补平衡的工作方案，会同财政局制定我市落实耕地保护责任目标考核奖惩机制工作方案。完成耕地占补平衡专项整治。督促各区抓好补充耕地任务落实，确保年度内耕地总量动态平衡。加强和改进补充耕地管理。严格新增耕地核实认定，确保新增耕地数量真实、质量可靠。二是合理开发土地利用。拟供应各类用地面积4100公顷，实现土地收入800亿元。分解任务压实责任。1月底前，将全年土地出让任务指标分解至各区政府和市级平台公司，签订《土地出让工作任务书》。梳理问题清单。将全部计划出让地块纳入清单，全部组织现场踏勘，全部开展可行性分析，明确出让前各个环节完成时限。紧盯前期梳理的开发企业历史遗留问题清单，组织各区政府、市级相关部门逐一与企业对接协商，共同研究处置方案和路径。精准调度。全方位招商。推进4区农村集体经营性建设用地入市试点。优化土地利用计划管理。将纳入国土空间规划“一张图”的灾后重建、特别国债等国家和我市能源等单独选址的重大项目纳入清单管理，全面支持；优先保障重点社会民生项目和乡村振兴的用地需求。指导3区落实首批自然资源节约集约示范县工作方案。强化开发区节约集约用地考评应用。完善“增存挂钩机制”。消化批而未供和闲置土地。坚持以消化存量定新增建设用地的土地资源配置方式，督促各区深度挖掘条件成熟的基础设施、边角地和界外地等项目。三是加强森林资源保护和利用。持续深化林长制。发挥林长制统筹引领作用，做好督查考核结果运用，推动我市林长制激励机制，推广使用智慧林长系统，按照国家要求开展我市林长制督查考核。做好古树名木保护。因地制宜开展国土绿化。计划完成营造林0.4万亩。服务好市党政军领导义务植树活动。做好森林资源监督管理。编制各区新一轮林地保护利用规划。严格执行林地定额和林木采伐限额制度。做好林草湿地调查监测。加强野生动物保护。强化林草种苗生产经营管理和食用林产品质量安全监督管理。加强林草种质资源保护管理。建立林草种质资源管理体系，推进种质资源普查与收集，加强林草种苗的监管服务。研究制定我市深化集体林权制度改革实施方案并推动落实。守住防虫防火安全底线。指导各涉农区做好美国白蛾等有害生物防治，确保不发生重大林业有害生物灾害。压实各级森林防火责任，强化森林火灾预防监测，落实森林防火各项措施，确保我市无重大森林火灾发生。四是加强海洋资源保护和利用。6月底前完成《天津市海岸带保护与利用规划》。完成“未批先填”类围填海历史遗留问题处理方案备案。2月底前制定出台我市海域分层设权政策。6月底前制定出台海域（土地）联合招拍挂管理办法。加快研究简化用海项目预审程序。规范海上风光电项目用海管理。完成天津港海河入海口地区城市更新策划。推动天津港集团非经营性资产移交，推动相关246个项目办理产权证。推进海洋经济发展“十四五”规划和海洋强国建设各项目标任务和重点项目实施。动态监测海洋经济运行，做好滨海新区海洋生产总值试算工作。推动海水淡化与综合利用、海洋工程装备等产业集群化发展。五是加强矿产资源开发利用。推动地质资源绿色开发利用。推进我市地热勘探，加强地热勘探施工监督管理，开展我市地热资源潜力评价。开展我市未利用矿区调查评价。加强矿业权人勘查开采监督管理，完善矿业权出让收益征收管理制度。筹备2024（第二十六届）中国国际矿业大会。

**（三）提高治理能力现代化。**一是加快盘活存量。扎实推进低效用地再开发试点。建立存量资源、低效用地“一张图”。梳理问题清单。出台系列盘活存量政策措施。通过专班协调推动、区领导包联服务等方式，形成一批包括低效用地再开发、现有房产盘活的典型示范项目。二是提升政务服务效能。推动规划资源管理从“数字化”向“数智化”转型。完善市国土空间基础信息平台和市国土规划“一张图”实施监督系统。推动“一地一码”协同服务平台建设，应用延伸至工业项目建设全过程。提高用地用海用林审批效率。进一步压缩控规修改审查或报批时间。深入推动用海整体打捆论证和用海备案，压缩用海预审时限；严格林地定额使用，缩短审批时限。优化不动产登记和营商环境。打造全国不动产登记信息平台天津样板。开展“总对总”不动产网络查封登记试点；扩大“跨省通办”合作范围。对标世界银行标准，围绕“获取经营场所”指标，提升考评成绩。做好集体土地所有权登记日常更新。推进农村土地承包经营权纳入不动产统一登记。推动宅基地确权登记颁证。深化工程建设项目审批制度改革。三是提升测绘地理信息服务水平。推动新型基础测绘体系建设。推动实景三维天津建设，完成本年度生产的实景三维数据入库。加强测绘地理信息数据安全监管。全面开展测绘地理信息行业安全排查。压实安全生产主体责任，引导测绘单位建立健全安全生产制度，坚决遏制测绘行业安全生产事故发生。提升应急测绘保障实战化训练演练水平。提升地理信息公共服务能力。支持“乡村著名行动”，做好地名管理。四是提升科技创新水平。加强科技创新平台建设。抓好两个工程技术创新中心年度建设任务。推动两个国家创新联盟开展科技交流与项目研究。构建规划和自然资源领域标准体系。制定出台《天津市规划资源局标准管理办法》。修订《自然资源天津市国产卫星应用技术中心管理办法》。五是做好地质、海洋灾害防治。做好突发性地质灾害防治工作。逐步完善地质灾害监测预警体系，及时发布地质灾害气象风险预警，推动地质灾害隐患点治理，力争实现零伤亡。加强区域性地面沉降防治工作。完善地面沉降监测网络；组织做好年度和季度地面沉降监测。推进地面沉降防治领域科研工作。继续做好津南区八里台镇局部地面沉降常态监测及后续工作。持续做好海洋灾害预警预报和海洋生态监测。

**（四）推进法治建设。**一是推进法治政府建设。深入学习贯彻习近平法治思想，推动法治建设“一规划两纲要”任务落实落细。做好市人大立法涉及规划资源领域12个立法项目推动落实。推进依法决策。加强行政规范性文件管理及合法性审核、公平竞争审查。进一步规范行政复议与应诉工作。贯彻实施“八五”普法规划。尊法、守法。推进信访工作法治化，信访办理数和重复信访占比力争双下降。二是加强规划资源执法。持续推动提升督察整改率。强化执法监督。压实各区党委和政府规划资源违法治理主体责任。严厉打击破坏耕地和永久基本农田的违法行为。推进农村乱占耕地建房整治试点。扎实开展“蓝剑”“蓝湾”“碧海”专项执法行动和“海上环卫”工作，严厉打击破坏野生动植物资源及非法交易等行为。三是有序规范政务运转。加强公文、会务管理，落实公文起草、审核责任，提升公文全周期管理水平。聚焦习近平总书记重要指示批示、市委市政府主要领导批示，抓实督办台账，确保工作落实到位。加强信息报送和年鉴编印。持续推进政务公开、双公示和机关档案管理。加强政务网站建设。完成工程建设项目全生命周期数字化管理改革试点档案接收利用系统建设。尝试“档案树”管理模式。实现馆藏档案数字化率100%。今年我国面临的安全领域斗争将更加尖锐复杂，全局各单位、各部门要切实提高政治站位，加强预警体系建设，积极防范化解重大风险，结合工作职责，贯通做好意识形态、信访维稳、安全生产、灾害防治、机要保密、反恐处突、局微信公众号编发等工作，切实落实好总体国家安全观。对标对表习近平总书记关于党政机关过紧日子的重要批示精神，严格资金管理、严守财经纪律，厉行勤俭节约、反对浪费奢靡，把过紧日子要求不折不扣落到实处。

**（五）全面从严治党。**坚持学习贯彻习近平新时代中国特色社会主义思想，扎实推动党建引领基层治理行动各项任务在规划资源领域有效落实。巩固深化主题教育成果，强化政治机关建设。压紧压实全面从严治党主体责任，坚持和完善“三重一大”制度。强化党的组织建设，提高基层党组织政治功能和组织功能。加强党员的教育管理。编制规划资源系统人才发展规划，坚持选人用人正确导向。加强对群团工作的领导。强化纪律和作风建设，用好监督执纪“四种形态”，认真完成巡视、审计反馈问题整改任务，强化政治巡察全覆盖，“三不腐”一体推进，大力推进廉洁文化建设，营造良好政治生态。坚持不懈切实为基层减负，力戒形式主义、官僚主义。

最后，讲几点工作要求：一是坚持政治引领。坚持习近平新时代中国特色社会主义思想为指导，旗帜鲜明讲政治。把习近平总书记关于耕地保护、能源资源安全等规划资源领域的重要指示批示精神落实到具体工作和实践中。二是深入谋划工作。贯彻落实市委十二届四次全会暨市委经济工作会议要求，围绕“三新”“三量”工作和“十项行动”，坚持问题导向主动谋划，融入全市工作大局，设计工作抓手。全面提升资源要素保障质效，把我市高质量发展保得更好。三是狠抓落实。切实强化狠抓落实的工作作风，树立狠抓落实的工作导向。在不折不扣抓落实、雷厉风行抓落实、求真务实抓落实、敢作善为抓落实上下功夫。各级干部要坚持干字当头，推动各项工作任务落实落地，在履职上见行见效。四是持续正风肃纪反腐。全局系统要持续纠治“四风”。加强监管预防腐败治理，抓早抓小、防微杜渐，对腐败问题尤其是新增问题“零容忍”。

# 大事记

## 2023年天津市规划和自然资源管理大事记

### 1月

**10日** 市规划资源局印发《规划资源领域轻微违法行为免罚清单（第一版）》，建立市场主体轻微违法行为容错纠错机制，推进行政执法法律效果与社会效果相统一。

**17日** 市规划资源局党委委员、总规划师刘荣带队赴蓟州区开展春节慰问活动，看望森林防火专业队员、驻村干部和扶持村困难党员群众、结对帮扶困难学生。

**19日** 河东区、西青区、滨海新区被自然资源部评为2023—2025年度自然资源节约集约示范县（市）。

### 2月

**2日** 市规划资源局组织第27个“世界湿地日”宣传活动，主题为“湿地修复”。

**同日** 自然资源部认定天津市滨海新区为海洋类节约集约示范县（市）。

**3日** 市规划资源局召开2023年度工作会议，回顾总结2022年和过去五年的规划资源工作，部署2023年和未来五年的工作重点。

**16日至17日** 市规划资源局联合市总工会开展首届天津市自然资源调查监测劳动和技能竞赛，自然资源部调查监测司副司长吉建培、自然资源部人力资源开发中心副主任吴卫东现场指导。

**22日** 市规划资源局印发《市规划资源局关于开展“学雷锋，满意在登记窗口”服务活动的通知》，组织全市不动产登记经办机构在3月份开展以“学雷锋，满意在登记窗口”为主题的不动产登记便民利民为民服务月活动。

**27日** 天津南站核心枢纽及周边地区城市设计方案国际征集终期评审会在天津市规划展览馆召开，副市长范少军、市政府副秘书长蔡云鹏出席开幕式。

### 3月

**1日** 武清区、滨海新区、静海区、蓟州区被自然资源部确定为深化农村集体经营性建设用地入市试点地区。

**2日** 市委书记陈敏尔调研津南区绿色生态屏障建设情况。

**3日** 由国家林业和草原局驻北京森林资源监督专员办事处、市规划资源局、滨海新区政府共同主办的京津冀晋“世界野生动植物日”联合宣传暨天津滨海观鸟文化节活动在天津市滨海新区遗鸥公园举办。

6日　副市长范少军、市政府副秘书长蔡云鹏调研东丽区绿色生态屏障建设规划情况。

7日　第三届中国国际地热产业发展高峰论坛在津开幕，市规划资源局二级巡视员张云霞参会并致辞。

8日　市规划资源局组织召开2023年加强春季候鸟保护工作会议。

13日　市规划资源局召开局党委主题教育领导小组办公室第一次会议，传达学习习近平总书记在中央主题教育工作会议上的重要讲话和市委主题教育动员部署会精神及局党委动员部署会部署要求，研究下一步重点任务安排。

同日　天津市地理信息公共服务平台（天地图·天津）在自然资源部省级节点综合评估工作中获得最高等级五星评价，为社会大众提供了便民信息服务、地图知识服务和城市文化服务，以公益性地图展示宣传天津市文化旅游资源，赋能天津市旅游经济发展。

同日　由天津地热勘查开发设计院赵苏民、唐永香、程万庆、田光辉、刘九龙、张婷婷、胥博文、杨忠彦等承担完成的《深部地热资源勘查技术突破》项目成果，获得2022年度天津市科学技术进步二等奖。

14日　市规划资源局、市农业农村委联合制定印发《天津市占用耕地和永久基本农田超标准建设廊道绿化问题专项排查整改工作方案》。

同日　市规划资源局联合天津市自然博物馆开展“爱鸟周”科普宣传活动，中央广播电视总台央视新闻客户端直播现场活动。

28日　市规划资源局印发《市规划资源局2023年营商环境建设举措》。

同日　市规划资源局联合市政协开展“关注森林活动”建言资政及古树名木现场调研活动，《人民日报》《中国绿色时报》《天津日报》《今晚报》天津电视台等媒体参加并宣传报道。

29日　市规划资源局印发《天津市道路交通与市政基础设施建设项目规划管理技术规程（试行）》。

31日　市规划资源局印发《天津市林草种质资源普查与收集项目技术方案与实施细则》。

# 4月

3日　市规划资源局印发《市规划资源局关于试行土地公开出让“交地即送证”服务的通知》，对公开出让的土地开展交地即送证服务，进一步优化不动产登记营商环境，加快项目开发建设。

7日　市规划资源局印发《市规划资源局关于进一步加强历史遗留废弃矿山生态修复项目监管工作的函》，强化矿山修复监管。

10日　市规划资源局印发《市规划资源局关于落实〈天津市乡村振兴全面推进行动方案〉2023年重点任务的工作方案》，作为落实推动高质量发展“十项行动”的第一个实施方案，明确工作任务和责任分工，建立工作推动机制。

11日　市规划资源局印发《市规划资源局关于进一步做好天津市重点项目用地用海审批服务的通知（试行）》，通过“同步开展、并联办理”，加快重点项目规划资源审批手续办理。

12日　市委书记、市总林长陈敏尔赴宁河区开展市级林长巡林工作，实地察看七里海湿地治理成效，详细了解七里海“两山”理论实践基地项目谋划实施情况。

14日　市长、市总林长张工赴宝坻区开展市级林长巡林工作，实地察看潮白河湿地公园的开发建设和潮白河及宝坻新城水系综合治理情况，详细了解宝坻践行“两山”理念的情况。

19日　市总林长批准，天津市发布《关于加强春季森林防灭火工作的令》的2023年第1号总林长令。

20日　以“爱鸟护飞——京津冀晋在行动”为主题的京津冀晋“爱鸟周”联合宣传活动在山西省忻州市举行。

同日　市规划资源局印发《天津市规划和自然资源局行政复议行政应诉工作办法》，进一步规范局系统行政复议行政应诉工作，夯实承办部门主体责任，规范案件办理流程，强化监督考核和追责问责。

25日　市规划资源局等部门印发《市规划资源局市生态环境局市住房城乡建设委市财政局关于

印发“环境修复+开发建设”模式出让工业污染地块实施方案（试行）的通知》。

**29日** 市规划资源局发布《关于调整〈天津市重要湿地名录（第一批）〉的通知》。

## 5月

**4日** 市规划资源局印发《市规划资源局关于深入开展安全生产领域行政执法工作的通知》，要求牢固树立“管行业必须管安全、管业务必须管安全、管生产经营必须管安全”的理念，克服麻痹大意思想，依法依规履职尽责，深入推动开展安全生产领域行政执法有关工作。

**5日** 市规划资源局印发《市规划资源局关于公布实施天津市农用地和农村集体建设用地基准地价成果的通知》，基准地价成果自6月1日起实施。

**同日** 市规划资源局党委印发《关于落实推动京津冀协同发展走深走实行动的实施方案》。

**10日** 市规划资源局举办“天津市第一届地质调查员（地质灾害方向）职业技能竞赛”。

**同日** 经市政府批准同意，市规划资源局印发《关于印发天津市2023年重大项目用地清单的通知》。

**12日** 天津市政府组织召开2023年天津市地质灾害防治工作领导小组和控制地面沉降工作领导小组视频会议，副市长范少军出席会议并讲话。会议总结2022年天津市地质灾害防治和地面沉降防治工作总体情况，研究部署2023年重点任务。

**17日至19日** 市规划资源局在国家会展中心举办第七届世界智能大会“数字自然资源智慧空间规划”展。

**18日** 副市长范少军、市政府副秘书长蔡云鹏赴津南区巡林并现场调研津南区、西青区绿色生态建设情况。

**19日** 市规划资源局举办第七届世界智能大会“新时代数字孪生城市”论坛，主题为“打造城市时空底座赋能数字孪生城市高效能治理”，深圳大学郭仁忠院士、北京大学邬伦院士、市规划资源局副局长罗平作主题演讲。

**23日** 天津市国土空间基础信息平台（二期）项目建设完成并上线运行。

**25日至26日** 市规划资源局在武清区开展京津冀协同发展2023年林草有害生物灾害应急防控演练。

**26日** 市规划资源局联合北京、河北林业主管部门在武清区举办2023年林草有害生物灾害应急防控演练，国家林草局生态司和北京专员办到场指导。《人民日报》《中国绿色时报》《天津日报》、天津电视台对活动进行了宣传报道。

**30日** 天津市规划展览馆举行“全国关心下一代党史国史教育基地”揭牌仪式，市关工委副主任李润兰、市规划资源局总规划师师武军揭牌并讲话。

**同日** 市规划资源局印发《市规划资源局法治建设2023年工作要点》。

**31日** 津南区八里台镇发生突发性局部地面沉降地质灾害，市规划资源局第一时间组织工作人员和技术支撑单位赴现场开展工作。

## 6月

**5日** 市地质灾害防治工作领导小组和控制地面沉降工作领导小组办公室印发《关于做好天津市2023年突发性地质灾害防治和平原区地面沉降监测工作的通知》。

**同日** 市规划资源局印发《市规划资源局关于印发〈天津市规划和自然资源局地质灾害防御响应工作方案〉的通知》。

**6日** 市规划资源局印发《天津市林草品种审定办法》。

**同日** 天津市国土空间规划“一张图”实施监督信息系统（二期）建设完成并上线运行。

**13日** 自然资源部印发《关于进一步做好用地用海要素保障的通知》，天津市《关于积极做好用地用海要素保障的通知》“用海论证及专家评审先行”等多条用海要素保障内容被纳入新政策。

**同日** 市规划资源局印发《天津市规划设计导则（2023版）》。在上版导则基础上，总结天津多年建筑规划管理实践经验，与天津市国土空间规划、总体城市设计相衔接，进一步加强城市规划管理，塑造天津城市风貌，凸显地方特色。

**21日** 市规划资源局印发《天津市国土空间生态修复规划（2021—2035年）》。

**同日** 经市总林长审定同意，市林长办印发市级总林长令《关于进一步加强林业有害生物防治工作的令》。

**27日** 自然资源部安委办副主任、地勘司副司长、一级巡视员王少波一行6人组成的部重大事故隐患专项排查整治2023行动第二工作督导检查组来天津检查指导。市规划资源局党委委员、副局长崔龙和相关处室负责人参加督导检查活动。

## 7月

**1日** 根据《全国国土空间用途管制监管系统交互数据规范》《全国国土空间用途管制监管系统接口规范》等规范，天津市完成“一张图”用地审批系统功能完善并正式上线运行。实现了农用地转用和土地征收审查报批流程从区级受理到市政府审批的全过程数据与自然资源部国土空间用途管制监管系统实时交互。

**5日** 市规划资源局、市农业农村委、市档案局联合印发《市规划资源局市农业农村委市档案局关于做好不动产统一登记与土地承包合同管理工作有序衔接的通知》，推进天津市农村土地承包经营权纳入不动产统一登记。

**6日** 副市长范少军赴七里海国家重要湿地考察调研，指导湿地保护工作。

**7日** 市规划资源局制定并印发《市规划资源局落实耕地和永久基本农田划定成果核实处置工作方案》。

**8日** 自然资源部、生态环境部、公安部、应急管理部、国家市场监督管理总局、国家能源局、国家矿山安全监察局印发《关于通报表扬打击“洗洞”盗采金矿专项整治行动表现突出单位和个人的通知》，市规划资源局蓟州分局等6家单位获表现突出单位称号，李焕青等7位同志获表现突出个人称号。

**10日至14日** 市规划资源局二级巡视员高明兴带队赴新疆和田地区和兵团十一师开展“民族团结一家亲·百行百业交流行”活动，并慰问援疆干部。

**11日** 天津市落实《中共中央国务院关于建立国土空间规划体系并监督实施的若干意见》提出的“五级三类”规划体系，学习首都副中心和首都核心区街区控规先进理念，进行详细规划体系改革探索，印发《天津市控制性详细规划（街区层面）编制指南（试行）》。

**同日** 市规划资源局印发《市规划资源局关于开展安全生产领域行政执法监督专项行动的通知》，要求毫不松懈抓好安全生产领域行政执法工作。

**12日** 市规划资源局党委印发《市规划资源局党委关于落实制造业高质量发展行动的实施方案》，扎实推动制造业高质量发展行动各项任务在规划资源系统有效落实。

**13日** 市规划资源局党委印发《关于落实港产城融合发展行动的实施方案》。

**17日** 经市人民政府同意，市规划资源局印发《天津市“一地一码”协同服务平台建设工作实施方案》，基于“一块地”规划建设全过程管理，构建规划用地全业务、全流程、全生命周期高效协同的自然资源管理新机制，全面提高国土空间治理的科学化、精细化和智能化水平。

**26日** 京津冀林业和草原行政执法协作座谈会在北京召开。北京市园林绿化局（首都绿化委员会办公室）、天津市规划和自然资源局、河北省林业和草原局领导介绍了各自地区林业和草原行政执法情况，并联合签署了《京津冀林业和草原行政执法协作备忘录》，提出执法协作“1目标+6机制”模式。

**7月** 天津市建设完成国土空间用途管制监管系统并上线运行，通过全面梳理用途管制实施八项业务流程，制定统一标准，构建了市区两级全链条覆盖、全要素管理的国土空间用途管制初步架构。通过与各类外部系统对接，实现“全域、全要素、全流程、全生命周期”的数字化管理转型升级。

## 8月

**1日** 天津市首个海上风电项目——三峡新能源天津南港海上风电示范项目完成用海审批。

**同日** 市规划资源局为海河“23・7”流域性特大洪水的抗洪抢险和夏季防汛工作提供应急测绘保障服务，并建立了天津市防汛应急响应机制。

**7日** 市规划资源局印发《市规划资源局关于进一步规范行政处罚（行政处理）决定公开公示等工作的通知》，要求各执法单位严格按照“谁制作、谁公开、谁负责”的原则，全面落实行政处罚（行政处理）信息公开公示工作各项要求，对行政处罚（行政处理）公开公示信息表各项数据仔细审核把关、及时报送，准时公开，依法依规履行后续修复程序。

**8日** 市规划资源局印发《市规划资源局关于盘活存量土地房产有关支持政策的通知》，支持对已取得国有建设用地使用权的土地和具备合法手续的存量房产进行盘活有效利用。

**9日** 市规划资源局印发《天津市加强森林防火网格化管理的实施方案》。

**同日** 市规划资源局党委书记、局长陈勇深入局对口扶持的蓟州区马伸桥镇王刁庄村和叫山村经济薄弱村现场调研指导，组织召开区、镇、村三级主要负责人参加的工作座谈会，研究着力解决叫山村近10年无饮用自来水的难题。

**17日** 市规划资源局党委委员、副局长张宏晖参加市人大常委会湿地保护“一法一条例”执法检查组第一次会议暨执法检查动员会，代表市规划资源局汇报湿地保护“一法一条例”贯彻实施情况。

**29日** 市规划资源局开展以“规范使用地图一点都不能错”为主题的年度测绘法宣传日活动，并创新活动形式，注重宣传实效，以测绘法宣传日为契机，开展贯彻落实测绘法律法规相关工作。

**同日** 第20个全国测绘法宣传日之际，市规划资源局在天津市规划展览馆举行“测绘法宣传日暨国家版图意识宣传周”活动，并同步上线发布新版公益性地图。《人民日报》、新华社、《中国自然资源报》《天津日报》《今晚报》、津云等新闻媒体对活动进行了宣传报道。

**30日** 市规划资源局印发《天津市规划和自然资源违法行为立案查处工作规范（2023修订）》，进一步规范和完善规划和自然资源执法程序，推进自然资源法治建设，促进自然资源执法队伍依法有效行政。

**31日** 市规划资源局召开林业有害生物防治补助资金专项审计调查进点会，首次聚焦规划资源业务领域实施重大项目审计。

## 9月

**3日** 市规划资源局印发《市规划资源局关于深化实施规划用地“多审合一、多证合一”改革的通知》，进一步明确以“多规合一”为基础，统筹规划、建设、管理三大环节，推动“多审合一”“多证合一”，提高审批效能和监管服务水平。

**7日** 由市规划资源局指导，天津住宅建设发展集团有限公司和天津市土地学会主办的“天津历史街区与工业遗存活化利用交流会”在河东区棉三创意街区举行。副市长范少军致辞，中国文物协会会长、原故宫博物院院长单霁翔等10余位业内知名专家、学者和企业家发表主旨报告和主题演讲，全国建筑文化遗产保护活化利用领域的200余名优秀代表参加。《人民日报》《新华社》《天津日报》、天津电视台、天津广播、津云等新闻媒体对活动进行了宣传报道。

**同日** 市规划资源局印发《市规划资源局关于贯彻落实国家要求进一步做好天津市用地用海要素保障的通知》。

**7日至8日** 市规划资源局二级巡视员高明兴带队赴承德市，深入调研局对口帮扶承德市规划资源行业有关工作，与承德市自然资源部门交流津承两地规划资源部门贯彻落实京津冀协同发展工作成效、国土空间总体规划编制及生态修复有关工作，赴华勘局五一四队调研“绿水青山一张图”系统建设及数据整合等工作。

**12日** 市规划资源局印发《市规划资源局关于公布实施天津市标定地价成果的通知》，标定地价成果自9月15日起实施。

**15日** 市规划资源局和山西省自然资源厅签订《津晋不动产登记“跨省通办”合作框架协议书》，开启津晋不动产登记“跨省通办”新模式，并发出首本“跨省通办”不动产权证书。这一新模式彻底解决了津晋跨域办理不动产登记的“多地跑”和“折返跑”问题，成功构建了跨省不动产登记业务“异地办”和“就近办”快速通道。

**19日** 市规划资源局修订印发《天津市村庄规划编制导则》，进一步规范指导各涉农区“多规合一”的实用性村庄规划编制，为各区村庄规划编制工作提供支撑。

**28日** 市规划资源局完成潮白新河自然资源确权登记，成为全国首批、全市首条完成登簿的河流。

**9月** 自然资源部反馈全国2022年建设用地审批“双随机、一公开”抽查结果，天津市总得分为88.75分，全国排名第一。

## 10月

**10日** 市规划资源局联合市发展改革委、市财政局印发《天津市生态系统碳汇能力巩固提升实施方案（2021—2030年）》。

**12日** 市规划资源局与北京市规划和自然资源委员会、河北省自然资源厅共同签署《京津冀测绘地理信息协同发展战略合作协议》，为京津冀协同发展走深走实提供测绘地理信息支撑。

**17日** 市规划资源局联合静海区政府举办2023年天津市“野生动物宣传月”宣传活动，主题为“保护野生动物，共享生态家园”。

**18日** 市规划资源局、吉林省林业和草原局、宁河区政府联合主办的天津市·吉林省候鸟联合放归活动在七里海湿地国家级自然保护区举行。

**18日至19日** 市规划资源局组织召开深化农村集体经营性建设用地入市试点工作京津冀交流研讨会。

**20日** 市林长办印发《2023年天津市林长制督查考核工作方案》，对本年度各区林长制工作实效进行督查考核，提高林草资源保护发展水平。

**同日** 市规划资源局组织召开2023年加强秋冬季候鸟保护工作会议。市规划资源局党委委员、副局长张宏晖主持会议，市政府副秘书长蔡云鹏出席会议并讲话。

**24日** 市规划资源局会同市住房城乡建设委召开津南区八里台镇局部地面沉降应急工程验收会，对津南区八里台镇局部地面沉降应急工程浅层注浆、隔离帷幕注浆、深层固砂帷幕注浆、地热井封堵工程进行验收。与会专家一致认为应急工程质量合格，同意验收。

**25日** 市规划资源局、市财政局印发《市规划资源局市财政局关于印发天津市储备土地临时利用管理办法的通知》，明确储备土地的临时利用方式、期限、监管等内容。

**26日至28日** 2023（第二十五届）中国国际矿业大会在津成功举办。

## 11月

**1日** 市规划资源局印发《天津市林果花草种业三年振兴行动计划（2023—2025年）》。

**2日** 市规划资源局印发《实景三维天津建设实施方案（2023—2025年）》，指导天津市实景三维建设工作，为数字天津、数字政府和数字经济提供三维空间定位框架和分析基础。

**同日** 国家林业和草原局发布新一批国家重要湿地名录，天津市大黄堡湿地列入国家重要湿地名录。

**3日** 市规划资源局印发《市规划资源局关于印发天津市2023年度国土变更调查工作方案的通知》。

**5日** 天津市人民政府批复同意《天津市湿地保护规划（2022—2030年）》。

**7日** 由国家海洋信息中心、河东区人民政府、市规划资源局共同主办的“2023智慧海洋研讨会”在天津市召开。来自全国涉海管理部门、高校、科研院所和有关企业的260余位代表参加。

**同日** 市规划资源局召开京津冀第一次历史文化名城保护体系交流会，北京市规划和自然资源委员会、河北省住房和城乡建设厅参加会议。

**同日** 市规划资源局制定的《重要湿地监测技术规程》地方标准经市市场监管委正式批准发布，填补了天津市湿地保护地方标准的空白。

**10日** 市规划资源局与市委保密办联合开展了2023年度测绘地理信息安全保密检查工作，对天津市测绘院有限公司、天津勘察设计院集团有限公司等四家单位的安全保密管理制度、涉密存储介质、国家秘密的地理信息的获取、持有、提供、利用情况等进行现场检查，为地理信息安全扎紧织密"安全网"、筑牢"安全堤"。

**14日** 市规划资源局印发《区级国土空间生态修复规划编制技术规程》。

**15日** 天津市首个自然保护区生物多样性监测项目——天津古海岸与湿地国家级自然保护区生物多样性监测项目建成，实现了对七里海自然保护区野生动植物、人类活动、生态环境要素的全方位立体监测和智慧化管理，达到了国内一流水平。

**17日** 由市规划资源局和静海区政府联合举办的2023年天津市"野生动物宣传月"宣传活动在天津市光合谷旅游度假区启动。《人民日报》、新华社、《天津日报》、津云等新闻媒体对活动进行了宣传报道。

**22日** 市规划资源局、市发展改革委联合印发《关于支持绿色能源发展规范光伏发电产业规划用地（海）管理有关工作的通知》。

**23日至25日** 市规划资源局组织本市部分涉海企业参加深圳2023中国海洋经济博览会，并参与展览宣传和投融资路演等活动。

**29日** 天津市人大常委会审议通过《天津市湿地保护条例（修订草案）》，自2024年1月1日起施行，从湿地资源管理、湿地保护与利用、湿地修复等方面为天津市湿地保护管理工作提供法治保障。

## 12月

**4日** 市规划资源局举行2023年度局系统新任命国家工作人员宪法宣誓仪式。

**5日** 市规划资源局印发《天津市重点保护野生植物名录（第一批）》和《天津市陆生野生动物致害补偿管理办法（试行）》。

**7日** 市林长办印发《天津市总林长令发布制度》《天津市林长制市级协作会商制度》《天津市林长制市级会议制度》《天津市林长制巡林制度》《天津市林长制信息制度》《天津市林长制市级督查制度》和《天津市林长制市级考核制度》七项林长制配套制度，建立健全了林长制制度体系。

**12日** 市规划资源局印发《天津市规划资源领域行政执法突出问题专项整治行动方案》，在全市范围内集中开展规划资源领域行政执法突出问题专项整治行动，有效解决行政执法领域突出问题，切实加强执法能力建设，努力打造一支政治坚定、素质过硬、纪律严明、廉洁高效、群众满意的规划资源执法"铁军"。

**同日** 市规划资源局印发《天津市林草种质资源库管理办法》。

**同日** 市规划资源局印发《天津市控制性详细规划相关政策文件汇编》。

**13日** 由市规划资源局主办的"2023年天津市野生动植物保护演讲比赛"决赛在津云中央厨房顺利举行。

**16日** 市规划资源局印发《天津市林业改革发展典型案例》（第一批）。

**20日** 市规划资源局组织召开应急工程效果评估和区域地质安全调查评价验收会，专家一致认为，津南区八里台镇局部地面沉降应急工程效果评估和区域地质安全调查评价工作完成了任务书规定的各项工作任务和工作量，工作成果内容丰富、资料详实，结论可靠。

**27日** 北京市、天津市、河北省、山西省和内蒙古自治区自然资源部门签订《"京津冀+晋蒙"深化不动产登记"跨省通办"合作框架协议》，推出了新建商品房转移登记、抵押登记、网上查询等16项高频服务事项作为首批通办服务内容，为区域高质量一体化发展先行探路做出极有价值的贡献。

**29日** 市规划资源局完成全市测量标志普查工作，全面摸清全市域现有1583个测量标志现状，更新完善测量标志建设使用、巡查维护、拆迁拆除等信息。

**12月** 市规划资源局组织开展2023/2024年冬季海冰调查。

（张　敏）

# 新闻媒体关注天津规划和自然资源

## 学习贯彻中央经济工作会议精神系列访谈
## 以高水平规划引领　服务高质量发展大局
### ——访市规划资源局党委书记、局长　陈　勇

2 | 要闻

构建"两个体系"推动"六个转型"

我市工业领域碳达峰实施方案印发实施

向改革创新要动力 深入推进京津冀协同发展

京津冀三地推出10条旅游线路

学习贯彻中央经济工作会议精神系列访谈

以高水平规划引领 服务高质量发展大局

他们是最坚定的平安守护者

坚定信心 真抓实干 激活区域发展新动能

北京燃气天津南港项目一期工程完工

我市首个水上公共消防站建成

深化"党建+"工程 激发内生动能

市委经济工作会议闭幕后，市规划资源局党委书记、局长陈勇赶回单位，第一时间召开专题会议，研究制定有关落实工作方案。“我们将坚决贯彻落实中央经济工作会议和市委经济工作会议要求，在全局系统统一思想和行动，聚焦发展是第一要务，高质量发展是首要任务，以奋发有为的精神状态和‘时时放心不下’的责任感，积极对接部委局，争取政策支持，做好今年经济工作，完成好经济发展目标。”陈勇说。

市委经济工作会议提出，要持续强化城市规划引领，遵循超大城市规划建设运行治理规律，科学谋划布局生产、生活、生态空间，为全面建设社会主义大都市提供有力支撑和空间保障。陈勇表示，规划资源系统将围绕建设“四高”社会主义现代化大都市目标，立足规划资源“两统一”职责，积极主动推进我市贯彻落实党的二十大决策部署十项行动，抓好细化举措，以务实的工作作风抓落实，见实见效，扎实推进17条重点举措，奋力服务支撑天津高质量发展。

“我们将进一步完善市、区两级国土空间总体规划，系统性安排空间资源配置。注重顶层设计，进一步明确‘津城’‘滨城’规划范围和功能定位，强化双城轴向集聚两带延伸发展。推进港产城融合，实施‘以港兴城、以城促港、港城共荣’战略，统筹港城空间布局。培育增长动能，构建规模合理、功能完善的市域城镇发展格局，推动各区联动发展。盘活存量土地资源，提高土地利用效率，为产业振兴增强服务保障。”陈勇说。

牢固树立以人民为中心的发展思想，将人作为城市规划的核心，才能以高水平规划引导支撑人民高品质生活。陈勇表示，接下来将持续推进“871”重大生态保护修复工程，打造绿色发展标志性“样板”；着力推进重要基础设施和民生工程

的规划用地保障工作；加大招商引资力度，服务全市高质量发展。同时，继续深化“一制三化”改革，优化业务审批流程，积极回应企业和群众诉求，实施规划资源稳经济9方面32项举措，提供“点单式”帮办、领办服务；推动“交地即交证”等便民利企措施常态化应用；落实政务服务“一窗综合受理”要求，进一步提高办件效率；加快提升完善数字化政务服务建设，实施“一网通办”，推进数据共享，让“信息多跑路、企业少跑路”；主动服务市场主体，让改革红利不断惠及企业和广大人民群众。

（摘自《天津日报》2023年1月3日）

## 一湾水、一群鸟、一艘船
# “一”览渤海生态之变

新华每日电讯 2023年1月5日 星期四

新华关注·家园 5

PM2.5年均浓度再创新低

北京：十年奋斗蓝天常驻

开创新时代水土保持工作新局面

一湾水、一群鸟、一艘船

“一”览渤海生态之变

让鸟儿从头顶平安飞过

探访湖南罗霄山脉“千年鸟道”

新年伊始，晴好天气开场。在天津大神堂码头，三五渔民一大早就忙着修整渔船。40多岁的渔民李光边忙着手中的活儿，边和兄弟们聊着过去一年的好收成。

大神堂村，被称为“天津最后的渔村”，这个渤海湾畔的小渔村曾无鱼可捞。变化主要来自2018年冬天打响的渤海综合治理攻坚战。4年后的冬天，记者发现：水清了、鸟来了、鱼多了，一幅人与自然和谐共生的画卷在渤海湾铺展。

**一湾水，由“脏”到“净”**

65.4%、77.9%、82.3%……2018年至2020年，渤海近岸海域水质优良比例一年一个跨越，“颜值”越来越高。

一段时间以来，渤海“脏”了让周边群众痛心不已。天津市生态环境局数据显示，“十二五”末期，天津近岸海域优良水质比例仅为7.8%。

“既有口袋状带来洋流活动弱、水体交换慢的‘先天不足’，更有沿海经济快速发展造成的污染物增多的‘后天失养’。”天津市生态环境局海洋生态环境处处长高翔说。

2018年，渤海综合治理攻坚战行动打响。津冀鲁辽周边省市及相关部委在陆源污染治理、海域污染治理、生态保护修复、环境风险防范等方面展开行动。

“病”在海里，“根”在陆地。

渤海入海排污口超过1.8万个。“对于渤海这样一个自净能力差的海域，陆源污染对水质影响尤为大。”高翔说。

住在流入渤海湾的独流减河沿岸，天津王稳庄镇村民袁立娜对曾经的污染记忆犹新：“河沟里都是红色、褐色的臭水！”

王稳庄，钉子产量曾占全国40%以上，是远近闻名的“钉子镇”，但由此也楔下了污染的“钉子”。在一场涉及全市2.2万家企业的“散乱污”整治行动中，这个镇关停整改356家企业。

为切断陆源污染的入海通道，天津对12条入海河流实施“一河一策”“分段分策”，把消劣指标分解到末端；对上千个入海排污口推行“一口一策”，全面整治。

经过几年努力，到2020年天津12条入海河流全部消劣，近岸海域优良水质比例比2017年提高53.8个百分点。

**一群鸟，由“少”到“多”**

初冬时节，永定新河入海口附近，成千上万的候鸟来这里“打卡”，喧闹的鸟鸣不绝于耳，给寒冷的冬日添了几分灵动。

天津海岸，是东亚至澳大利西亚候鸟迁徙路线上重要的节点。遗鸥、东方白鹳等珍稀鸟类每年在这里停歇数月，有的候鸟变“留鸟”。

它们的家园过去却被各类开发建设抢占。2012年世界自然保护联盟发布的报告显示，过去10年间，东方白鹳迁徙“咽喉”——渤海湾沿线关键区域的滨海湿地消失59%，种群日渐萎缩。

岸线修复，势在必行。渤海综合治理攻坚战力度前所未有：山东完成整治修复滨海湿地4996公顷；河北完成生态修复项目13个；辽宁14个海洋生态修复项目全部竣工验收……

在渤海湾最深处，天津海岸线虽短，但修复任务不轻。2018年以来，天津修复滨海湿地531.87公顷，为候鸟营造出美好的生态家园。

监测显示，近几年，天津市不仅鸟类种类从416种增加到452种，每年还有超过百万只的候鸟迁徙过境。东方白鹳单日单次最大观测量从2018年前的1300多只增加到2021年的5000多只，同期遗鸥从1.1万只增加到1.6万只。

鸟类数量增加，年年追着候鸟跑的志愿者王建民感触尤深：“每年冬季上万只遗鸥栖息在天津海岸线，占全球九成以上。”

**一艘船，由“亏”到“赚”**

这几日，滨海新区蔡家堡村渔民刘翠波正在拾掇渔网。“小黄鱼、梭子蟹、皮皮虾……又多起来了。”说起变化，老刘黝黑的脸上露出一排白牙。

渤海是我国传统四大渔场之一。但20世纪90年代开始，生态退化加上过度捕捞，渤海变得无蟹汛、无鱼汛，部分海域几乎成了“海底荒漠”。

2017年开始，渤海海域将伏季休渔从3个月延长到4个月。休渔期里，滨海新区渔政干部几乎天天海上巡逻。

“近几年，随着整治力度不断加大，非法捕捞明显减少。”一位渔政干部说。

一手抓打击，一手抓修复。大神堂海域国家级海洋牧场示范区近年来累计投放构件礁近3万个，增殖放流近8亿单位。

2022年5月专家组评价认为，该牧场水质和沉积物指标均达到国家一类标准，礁体生物多样性逐步增加，渔业资源明显恢复。

增殖放流成为沿岸省市涵养渤海生态的重要举措。“十三五”以来，天津向渤海湾投放中国对虾、牙鲆、花鲈等27个苗种，总计110亿单位。

多管齐下，效果显著。

中国水产科学研究院黄海水产研究所2022年发布调查显示，基于2012—2016年和2017—2021年每年8月渤海渔业资源底拖网调查数据，渤海游泳生物、中上层鱼类、底层鱼和虾蟹类年间平均资源密度增幅分别为186%、178%、358%和133%。

渤海渔业资源逐渐恢复，李光的渔网是一把尺。“我靠一条10米长的木船，现在一年少说也有10多万元的收入。”李光笑出了褶子。

新华社天津1月4日电

（摘自《新华每日电讯》2023年1月5日）

# “五发力”举措推动见行见效

## 滨海新区更好发挥先行先试和支撑引领作用

天津日报
TIANJINDAILY
渤海千亿方大气田开发按下“加速键”
蓟州两个国家湿地公园被正式授牌
陈敏尔参加指导市发展改革委党组2022年度民主生活会时强调
提高政治能力 提升战略站位
以新担当新作为推动天津高质量发展
我市迎今年首架空客A350“黄皮飞机”
张工参加指导市科技局党委2022年度民主生活会
增强本领主动担当 为高质量发展提供有力科技支撑
浓浓烟火气 暖暖津沽情
——我市实施高品质生活创造行动
在津全国人大代表研读讨论立法法修正案
喻云林参加并讲话
“五发力”举措推动见行见效
滨海新区更好发挥先行先试和支撑引领作用

本报讯（记者 陈璠）日前，为深入落实市委市政府“十项行动”部署，围绕学习贯彻市委市政府实施滨海新区高质量发展支撑引领行动专题会议精神，市规划资源局滨海新区分局谋划推出要素保障、规划引领、改革创新、项目策划、服务担当“五发力”具体举措，更好发挥新区先行先试和支撑引领作用，在全市高质量发展中作出更大贡献。

在要素保障方面，新区将加强对重大产业、民生项目供地保障，今年新区计划出让土地面积较2022年增加20%，预计可实现土地出让金较2022年增加100%。加大新型产业用地供给，重点支持承接北京非首都功能疏解的新型产业项目落地，加快推动天津首个成规模MO新型产业用地项目滨海——中关村北塘湾数字经济产业园建设。

在规划引领方面，新区坚持组团化特色发展，以滨城规划导则为纲，

加快构建“一核两副双港多组团”的国土空间结构。以于家堡、响螺湾6平方公里为核心，构建中央商务区、中央创新区，加速创新创业动能集聚。编制南北两翼发展战略规划研究及行动规划，明确功能定位，优化空间格局，引导项目落地，促进南北两翼提速发展。

在改革创新方面，新区将出台提升审批效率的规划土地政策创新体系，提升土地节约集约利用政策体系。争取自然资源部用地用海综合审批改革试点，围填海审批权限下放滨海新区，开展用海、用地联合审批，满足高质量发展建设用地需求。推进农村集体经营性建设用地入市试点改革，保障农村一、二、三产业融合发展，破解新增国有建设用地指标紧缺和农村存量建设用地盘活难题，全力推进乡村振兴。健全完善新区城市更新“1+1+1+N”政策体系，打造全市城市更新“滨城标杆”。

在项目策划方面，今年新区将加快推进杭州道建材路、塘沽南站、时尚广场、保税区海港片区等已中标项目开发建设，预计可实现土地出让金55亿元以上，完成社会总投资不少于50亿元。谋划华北陶瓷、皇冠健康城、新河街、新港街、海滨街等重点项目中标落地，涉及总投资1000亿元以上。盘活闲置土地增效，引进新能源光伏项目落地，预计撬动新能源项目新增投资26亿元。策划皇冠健康城城市公共服务功能提升、港东新城区域开展基础设施配套建设、“新城建”数字基础设施等四个政府专项债。

在服务担当方面，新区将围绕推动滨海新区高质量发展支撑引领行动编制规划，压缩对高质量发展重大项目审批时限，推进交地交证并行办理，优化不动产登记营商环境，建立重点工作清单、台账，明确作战图，签订责任状，组建督战队，确保市委、市政府各项部署要求落实落细、见行见效。

（摘自《天津日报》2023年2月3日）

# 携手共进　合力推动协同发展取得新成果

## ——天津市党政代表团赴京学习考察记

天津日报
TIANJINDAILY

中办国办印发《意见》
进一步加强财会监督工作

《求是》杂志发表习近平总书记重要文章
当前经济工作的几个重大问题

天津市党政代表团赴北京市学习考察
续写京津“双城记”新篇章
推动京津冀协同发展走深走实
两市召开工作交流座谈会
尹力陈敏尔讲话　殷勇李秀领魏小东张工喻云林王常松出席

天津市与中国联通签署战略合作协议
陈敏尔张工与刘烈宏一行座谈并见证签约

携手共进　合力推动协同发展取得新成果
——天津市党政代表团赴京学习考察记

风好正是扬帆时
奋楫逐浪天地宽

初春的北京，处处生机盎然。千年古都、首善之都的古韵魅力与创新活力交相呼应、绽放异彩。

2月15日，天津市党政代表团赴北京市学习考察。这是在全面贯彻党的二十大精神开局之年，我市深入贯彻习近平总书记关于京津冀协同发展重要指示要求、扎实实施“十项行动”、推动京津冀协同发展走深走实的重要举措，也是学习北京、服务北京，携手续写京津“双城记”新篇章的务实合作之旅。

**培育新动能　为京津冀协同发展增添强劲活力**

中关村，中国“创新名片”。

海淀公园北侧的中关村国家自主创新示范区，是代表团此次学习考察的首站。展示中心内，微小精细的区块链芯片、活泼可爱的仿生机器人、科技感十足的智行自动驾驶车……一系列具有突破性前沿创新的科技成果，让代表团每一位成员深切感受着中关村强劲科创活力，也彰显着创新对我国经济社会发展和民生改善的支撑引领作用。

“中关村已成为原始创新策源地、自主创新主阵地、高科技企业出发地。”北京市科委、中关村管委会党组书记张继红介绍着中关村的科技故事，“我们充分发挥教育科技人才优势、着力推动政策先行先试、持续优化开放创新生态。目前，拥有102家独角兽企业，排名全球城市第2位，累计创制标准1.9万项，其中国际标准720项。”

“只有创新才能自强，才能争先。”在展示中心，与小米科技公司、精雕科技公司、小马智行科技公司、华氪生物科技公司、微芯区块链与边缘计算研究院等企业负责人的互动交流中，大家不时发出这样的感叹。

看到中关村迅猛的发展势头，宝坻区区长郭康伟的信心更足了。他说：“近年来，宝坻区与北京中关村发展集团共同全力推进宝坻京津中关村科技城建设，现已完成一期4.19平方公里的开发建设，并围绕‘4+1’主导产业引入市场主体1039家。”谈到下一步工作，郭康伟表示，宝坻区将切实把此次调研学习成果转化为落实市委市政府“十项行动”特别是推进京津冀协同发展走深走实行动的有力举措，发挥好京津中关村科技城的龙头牵引作用，加大与北京中关村联合招商力度。今年他们将储备各类项目200个以上，新引进北京方向实体企业30个，市场主体累计达到1400家。同时，加快实施二期5.25平方公里开发建设，推动南开中学科技城学校等一批公共配套项目开工，加快科技城高质量发展。

“通过学习交流，特别是实地考察中关村‘学城、创城、产城’三城融合的有益经验，我们开阔了思路，为加快‘创新南开’建设、坚定不移地走好创新引领高质量发展之路，提供了样板和参照。”南开区委书记马珊珊向记者介绍了南开区积极学习海淀区加强与高校科研院所合作的情况。她说，作为天开高教科技园核心区所在地，他们确定了“一三二一”的工作思路，做实“科教立区”文章，持续深化与南开大学、天津大学务实合作，建立项目孵化、企业加速、产业聚集的创新主体培育体系，全力打造近悦远来的区域发展环境，不断增强自主创新重要源头和原始创新主要策源地的支点功能，加快向中央创新区转型发展，以科技“增量”做强高质量发展的“硬核”支撑。

**提升产业链　共促创新成果转移转化**

一条大街链接的是中国智造下的无数个梦想。

位于北起双清路、南至成府路的中关村智造大街，是首都创新创业的新地标，更是这座城市前沿“硬科技”创新发展的新亮点。其中的敏捷快制实验室把研发试制时间从传统的一个多月压缩至一周之内；璞跃中国公司，累计投资、孵化超300家中国创业公司……在这里，代表团听取入驻项目企业和服务机构运营情况的介绍。

“智造大街”紧密连接起研发和产业的两端，给人以深深的启示。“科技创新中心”与“先进制造研发基地”分别是北京与天津两座城市的功能定位和使命任务。多条城际高铁连接京津，人员交流便捷。如何实现京津之间的有效对接联动，打造科技研发与成果转化的“快速通道”和“黄金走廊”？代表团成员边走、边听、边交流、边思考。

“随着京津冀协同发展重大战略走深走实，武清区将切实扛起‘主力军’‘桥头堡’的政治责任和历史使命，加快建设京津明珠、幸福武清，努力在重大国家战略实施中体现武清担当、展现武清作为，以一域之为服务全市高质量发展大局。”武清区委书记刘惠表示，全区将深入落实党的二十大精神和市委市政府“十项行动”的部署要求，紧扣协同发展先行示范区目标，深化京津产业新城规划建设，推动佛罗伦萨小镇新商圈与大运河文化生态发展带互联互动，积极承接北京非首都功能疏解，做实通武廊“小京津冀”合作。坚持高端化、智能化、绿色化方向，推动短板产业补链、优势产业延链，传统产业升链、新兴产业建链，着力构建智能科技和生物制造“双高引领”的产业格局。

北京清华工业开发研究院东升国际园转移转化基地，容纳了全球健康药物研发中心、创新药转移转化中心、北京医疗机器人产业创新中心和国际医疗器械创新中心，覆盖了医药健康领域从应用研发、企业孵化到产业培育的创新链和产业链。

在转移转化基地内的国际氢能中心，多台前沿化的医疗设备和氢能产品吸引着代表团眼球，大家不由自主为清华工研院科研成果点赞。

“创新是引领发展的第一动力，让更多科技成果转化为现实生产力，才能真正释放创新驱动发展的原动力。”市科技局副局长梅志红表示，要把此次学到看到的好经验、好做法带回去，进一步加大京津两地科技部门促进科技成果转化的合作力度。目前，我市在全国率先建立较为完善的“法规+意见+配套细则+操作规程”的政策体系，着力打通高校科技成果作价投资、技术产权股权交易等转化通道，更大激发创新主体活力。同时，围绕我市主导产业，布局18家概念验证平台，为各类创新主体提供概念验证、中试、商业评价等专业化服务，以市级成果展示交易平台为核心，建立“1+4”市场化技术转移体系，通过“科技成果俏津门”、中国创新挑战赛等品牌活动，推动更多科技成果产业化、“由智变金”。

**唱好“双城记”　携手并进全面加强京津合作**

千年运河北首，百里长街东端，北京城市副中心在此崛起。这里着力打造国际一流的和谐宜居之都示范区、新型城镇化示范区和京津冀区域协同发展示范区，这里着力营造水城共融、蓝绿交织、文化传承的城市特色。

作为北京新两翼的一翼，城市副中心聚焦行政办公、商务服务、文化旅游主导功能和科技创新功能。在文化旅游方面，依托大运河文化带、北京环球主题公园及度假区、宋庄、台湖等特色地区，大力发展文化创意、主题旅游等产业。

了解到北京城市副中心最新建设进展后，市规划和自然资源局局长陈勇表示，北京城市副中心作为京津冀协同发展的桥头堡，通过科学规划建设，承接北京中心城区人口和产业疏解，实现与北京中心城区互补发展，经验值得认真学习。从中深深体会到，要从科学把握城市职能定位、坚持绿色生态理念和生态保护、注重历史文化保护、注重资源集约节约的规划理念、坚持以人民为中心等方面统筹把握，切实把新发展理念落实在城市规划建设治理上。他们将主动融入以首都为核心的世界级城市群建设，对标北京城市副中心，坚持以高水平规划引领高质量发展，细化构建组团式集约紧凑发展格局，提高产业用地利用效率，实行多层次战略留白，避免城市摊大饼式发展。进一步加强教育、医疗、体育、养老等公共服务设施配套补给，着力构建复合完善、优质便捷的生活服务体系。

在京津冀协同发展的大思路、大布局下，京津双城携手共进的道路越走越宽阔。

“天津将深刻领悟京津冀协同发展的战略意图，立足新阶段新任务新要求，全面加强京津合作，唱好新时代京津‘双城记’。”市发展改革委主任、市京津冀协同办主任戴永康表示，他们将把这次学习考察的成果运用好，好好学习、好好服务、好好协同，在交通、产业、科技教育和民生上下功夫，做好协同发展工作。牢牢抓住承接北京非首都功能疏解这个“牛鼻子”，进一步优化全域承接格局，建立健全对接机制，推动形成双向合力，加强区域产业链合作，培育电子信息、生物医药、汽车等具有全国影响力的优势产业集群。同时，围绕落户企业和员工关心关注问题，量身定制政策包，全程跟踪确保落实，切实改善承载服务和承载环境，让创新创业者引得来、留得住、发展好。

（摘自《天津日报》2023年2月16日）

# 为实现党的二十大确定的目标任务而共同奋斗

## ——广大干部群众认真学习领会党的二十届二中全会精神

2 权威发布 新华每日电讯 2023年3月2日 星期四

为实现党的二十大确定的目标任务而共同奋斗

——广大干部群众认真学习领会党的二十届二中全会精神

不折不扣把机构改革任务落到实处

——论学习贯彻党的二十届二中全会精神

坚守为党育才、为党献策的党校初心

“对群众的冷暖多在意，关怀就有多细致入微”

十年两会·温暖记忆

2月28日，《中国共产党第二十届中央委员会第二次全体会议公报》一经发布，立即在广大干部群众中引起强烈反响。

大家认真学习领会党的二十届二中全会精神，一致表示，要更加紧密地团结在以习近平同志为核心的党中央周围，自信自强、守正创新，锐意进取、顽强拼搏，扎实推进中国式现代化建设，坚定改革信心和决心，努力实现各项发展任务，为实现党的二十大确定的目标任务而共同奋斗。

**充分肯定一中全会以来中央政治局工作，深刻领悟“两个确立”决定性意义**

党的二十届二中全会充分肯定了一中全会以来中央政治局的工作。

从坚持稳中求进工作总基调，到三个“更好统筹”；从动态优化调整新冠疫情防控措施，到着力推动经济稳步回升、促进高质量发展；从扎实推进社会主义民主法治建设和宣传思想文化工作，到切实保障和改善民生……党和国家各项工作迈出新的步伐，展现出新时代新征程的崭新气象。

“自从春节后开工以来，车间里的忙碌景象就没有停止过，大家的信心和干劲儿也越来越足了。”全国人大代表、湖北十堰东风商用车有限公司车辆工厂总装检测车间首席技能师王建清说，党的二十届一中全会以来，以习近平同志为核心的党中央统筹疫情防控和经济社会发展，着力推动经济稳步回升，取得了实实在在、看得见摸得着的成果。

船重千钧，掌舵一人。

越是形势严峻，越是任务艰巨，就越需要坚强的领导核心带领全党和全国人民育新机、开新局。

“辉煌成绩的取得，根本在于有习近平总书记作为党中央的核心、全党的核心掌舵领航，在于有习近平新时代中国特色社会主义思想科学指引。”上海对外经贸大学马克思主义学院院长秦淑娟说，新征程上，必须更加自觉地把“两个确立”的政治共识转化为“两个维护”的实际行动，确保全党步调一致向前进。

春天，凝聚奋进的力量。

温暖的日光中，河南濮阳县鲁河镇高庙村的田地里，一排排节水喷灌设备作业不停，浇灌着茁壮生长的冬小麦。

近年来，鲁河镇成立股份经济合作联合社，建立“土地驿站”，统一对接订单、种植方案、农机调配，促进了粮食增产、农民增收和农村集体经济发展。

“团结就是力量，心齐才能前进。”鲁河镇党委书记田志鹏表示，党和国家事业的快速发展，充分说明了在以习近平同志为核心的党中央坚强领导下，广大人民群众团结一致、开拓进取的创造伟力，使我们更加坚信完全有基础、有条件、有能力抵御各种风险挑战，向着实现第二个百年奋斗目标稳步前行。

全会强调，开好十四届全国人大一次会议和全国政协十四届一次会议，对进一步动员全党全国各族人民为全面建设社会主义现代化国家、全面推进中华民族伟大复兴而团结奋斗，具有重大意义。

临近大会召开，王建清正认真准备着带到十四届全国人大一次会议的建议，他将围绕自己所熟悉的领域，关注汽车产业发展、高技能人才培养等。“作为一名全国人大代表，我将把思想和行动统一到党的二十届二中全会精神上来，为大会的胜利召开贡献代表力量。”王建清说。

最近这段时间，全国政协委员、四川恒和信律师事务所主任李正国正在抓紧打磨、完善提案。“今年是党的二十大后的第一次全国两会，对于把党的主张通过法定程序转化为国家意志和人民共同行动意义重大。”李正国表示，要通过深入调研，提出接地气、解民忧的高质量提案，为助推法治中国建设献计献策。

选举产生新一届国家机构和全国政协领导人员是今年全国两会的重要任务。广大干部群众热切期盼这次全国两会选举出堪当民族复兴重任的领导集体，汇聚起同心共圆中国梦的磅礴力量。

**坚定不移深化改革开放，不断增强社会主义现代化建设的动力和活力**

党的十八大以来，以习近平同志为核心的党中央推动党和国家机构职能实现系统性、整体性重构，为党和国家事业取得历史性成就、发生历史性变革提供了有力保障。

站在党和国家事业发展全局高度，这次全会审议通过了在广泛征求意见基础上提出的《党和国家机构改革方案》，同意把《党和国家机构改革方案》的部分内容按照法定程序提交十四届全国人大一次会议审议。

“党和国家机构职能体系的改革调整，始终与党和国家事业发展紧密相连。”天津市规划和自然资源局局长陈勇表示，全会部署推进新一轮机构改革，意义十分重大。“我们一定要自觉把思想和行动统一到党中央决策部署上来，坚决维护党中央决策部署的权威性和严肃性，坚定改革信心和决心，以改革创新不断推进国家治理体系和治理能力现代化。”

全会强调，在机构改革中要“以加强党中央集中统一领导为统领”。对此，广大干部群众表示，坚持和加强党的全面领导是深化党和国家机构改革的根本保证和首要任务。

重庆市南岸区委编办副主任冉凌虹认为，机构改革以加强党中央集中统一领导为统领，等于牵住了机构改革的“牛鼻子”，有利于形成总揽全局、协调各方的党的领导体系，推动党对社会主义现代化建设的领导在机构设置上更加科学、在职能配置上更加优化、在体制机制上更加完善、在运行管理上更加高效。

全会公报指出，要坚定不移深化改革开放，紧紧围绕全面建设社会主义现代化国家的目标，推出一批战略性、创造性、引领性改革举措，加强改革系统集成、协同高效，在重要领域和关键环节取得新突破。

近年来，深圳市前海管理局探索和深化法定

机构改革创新，走出一条既衔接党政机关体制机制又具有鲜明市场化、企业化运作特征的路子，这让管理局副局长王锦侠切身感到改革的重要作用。

“改革只有进行时、没有完成时。”王锦侠表示，要深刻学习和理解全会精神，更加充分认识到坚定不移深化改革开放的重要性和紧迫性，推动改革举措落地见效，以改革的新动力为发展注入新活力。

**推动学习宣传贯彻往深里走、往实里走，使党的二十大精神真正深入人心、切实落实到位**

深入学习宣传贯彻党的二十大精神，是当前和今后一个时期全党的首要政治任务。

全会要求，在全党深入开展学习贯彻习近平新时代中国特色社会主义思想主题教育，要科学谋划、精心组织，强化理论学习和运用，取得实实在在的成效。

“用党的创新理论武装全党是党的思想建设的根本任务。”中央党校（国家行政学院）党的建设教研部教授郑琦表示，当前正处于以中国式现代化全面推进中华民族伟大复兴的关键节点，只有坚持不懈用习近平新时代中国特色社会主义思想凝心铸魂，才能更好地把全党全国人民的思想和行动统一到党中央的决策部署上来，才能更好地锚定奋斗目标，向着中华民族伟大复兴的历史伟业奋勇前行，才能更好地迎接风险挑战，带领广大人民群众，从胜利走向更大的胜利。

理论只有被群众掌握、所用，才能焕发出巨大的生命力。

开展党的二十大精神宣讲会、红色观影、诵读红色书籍、党群服务中心揭牌……位于江苏的中天钢铁集团以多种形式促进党的二十大精神走进企业。

中钢铁集团淮安精品钢帘线项目负责人盛荣生在谈到学习全会精神时说，要进一步丰富载体、创新手段，以集团职工喜闻乐见的形式推动党的二十大精神学习进一步深化，把理论学习的成果转化为扎扎实实的行动和推动企业发展的实际成果。

全面建设社会主义现代化国家、全面推进中华民族伟大复兴，关键在党。

全会强调，要深入贯彻落实党的二十大对党的建设作出的战略部署，时刻保持解决大党独有难题的清醒和坚定，健全全面从严治党体系。

陕西潼关县纪委书记、监委主任张新峰表示，在新时代新征程上，必须一刻不停推进全面从严治党，推进政治监督具体化、精准化、常态化，始终以严的基调强化正风肃纪，营造风清气正的政治生态，凝聚起求真务实、担当作为、干事创业的强大正能量。

迈步新时代，踏上新征程。广大干部群众表示，要以全会精神为指引，坚定发展信心，保持战略清醒，发扬斗争精神，为全面建设社会主义现代化国家、全面推进中华民族伟大复兴而不懈奋斗。

新华社北京3月1日电

（摘自《新华每日电讯》2023年3月2日）

### 新时代新征程新伟业　以新担当新作为推动高质量发展

# “黄金通道”的“大动作”

## ——京津塘高速公路（天津段）改扩建规划设计先探

一条百余公里的交通干线，串联起京津冀三地生活；一段仅需1个多小时车程的距离，让货物中转“上天”“入海”更加便捷。这条30年前通车的高速公路——京津塘高速公路，被称为京津“黄金通道”，在今年启动了全新的改扩建“大动作”。

总投资约145.09亿元的京津塘高速公路（天津段）改扩建项目获得市发展改革委核准批复，正在稳步推进前期相关工作。记者获悉，该项目的交通规划方案已经编制完成，相关部门近日核发了用地预审与选址意见书。连日来，记者走访了设计单位和规划主管部门，一探京津塘高速公路未来新颜。

天津日报
TIANJINDAILY
习近平将对俄罗斯进行国事访问
为中俄关系定向领航 为世界注入更多稳定性
——写在习近平主席即将对俄罗斯进行国事访问之际
国家主席习近平任免驻外大使
新时代 新征程 新伟业
以新担当新作为推动高质量发展
“黄金通道”的“大动作”
——京津塘高速公路（天津段）改扩建规划设计先探
4车道变8车道 助力集疏港提速
优化路网衔接 带动沿线产业升级
尽心“筑好巢” 高效“引凤栖”
——河西区持续优化营商环境
一粒种，一颗“芯”
——推进种业振兴的“天津行动”
市政府召开第7次常务会议
张工主持
第32届天津运河桃花文化商贸旅游节
桃柳新章 津韵悠长

#### 4车道变8车道　助力集疏港提速

京津塘高速公路于1993年全线通车。30年来，这条交通“动脉”方便着三地百姓出行，也见证着京津冀协同发展带来的变迁。

“作为京津冀地区早期开通的高速公路之一，京津塘高速公路为带动沿线产业集聚、城镇开发建设发挥了重要作用。然而，随着京津冀协同发展战略深入实施，京津间通勤交通持续增长，道路亟须扩容。”市规划资源局总体处四级调研员张馨予说，当前，全面贯彻落实党的二十大精神，天津深入推进京津冀协同发展走深走实，积极承接北京非首都功能，京津同城化交通量激增，京津功能区到功能区之间“点到点”出行需求提高，早期建设的4车道京津塘高速公路在通行能力和连通服务上已经不适应新形势和新理念。

与此同时，为服务天津港加快建设世界一流港口，缓解港城交通矛盾，去年我市开工新建兴港高速公路作为天津港集疏运专用货运通道，采用双向8车道到双向12车道的高速公路和快速路标准，一端连接天津港北疆东疆港区、一端连接京津塘高速公路，通车后京津塘高速交通量也必将大幅增长，迫切需要同步拓宽。

承担京津塘高速公路（天津段）改扩建交通规划方案编制工作的天津市城市规划设计研究总院有限公司规划四院总工程师原涛介绍，此次天津段改扩建规划起点位于武清廊坊界，终点位于塘沽收费站，规划路线总长约96.8公里，利用现状旧路进行两侧拓宽改建。建成后，将更好服务京津同城化发展，充分发挥“京津滨发展轴”辐射带动作用，为承接北京非首都功能转移、支撑天津港建设世界一流港口发挥交通先行作用。

“我们在前期调研中，搜集汇总了相关涉路资料，现场踏勘摸清了全线设施分布和运行情况，利用收费卡口数据，对现状交通流特征进行了深入分析。调研数据显示，目前，京津塘高速公路平均每日交通流量为4万辆，局部路段交通饱和度达到70%。经过预测并分析，2040年京津塘高速公路每日交通流量或将达到8万辆，2050年达到10万辆。因此，确定主线由双向4车道加宽为双向8车道。”原涛说。

#### 优化路网衔接　带动沿线产业升级

据了解，除了拓宽主线，交通规划方案还提出了完善出入口、增加服务区、开展智慧化改造升级等内容，使行车更加方便安全、进出高速公路更加便捷、出行体验更加舒适，通过规划设计引导，助推沿线区域产业转型升级。

“改扩建后，将增加京津塘高速公路与滨保高速公路互通立交，强化融入京津冀高速公路网体系。同时，调整宜兴埠出入口和杨村出入口，消除周边地区城市交通与进出高速公路的交通扎堆拥堵、互相干扰。比如，宜兴埠出入口位置将由津围路调整至淮河大道，消除津围路沿线地区交通与进出高速公路的交通相互干扰的矛盾；杨村出入口目前设于京津塘高速南侧，与进出武清开发区的交通混行，调整后，将移至京津塘高速公路北侧，避免与城市交通车流扎堆。”原涛介绍，京津塘高速（天津段）目前共设有10个出入口，考虑到未来沿线用地开发建设和交通需求，还将对武清区京津产业新城、东丽区军粮城预留保障用地，适时启动新出入口建设，使沿线城镇直达京津冀更加便捷。

京津塘高速公路（天津段）现有徐官屯和东丽两个服务区。此次，将扩建东丽服务区，并在武清区大王古镇北侧新增一处服务区，将徐官屯服务区改为停车区。改扩建后，东丽服务区整体规模将扩大3公顷左右，服务站房和停车区域都将重新设置并扩大面积。大王古新的服务区建成后，将探索与当地特色资源融合发展新模式，提升群众美好出行体验。

**“一张图”规划 1小时“门到门”通勤**

新时期随着城市空间扩张，京津塘高速公路沿线用地密集开发，高速两侧的联系需求持续增加，在现状基础上，将规划预留30余条跨高速过路通道，为沿线城镇承接北京非首都功能创造更好交通条件。

据了解，此次交通规划设计工作，与北京、河北段同步开展，对拓宽方案、出入口、服务区等设施布局都从全段角度研究设计，确保京津塘高速全线高质量通行。市规划资源局通过提前介入、联动审查等优化措施，已经对项目用地预审与选址意见书进行了快速审批，后续待建设单位进一步深化设计方案，将组织武清、北辰、东丽、滨海四个分局上下联动，履行供地、工程等许可审批程序，推动项目早日开工。

“京津冀三地规划部门定期召开京津冀国土空间规划协同工作联系会，对区域交通、跨界重点项目等进行深入对接，携手开展调查和课题研究，交流区域规划统筹问题，推进京津冀国土空间规划‘一张图’构建。接下来，我们将进一步发挥规划资源部门优势，推动京津冀协同发展走深走实，为续写京津‘双城记’新篇章作出新贡献。”市规划资源局局长陈勇说。

路网规划打通区域交通“脉络”，这条汇聚了人流、物流的“黄金走廊”，推动京津冀要素加速流动，京津间重要城镇和功能区之间1小时“门到门”通勤正在实现。

（摘自《天津日报》2023年3月18日）

# 一抹绿荫 从历史走来

一棵古树，几多春秋。

古树，指树龄在100年以上的树木；名木，指具有重要历史、文化、景观与科学价值或具有重要纪念意义的树木。它们是绿色的文物，是活着的化石，是地域的符号，也是乡愁的寄托。

日前，市规划资源局邀请市政协委员赴蓟州区开展“关注森林活动”建言资政暨古树名木现场调研。天津的古树名木分布在哪里？最年长古树是哪株？它们为何能穿越百年风雨屹立不倒，背后有哪些奇闻轶事？为保护古树名木我们还需做什么？记者跟随调研团走近这些千百年古树，解读它们的生存密码。

**天津古树知多少**

**4639株傲然屹立**

《全国古树名木普查建档技术规定》明确界定，古树是指树龄在100年以上的树木，共分三级：国家一级古树，树龄在500年以上；国家二级古树，树龄在300至499年；国家三级古树，树龄在100至299年。

市规划资源局森林野保处副处长尹鸿刚介绍，根据第二次全国古树名木资源普查结果显示，我市现有古树名木4639株，除了和平区、河西区外，其余14个区均有分布。我市有22个古树群，2个在西青区，20个在蓟州区。从树龄来看，一级古树170株、二级古树537株、三级古树3932株。从树种来看，共有22个，其中，梨树最多，有1945株，其次是核桃、板栗、枣树、油松、槐树等。

记者跟随调研团来到蓟州区官庄镇东后子峪村。在村里的朝阳庵内，有一株势若蟠龙的松树，今春新长出的小小黄色松塔已经挂满枝头，在数十根石柱支撑下，枝干蜷曲盘结，状似虬龙腾空。松枝之间，一株325年树龄的香柏，从松荫中拔地而起，当地人形象比喻为“一柏加石柱，柱柱不离松”。

据了解，这株“蟠龙松”种植于明朝洪武初年，至今树龄已有655年。蓟州区官庄镇乡村振兴服务中心主任秦涛告诉记者，最近十几年里，“蟠龙松”的树冠又向外生长了近2米，如今树冠覆荫面积将近一亩。目前，这株“蟠龙松”属国家一级保护古树，列入了中华古树名木名录。

6 | 聚焦

一抹绿荫 从历史走来

天津古树知多少 4639株傲然屹立

天津市古树名木分布情况

一树一策 精细化呵护千年古树

活化利用 融合文旅资源守住"绿色乡愁"

不少人会好奇，树高、干周、冠幅可以实际测量，那么树龄是怎样计算出来的？尹鸿刚表示，目前主要是通过查阅文献，从历史记录中确定树木年龄，或者通过一些科技手段，采用针测仪、生长锥、CT扫描以及进行访谈估测等方式确定树龄。

蓟州区作为我市唯一的山区，古树名木资源丰富。截至目前，蓟州区树龄百年以上的在册古树名木有3831株，占全市古树名木资源的82.6%。近年来，随着生态文明理念深入人心，百姓对古树名木的保护意识日益增强，各项制度和技术手段逐渐完善。

在"蟠龙松"前立着一块醒目的绿色公示牌，注明了区级、镇级、村级包保责任人和联系电话。"为有效保护古树名木，2021年，蓟州区制定了《推行古树名木保护包保责任制实施方案》，对所有古树名木实行区、镇、村三级包保责任，每一棵古树都有专人负责。包保责任包括督查指导责任片区古树名木保护管理，协调解决古树名木保护面临的重大问题；督促管护责任单位做好日常巡护、定期检查、安全管理和资料收集等工作。"蓟州林业勘查设计院副院长高志伟说，去年，我市又实行了"林长+检察长"制，林业部门会同检察部门开展日常巡护，对古树进一步加强保护。

**一树一策 精细化呵护千年古树**

离开蓟州区东后子峪村，途径于桥水库一路向北，行车20多公里，就到了穿芳峪镇东水厂村。这里有一株高大的"神槐"远近闻名，每年吸引如织的游人前来观赏打卡。这株古槐树已有1630年树龄，是我市现存最年长的古树。如今，古槐苍劲挺拔，枝繁叶茂，树下立有著名书法家王学仲先生写下的"神槐"二字石碑。

近年来，蓟州区为"神槐"安装了360度高清旋转探头、GPS定位器和传感器等设备，对古树实行实时监控，在遭到雷击、破坏等情况时自动报警。2018年，蓟州区统一制作古树标识牌，牌上登记古树的名称、树龄和保护等级等"户口"档案信息，"神槐"古树有了自己的身份证。"神槐"部分主干树心已腐烂形成树洞，树枝干枯，可能折断，蓟州区采取了枯枝适当修剪回缩、主枝干三角支撑等保护措施，安排专人根据古树的生长状况，适时浇水，开展病虫害防治，合理增强树势。

不同的古树名木，健康状况不同，"脾气"也不同，这就对管护和复壮提出了精细化的要求。

"去年，我们对全市4639株古树名木进行了一次全面'体检'，全部登记造册、建立台账，还完成了树龄在80至100年的古树后备资源普查，全市共有229株古树纳入后备资源库。在此过程中，排查出80株古树健康状况或生长环境需进行改善。"市规划资源局总工程师刘捷说，"我局会同市城市管理委，邀请院士专家团队对这80株古树生存环境逐株专题论证，提出改善建议，包括拆除附近地面硬化和影响生长的围栏设施等，打开古树生长空间。与此同时，制定印发了《关于进一步加强全市古树名木保护工作方案》《天津市改善古树名木生存环境技术方案》等一系列文件，提出改善古树名木生存环境，要在尊重自然、顺应自然、敬畏自然的基础上，'因树制宜、一树一策'，有针对性地采取保护措施，持续固本培元，确保古树健康生长。"

据了解，在资源普查、完善机制的同时，我市加强立法保护。2022年3月，市人大常委会审议修订了《天津市绿化条例》，将古树名木保护管理内容列入地方法规，使古树名木保护有章可循、有法可依。

我市创新管护模式，依托国家林草局全国古树名木信息管理系统，将古树名木资源信息纳入我市智慧林长平台管理，定期核实更新古树名木信息台账，最终实现与国土空间总体规划、全国信息平台充分衔接、深度融合，全面提升古树名木信息化、可视化和精细化管理水平。加大日常巡查力度，采取“四不两直”方式，对各区提交的古树名木信息进行实地核查，逐株调查核实，督导各区加强日常巡护巡查，加大对古树名木违法破坏行为的打击力度，对拒不履行养护职责或不按技术规范养护造成古树名木损伤、病危等情况的，严格处罚、公开曝光、限期整改。

**活化利用　融合文旅资源守住“绿色乡愁”**

古树名木不仅是宝贵的物种资源，也是城市经济社会发展的见证者，承载着城市记忆和百姓乡愁。

从生态角度来看，古树的生态价值有固碳释氧、保持水土、防尘减噪等，由于它的体量较大，还可能会形成小的生物栖息环境，为各种其他生物提供相对完整的生态系统。从人文角度来看，每一株古树及其独特的生长环境，都蕴藏着宝贵历史价值和丰富的文化底蕴。古树本身所营造的场景，承载了周边居民浓厚的乡情和外出游子魂牵梦萦的乡愁记忆。

“古树里有故事，故事里有乡愁。在做好古树名木保护的同时，应注重活化利用。”调研中，市政协委员、天津农学院人文学院教授刘洪银对记者表示，他建议因势利导，将古树名木的保护与文旅产业融合衔接，开发出更多以古树名木为主题的生态旅游资源，比如，建设古树公园、古树博物馆、自然科普教育基地，进行文创产品开发等，活化古树名木资源、展现古树名木价值。

市政协委员、市农科院畜牧兽医研究所副所长凌喆建议，在社会层面，持续开展古树名木保护宣传活动，引导公众提高对古树名木的关注与爱护意识，共同守护绿色生态环境。在专业层面，加强人才队伍建设，通过古树名木的研究和保护培养一批专业人才，组建古树名木专家库，进一步提高保护的能力和水平。

“在前期全市已经对重点古树悬挂公示牌的基础上，今年又对1800多株古树统一制作并悬挂了新的二维码标示牌。接下来，我们将继续结合‘一树一策’方案持续加强对古树名木日常养护和管理，广泛深入宣传保护古树名木的价值、先进经验和法律法规，积极营造全社会共同保护的浓厚氛围。”刘捷说。

除署名外本版图片均由受访者提供

（摘自《天津日报》2023年5月24日）

## 首个全国生态日

### 我市多部门发布生态文明建设最新成果

# 津沽大地以“绿”生“金”

本报讯（记者陈璠）在首个全国生态日到来之际，昨日，市发展改革委举行新闻发布会，市发展改革委、市工业和信息化局、市规划资源局等多个部门发布了我市生态文明建设最新成果。

我市深入学习贯彻习近平生态文明思想，牢固树立和践行“绿水青山就是金山银山”理念，坚持站在人与自然和谐共生的高度谋划发展，制定实施绿色低碳发展行动，将绿色作为高质量发展的底色，统筹推进发展方式绿色转型、环境污染防治、生态环境保护修复、碳达峰碳中和等工作，形成一批生态文明建设重要成果，以高品质生态环境支撑天津高质量发展。

**山清水秀生态空间初步形成**

近年来，我市积极打造“三区两带中屏障”的生态空间格局，建设世界级“生态屏障、津沽绿谷”。“我市山清水秀生态空间已经初步形成。”市发展改革委党组成员、副主任孙文秀说。

据介绍，截至目前，我市实施山区重点公益

天津日报

TIANJINDAILY

始终保持旺盛战斗力

津门凭阑

书写美丽中国新画卷

——习近平总书记引领生态文明建设的故事

市委常委会召开扩大会议

深入贯彻落实习近平总书记重要指示精神

部署统筹抓好防汛抗洪救灾和灾后恢复重建工作

陈敏尔主持并讲话

陈敏尔会见美国霍尼韦尔公司全球首席执行官柯伟茂一行

国家防总：天津市防汛二级应急响应调整为三级

战洪峰 防洪灾 保安全 保稳定

苗头排干西堤 86小时的奋战与坚守

——市水利工程集团抗洪抢险纪实

天津卫视明起播出11集非遗系列节目《静水安澜》

我市多部门发布生态文明建设最新成果

津沽大地以“绿”生“金”

市生态环境局：天津推动绿色低碳转型步伐不断加快

我市公安机关发布5起生态环境和资源领域违法犯罪典型案例

林管护和封山育林，持续推进三北防护林建设，森林蓄积量达384.97万立方米。全面加强七里海、大黄堡、北大港、团泊4个湿地保护和修复，加快推进退耕还湿、生态补水等工程，年内完成生态补水2.8亿立方米，生态修复3万亩。实施“蓝色海湾”修复整治，天津滨海新区（汉沽区域）海洋生态保护修复项目完成72.4%，中新天津生态城临海新城北堤生态廊道工程顺利推进。坚持留白、留绿、留璞，强化山水林田湖草系统治理，加快推进“871”重大生态建设工程，绿色生态屏障建设完成植树造林421亩、提升改造907亩。

“我市一直坚持规划引领，做到‘一张蓝图绘到底’，统筹协调‘农业、生态、城镇、海洋’四类空间，为城市发展筑牢‘绿水青山’的底色。”市规划资源局生态处处长边伟光介绍，“我市依托道路、河流、城镇、村庄、园区、湿地等绿化载体全方位实施造林绿化，大力实施北部山区水源涵养林、西部防沙阻沙林、东部盐碱地造林等生态林建设工程，生态环境明显改善。如今，推窗见绿、行路见荫、山林环绕、四季常青的场景越来越多。每年有超过百万只候鸟迁徙过境天津，过境鸟类较2014年增加36种，消失近30年的野生缢蛏再现海滩，生物多样性持续恢复。”

## 传统能源和新能源多“能”互补

能源是碳达峰碳中和的重点领域。我市持续优化产业结构、能源结构、交通运输结构，全市服务业增加值比重保持在65%左右、非化石能源消费比重达到10%左右、中心城区绿色出行比例达到75.1%。

“我市出台了能源领域碳达峰实施方案，明确发展路径，形成政策合力，加快建设清洁低碳安全高效能源体系，着力打造坚强韧性能源安全保障新格局。今年以来，累计向28个项目发放碳减排支持贷款16.7亿元，带动年度碳减排量约76.3万吨。”市发展改革委能源处处长刘奎建表示。

据介绍，我市强化煤炭清洁高效利用，巩固清洁取暖成果，完成燃煤锅炉改燃关停任务，实施盘山电厂、东北郊电厂等煤电机组节能升级改造，累计完成329万千瓦。与此同时，加快终端用能清洁替代，推进工业、建筑、供热、交通等领域电气化，积极发展综合能源服务，电能占终端用能比重提升至36.5%。大力发展风能、太阳能，积极发展海上风电，统筹谋划海上光伏，宁河、武清等区一批可再生能源项目加快实施，滨海新区百万千瓦级“盐光互补”项目陆续投产，全市可再生能源电力装机增至525万千瓦。

## 破立并举推动制造业绿色转型

生态优先已成共识，绿色发展脚步也更加坚定。我市立足工业双碳目标和制造业高质量发展，推进制造业绿色低碳发展。一方面，以壮士断腕的决心腾笼换鸟，有效破解“钢铁围城”“园区围城”，加快淘汰落后产能和过剩产能，为制造业高质量发展腾出宝贵空间。另一方面，加快培育以智能科技为引领、优势产业为支撑、战略性新兴产业为重点的“1+3+4”现代化产业体系，推动制造业高端化、智能化、绿色化发展。

市工业和信息化局节能与综合利用处处长李志介绍，我市规模以上工业单位增加值能耗在“十三五”下降16%的基础上，2021年和2022年，又分别进一步下降8.5%和2.5%。全市规上工业万元增加值用水量、水重复利用率等位列全国第二，连续多年保持全国先进水平。

“绿色制造是从源头减少碳排放的重要手段。截至目前，我市组织实施了6项国家绿色制造重大工程项目，培育了9家国家绿色制造系统解决方案供应商，培育了300余家市级绿色工厂。以绿色工厂为例，已累计投入资金26亿元，实施780余项绿色低碳改造项目，实现节能92万吨标煤，节水140万吨，产值规模突破4000亿元，带动了制造业绿色低碳整体水平的提升。”他说，下一步，我市将力争每年新增国家级绿色制造单位20家左右，到2027年纳入国家绿色制造名单的单位和产品数量达到260个。

### 生态产品价值逐步显现

推行生态产品价值实现机制，是践行绿水青山就是金山银山理念、促进人与自然和谐共生的关键路径。近年来，我市开展了一系列探索，释放“生态红利”，实现以“绿”生“金”，促进生态产品价值逐步显现。

据介绍，我市在全国率先搭建了集要素整合、要素流转、要素资本化于一体的农村产权交易三级市场服务体系，盘活利用闲置宅基地和闲置住宅。推进生态产品供需精准对接，打造品牌农产品对外展示平台，组织企业参加“网上年货节”、第四届“双品网购节暨非洲好物节”，累计实现网络销售2.3亿元。推动林下经济发展，全市林下经济发展总面积51.92万亩，产值4.83亿元。大力发展生态文化旅游，培育打造一批以田园、民俗、文创、康养等为主题的特色民宿、精品民宿，推出30余条精品旅游线路，全年休闲农业累计接待游客1700万人次，综合收入30.3亿元。推动生态资源权益交易，加强林权流转交易平台建设管理，实现全市10个涉农区镇（街）村全覆盖，2022年完成林权交易259笔，成交金额9091.91万元，为农民增收667.68万元。

（摘自《天津日报》2023年8月15日）

“津城”轨道交通场站综合开发近期建设规划获批

## 形成“4+28+N”综合开发布局

■建设4个车辆场段综合开发利用项目 ■筛选28处站点作为近期建设项目 ■在“津城”外围地区建立项目储备库

日前，《天津市“津城”轨道交通场站综合开发近期建设规划》（以下简称《规划》）获得市政府批复。记者就《规划》有关情况采访了市规划资源局相关负责人。

按照国家着力打造“轨道上的京津冀”，建设高效密集轨道交通网的要求，近年来我市持续加大轨道交通建设力度，已建成9条线路、运营里程286公里。目前，“津城”有在建线路6条、“滨城”有在建线路3条，共设117座车站（含换乘站）。

为统筹轨道交通建设和城市发展，盘活轨道沿线土地资源，我市提高客流水平，提升基础设施投资效益。在总结历史经验的基础上，市规划资源局对照市委、市政府“十项行动”工作部署，结合天津市轨道交通在建和运营线路工程，组织编制了我市首个系统性TOD（公共交通为导向的开发）的近期建设规划。经组织专家评估、广泛征求意见，形成近期建设规划成果。

### 规划形成“4+28+N”布局

天津的TOD综合开发起步较早，2002年地铁1号线启动改造，同步开展了沿线车站综合开发，之后，我市又陆续进行了其他线路的综合开发建设。截至目前，我市轨道全网共40余座车站已进行综合开发，占比约20%，形成了一批有代表性的地铁站上盖项目，成为城市地标及商业中心，极大促进了人流集聚，改善了居民出行环境，提升了城市活力，形成轨道交通与城市建设互动发展的良好局面。

据介绍，《规划》研究范围以“津城”为主，兼顾“滨城”和蓟州城区、宝坻城区、静海城区、武清城区、宁河城区，研究对象主要为运营和在建城区轨道交通场站。《规划》通过梳理我市轨道交通场站周边潜在综合开发用地资源，提出了规划期内轨道交通场站综合开发近期建设项目清单和规划控制要求。

《规划》提出，在场段方面，结合场段周边地区现状、规划情况及综合开发评价体系，近期拟

5 天津

形成“4+28+N”综合开发布局

出动警力2.5万人次 守护夏夜“烟火气”

“三无”产品冒充进口 被判退一赔三

启动4个车辆场段综合开发利用项目规划建设，其余场段结合周边区域发展情况适时启动；在站点方面，结合站点周边用地情况，按照有利于紧密衔接轨道站点建设时序、激发城市活力、盘活存量资源的原则，从已建、在建站点中筛选28处站点作为近期建设项目。

此外，在“津城”外围地区建立项目储备库，规划形成“4+28+N”的轨道交通场站综合开发布局，引导轨道交通沿线土地集约、节约、复合利用，推动城市结构优化、产业功能完善、生活品质提升。

**明确近期建设项目清单**

据了解，《规划》提出的4个近期开发场段包括双林车辆段、梨园头车辆段、南马集停车场和大寺车辆段。

双林车辆段位于“津城”核心区东南部，现址为地铁1号线原车辆段。规划定位为以居住、社区商业、教育等为主的改善型高端社区。目前，车辆段功能已移至双桥河车辆段，该地块已于今年7月启动挂牌公告。

梨园头车辆段位于“津城”核心区外围，紧邻西青郊野公园、梅江地区，为地铁5、10号线车辆段。规划定位为服务新市民的未来健康休闲商业综合社区。截至目前，地铁5、10号线上盖盖板已建设完成，正在加快推动地块招商工作。

南马集停车场位于“津城”核心区外围双港地区，为地铁6号线停车场。规划定位为服务产业的居住商务商业综合社区。目前，该项目已完成控规调整。

大寺车辆段位于“津城”核心区外围西青赛达新城核心区，为地铁7、12号线车辆段。规划定位为服务生产需求的居住商业综合社区。该项目正在调整控制性详细规划。

《规划》综合考虑轨道交通站点建设安排，从完善城市功能、激发城市活力及盘活存量资源角度出发，确定了“津城”近期开发的28个综合开发站点建设项目库。按照站点周边土地利用功能分为商业商务办公类、配套设施提升类和居住类三个类型。

商业商务办公类综合开发站点包括海河设计之都柳林站、天津南站等，规划聚合站点周边工作岗位、消费活力、科技研发设计等资源，构建地区微中心，拉动服务业发展，增加地铁客流。

配套设施提升类综合开发站点包括财经大学站、微山路站等，规划结合站点周边社区更新需求，高标准建设社区配套设施、教育设施或交通设施等，将轨道站点交通便捷性与配套设施便利性紧密结合，满足周边市民出行和生活服务需求。

居住类综合开发站点包括佟楼站等，兼顾居住环境改善与住房保障，满足新市民、年轻人多样化高质量的住房需求，建设保障性租赁住房等人才公寓，同时，进一步完善配套服务设施。

**3个站点已开工建设**

截至目前，八里台站、佟楼站、马场道站等3个站点已开工建设，其余场站综合开发项目计划于2023年至2025年陆续启动，同时，结合城市发展动态实施部分储备项目。

市规划资源局相关负责人表示，后续轨道站点综合开发建设将深入贯彻落实市委、市政府“十项行动”部署，逐个项目细化方案，结合具体地块资源禀赋条件，明确项目定位，宜商务则商务、宜居住则居住，统筹社会效益与经济效益，与周围环境相协调。

比如，八里台站将打造全市第一个教育设施结合轨道的TOD项目，通过增加地铁上盖建筑，既能充分利用闲置土地，又能缓解和平区学位紧缺难题；佟楼站将建设保障性租赁住房等人才公寓，满足新市民、年轻人多样化高质量的住房需求，有力支持“海河英才”行动计划；马场道站将规划建设商务楼宇，为片区服务业发展提供载体功能。

（摘自《天津日报》2023年8月15日）

# 青山有人管 绿树有人护

## ——从“全面建立”到“全面见效” 我市大力推进林长制一线见闻

炎炎暑日，林间地头，郁郁葱葱；林下瓜果，香气四溢；森林氧吧，游人如织……

我市持续深入贯彻落实习近平生态文明思想，全力做好“林”字文章，不断探索“两山”理论实施路径。今年以来，全市已累计造林6000亩，超额完成全年新造林任务目标，年底前还将完成封山育林7万亩。近日，国家林草局对天津蓟州区等23个市县“林长制”工作予以通报表扬。

2023年，是我市全力推行林长制由“全面建立”向“全面见效”转变的重要一年，经过两年建设，我市以林长制引领林草资源保护发展新格局初步形成。林长制实施以来成效如何？对林草工作和百姓生活带来哪些变化？日前，记者到我市大力推进林长制一线进行采访。

### 纲举目张 7500多名林长守护山林

林长制的核心是责任制。

8月7日一早，宁河区造甲城镇党委书记贲永明又一次来到永定新河左岸的绿色生态屏障巡查。作为乡镇级林长，他一般每周巡林一次，最近京津冀地区持续强降雨，他巡查的次数多了好几倍。

“‘林长’这个身份是责任，更是压力。管好了有激励，管不好要问责。”贲永明坦言。

在天津，像贲永明一样的林长还有很多。“天津建立的是四级林长制，从市委书记、市长到区、镇、村的主要负责人，由各级党政主要领导担任林长。目前，全市共有18位市级林长、290多位区级林长、1900多位乡镇级林长、5300多位村级林长。”市规划资源局（市林长办公室）森林野保处副处长教效同说，我市通过市级林长发挥“头雁”作用，各级林长夯实责任，对林业工作提级管理，以“林长制”促“林长治”。

在全面推行林长制的过程中，我市创新思维、大胆探索，初步形成完整的林业治理体系——针对林长制推行中存在的目标模糊、任务不清、制度不全和保障不足等问题，我市高起点编制了总林长令、协作、会议、巡林、信息、督查、考核共7项林长制工作制度。

林长制工作纳入市委、市政府年度考核范围，完成了首次区级林长制考核评估；调整市级林长对口联系安排，明确市级林长责任区，公布市级林长名单。

去年以来，市规划资源局（市林长办公室）联合市检察院探索建立“林长+检察长”依法治林的协作模式，整合政治、行政和司法资源，优化行政执法与刑事、民事、行政和公益诉讼检察衔接，推进管林治林长效常治。

得益于林长制的持续推动，全市林草工作参与度达到前所未有的高度。2023年，我市已签发了2个总林长令，部署森林防火和林业有害生物防治等重点任务；全市四级林长累计巡林17.6万人次。

### 严管智治 智慧林长平台覆盖全市

林长制的关键在“林长治”。

走进蓟州区罗庄子镇青山村，沿山路拾级而上，穿过一大片浓密树林后，眼前赫然出现一棵高大的松树，树干笔直粗壮，树冠茂盛苍翠，令人叹为观止。这棵油松已经历670多年风雨，在山顶傲然屹立，见证着村庄的日日夜夜。

树下醒目的古树名木保护包保责任公示牌，标注了树种、编号、等级、树龄等详细信息，还有逐级落实包保责任单位和责任人，明确日常保护管理的具体工作，确保每一棵古树名木都得到有效保护。

“我们25个行政村共有53名巡回护林员，从防火、防病虫害等角度，长期保护各级树木，随时

8 聚焦

2023年8月16日 TIANJIN DAILY 天津日报

青山有人管 绿树有人护

——从"全面建立"到"全面见效" 我市大力推进林长制一线见闻

纲举目张 7500多名林长守护山林

绿富双赢 风景也能变"钱景"

严管智治 智慧林长平台覆盖全市

绿色发展 "生态饭"才是"长久饭"

发现问题随时处理。"蓟州区罗庄子镇乡村振兴服务中心工作人员商宝胜说。

在有多年经验的林业工作者眼中，我市古树保护的进步显而易见。

"古树保护需要数十年如一日地进行，日常管护包括架设支撑、建设围栏、修补树洞、防虫防火等，还有日常宣传、定期普查及挂牌、应急保护措施……考虑得越细致，古树保护得就越好。"蓟州区林业勘察设计院副院长高志伟告诉记者，"比如，在日常巡护中发现这棵油松的侧枝非常多，如遇大雪积压可能会折枝，就要根据每根树枝的承重量，选择合适的支撑点位加固支撑。"

市规划资源局组织专业技术人员，严格按照保护管理规定，做好树木健康状态日常监测及养管工作记录，每年更新一次古树名木责任人信息和年度生长状态照片，做到台账清、底数明。

经过持续努力，我市古树名木保护成效显著，对4639株古树名木全部登记造册、建立台账。去年，完成全市一级二级古树名木摸排整改工作，进一步改善古树名木生存环境，还完成了树龄在80至100年的古树后备资源普查，全市共有229株古树纳入后备资源库。

在资源普查、完善机制的同时，我市加强立法保护。去年3月，市人大常委会审议修订了《天津市绿化条例》，将古树名木保护管理内容列入地方法规，使古树名木保护有章可循、有法可依。

除了制度保证，我市还深度融合云计算、大数据等数字技术，搭建智慧林长平台，提升林长"智治"能力。

"经过近一年建设，近期智慧林长平台完成了系统初验，投入试点运行。这个平台整合了我市现有森林资源和林长制相关管理工作。系统总平台设在市林长办，各级林长办设分平台，通过手机App将全市各级林长纳驻平台。"教效同说，智慧林长平台把林长制工作及森林资源管理责任压实到每人每岗、每山每树，上级林长通过平台全面掌握下级林长及护林员的巡林护林情况，精准、及时处理各类问题，上下互动，部门联动。

教效同表示，随着平台逐步建设，在完成林长制日常管理的核心功能及应用功能外，还将逐步增加火警监测、林业病虫害预警上报等功能，进一步拓展系统应用范围，建立数字化林业治理体系。

**绿色发展　"生态饭"才是"长久饭"**

林草兴则生态兴。林长制持续推进，经济效益与日俱增，生态环境不断向好……一步一个脚印、一年一个台阶，这场持久"生态战"充分证明了"生态饭"才是"长久饭"。

在武清区北运河畔，沿着林间小道前行，来到津北森林公园。一路上，目之所及，皆是养眼之绿。

"这里就是最早的三北防护林建设地点。"武清区农业农村委林业科科长李蒙告诉记者。曾经这里的沙化严重，每年春秋大风季节，老百姓房前屋后的沙土有半米高。从上世纪80年代开始，三北工程的建设对我市防风固沙、涵养水源、森林固态产生了积极效应。现在，这里绿树成荫，公园面积逾1万亩，种有毛白杨、法桐、国槐等乔木树种，成为市民生态休闲的优良场所。

按照国家战略要求，三北工程从1978年开始到2050年结束，历时73年，三大阶段、八期工程。1986年，我市被列入国家三北防护林二期工程，到2020年已实施四期，2021年开始实施三北六期工程，涉及我市西北部的蓟州、宝坻、武清、北辰、西青5个区。

在历史上天津属于少林地区，解放初期，全市森林覆盖率不足1%。近年来，依托津西北防沙阻沙林带、国家储备林基地、重要生态廊道、郊野公园等生态工程的实施，三北工程区生态环境质量持续向好。根据2019年生态环境公报，三北工程区从生物丰富度、植被覆盖、水网密度、土地胁迫情况、污染负荷情况等评估得出，生态环境状况（EI）整体高于全市指数70.23，生态环境状况级别为良好。

通过三北工程的实施，我市已累计完成造林34.19万公顷，其中人工造林32.69万公顷、飞播造林1.5万公顷，全市森林覆盖率达到17.19%、森林蓄积量384.97万立方米，实现大幅提高。

“目前，我市三北六期规划正在编制、实施。根据全国第六次沙漠化监测显示，我市沙化土地在三北工程区31个乡镇无中度、重度沙化土地，半固定沙地已经得到根治。20世纪70年代，天津全年扬沙日数为14.9天，浮尘日数8.8天；到2020年，全市沙尘日数总计仅为2天左右。”市规划资源局（市林长办公室）生态处高级工程师孟继森介绍。

保护生态环境就是保护生产力，改善生态环境就是发展生产力。我市通过扎实推进大力实施林长制，在追求“绿”的过程中，不断创造“绿”、放大“绿”，使生态环境的“绿水青山”真正成为提升百姓幸福感、获得感、安全感的“金山银山”。

**绿富双赢　风景也能变“钱景”**

绿水青山，是年复一年的坚守换来的。植被多了，环境好了，村民笑了，天津的“绿色家底”日益丰厚，风景也能变“钱景”。

周末，宁河区绿色生态屏障内的绿屏驿站吸引了不少市民来享受研学、采摘和露营的乐趣。自今年5月，绿屏驿站开放以来，成为我市又一处宝藏游玩打卡地。

据了解，绿色生态屏障宁河段位于永定新河两岸，建设总投资15.4亿元，总面积17.81平方公里，是绿屏“天”字形骨架的北部门户。绿色生态屏障宁河段分三期建设，以永定新河为轴，沿两岸依次展开，截至目前，三期工程已经基本完成，近4000亩林地与4000亩水面林水相依，25.6公里堤顶路与26公里林间道蜿蜒穿行。

“经过多年建设，绿色生态屏障宁河段呈现出一派水清岸绿、景美宜人的自然风貌。今年，我们引入第三方资本，改造提升绿屏中原有旧厂房，发展文旅产业。绿屏驿站项目在做好生态保护的同时，有效盘活闲置资产，实现生态价值的有效转化。这是一个很好的开端，同时也和我们造甲城镇周边的文旅项目形成互动。”贲永明说。

短短3个月，绿屏驿站已经见到了效益。绿屏驿站负责人杨帆介绍：“目前，绿屏驿站打造了客栈餐饮、特色民宿、房车营地、帐篷营地、生态湿地、生态农业等板块，仅‘五一’假期，营业收入就达到30万元，最近几个周末游客预约已经排满了。”

“宁河区绿屏驿站是我市绿屏运营发展的首批试点，这样的试点今年还在东丽湖、官港森林公园、津南八里湾和西青绿廊万亩稻田等区域全面推行。”市规划资源局（市林长办公室）绿色生态屏障建设管理处四级调研员娄书荣表示，经过5年集中建设和攻坚行动，我市绿色生态屏障蓝绿空间占比达到65.1%，一级管控区森林绿化覆盖率达到26%以上，“津城”与“滨城”之间生态廊道已经基本形成。

今年，绿屏正在积极腾退更多用地进行复垦复绿植树造林，同步加大林地养护管理，通过卫星遥感影像等技术，监管分析树木长势，提升改造现有质量不高的林地。与此同时，充分发挥绿屏中的林地、基本农田、湿地等生态资源价值，鼓励各区根据绿色生态屏障建设实际，围绕生态体验、乡村振兴、研学康养等，以区域生态环境为基础，以特色产业运营为亮点，采用“生态+”融合模式，探索生态文明发展新模式，实现绿屏生态效益、经济效益、社会效益“三丰收”。

本版照片除署名外均由市规划资源局提供

（摘自《天津日报》2023年8月16日）

# 首个全国生态日

## 栖息地生态向好　旗舰物种频现身

# 天津滨海滩涂成为遗鸥越冬“养生”地

天津日报
TIANJINDAILY
津药达仁堂“速效救心丸”荣耀入选西普金奖
十项行动见行见效
企业家干事创业攻坚忙 政府部门贴心服务帮扶忙
两“忙”齐聚合 壮大新动能
天津工业生物所实现从二氧化碳到糖的精准全合成
今年“最甜”研究成果发布
首个全国生态日
栖息地生态向好 旗舰物种频现身
天津滨海滩涂成为遗鸥越冬“养生”地
加快恢复重建 保障群众生产生活
挑灯夜战
党徽警徽，在抗洪一线相映生辉

本报讯（记者 刘宏伟 陈璠）在首个全国生态日到来之际，从市规划资源局传来好消息，由该局与天津师范大学野生动物资源保护研究团队合作开展的遗鸥综合保护研究日前获得新发现：旗舰物种遗鸥在天津滨海滩涂“待得久、更健康”，这片湿地已经成为遗鸥越冬的理想“养生”地。

旗舰物种是生态环境保护的代表物种，也是衡量一个地区生态保护水平和生物多样性的标杆。近年来，我市统筹山水林田湖草沙治理，恢复湿地、修复生态、保护环境，大力推进以国家公园为主体的自然保护地体系和“871”重大生态工程建设，严格落实湿地自然保护区规划，生物多样性明显改善。栖息地生态环境向好，遗鸥、东方白鹳等湿地生态系统中重要的旗舰物种在我市频繁现身。

市规划资源局与天津师范大学野生动物资源保护研究团队联手通过综合应用非损伤取样技术、高通量测序技术、红外相机技术等研究方法，重点关注天津森林和湿地生态系统中的关键物种和旗舰物种，积极开展研究，为生物多样性保护提供科学参考依据。

作为世界濒危物种、国家一级重点保护鸟类，遗鸥有着鸟类“大熊猫”之称。天津滨海滩涂是遗鸥的主要越冬地。每逢秋季，它们如约来到这里，度过整个冬季，然后在春暖花开时节再组团飞赴繁殖地。

据研究团队负责人赵大鹏教授介绍，遗鸥综合保护研究于2021年启动，研究团队立足保护生物学、营养生态学、种群生态学等综合视角，在传统研究种群数量的基础上，重点关注遗鸥的食性组成特点、健康水平状况等。“不只关注遗鸥数量多不多，还要研究它们吃得好不好、身体棒不棒。”他说。

据了解，这项研究的样本采集时间跨越了2021—2022年遗鸥越冬时段，共采集到越冬前期和后期近200份样本。经研究发现，遗鸥在津越冬期主要取食鱼类、贝类，在越冬前后其肠道菌群的组成和结构发生变化，整体上越冬后期肠道菌群多样性和丰富度高于越冬前期，肠道菌群的潜在致病性低于越冬前期。这从一个侧面也反映出天津良好的生态环境为旗舰物种提供了更加“生态宜居”的栖息地。

“我们在关注遗鸥的同时，还将对其栖息地资源特点等展开研究。”赵大鹏表示，合作研究将从遗鸥种群数量到健康水平、从物种自身情况到栖息地生态环境、从旗舰物种立体保护到区域生态综合保护等全面展开，旨在形成“以点带面”的保护效应。“希望通过研究成果助力遗鸥和同域越冬其他野生动物及滨海滩涂的综合保护管理，通过我们的身体力行，做好绿水青山就是金山银山理念的积极传播者和模范践行者。”他说。

（摘自《天津日报》2023年8月17日）

# 津晋两地实现不动产登记“跨省通办”

本报天津9月17日电　（记者李家鼎）天津市规划和自然资源局和山西省自然资源厅近日签订《津晋不动产登记“跨省通办”合作框架协议书》，并发出首本“跨省通办”不动产权证书。

据了解，津晋不动产登记“跨省通办”是指购房人在天津或山西选定房源并支付定金后，销售人员把客户信息、房源信息及付款方式等，通过互联网上传至不动产登记“一窗受理”系统，后续的资料审核、签约付款、登记发证等一系列手续，购房群众都可以在本人居住地办理，享受“异地申请、本地办理、网上缴费（税）、证书寄递”等便捷服务。

近年来，天津与山西在能源、科技、金融、交通、教育、人才等方面不断推进优势互补、交流合作，带动津晋异地购房市场日益活跃。随着“互联网+不动产登记”、电子证照、信息共享等条件日趋成熟，天津与山西相关部门坚持以人民为中心的发展思想，主动把两地“跨省通办”列为年度重点工作项目，成功构建了跨省不动产登记业务“异地办”“就近办”的快速通道，解决了津晋跨域办理不动产登记“多地跑”“折返跑”的难题。

（摘自《人民日报》2023年9月18日）

### 深入学习贯彻全国生态环境保护大会精神·大家谈

# 推动绿色低碳转型　加快建设美丽天津

天津市规划和自然资源局党委书记、局长　陈　勇

全国生态环境保护大会全面总结我国生态文明建设取得的巨大成就，深入分析当前生态文明建设面临的形势，对新征程上加强生态环境保护、全面推进美丽中国建设作出部署。习近平总书记在会

中国自然资源报
CHINA NATURAL RESOURCES NEWS
2023年9月21日 星期四
中华人民共和国自然资源部主管

用服务"温度"赢得企业"满意度"
——江苏东台不动产登记服务企业发展见闻

新时代新征程新伟业
坚定不移推动高质量发展

优化服务永远在路上

王广华会见沙特工业和矿产资源大臣班达尔·胡莱夫

新疆维吾尔自治区地质局揭牌成立

聚焦自然资源 服务自立自强
2023年"全国科普日"自然资源部主场活动启动

推动绿色低碳转型 加快建设美丽天津
天津市规划和自然资源局党委书记、局长 陈勇

深入学习贯彻全国生态环境保护大会精神·大家谈

今日导读
保护修复海岸带 生态减灾强支撑 5版

上发表的重要讲话，高屋建瓴、思想深邃、内涵丰富，具有极强的政治性、指导性和实践性，为新时代美丽中国建设提供了根本遵循，对天津加快推进人与自然和谐共生的现代化大都市建设具有重要的指导意义。

天津市规划和自然资源系统将深入学习贯彻习近平总书记重要讲话精神，紧密结合学习贯彻习近平新时代中国特色社会主义思想主题教育和天津市委、市政府主要领导专题调研城市规划设计工作时提出的工作要求，抓好规划实施管控和自然资源要素保障，促进人与自然和谐共生，坚持山水林田湖草沙一体化保护和系统治理，把市委、市政府"十项行动"落地落实，推动绿色低碳转型，加快建设美丽天津。

**保持战略定力，以高水平规划擦亮城市生态底色**

近年来，天津积极发挥国土空间规划在生态文明建设方面的底线约束作用，统筹协调"农业、生态、城镇、海洋"四类空间，构筑"三区两带中屏障、七廊五湖四湿地"的市域生态格局，为城市发展筑牢绿水青山底色。编制印发《天津市国土空间生态修复规划（2021—2035年）》，积极推动区级国土空间生态修复规划编制。在规划编制和执行过程中，严格管控城镇开发边界，限制城市无序扩张；优化国土空间格局，加强用途管制，为生态文明建设固本培元。以生态品质保障城市品质提升，把好山好水好风光融入城市，促进城市内部水系、绿地等同城市外围山水林田湖草形成完整的生态体系，科学开展生态系统保护修复，构建生态安全格局，为实现天津在京津冀协同发展中的"一基地三区"功能定位做好支撑。

**加强资源统筹，以系统思维构筑城市生态新格局**

天津积极对接全国重要生态系统保护和修复重大工程总体规划、"北方防沙带"规划、林草"十四五"规划等，综合考虑自然要素，统筹推进森林、湿地、农田、沙化地生态系统的全面保护修复和质量提升，构建从山顶到海洋的生态保护修复新格局。一是持续抓好国土绿化工作。持续"增绿""用绿""活绿"，高质量完成国家林业和草原局下达的7万亩封山育林年度任务。二是抓好"871"重大生态工程建设。推动绿色生态屏障建设，优化"蓝绿空间"比例，鼓励开展运营维护试点，强化绿色生态屏障管护。实施滨海新区（汉沽）海洋保护修复工程，完成岸线整治修复17.7公里，修复滨海湿地180公顷。持续实施湿地自然保护区"1+4"规划，确保完成保护修复任务。三是加强野生动物保护。加大保护巡护力度，研究制定相关政策，强化日常特别是秋冬季主要迁徙期的候鸟保护监管执法。

**走好"两化路"，以绿色转型探索城市发展新路径**

天津加快推进湿地自然保护区生态旅游，调整重要湿地名录，为实现湿地生态价值有效转化提供空间载体。探索构建"谁修复、谁受益"的市场化机制，鼓励和支持社会资本参与生态修复工程，增强生态产品有效供给。畅通工作机制，在保护的大前提下统筹文旅开发，深度挖掘津沽大地青山绿水的经济价值、社会价值，结合天津滨海国家海洋公园等，建设宜居、宜业、宜游、宜乐的"网红打卡地"，推动保护生态、吸引人口、发展经济等相结合共促进，提高生态产品价值转换效益，走深走实产业生态化、生态产业化的"两化路"，让绿水青山更有效地转化为金山银山。

**加强灾害防治，以底线思维筑牢津沽大地安全防线**

天津坚持人民至上、生命至上，全面开展森林火险、林业病虫害、地质灾害、海洋灾害等的隐患排查治理，推进“实战练兵”，完善应急预案，进一步提升灾害处置能力。一是加快构建森林防灭火一体化体系，加强森林火灾预防和应急处置，建立“智慧森林防火监测体系”，一期54个智能摄像头建成已投入使用。二是依托林长制督促实施林业有害生物联防联治，避免美国白蛾等主要林业有害生物灾害发生，全面遏制互花米草扩散蔓延，防控外来有害生物危害。三是与自然资源部天津海洋中心加强共建，积极做好海洋灾害预警预报和海洋生态监测工作。四是加强地面沉降防治，及时发布地质灾害气象风险预警，积极推进地灾隐患治理。

下一步，天津市规划和自然资源系统将深入学习贯彻党的二十大精神和习近平总书记重要讲话精神，以习近平新时代中国特色社会主义思想为指导，深刻领悟“两个确立”的决定性意义，增强“四个意识”、坚定“四个自信”、做到“两个维护”，把学习贯彻全国生态环境保护大会精神和深入开展主题教育结合起来，坚持站在人与自然和谐共生的高度谋划发展，加大生态保护和修复力度，扎实推进绿色低碳转型，加快形成资源节约和环境保护的空间格局，围绕服务和融入新发展格局、推动高质量发展的目标，埋头苦干、奋勇前进，将绿色作为高质量发展的底色，以实际行动为美丽天津建设作出更大贡献，让推窗见绿、行路见荫、山林环绕、四季常青的场景越来越多，形成更多生态文明建设成果，不断增强人民群众的获得感、幸福感和安全感。

（摘自《中国自然资源报》2023年9月21日）

# 2023中国国际矿业大会在津开幕

## 陈敏尔　王广华　张工出席

本报讯（记者 于春洋 米哲 刘国栋）10月26日，2023中国国际矿业大会在津开幕。市委书记陈敏尔，市委副书记、市长张工会见来津参加活动的自然资源部部长王广华一行并出席开幕式。王广华、张工、加纳国土资源部部长塞缪尔・吉纳波尔等致辞。中国矿业联合会会长彭齐鸣主持。

陈敏尔、张工在会见时代表市委、市政府对自然资源部长期以来给予天津发展的关心支持表示衷心感谢。陈敏尔说，当前，天津全面贯彻党的二十大精神，认真贯彻落实习近平总书记在深入推进京津冀协同发展座谈会上的重要讲话精神，充分发挥区位、港口、科教人才、产业、城乡空间等资源优势，深入推进城市更新提升，着力盘活存量、培育增量、提升质量，大力发展智能科技、高端装备、海洋经济等战略性新兴产业，加快形成更多新质生产力。本届中国国际矿业大会旨在服务经济发展大局和能源资源安全，为交流探讨矿业高质量发展的理念与实践、加强矿业国际交流合作搭建重要平台。我们将以此次大会为契机，认真学习吸收全球矿业发展经验，推动我市与国内外企业深化合作，取得更多务实成果。

王广华在致辞中指出，作为世界最大的矿产品生产国、消费国和贸易国，中国始终坚持新发展理念，持续推动矿业绿色发展与安全治理；坚持改革引领，持续释放矿业政策红利；坚持互利共赢，持续推进矿业开放合作。他代表自然资源部提出三点倡议。一是促进创新发展，为矿业发展增添新动能。推进矿产资源勘查开发新理论、新技术、新方法、新工艺、新装备的研发和应用，促进矿产资源创新链、产业链、资金链、人才链有机融合。二是促进绿色发展，为矿业发展培育新模式。推广绿色技术、工艺和装备，实现矿山开发与生态保护的有效协同。三是促进合作发展，构建矿业命运共同体。各方携手高质量共建“一带一路”，不断推动全球矿业投资与贸易自由化便利化。

张工说，本届大会以“创新驱动，促进矿业

天津日报
《深入学习习近平关于民政工作的重要论述》出版发行
2023中国国际矿业大会在津开幕
陈敏尔王广华张工出席
陈敏尔张工与国家能源集团董事长刘国跃总经理余兵一行座谈
天津市与国家电投签署持续深化战略合作协议
陈敏尔张工与钱智民一行座谈并见证签约
为打造现代都市型农业升级版建言
新一代脑机接口专用采集国产芯片在津研发成功
国家电投持续深化在津清洁能源布局
产业融合助力天津绿色低碳转型

高质量发展”为主题，聚焦行业热点，为各方增进交流、把脉市场、加强合作搭建高层次平台，将为世界经济复苏繁荣增添动力。天津产业基础雄厚、科教资源丰富、区位优势明显、港口交通发达，采掘、冶金、石化、装备制造、航运等产业与矿业衔接紧密。我们将努力擦亮、叫响中国国际矿业大会这张“国际名片”，在互利合作中扩大“朋友圈”、推进高质量发展，让天津这颗“渤海明珠”绽放更加璀璨的光芒。

塞缪尔·吉纳波尔说，中国国际矿业大会是世界上规模最大、最重要的矿业活动之一。长期以来，中非保持良好合作关系。我们将充分发挥技术和创新在采矿业中的作用，深化与中国政府、矿业公司和投资者合作，打造负责任、可持续的采矿业，促进绿色矿产增值，确保自然资源得到更加有效的开发、管理和利用。

沙特阿拉伯地质调查局局长阿卜杜拉·本·穆夫特·沙姆拉尼说，很荣幸出席中国国际矿业大会这一盛会，大会汇聚了来自全球矿业的专家、政要和创新者。期待着大会激发更多富有启发性的讨论成果，促进各方合作，推动矿业可持续发展。

开幕式结束后，陈敏尔、王广华、张工与各界嘉宾共同参观矿业大会展馆，认真观看展览展示，详细了解地质勘探、矿业开发、矿产品贸易、矿山治理等情况，与参会代表就深化国际矿业合作进行交流。

2023中国国际矿业大会由自然资源部、天津市人民政府指导，中国矿业联合会主办，为期三天。本次大会“线上线下”联动，将举行主题论坛、专题论坛、展览、推介会等活动，吸引了260余家国内外企业参展。

有关国家矿业部门负责人、驻华使节，国际组织代表，自然资源部副部长许大纯、中国地质调查局局长李金发，市领导王力军、范少军和市政府秘书长，各省区市和我市相关单位、国内外矿业企业和金融机构负责人等出席。

（摘自《天津日报》2023年10月27日）

## 天津——
# 多方合力　守护候鸟迁徙

11月18日，11只因暴雪掉队、受困吉林长春的国家一级保护动物东方白鹳，在天津七里海湿地自然保护区被成功放归自然。当天，天津市规划资源局、吉林省林草局在七里海湿地联合举行候鸟放归活动，掉队的东方白鹳与迁徙至此栖息的2000余只东方白鹳会合，继续南迁。

据天津市宁河区委宣传部相关负责人介绍，七里海湿地是全球八大候鸟迁徙通道之一的东亚至澳大利亚候鸟迁徙路线上的重要枢纽，每年有超过百万只候鸟迁徙过境。

人民日报 2023年11月21日 星期二 7 要闻

今年前三季度，全国营业性演出场次、票房收入同比大幅增长

演出市场 供需两旺

湖北省丹江口市舍花村——发展旅游助增收

广西三伯岭林场护林员黄大安——

守好父辈种下的山林

天津——

多方合力 守护候鸟迁徙

今年以来，天津依法严厉打击危害候鸟违法犯罪活动，全力守护候鸟迁徙之路。秋冬候鸟迁徙季以来，天津公安部门共侦破危害候鸟刑事案件17起，抓获犯罪嫌疑人19名。

据天津市规划资源局有关负责人介绍，天津充分发挥三级林长和护林员作用，实行网格化管理，对候鸟集中的湿地、自然保护区等区域加强巡查巡护，严厉打击非法猎捕、非法交易、非法食用候鸟等违法犯罪活动，积极开展“野生动物宣传月”等活动，提升公众爱鸟护鸟意识。

天津市公安局充分采用无人机等科技手段与传统侦查手段相结合的方式，严厉打击非法猎捕行为。京津冀公安机关联合行动，保护秋冬季候鸟迁徙。截至目前，累计开展联合执法20余次，检查重点场所、区域100余处，发现非法狩猎场地20余处。

据了解，在今年秋冬季候鸟迁徙中，东方白鹳较往年同期“先头部队”早来了半个月，目前日观测量最高峰达3000余只。

（摘自《人民日报》2023年11月21日）

# 千里护送 候鸟归家

冬日的江西鄱阳湖水落滩出，飞鸟云集。历时两天一夜，跨越近1400公里山川湖泊，13只曾在天津获救的珍稀候鸟“乘车”抵达江西鄱阳湖国家级自然保护区，开启了安全温暖越冬新生活。

**为何不远千里送到鄱阳湖？**

“当前正值冬季，过境天津市的候鸟已基本迁徙完毕。对于在津获得救助的候鸟，尤其是一些珍稀候鸟，具备野外放归条件的，我们就选择去它们的集中越冬地鄱阳湖放归。”天津市野生动物救护驯养繁殖中心检疫饲养科科长刘洋说。

根据观测，每年鄱阳湖有数十万只候鸟在这里过冬。入冬后，进入枯水期的鄱阳湖分割为万千处水域，不同的水域还有不同的动植物，能为不同种类候鸟提供丰富多样的食物。

“鄱阳湖水域广袤，在这里越冬的候鸟吃喝不愁。”天津师范大学野生动物资源保护研究团队负责人赵大鹏教授表示，鄱阳湖是中国第一大淡水湖，也是国际重要湿地、亚洲最大的越冬候鸟栖息地，“长期以来，鄱阳湖生态环境持续提升，较其他湿地而言，能够为候鸟提供安全宜居的‘住宿’环境和多元充足的‘餐饮’资源，因此，鄱阳湖成了候鸟越冬的首选地。”

“放归地点的选择很重要。只有在本地栖息的鸟类才能在本地放归，非本地鸟类不能直接放归。对于迁徙的鸟类，必须选择合适季节在其栖息地或者迁徙经过地进行放归，不同的时间应选择不同的放归地点。”江西省野生动物救护中心主任汪志如介绍，比如白鹤、小天鹅等候鸟，救护康复后到了5月，其在江西省越冬的野外种群已迁徙至北方，就应当将其带到北方放归。同样，东方白鹳等错过了在天津的南迁阶段，就应当到鄱阳湖越冬地放飞。

6 聚焦

两天一夜穿越四省近1400公里

我市救助候鸟昨日鄱阳湖放归

千里护送 候鸟归家

为何不远千里送到鄱阳湖?

科学“护航”拓展新方向

天津候鸟迁徙新变化

津赣建立联合救助机制

**津赣建立联合救助机制**

“天津是东亚至澳大利西亚候鸟迁徙路线中的重要中停地之一，长期以来是候鸟南迁途中必经的‘中转站’。成群结队的各类候鸟在此休息好了就会按时出发，不再回头逗留；如果有‘队员’迷途，或是因为受伤等原因没赶上‘大部队’，就很难再独自飞行，顺利抵达目的地了。”刘洋告诉记者，鄱阳湖是我国候鸟越冬的主要目的地，距离天津近1400公里，一旦有候鸟在天津“中转站”没能跟队出发，那么上千公里的路程对它们而言，独自完成迁徙难度很大，存活率很低。

为了让候鸟能够安全到达鄱阳湖越冬，2013年年初，天津市野生动物救护驯养繁殖中心与江西省野生动植物救护中心建立了候鸟救治联动机制，决定由津、赣两地野生动物救护组织联合承担南迁候鸟安全回家的任务。特别是对“落单”“掉队”的各类候鸟实施重点监护，尽量让它们能够在人力帮助下缩短旅程，由专人护送“乘车”回到鄱阳湖，与种群“大部队”会合。

随着人与自然和谐共生理念深入人心，我市对自然环境保护力度不断增强，野生动物的种类与数量逐渐增加，一些虚弱或患有伤病的动物相继被发现，并送到野生动物救护驯养繁殖中心进行救助。多年来，在津被救助、放归鄱阳湖的，既有国家一级保护野生动物东方白鹳，又有大天鹅、小天鹅、红隼、灰鹤等各类国家二级保护野生动物，也有鸳鸯、鸿雁、豆雁、绿头鸭等江西省省级重点保护野生动物，还有3只国家二级保护野生动物猕猴。

**天津候鸟迁徙新变化**

每年，数以亿计的候鸟穿越在相隔万里的繁殖地与越冬地之间。迁徙是候鸟生存的一场“大冒险”，中途的“补给站”对候鸟的存活几率显得尤为重要。

作为重要“中转站”，每年百万只候鸟迁徙途经天津。我市大力推进以国家公园为主体的自然保护地体系和“871”重大生态工程建设，严格落实湿地自然保护区“1+4”规划，持续开展湿地修复工作，候鸟栖息地生态环境质量有了大幅提升。

“近年来，基于我们的研究工作，途经天津的候鸟迁徙有两方面变化值得关注。”赵大鹏说，一方面的变化是部分“背包客”变“安居客”。以世界濒危物种东方白鹳为例，以往这一物种在天津的居留类型是旅鸟，就是每年迁徙途中只在天津“打尖住店”。近年来，部分东方白鹳个体的居留类型从旅鸟变为夏候鸟，它们从行色匆匆的“背包客”，变身为落户繁育的“安居客”，天津已成为东方白鹳的“非传统”自然繁殖地。

另一方面的变化是部分“稀客”变“常客”。以国家一级重点保护物种白枕鹤为例，2020年以前，这一物种在天津七里海湿地迁徙季现身的次数很少，但从2020年至今，白枕鹤已连续4年在春秋迁徙季“歇脚”七里海湿地，昔日的“稀客”变身为现在的“常客”，天津七里海湿地成为白枕鹤“南来北往”路上相对比较稳定的迁徙停歇地之一。

“以上这两方面的变化，均在一定程度上体现了天津生态环境日趋向好。”赵大鹏说。

**科学“护航”拓展新方向**

候鸟迁徙的新变化，为天津生态向好提供了佐证，也为天津野生动物保护带来了新挑战。

“近年来，在市规划资源局的大力支持下，我们研究团队在采用传统经典研究方法的基础上，应用多项国际先进研究技术，开展相关保护研究工作，迎接新挑战、实现新突破。”赵大鹏说，“比如，对于‘旅鸟’变‘夏候鸟’、在天津落户繁育的东方白鹳，我们应用野生动物卫星追踪技术，首次为天津‘土生土长’的东方白鹳宝宝佩戴卫星追踪设备，开展科学监测，及时掌握其活动特点，为相关保护管理积累关键数据、提供决策依据，共同科学守护它们的‘成长之路’，这对东方白鹳‘非传统’自然繁殖地野生种群的保护具有积极意义。”

天津师范大学野生动物资源保护研究团队在候鸟保护研究中应用的新技术，不仅用于迎接新挑战，同时也用于拓展新方向。“例如，天津滨海滩涂是国家一级重点保护物种遗鸥的主要越冬地，以往的传统研究方法主要关注其种群数量及动态变化；我们研究团队综合应用非损伤取样技术、高通量测序技术、宏基因组技术等，在这一物种的保护研究中拓展新方向，即科学聚焦其‘食谱’内容，动态评估其健康水平。”赵大鹏说，当前研究发现，冬候鸟遗鸥在天津越冬时期主要取食鱼类、贝类等，其越冬后期肠道菌群的多样性和丰富度高于越冬前期，而肠道菌群的潜在致病性低于越冬前期，这在一定程度上反映出天津作为候鸟栖息地的生态宜居。

候鸟迁徙之行，不是“说走就走的旅行”，它为生存所需，不乏艰辛，需要社会各方面更多关注。

为全力确保候鸟迁徙安全，天津市采取多项措施科学“护航”。市规划资源局相关负责人表示，今年以来，我市充分发挥三级林长和护林员作用，对候鸟集中的湿地、自然保护区等区域加强巡查巡护；开展“全面加强鸟类保护专项治理”专项行动，严厉打击非法猎捕、非法交易、非法食用候鸟等违法犯罪活动，及时清除非法猎捕工具，切实守护候鸟安全。与此同时，我市积极动员社会力量，大力宣传候鸟保护知识、理念和野生动物保护法律法规，不断提升公众爱鸟护鸟意识，营造全社会共同参与候鸟保护的和谐氛围，为推进天津生态文明建设、促进人与自然和谐共生“添砖加瓦”。

本报江西永修电

**记者手记**

天津参加江西国际观鸟季到今年已是第三届。每次参会，我市都将近期救助的适合放归的候鸟运送到鄱阳湖观鸟季活动现场进行放归，让候鸟以最好的状态加入当地的群落，重回大自然。

这一天，也可以说是这些候鸟的节日。因为，从被放归的那一刻起，候鸟真正重新获得了自由，重新回到了属于它们的世界。笼箱被打开的一瞬间，它们有的振翅高飞，有的信步走出，有的可能还回头看上几眼放飞它们的人们，似乎是在表达某种谢意。鸟儿们回眸或飞旋在人们头顶上空的那一刻，作为一个见证者，我总会有一种莫名的激动涌上心头，为它们高兴，为它们喝彩，为它们祝福……特别是这一届的观鸟季，东方白鹳和大天鹅走出笼箱后，没有立刻飞走，而是互相对视了一下，然后看向放归它们的人们，并不住地点起了头，似乎是在用这种肢体动作对人们表示感谢。当大家都以为这个仪式过后，它们会转身奔向湿地，没想到的是，它们竟又停了下来，再次扇起翅膀，边扇边回头凝望，并不停地对空鸣叫……许久之后，才一边点头一边缓缓展翅飞向湖边……

那一刻，我的心破防了，眼眶湿了。我深深地感到，很多生物即使不属于同一类物种，心灵也是相通的！

近年来，“绿水青山就是金山银山”的理念深植人们心底，通过相关部门积极宣传和人们自身意识的增强，全社会对动植物的保护也逐步加强。我市对候鸟的异地放归活动已进行了多年，虽然每年放归的候鸟种类和数量不尽相同，但数字都呈现出逐年减少的趋势，其来源也从一定比例的罚没转变为大比例的救助。

人类仅仅是自然界中的普通一员，我们身边，无论哪种野生动物，都不仅是我们的邻居，更是大自然中不可或缺的重要一环，缺失了谁，都可能对自然、对我们的家园造成一定程度的损害。救护一只或几只野生动物，看似是小事，但有时候，很少的一些个体可能就能撑起一个种群甚至一个物种的生存与延续。此行不仅是放归十几只候鸟，更是在保护我们及后世子孙赖以生存的家。

（摘自《天津日报》2023年12月11日）

# 规划 设计

## 总体及分区规划

### 《津南区国土空间总体规划（2021—2035年）》

**【编制背景】** 为加快推进生态文明建设，促进国家治理体系和治理能力现代化，在市委、市政府统一工作部署下，组织开展津南区国土空间总体规划编制报批工作。在规划编制过程中全面贯彻落实习近平总书记对天津工作“三个着力”指示要求、天津市“十项行动”实施要求，打好“三张好牌”，同时做实做强“四区”，精心建设“四谷”，全力打造科创会展城和天津重要增长极，为全面建设社会主义现代化大都市贡献津南力量。

**【编制过程】** 严格履行了规划公示、征求区级部门意见、专家评审、区人大审议等程序，并于2023年5月11日向市政府领导专题汇报，于2023年6月将《津南区国土空间总体规划（2021—2035年）》报市政府审批。

（赵湘东）

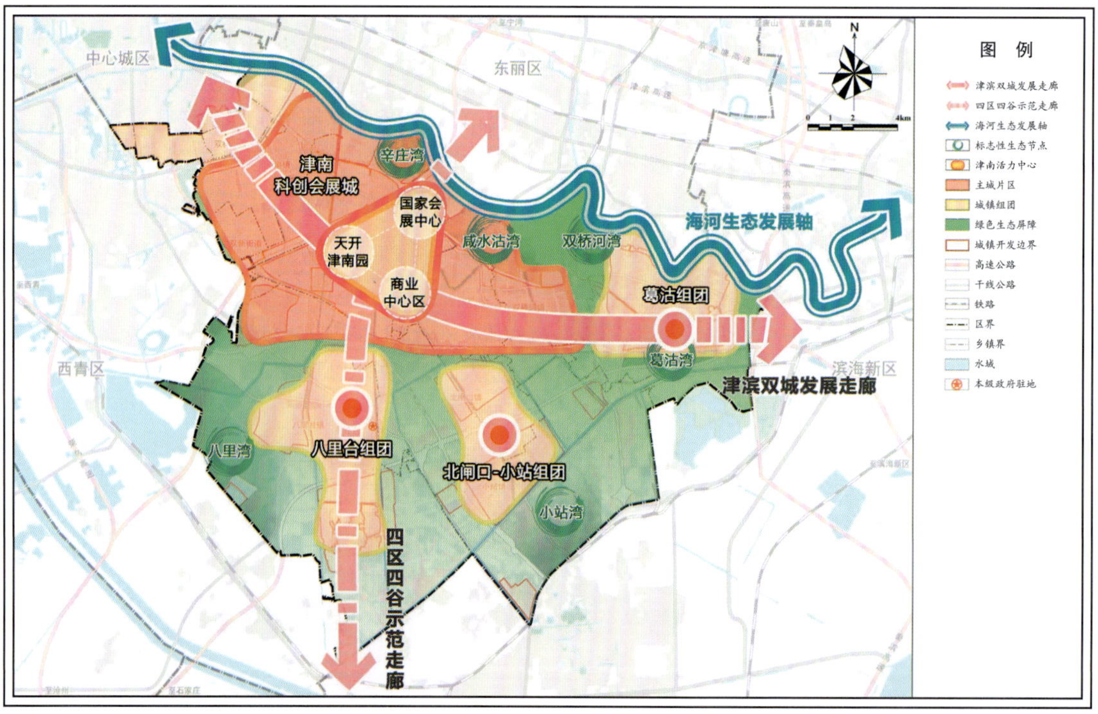


《津南区国土空间总体规划（2021—2035年）》国土空间总体格局规划图

# 《蓟州区国土空间总体规划（2021—2035年）》

**【编制背景】** 2019年，为全面落实《中共中央国务院关于建立国土空间规划体系并监督实施的若干意见》和《自然资源部关于全面开展国土空间规划工作的通知》要求，按照全市统一部署，蓟州区对照《天津市国土空间总体规划（2021—2035年）》，组织编制完成了《蓟州区国土空间总体规划（2021—2035年）》（以下简称《规划》）。

**【编制过程】** 蓟州区坚持以习近平新时代中国特色社会主义思想为指导，全面落实党的十九大、二十大精神，深入贯彻习近平总书记对天津工作提出的“三个着力”重要要求和一系列重要指示批示精神，全面落实陈敏尔书记对蓟州提出的“三个融合”指示要求和张工市长蓟州调研讲话精神。规划编制中，蓟州区成立了由区委、区政府主要领导任组长的蓟州区国土空间规划编制工作领导小组，集全区之力高标准推动《规划》编制工作。《规划》形成阶段成果后，通过区人民政府政务网站、天津市规划和自然资源局网站、天津规划自然资源公众号等媒体向社会公开征询意见；组织召开了规划专家评审会，邀请规划、土地、生态等各领域高水平专家建言献策；按照有关法规、政策规定，履行了《规划》报审的各项法定程序。

**【规划主要内容】** 《规划》立足新发展阶段、贯彻新发展理念、构建新发展格局，涵盖了区域协同、生态优先、高质量发展、产业创新升级、城市安全、空间治理等多方面内容。严守耕地和永久基本农田保护红线，坚持生态优先，坚持以人民为中心，促进人与自然和谐共生；探索国土空间开发保护制度，全面提升天津市国土空间治理体系和治理能力现代化水平。

确定城市发展目标，积极融入京津冀协同发展。《规划》充分落实京津冀协同发展、主体功能区、新型城镇化、乡村振兴战略等国家部署，积极融入京津冀协同发展，遵循和顺应蓟州城市的资源本底和发展规律，重点从生态协同、交通协同、功能协同、设施协同等方面对深入推进京津冀协同发展明确了相关策略和措施，助力京津冀协同发展战略走深走实。

优化国土空间格局，统筹划定三条控制线。《规划》充分认识、遵循和顺应蓟州城市的资源本底和发展规律，统筹落实京津冀协同发展战略、天津市相关规划的要求，全域构建“一屏两区、两核两轴多廊道”的总体格局。《规划》强调底线约束，将耕地和永久基本农田保护红线、生态保护红线、城镇开发边界三条控制线作为规划管控底线，统筹整合优化蓟州区生态、农业、城镇格局，保障重点产业发展、重大项目落位、民心民生工程等空间需要。

建设宜居宜业活力城区，加强历史文化保护传承。《规划》合理优化蓟州城区和州河组团的用地布局，构建“两带、两脉、双城、多中心”的城区空间结构，形成公共服务设施布局均衡、蓝绿空间连通的多中心、组团式空间布局，对城市各片区提出发展指引。《规划》全面保护蓟州区丰富的历史文化资源，突出保护重点区域，构成“历史城区、风景名胜区、长城等文化带，历史文化名村和文物古迹建筑遗存”的历史文化资源保护格局。

完善基础设施体系，有力保障国土安全韧性。《规划》塑造宜居宜业的安全韧性城市，构建蓟州区高效稳定的基础设施和自然灾害防治体系。健全公共服务设施体系，构建舒适有度的社区生活圈。强化支撑体系，构建安全韧性城市和智慧城市。

**【审批情况】** 《规划》在起草过程中，书面征求市、区两级相关部门的意见，开展并完成社会公示，通过专家评审等审查程序，结合各方意见对规划成果进行多轮修改完善，经区政府常务会议、区委常委会、区人大常委会审议通过，于2023年6月呈报市政府审批。

（张占奎）

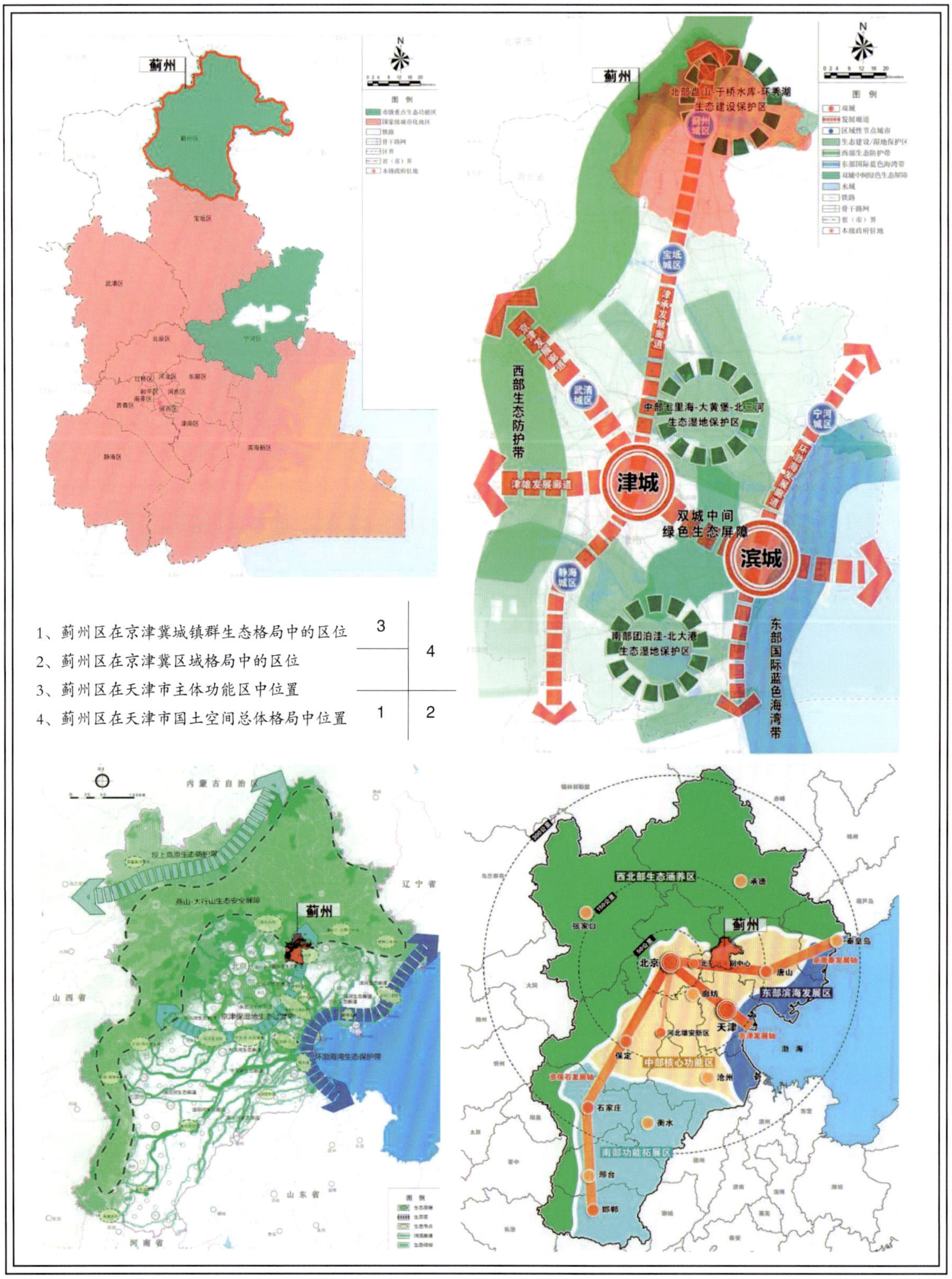


《蓟州区国土空间总体规划（2021—2035年）》区位图

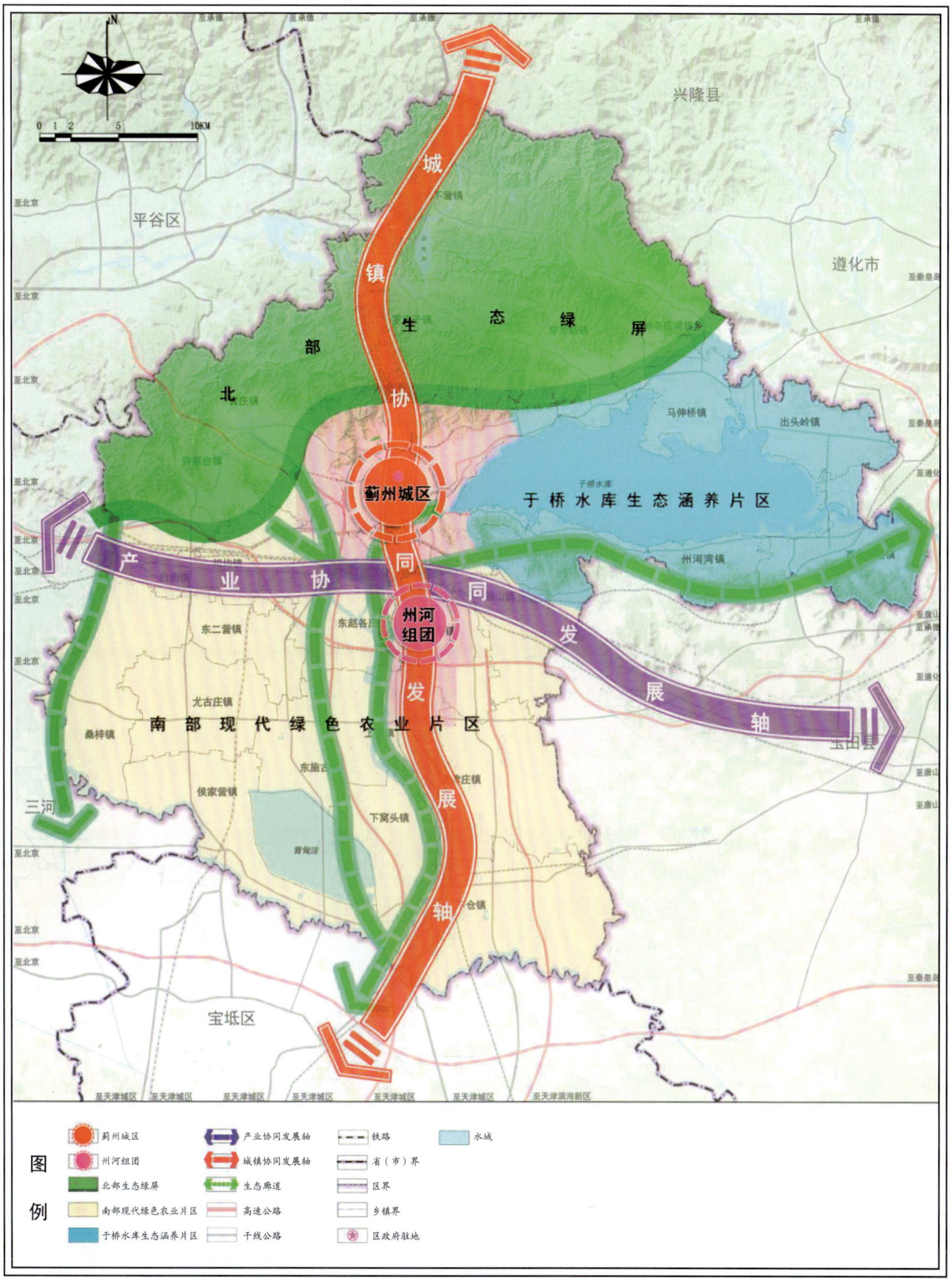


《蓟州区国土空间总体规划（2021—2035年）》国土空间总体格局规划图

# 《宁河区国土空间总体规划（2021—2035年）》

**【编制背景】** 2019年中共中央、国务院印发了《关于建立国土空间规划体系并监督实施的若干意见》，提出国土空间规划是国家空间发展的指南、可持续发展的空间蓝图，是各类开发保护建设活动的基本依据。建立国土空间规划体系并监督实施，将主体功能区规划、土地利用规划、城乡规划等空间规划融合为统一的国土空间规划，实现“多规合一”，强化国土空间规划对各专项规划的指导约束作用，是党中央、国务院作出的重大部署。随后按照自然资源部、天津市人民政府的工作部署，宁河区开展了区级国土空间总体规划编制工作。

**【规划主要内容】** 宁河区规划定位为天津市东北部市辖区、重要湿地生态涵养及“两山”理论实践创新城区、京津冀协同发展战略和承接北京非首都疏解的重要基地。规划形成“一海一城、两区两带”的国土空间总体格局，总规划可服务人口60万人，将宁河区建设成为：环首都湿地生态、科技智造、飞地协同发展的重要组成区域，大水大绿大美、创新开放共享的京津冀“产业生态化、生态产业化”示范区。

《规划》文本主要包括总则、基础评价与问题评估、规划定位与战略、国土空间总体格局、乡村振兴、生态空间、城镇空间、综合交通体系、集约节约与国土综合整治、近期建设重点与行动计划等共14章56节170余条。图集包括乡级行政区主体功能定位分布图、国土空间总体格局规划图、生态系统保护规划图、国土空间控制线规划图等40余张。

**【“三区三线”划定情况】** 自2022年5月正式启动划定工作以来，宁河区积极参与市级组织的市、区两级协同划定和修改完善工作。宁河区在“三区三线”划定工作中，坚持从实际出发，强化区域统筹平衡，确保“数、线、图”一致。科学划定耕地保有量68.36万亩，基本农田61.14万亩；生态保护红线174.18平方千米；城镇开发边界130.17平方千米。2022年10月21日，天津市“三区三线”划定成果经自然资源部质检通过，宁河区的“三区三线”数据已正式启用。

**【履行程序情况】** 2023年3月9日至4月9日，规划成果方案在区政府网站、宁河融媒和市规划资源局网站进行了公示，公示期间收到3条意见，已采纳；规划公示期间，同步开展了规划成果市、区两级征求意见工作，以及组织召开了专家论证会，征求了市级39个部门，以及区级38个部门和15个街镇意见，按照相关意见进行了意见采纳和成果修改等工作；4月27日，区政府第33次常务会议审议通过，5月9日，区人大第三届常务会第十三次会议审议通过，5月10日，区委三届五十七次常委会审议通过；并于5月16日，以区政府名义上报市人民政府审批。

（胡中飞）

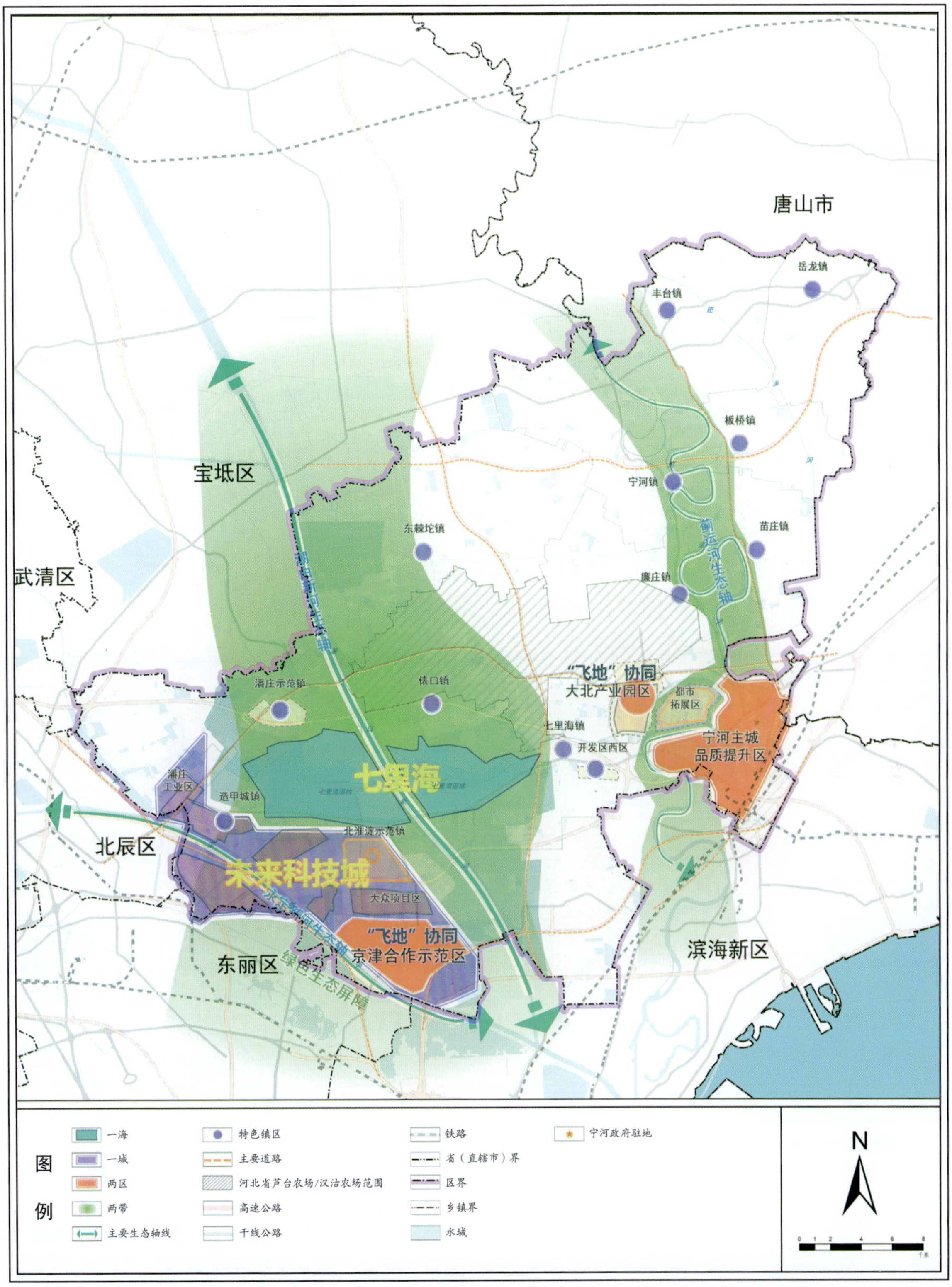


《宁河区国土空间总体规划（2021—2035年）》国土空间总体格局图

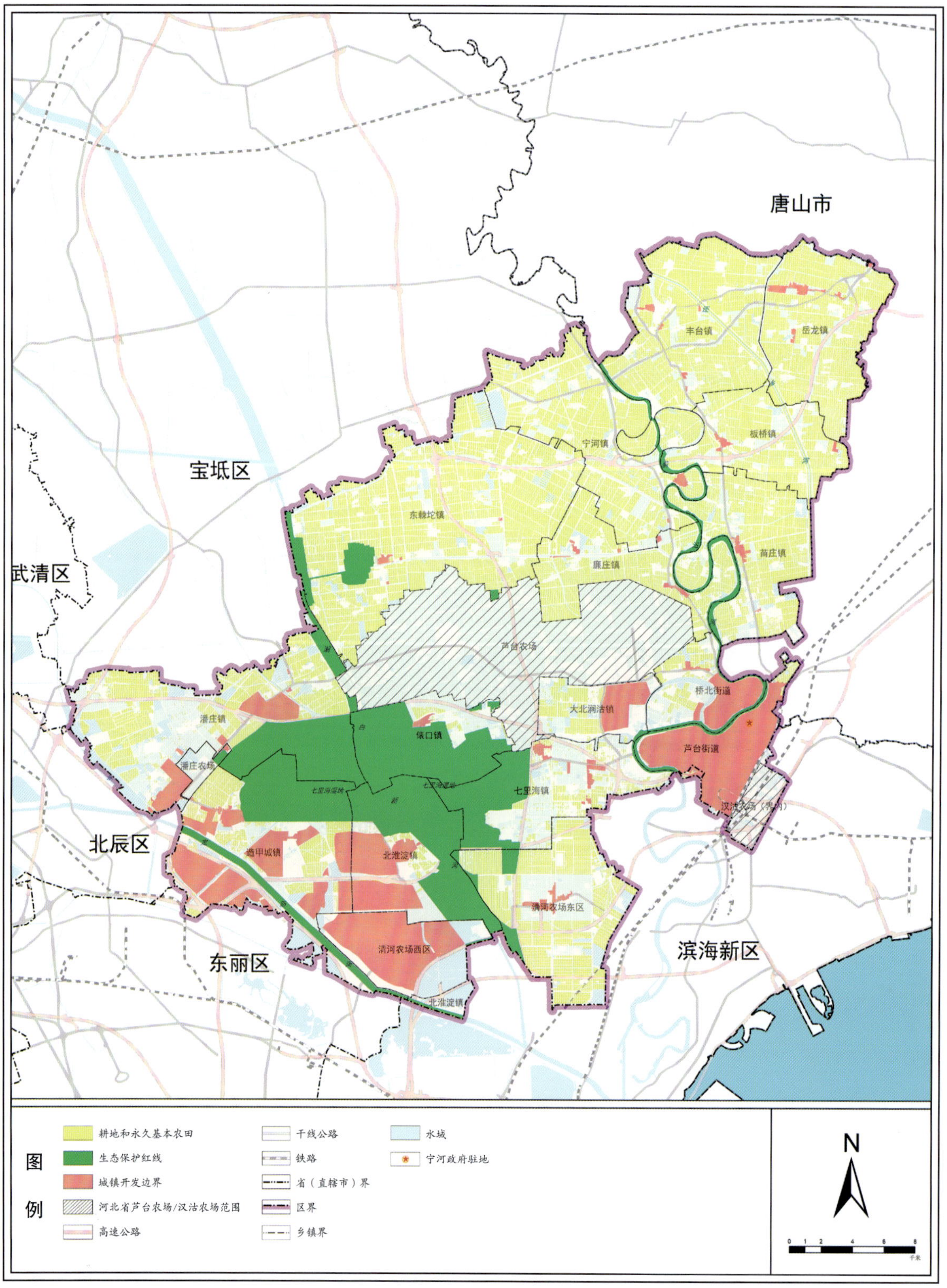


《宁河区国土空间总体规划（2021—2035年）》国土空间控制线规划图

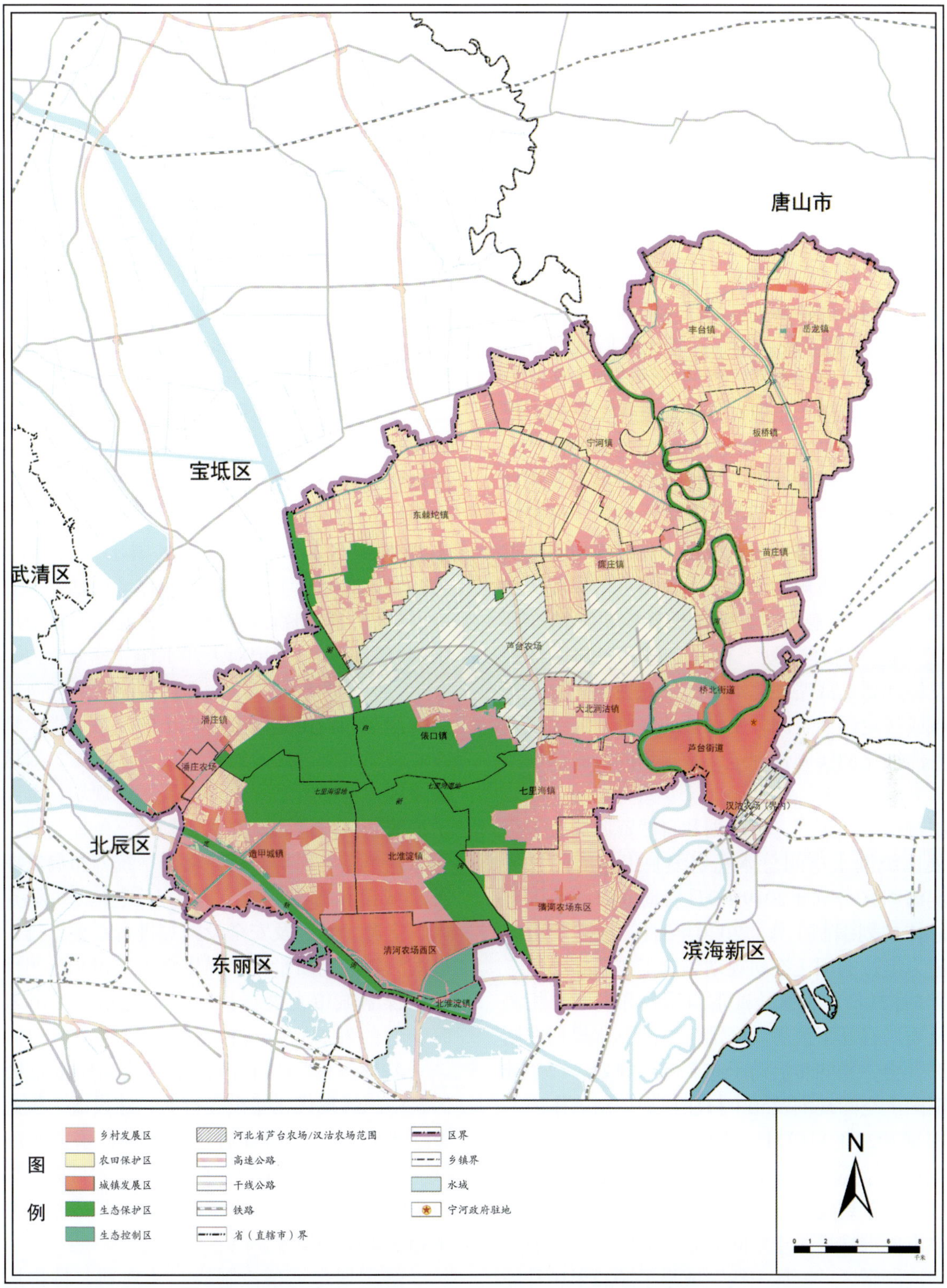


《宁河区国土空间总体规划（2021—2035年）》国土空间规划分区图

# 《滨海新区国土空间总体规划（2021—2035年）》

**【编制背景】** 2019年5月9日中共中央国务院印发《关于建立国土空间规划体系并监督实施的若干意见》；2019年5月28日，自然资源部印发《关于全面开展国土空间规划工作的通知》，要求各地不再新编和报批主体功能区规划、土地利用总体规划、城市总体规划、海洋功能区划，统一编制国土空间总体规划，实现"多规合一”。国土空间规划是对所辖国土空间资源和布局进行的长远谋划和统筹安排，旨在实现对国土空间有效管控及科学治理，促进发展与保护的平衡。新的国土空间规划构建了五级三类国土空间规划体系。五级指与中国行政管理层级相对应的国家、省、市、县、乡镇，一级政府一级事权，全域全要素规划管控，各级规划侧重点不同，其中市县级规划承上启下，侧重传导性；乡镇级规划侧重实施性，实现各类管控要素精准落地；三类包括总体规划、相关专项规划和详细规划，总体规划是战略性总纲，相关专项规划是对特定区域或特定领域空间开发保护的安排，详细规划作出具体细化的实施性规定，是规划许可的依据。

**【编制过程】** 按照《市规划和自然资源局关于全面开展区级国土空间总体规划编制工作的函》要求，滨海新区分局于2019年9月启动滨海新区国土空间总体规划编制工作。2020年3月，成立了由区委书记为组长的国土空间规划编制工作领导小组。2020年5月21日，副区长戴雷组织各开发区、相关街镇及委局召开了滨海新区国土空间总体规划编制动员部署会，并同步启动了34个专项规划、12个涉农街镇国土空间规划及50个村庄规划编制工作。

根据2022年4月27日全国“三区三线”划定工作电视电话会议与5月6日市规划资源局研究落实“三区三线”划定工作会议精神，滨海新区分局按照天津市要求推进国土空间规划“三区三线”划定工作，滨海新区“三区三线”成果于2022年10月经自然资源部下发正式启用，作为建设项目用地用海报批依据。

2023年上半年，滨海新区分局集中力量推动滨海新区国土空间总体规划编制报批工作。2月组织规划编制单位完成《滨海新区国土空间总体规划（2021—2035年）》成果编制，2至5月组织完成了新区及市级相关部门征求意见、向社会征求意见、专家评审、社会稳定风险评估、合法性审查等程序。6月规划经区政府、区人大、区委审查同意，6月21日由滨海新区政府上报天津市政府。

同时，组织相关委办局对津南、东丽、宁河、静海和西青区等相邻区国土空间总体规划提出意见，并汇总意见以区政府名义回复相邻区政府，确保滨海新区国土空间总体规划与相邻区国土空间总体规划充分衔接。

**【规划要点】** 《滨海新区国土空间总体规划（2021—2035年）》（以下简称《规划》）立足新发展阶段、贯彻新发展理念、构建新发展格局，紧紧围绕习近平总书记对天津工作“三个着力”重要要求，以及两次深入滨海新区视察时对滨海新区港口、产业和城市建设方面提出的一系列指示精神，落实天津市委、市政府“津城”“滨城”双城发展战略和“十项行动”工作部署，《规划》重点明确了滨海新区发展定位，落实划定三条控制线，构建全域国土空间保护开发新格局，统筹布局农业、生态、城镇和海洋四类空间，对城乡公共服务、交通、能源、水利及安全设施等进行系统安排，为推进滨海新区高质量发展提供有力支撑和空间保障。

谋划城市发展新目标。《规划》提出未来滨海新区的发展定位为：京津冀战略合作功能区、“一基地三区”核心区，新时代高质量发展示范区、中国式现代化建设先行区，建设成为生态、智慧、港产城融合的宜居宜业宜游宜乐美丽滨海新城。依据滨海新区的城市发展定位和目标，构建国土空间指标体系和国土空间开发保护战略，并明确了相关策略和措施。

落实划定三条控制线。《规划》将耕地和永久基本农田保护红线、生态保护红线、城镇开发边界三条控制线作为规划管控底线，强化底线约束，严格落实耕地、永久基本农田保护任务，严格生态保护红线管控，科学划定城镇开发边界，推进各类空间高水平保护、高质量发展。

构建国土空间保护开发新格局。《规划》落实“生产空间集约高效、生活空间宜居适度、生态空间山清水秀”的国土空间保护开发格局优化要求，落实天津市总体空间格局，依托滨海新区本底特征，形成“一屏一带蓝绿交融，一核两翼组团发展”的国土空间总体格局。

谋划港产城融合的组团发展格局。《规划》围绕海空双港，以“T”字型轴带串联，建设港产城融合发展的功能组团，突出特色功能、促进职住平衡，推进港口、产业和城市深度融合。按照建设一个城市的标准，优化“滨城”未来城镇空间各类用地占比，补足城市功能。

推进陆海统筹发展，建设安全韧性城市。《规划》充分突出海洋特色，发挥海洋优势，全面提升海岸线和海域空间整体保护和开发利用水平，实施差异化发展策略，推进海陆空间统筹发展。强化支撑体系，完善防灾体系，加强海洋灾害防护和地质灾害防护，构建安全韧性城市。

（高秀翠）

## 滨海新区南北两翼战略发展规划研究

**【编制背景】** 习近平总书记指出：“发展不协调是我国长期存在的问题，集中表现在区域、城乡、经济和社会、物质文明和精神文明、经济建设和国防建设等关系上”。根据中央经济工作会议、党的二十大报告关于城市建设的指示要求，按照《天津市空间发展战略》确定的“一市双城多节点”的市域城镇发展格局及《滨海新区国土空间总体规划（2021—2035年）》提出的构建滨城“一核两副双港多组团”的城市发展格局，滨海新区分局组织开展了滨海新区南北两翼战略发展规划研究，作为城市协同发展与乡村振兴带动的双重任务。

推进南北两翼发展是滨海新区实现高质量发展的重要内容，也是提高城市整体竞争力的首要任务。南北两翼辖六街四镇，肩负了新区90%的耕地、52%的生态红线内用地的保护任务，同时服务95%的农民和37%的人口，其地位不言而喻。但也面临着城乡发展差距大、产业发展层级低、板块发展较分散、民生短板突出、基础设施建设落后等难题。

**【编制过程】** 滨海新区分局于2021年12月启动南北两翼战略发展规划研究，其间滨海新区分局组织项目组深入南北两翼地区，对城区环境、园区建设、乡村振兴、产业发展等各方面进行了详细调研，取得第一手基础资料和数据。2022年，开展向属地街镇、南北办、相关开发区汇报、座谈等工作，形成阶段成果。2023年，组织征求相关单位意见，召开专家咨询会，并将阶段成果向分管区领导汇报。2023年12月29日报滨海新区政府审查，下一步将按照区领导批示，与各相关街镇深入对接，并将规划阶段成果与区级、街镇级国土空间规划做好衔接。

**【规划要点】** 面向2035年，规划将滨海新区南北两翼置于国家发展和京津冀协同发展的框架之中，从滨海新区南北两翼城市发展的现实问题出发，以长远眼光谋划城市未来发展的总体方向，塑造城市的长久竞争力。为实现城市的平衡发展、共同富裕的目标，规划以问题为导向从南北两翼的区域协同、发展定位、空间结构、用地布局、人口结构、资源禀赋、经济水平、产业结构、配套设施、生态本底、安全韧性等多维度进行分析，梳理出南北两翼的优势和短板，明确了滨城北翼是支撑区域协同的节点城市、天津都市圈建设的战略支点、滨城产业转型升级的标杆地区。以“TOD”导向确定重点发展和功能提升区域、优势交叉创新，以“创新链”引导产业链、打造距京津最近的海滨旅游目的地、优化能源结构，重点培育新能源产业、创建多类型乡村“共享农庄”、确立“一村一品”富民产业、总结创新经验，争取国家试点政策支持，塑造滨北精致宜居城市。

滨城南翼是产城融合的区域中等城市的定位，是面向雄安新区的高品质产业协作区、滨城能源创新主要承载地、天津市重要湿地生态空间。通过空间协同战略、产业拓优战略、活力营城战略、现代乡村战略四大战略实现区域发展上内外衔接、产业共兴上区街联动、宜居共享上城乡统筹，通过十项举措即交通协同上强化区域链接、生态协同方面共保京津冀蓝绿空间、能源创新产业重点突破、划定主要产业核心战略空间、确立南翼副城重点发展范围、推进城市更新，统筹设施配套、激发城市特色商业活力、完善内部交通系统，打通卡口堵点、打造南部高端种植和现代畜牧业聚集区、确立“一村一品”富民产业，塑造滨南产城融合城市。

规划结合南北两翼的重点片区，从财税政策、落户政策、住房政策等方面，精准施策，形成分梯度、分类别、分时序的开发指引。结合支撑条件、空间潜力、现实情况等因素，确定政府投资流向，制定近期行动计划，形成城市项目库，指导未来长期的城市发展工作有序推动。

（刘军宝）

## 滨海新区街镇国土空间规划编制情况

**【编制背景】** 为贯彻落实中共中央国务院《关于建立国土空间规划体系并监督实施意见》要求，加快推进国土空间规划体系建设，落实滨海新区国土空间总体规划及各专项规划提出的指导要求，以习近平新时代中国特色社会主义思想为指导，认真贯彻创新、协调、绿色、开放、共享的发展理念，充分发挥镇级总体规划在国土空间规划体系中承上启下的作用，立足街镇发展现状特征，有机融合各类空间规划，统筹安排街镇各项建设活动，推动镇村集聚发展和土地资源节约集约利用，合理配置镇村公共服务设施和基础设施，兼顾开发与保护，整合优势资源，联动区域，促进街镇全面、协调和可持续发展。

**【编制过程】** 为落实乡村振兴战略，加快滨海新区国土空间规划体系建设，推进滨海新区涉农街镇国土空间规划和村庄规划编制工作，2020年滨海新区分局向各涉农街镇下发《关于开展街镇国土空间规划编制工作的通知》，全面启动新区涉农街镇国土空间规划编制工作。结合新区实际，2021年滨海新区分局制定并下发了《滨海新区涉农街镇国土空间规划和村庄规划编制工作方案》，明确了工作总体思路和目标、基本原则、重点任务、时间进度安排、保障措施等，为规划编制工作开展奠定基础，同时按照该方案，本着“自上而下、上下联动、压茬推进”的工作原则，持续推进新区12个涉农街镇的街镇级国土空间总体规划编制工作。2022年4月组织各涉农街镇参加市规划资源局开展的国土空间总体规划编制期间土地规划调整分类及相关流程培训，增强涉农街镇土地规划管理业务水平，提高地方科学规划管理意识。2023年9月，滨海新区分局下发各涉农街镇市级工作要求和区级规划相关资料数据，召开专题会议对涉农街镇国土空间总体规划编制工作进行再部署，不断优化完善街镇国土空间总体规划工作，各街镇初步形成规划成果。下一步，在推动街镇国土空间总体规划修改完善的同时，按照全市统一部署，组织做好规划报批工作。

（段原婧）

# 津南区村庄规划编制情况

**【编制背景】** 为深入贯彻习近平总书记关于实施乡村振兴战略的重要指示精神，全面落实全国实施乡村振兴战略工作推进会议要求，深入学习推广浙江实施“千村示范、万村整治”工程经验，按照相关文件要求，按照乡村振兴战略产业兴旺、生态宜居、乡风文明、治理有效、生活富裕的总要求，坚持高质量编制多规合一的实用型村庄规划。

**【编制过程】** 为贯彻党中央、国务院关于乡村振兴战略、农业农村优先发展等重大决策部署，按照相关要求，2019年津南分局启动村庄规划编制工作，组织各相关镇召开村庄规划编制工作推动会，提高重视程度；开展规划编制培训，汇编文件传达至各相关镇，提高村庄规划编制规范性；及时跟进村庄规划编制进度；专题研究，听取村庄规划编制方案，研讨规划定位、管控等相关内容，针对性解决各镇规划编制中的问题，确保规划可实施能落地。

**【审批情况】** 组织相关镇结合实际，倒排工期，梳理剩余村庄规划编制审批计划，制定时间表，研究路线图，合理安排村庄规划审批时序，2023年共完成17个村庄规划审批手续。截至2023年底，津南区31个保留村中已完成22个村庄规划审批手续。2023年，天津市规划和自然资源局津南分局多次到各相关镇调研服务，选派“乡村规划师”下乡服务推动和美乡村共谋共治，以高质量的村庄规划助力乡村振兴的实施建设。2023年，天津市规划和自然资源局津南分局被中共天津市委农村工作领导小组授予天津市乡村振兴先进集体荣誉称号。

（赵湘东）

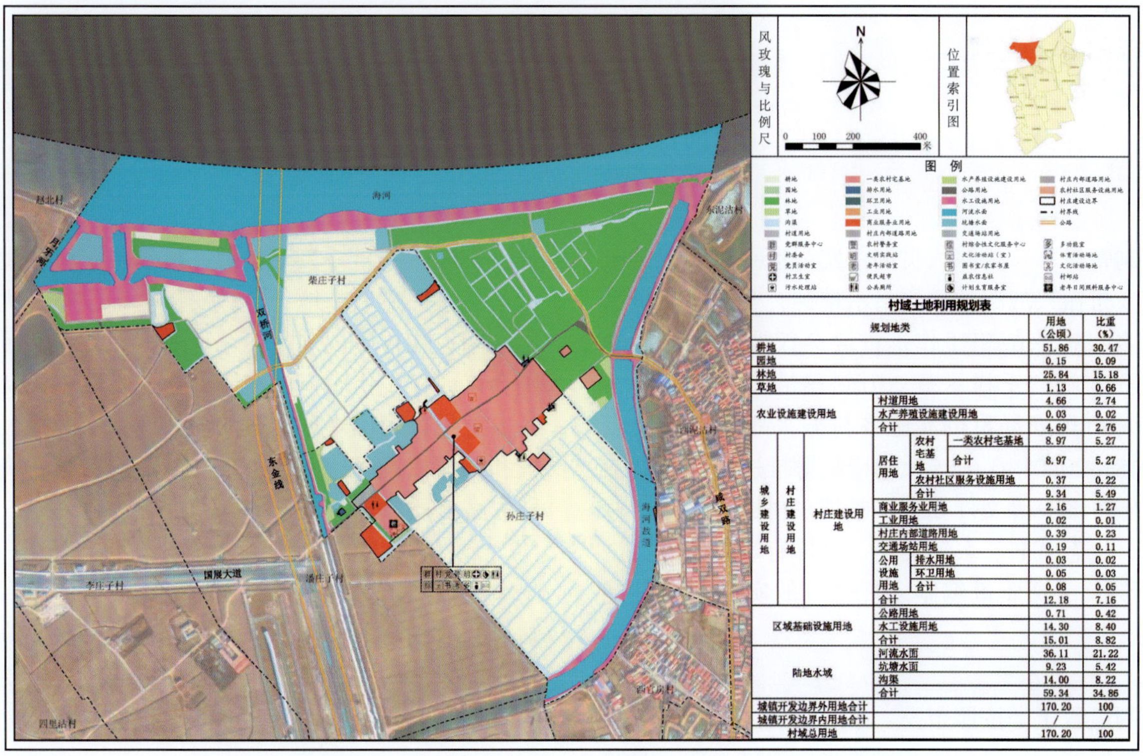


| 规划地类 | | | | | 用地（公顷） | 比重（%） |
|---|---|---|---|---|---|---|
| 耕地 | | | | | 51.86 | 30.47 |
| 园地 | | | | | 0.15 | 0.09 |
| 林地 | | | | | 25.84 | 15.18 |
| 草地 | | | | | 1.13 | 0.66 |
| 农业设施建设用地 | 村道用地 | | | | 4.66 | 2.74 |
| | 水产养殖设施建设用地 | | | | 0.03 | 0.02 |
| | 合计 | | | | 4.69 | 2.76 |
| 城乡建设用地 | 村庄建设用地 | 村庄建设用地 | 居住用地 | 农村宅基地 一类农村宅基地 | 8.97 | 5.27 |
| | | | | 农村宅基地 合计 | 8.97 | 5.27 |
| | | | | 农村社区服务设施用地 | 0.37 | 0.22 |
| | | | | 合计 | 9.34 | 5.49 |
| | | | 商业服务业用地 | | 2.16 | 1.27 |
| | | | 工业用地 | | 0.02 | 0.01 |
| | | | 村庄内部道路用地 | | 0.39 | 0.23 |
| | | | 交通场站用地 | | 0.19 | 0.11 |
| | | | 公用设施用地 | 排水用地 | 0.03 | 0.02 |
| | | | | 环卫用地 | 0.05 | 0.03 |
| | | | | 合计 | 0.08 | 0.05 |
| | | | 合计 | | 12.18 | 7.16 |
| 区域基础设施用地 | 公路用地 | | | | 0.71 | 0.42 |
| | 水工设施用地 | | | | 14.30 | 8.40 |
| | 合计 | | | | 15.01 | 8.82 |
| 陆地水域 | 河流水面 | | | | 36.11 | 21.22 |
| | 坑塘水面 | | | | 9.23 | 5.42 |
| | 沟渠 | | | | 14.00 | 8.22 |
| | 合计 | | | | 59.34 | 34.86 |
| 城镇开发边界外用地合计 | | | | | 170.20 | 100 |
| 城镇开发边界内用地合计 | | | | | / | / |
| 村域总用地 | | | | | 170.20 | 100 |

津南区双桥河镇孙庄子村、柴庄子村村庄规划（2021—2035年）

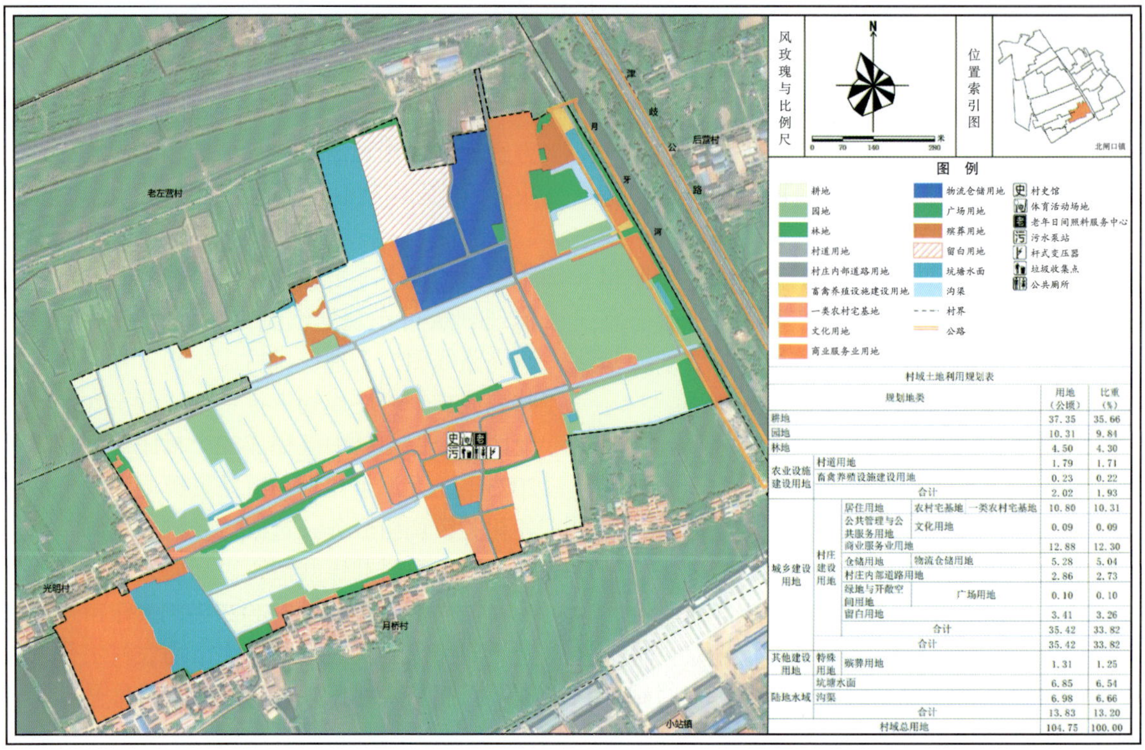


津南区北闸口镇义和庄村村庄规划（2021—2035年）

## 宁河区村庄规划编制情况

**【编制背景】** 为深入贯彻落实习近平总书记关于实施乡村振兴战略的重要指示精神，全面落实全国实施乡村振兴战略工作推进会会议要求，深入学习浙江实施“千村示范、万村整治”工作经验，按照《市规划局贯彻实施乡村振兴战略工作要点（2018—2020年）》《天津市统筹推进村庄规划工作实施方案》等文件要求，坚持乡村振兴战略产业兴旺、生态宜居、乡风文明、治理有效、生活富裕的总要求，高质量编制多规合一的实用型村庄规划。

**【编制过程】** 按照市委、市政府和区委、区政府的工作要求，紧紧围绕乡村振兴、农村一二三产融合，实施“一村一策”政策，科学确定村庄发展目标，优先保障宅基地，合理安排基础设施，优化三生空间；在村庄规划方案编审过程中，切实履行村民会议或村民代表审议程序，充分听取村民及社会各方意见，确保规划方案的公开性，保障村民参与权和知情权；坚持多方论证、多部门参与，确保规划方案的质量。

**【审批情况】** 2023年，宁河区完成苗庄镇后江石沽村、廉庄镇菜园村、宁河镇谷庄村、岳龙镇曾家庄村、七里海镇兰台子村等53个村的村庄规划编制和审批工作。

（胡中飞）

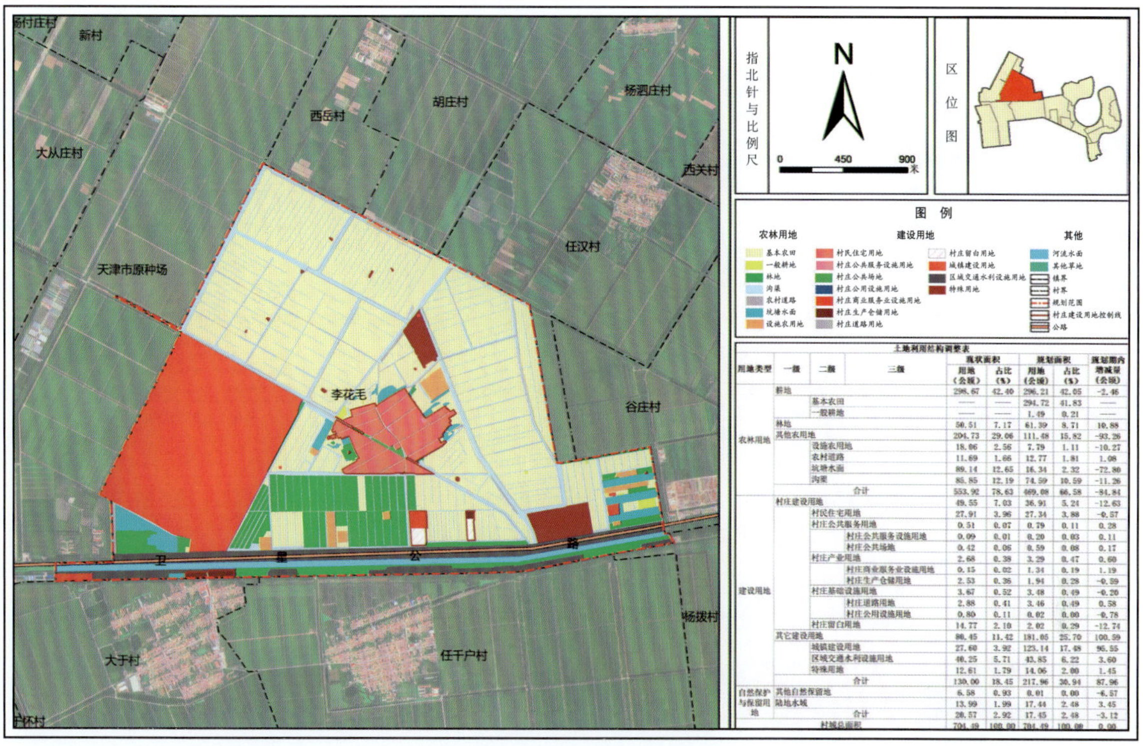

宁河区廉庄镇李花毛村村庄规划（2021—2035年）村域国土空间规划图

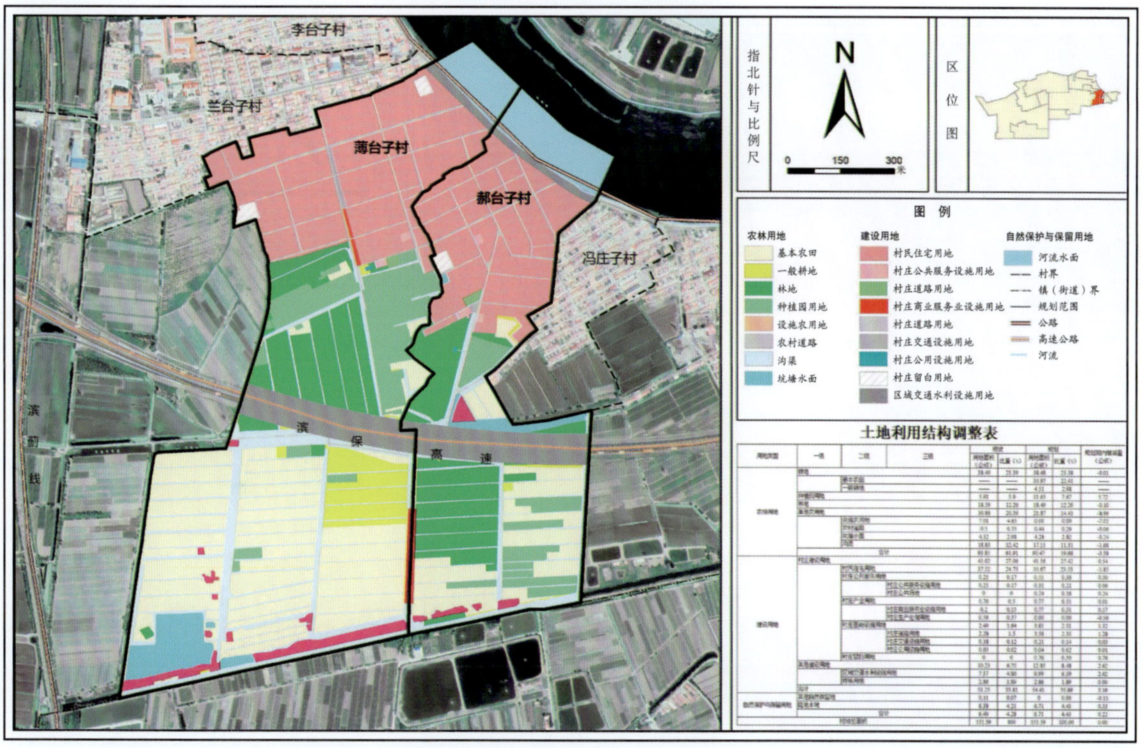

宁河区七里海镇薄台子村、郝台子村村庄规划（2021—2035年）村域国土空间规划图

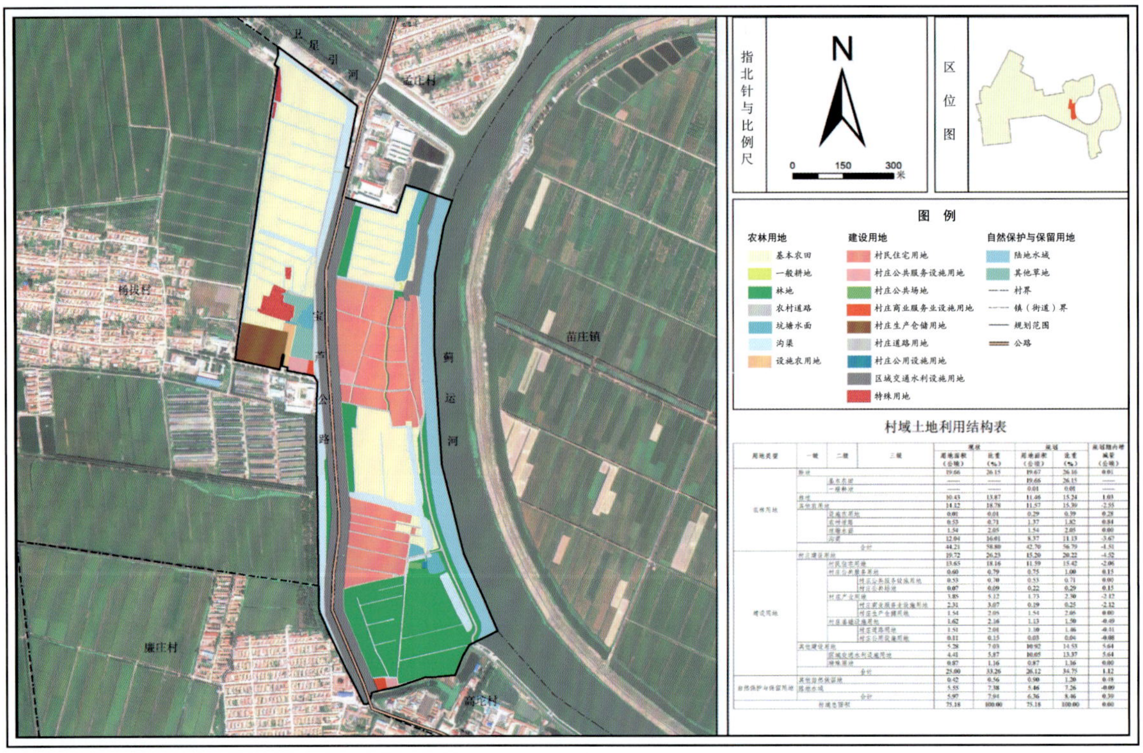


宁河区廉庄镇菜园村村庄规划（2021—2035年）村域国土空间规划图

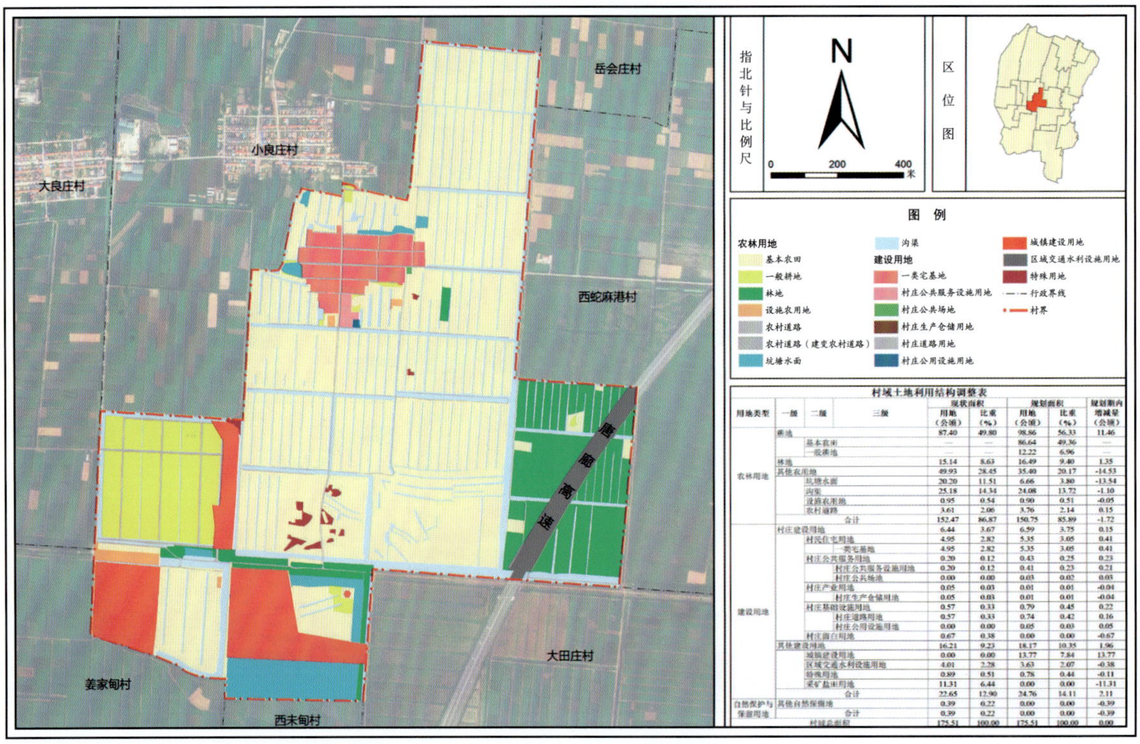


宁河区岳龙镇曾家庄村村庄规划（2021—2035年）村域国土空间规划图

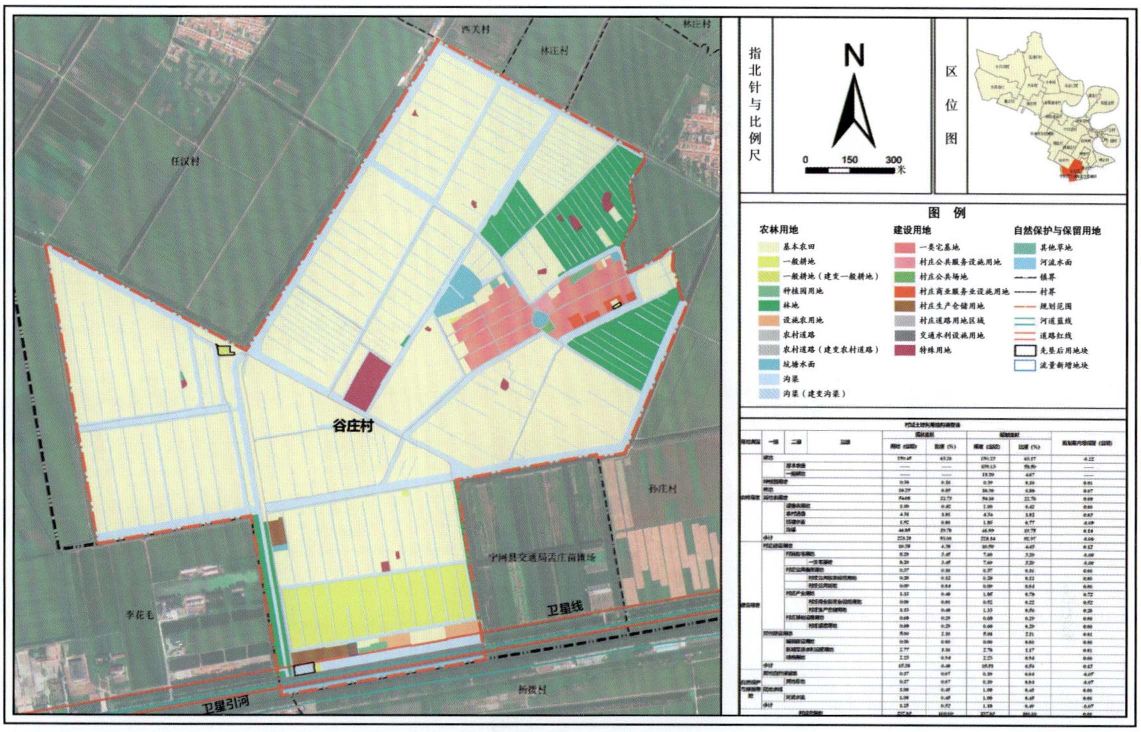


宁河区宁河镇谷庄村村庄规划（2021—2035年）村域国土空间规划图

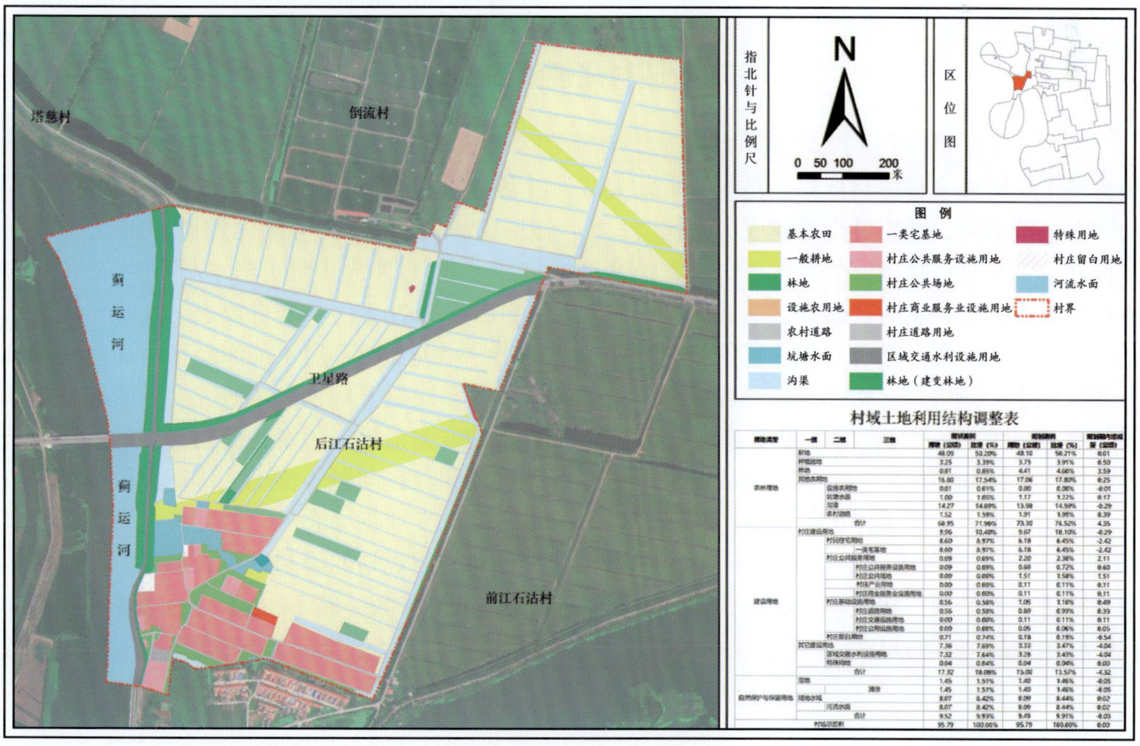


宁河区苗庄镇后江石沽村村庄规划（2021—2035年）村域国土空间规划图

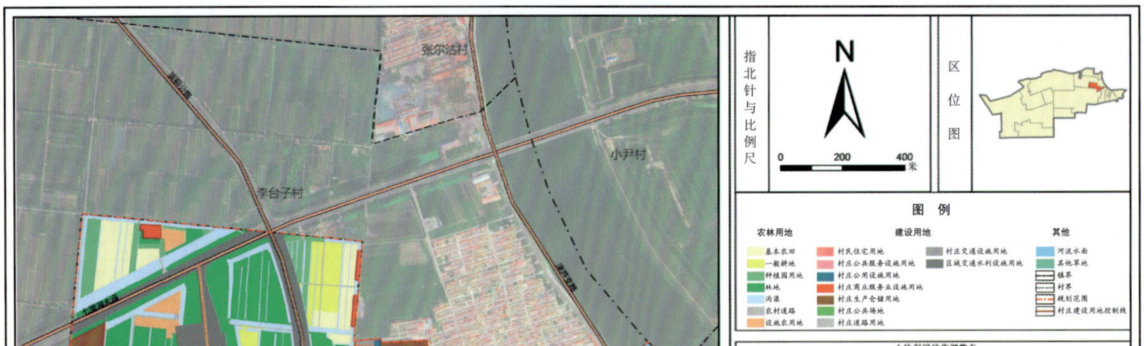


土地利用结构调整表

| 用地类型 | 一级 | 二级 | 三级 | 现状面积 用地（公顷） | 现状面积 占比（%） | 规划面积 用地（公顷） | 规划面积 占比（%） | 规划期内增减量（公顷） |
|---|---|---|---|---|---|---|---|---|
| 农林用地 | 耕地 | | | 7.49 | 9.15 | 7.48 | 9.14 | -0.01 |
| | | 基本农田 | | —— | —— | 4.13 | 5.05 | —— |
| | | 一般耕地 | | —— | —— | 3.35 | 4.09 | —— |
| | 种植园林地 | | | 1.99 | 2.43 | 2.73 | 3.33 | 0.74 |
| | 林地 | | | 19.15 | 23.39 | 19.43 | 23.73 | 0.28 |
| | 其他农用地 | | | 15.17 | 18.53 | 13.22 | 16.16 | -1.95 |
| | | 设施农用地 | | 2.59 | 3.16 | 1.51 | 1.84 | -1.08 |
| | | 农村道路 | | 0.91 | 1.12 | 1.28 | 1.57 | 0.37 |
| | | 沟渠 | | 11.67 | 14.25 | 10.43 | 12.75 | -1.23 |
| | 合计 | | | 43.79 | 53.50 | 42.86 | 52.35 | -0.94 |
| 建设用地 | 村庄建设用地 | | | 26.45 | 32.32 | 27.17 | 33.19 | 0.71 |
| | | 村民住宅用地 | | 16.28 | 19.89 | 15.42 | 18.84 | -0.86 |
| | | 村庄公共服务用地 | | 1.57 | 1.92 | 1.70 | 2.08 | 0.13 |
| | | | 村庄公共服务设施用地 | 1.57 | 1.92 | 1.57 | 1.92 | 0.00 |
| | | | 村庄公共场地 | 0.00 | 0.00 | 0.13 | 0.15 | 0.13 |
| | | 村庄产业用地 | | 8.13 | 9.93 | 8.56 | 10.46 | 0.44 |
| | | | 村庄商业服务业设施用地 | 3.34 | 4.08 | 3.73 | 4.55 | 0.39 |
| | | | 村庄生产仓储用地 | 4.79 | 5.85 | 4.84 | 5.91 | 0.05 |
| | | 村庄基础设施用地 | | 0.47 | 0.58 | 1.48 | 1.81 | 1.01 |
| | | | 村庄道路用地 | 0.47 | 0.58 | 1.12 | 1.37 | 0.65 |
| | | | 村庄公用设施用地 | 0.00 | 0.00 | 0.29 | 0.35 | 0.29 |
| | | | 村庄交通设施用地 | 0.00 | 0.00 | 0.08 | 0.09 | 0.08 |
| | 其它建设用地 | | | 10.71 | 13.09 | 11.03 | 13.48 | 0.32 |
| | | 区域交通水利设施用地 | | 10.71 | 13.09 | 11.03 | 13.48 | 0.32 |
| | 合计 | | | 37.17 | 45.40 | 38.20 | 46.67 | 1.03 |
| 自然保护与保留用地 | 其他自然保留地 | | | 0.12 | 0.15 | 0.00 | 0.00 | -0.12 |
| | 陆地水域 | | | 0.77 | 0.94 | 0.80 | 0.98 | 0.03 |
| | 合计 | | | 0.90 | 1.10 | 0.80 | 0.98 | -0.10 |
| 村域总面积 | | | | 81.86 | 100.00 | 81.86 | 100.00 | 0.00 |

宁河区七里海镇兰台子村村庄规划（2021—2035年）村域国土空间规划图

## 滨海新区村庄规划编制情况

**【编制背景】** 实施乡村振兴战略，是党的十九大作出的重大决策部署，是决胜全面建成小康社会、全面建设社会主义现代化国家的重大历史任务，是中国特色社会主义进入新时代做好“三农”工作的总抓手。滨海新区区委、区政府深入贯彻党的十九大和十九届二中、三中全会精神，以习近平总书记对天津工作提出的“三个着力”重要要求为元为纲，按照《市规划局贯彻实施乡村振兴战略工作要点（2018—2020年）》《天津市统筹推进村庄规划工作实施方案》等文件要求，坚持高质量发展理念，加快推进“五个现代化天津”建设，奋力谱写新时代乡村全面振兴滨海篇章。

**【编制过程】** 为贯彻落实党中央国务院关于乡村振兴战略、农业农村优先发展等重大决策部署，按照《市规划局贯彻实施乡村振兴战略工作要点（2018—2020年）》文件要求，2020年滨海新区分局指导相关街镇开启了滨海新区村庄规划编制相关工作，多次召开规划专题研究会、听取各街镇村庄规划的方案汇报，了解各街镇村庄的发展需求、编制进展和存在问题等情况，传达上位规划和市局要求，提供专业指导意见，督促各街镇按照要求按时按计划完成规划的编制任务，形成阶段成果。

在市、区、街镇国土空间总体规划编制期间，积极与上位规划做好衔接，并与市规划资源局、区农委、各相关街镇统筹联动，结合乡村振兴、一二三产融合发展、“三农”工作、新“三区三线”划定方案等相关工作对已经编制的村庄规划进行完善提升。按照乡村振兴挂图作战的要求，2022年滨海新区分局已推动滨海新区7个乡村振兴示范村及2个急需建设的村庄结合“三区三线”最新成果进行修改完善，于2022年底经滨海新区政府批复。

2023年，滨海新区分局组织涉农街镇，坚持以问题为导向，注重与基层对接互动、强化业务指导，逐步打造全流程服务体系，积极推进新区村庄规划编制审批工作。通过制定计划加强培训，做好指导服务；建立会审机制，做好审查服务；梳理流程拟定模板，做好报批服务等多种方式协助各街镇提高规划的科学性和实用性，提高街镇村庄规划报批质量及效率，保障新区村庄规划的顺利审批。2023年滨海新区分局推动汉沽街、北塘街、小王庄镇、太平镇4个街镇共计21个村庄规划于12月取得区政府批复。滨海新区已完成30个村庄规划的编制审批，其中汉沽街、北塘街率先实现村庄规划全覆盖。

下一步将继续根据《天津市村庄规划编制导则》加强对各街镇村庄规划编制的督促和指导，协助街镇对接好上位规划要求，做好相关审查工作，确保完成其余村庄规划的数据汇交和批复工作。

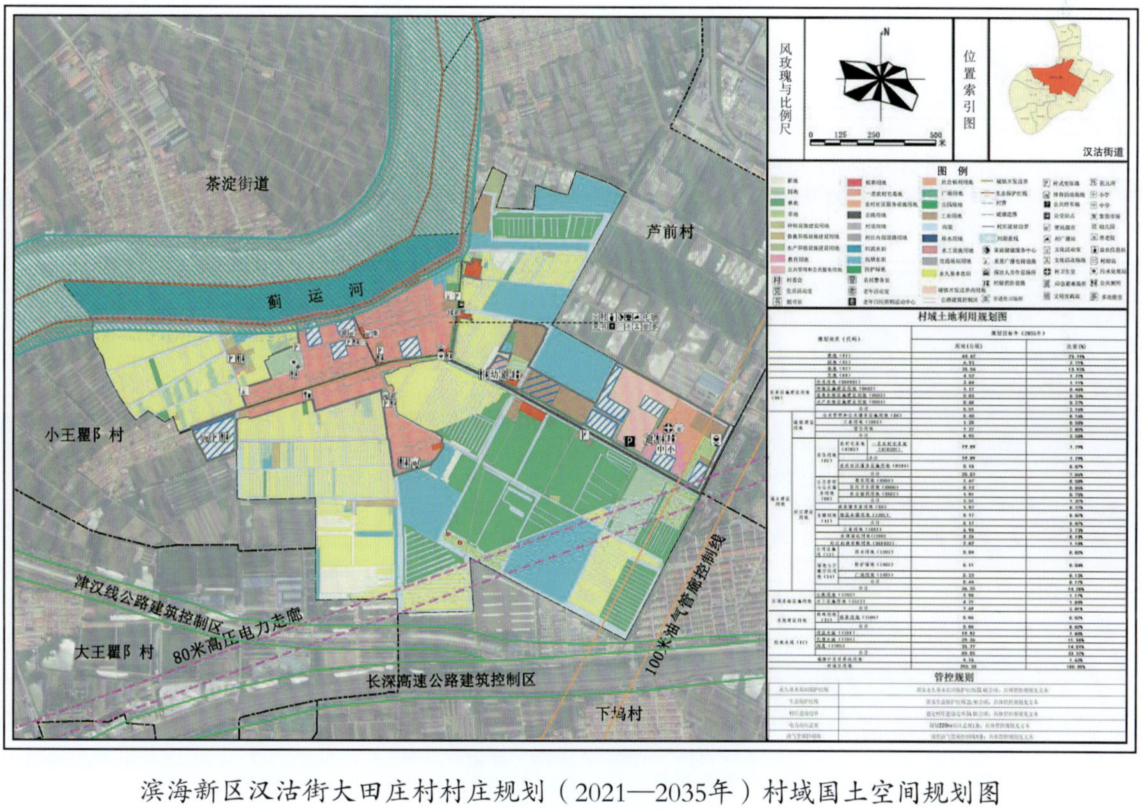


滨海新区汉沽街大田庄村村庄规划（2021—2035年）村域国土空间规划图

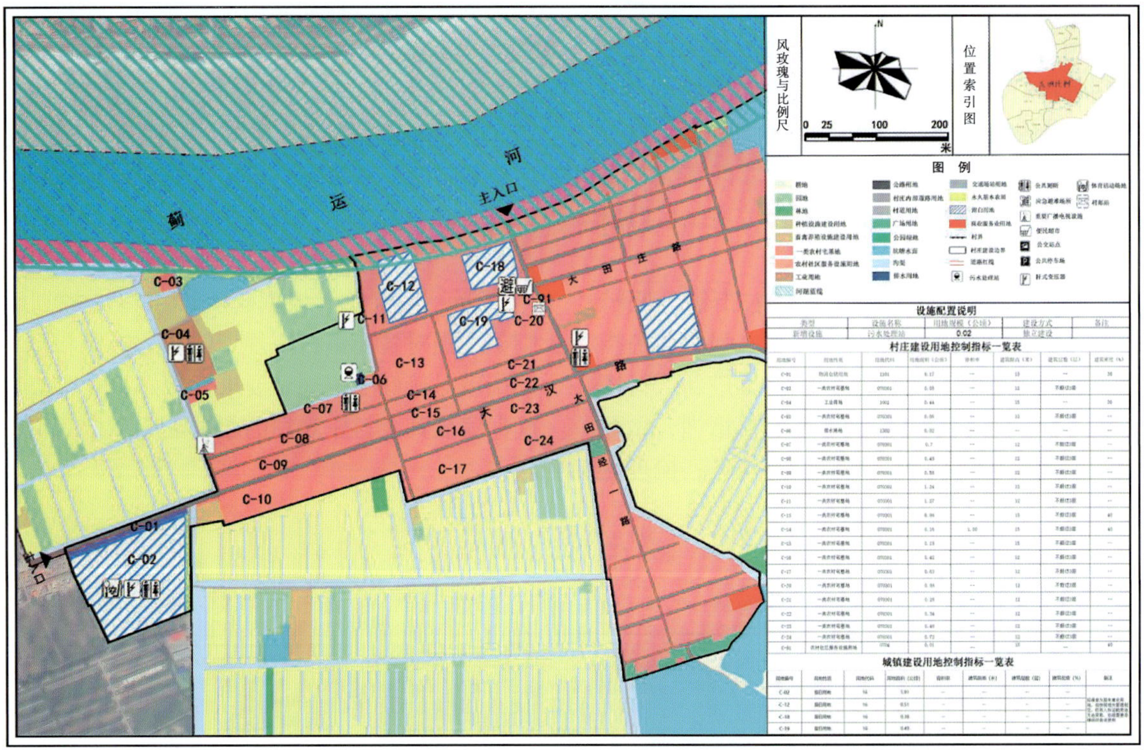


滨海新区汉沽街大田庄村村庄规划（2021—2035年）村庄建设用地规划图

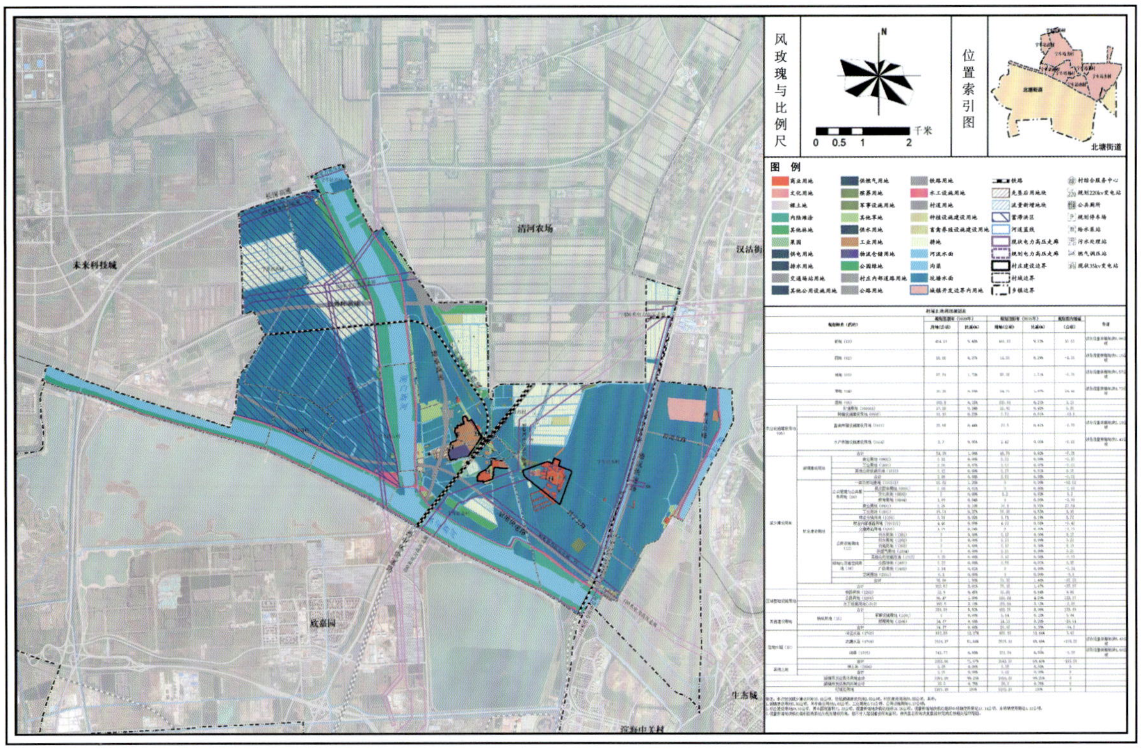


滨海新区北塘街宁车沽四村村庄规划（2021—2035年）村域国土空间规划图

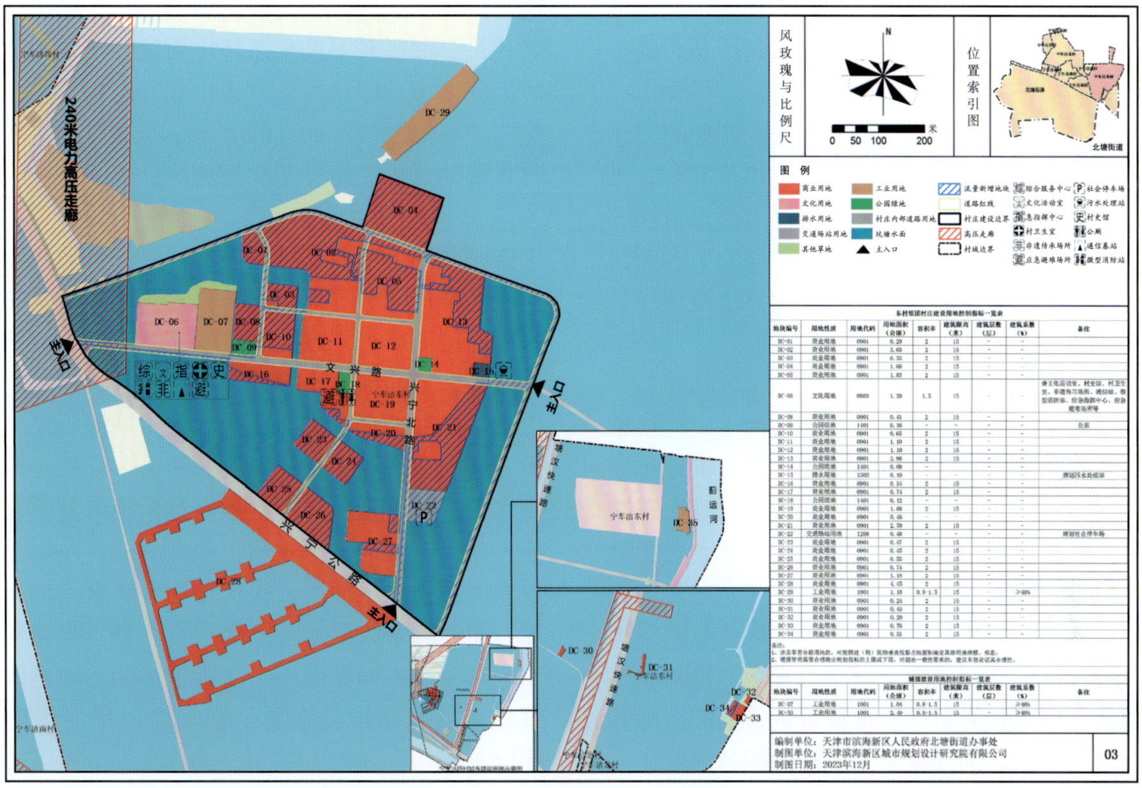


滨海新区北塘街宁车沽东村村庄规划（2021—2035年）村庄建设用地规划图

（段原婧）

# 专项规划

## 《天津市湿地保护规划（2022—2030年）》

**【编制背景】** 党的二十大报告指出，“坚持节约优先、保护优先、自然恢复为主的方针，像保护眼睛一样保护自然和生态环境”、“推行草原森林河流湖泊湿地休养生息”。2022年6月1日，《中华人民共和国湿地保护法》正式施行，成为湿地保护工作重要法律依据，并提出各级湿地保护规划编制要求。2022年10月，国家林业和草原局、自然资源部联合印发《全国湿地保护规划（2022—2030年）》（以下简称《全国湿地保护规划》），对全国湿地保护工作进行统筹安排，明确了中国湿地保护的总体要求、空间布局和重点任务。

天津市委、市政府深入践行习近平生态文明思想，高度重视湿地保护工作，针对湿地自然保护区出台《天津市湿地自然保护区规划（2017—2025年）》和《七里海湿地生态保护修复规划（2017—2025年）》《天津市北大港湿地自然保护区总体规划（2017—2025年）》《天津市大黄堡湿地自然保护区规划（2017—2025年）》以及《天津市团泊鸟类自然保护区规划（2017—2025年）》（以下简称湿地自然保护区“1+4”规划），采取一系列湿地保护与修复措施，构筑“河流环抱”“湿地围城”的良好生态格局。天津市第十二次党代会报告指出，“坚持留白、留绿、留璞，统筹推进山水林田湖海一体化保护和系统治理”“努力将天津建设成为绿水青山、碧海蓝天、草木葱茏、鸟语花香的生态城市”。

为贯彻习近平生态文明思想，落实党的二十大精神，按照天津市第十二次党代会决策部署，维护天津市域生态安全，更好保护天津市湿地资源，依据《湿地保护法》《全国湿地保护规划》和天津市国土空间规划相关要求，编制《天津市湿地保护规划（2022—2030年）》。

**【基本原则】** ——生态优先、保护为主。严格依照相关法律法规要求进行湿地保护，提升湿地生态系统质量和生物栖息地完整性，稳定湿地生态功能，保障生态供给可持续性，避免人为活动对湿地产生负面影响。

——全面保护、分级管理。对天津全域湿地进行系统性保护，对保障市域生态安全、维护生态格局稳定、分布相对集中、地域特色较强的湿地片区进行重点保护，加强重要湿地的保护与修复。

——合理利用、持续发展。在严格保护的前提下，对湿地进行合理利用，统筹处理好湿地保护利用的关系，将生态建设与区域活力相结合，促进湿地保护与利用可持续发展。

——重点实施、分期推进。依据湿地资源和保护需求，科学确定湿地保护修复重点实施内容，结合相关实施计划，分期推进实施，不断提升湿地生态系统质量。

——政府主导、统筹协调。区政府对本行政区域内湿地保护负总责，各政府职能部门协调配合，共同推进湿地保护。充分发挥林长制、河湖长制湿地保护作用，加强湿地保护政策制定、资金扶持，鼓励社会各界参与湿地保护与修复。

**【规划目标】** 规划近期至2025年，天津湿地保有量总体稳定，湿地保护率达到60%；提升重要湿地监测管理信息化水平；开展湿地恢复项目，强化湿地保护与能力建设，对湿地自然保护地进行系统提升；在中心城区周边开展一系列生态修复项目，提升区域湿地生态环境质量。申报七里海国际重要湿地和大黄堡、团泊国家重要湿地，完善一般湿地名录。

规划远期为2026至2030年，落实湿地面积总量管控制度，湿地保护率不低于60%；持续加强湿地自然保护地的保护与可持续利用，打造天津湿地名片；全面提升湿地生态环境质量，加强湿地碳汇能力，助力“碳达峰”“碳中和”；构建“河流环抱”“湿地围城”的良好生态格局，打造生态文明时代湿地保护、修复与利用典范。

**【空间布局】** 北部山区湿地：强化区域水源涵养功能，推进河湖湿地治理与修复，以于桥水库和环秀湖周边流域为重点，加强沟道滩岸治理，预防水土流失，全面提升水生态环境质量。加强于桥水库生态保护和综合治理，强化周边污染源头控制，积极发展生态农业，合理设置截污沟，降低入库污染物水平；注重于桥水库湿地生态系统修复，充分发挥入库河口湿地生态效用，提升湿地自净能力，减少内源污染。依据自然保护地相关要求，加强环秀湖、州河国家级湿地公园保护与修复，强化水生态安全和生物多样性保护，注重生物栖息地建设，有序开展湿地保护与恢复工程，加强湿地保护能力建设。

中部平原湿地：全面加强湿地保护，严格控制湿地占用，保障区域生态供给；加强湿地自然保护区建设，系统推进生态修复工程，合理划定湿地公园，营建湿地保护利用示范；继续有序开展湿地生态修复工程，增加湿地面积，综合防洪、灌溉、生态养殖、生态游憩等功能，开展复合型湿地片区建设；加强生物栖息地建设，构建多样湿地生境，维护湿地生物多样性。加强湿地水生态安全保障，充分利用外调水、地表水和再生水，保障湿地供水，强化水源涵养，维持湿地生态功能运转；依托河流湿地廊道，构建河湖循环体系，形成区域湿地网络，促进湿地片区连通；落实河湖长制，严控废水排放，提升湿地水质。

东部滨海湿地：加强滨海湿地保护，除国家重大战略项目外，全面停止新增围填海项目审批，经依法批准的项目，应采取生态修复措施，降低对滨海湿地生态功能的不利影响。改善入海河道水质环境，开展海水养殖、船舶与港口、海洋垃圾污染治理，建立长效污染防治机制，降低污染水平。开展滨海湿地生态修复工程，严格保护自然岸线，修复受损湿地片区，对重点区域进行综合整治，构建适宜湿地鸟类生存的栖息环境，加快海洋生态环境质量总体改善，全面提升海洋生物多样性水平。加强北大港保护区海域部分、滨海国家级海洋公园保护。加强滨海湿地水产种质资源保护，维护湿地生物及其生存环境。

**【审批情况】** 经过资料收集整理、重点与难点分析、数据处理与分析、广泛征求社会各界意见及各市相关部门、区林业主管部门、有关专家等意见建议，认真修改完善。2023年10月，天津市人民政府批复后印发实施。规划数据基准年、规划期限，均与《全国湿地保护规划（2022—2030年）》保持一致。

**【编制意义】** 《天津市湿地保护规划（2022—2030年）》（以下简称《规划》）是制定全市湿地保护政策措施、生态修复方案和实施工程项目的重要依据，是开展湿地保护修复的指导性文件，也是湿地自然保护规划编制的总纲。

（高建刚）

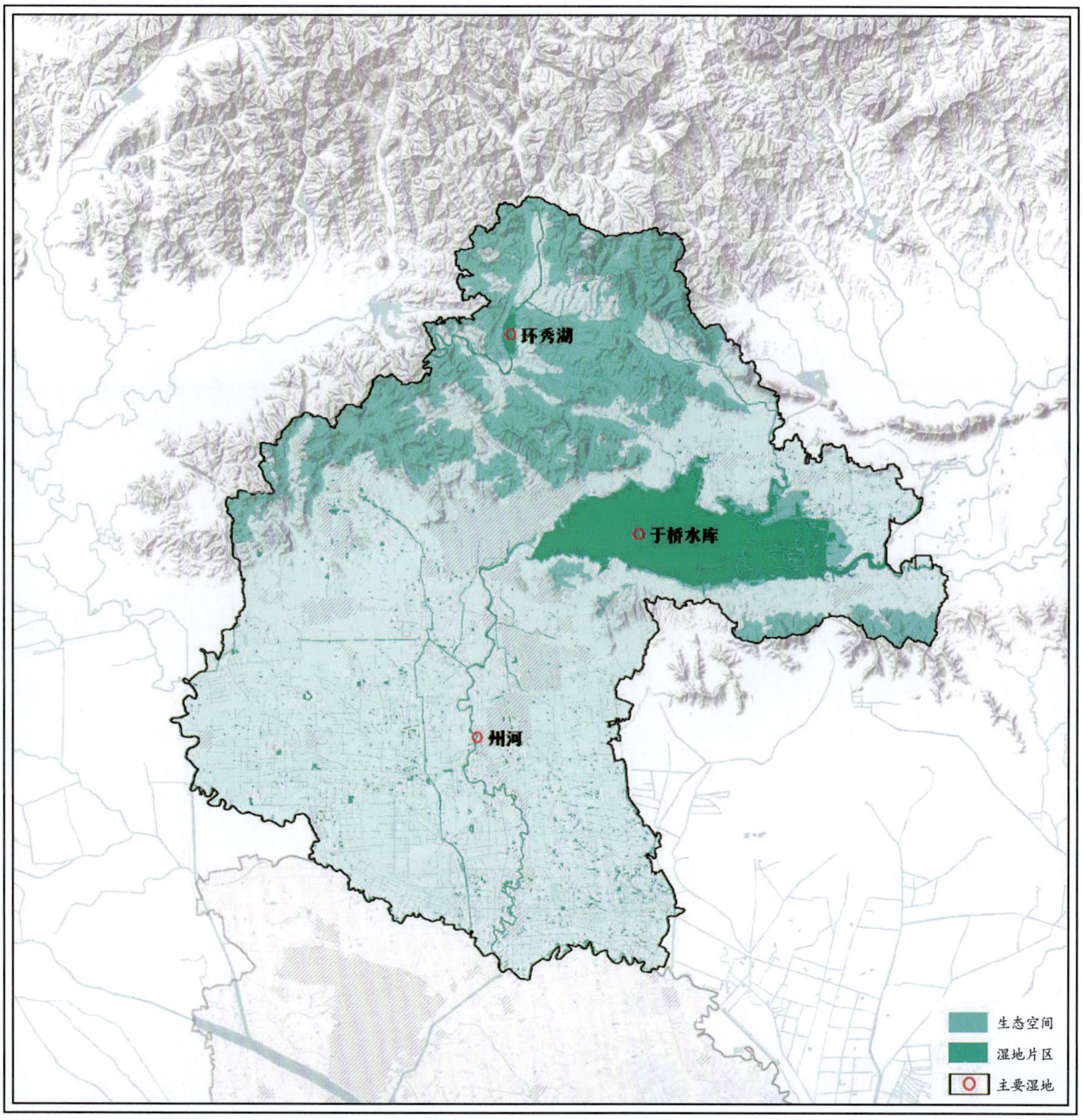


北部山区湿地分布示意图

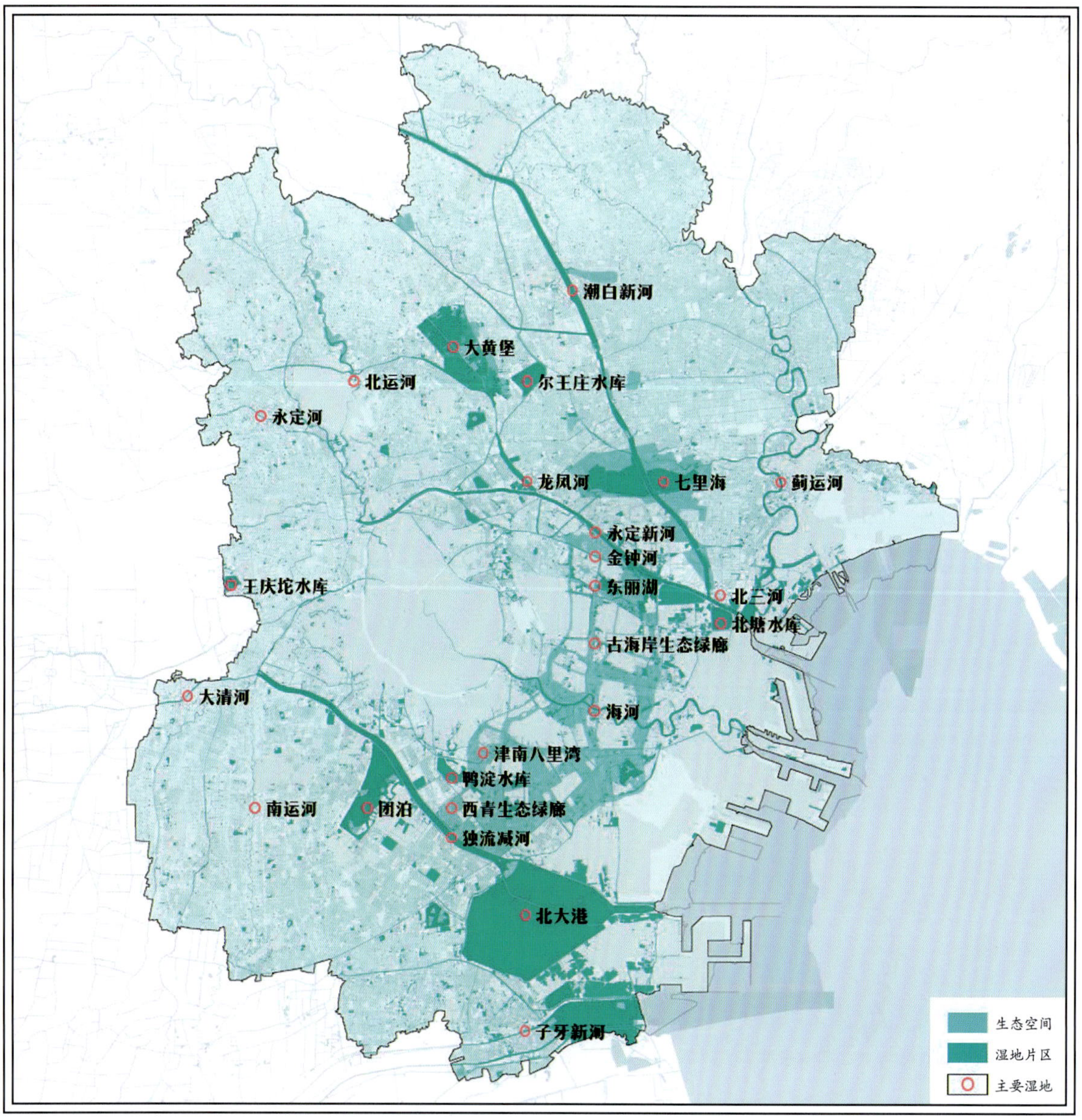


中部平原湿地分布示意图

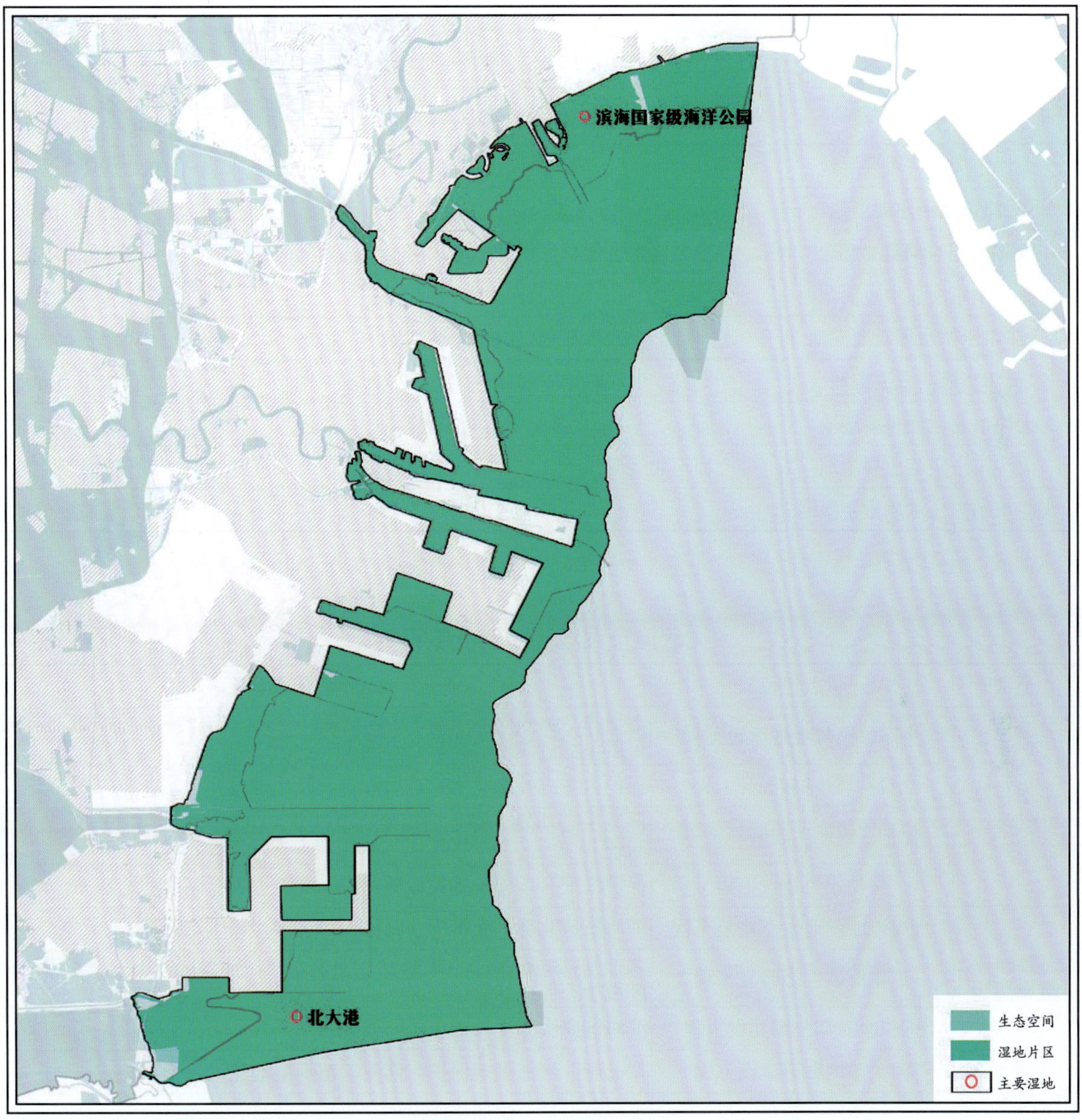


东部滨海湿地分布示意图

## 天津市重要湿地

| 序号 | 名称 | 范围 | 级别 |
|---|---|---|---|
| 1 | 天津市七里海重要湿地 | 自然保护区核心保护区的东七里海、西七里海 | 国家重要湿地（国际重要湿地候选区） |
| 2 | 天津市北大港重要湿地 | 自然保护区核心保护区 | 国家重要湿地（含国际重要湿地） |
| 3 | 天津市大黄堡重要湿地 | 自然保护区核心保护区，不含青上路、柳河排水干渠 | 市级重要湿地（国家重要湿地候选区） |
| 4 | 天津市团泊重要湿地 | 自然保护区核心保护区 | 市级重要湿地（国家重要湿地候选区） |
| 5 | 天津市潮白河重要湿地 | 湿地公园生态保育区 | 市级重要湿地 |
| 6 | 天津市州河重要湿地 | 湿地公园生态保育区 | 市级重要湿地 |
| 7 | 天津市环秀湖重要湿地 | 湿地公园生态保育区内的水库水面及周边内陆滩涂 | 市级重要湿地 |
| 8 | 天津市永定河故道重要湿地 | 湿地公园生态保育区 | 市级重要湿地 |
| 9 | 天津市于桥水库重要湿地 | 22米高程以内（大沽高程） | 市级重要湿地 |
| 10 | 天津市海河重要湿地 | 海河双城中间绿色生态屏障区段 | 市级重要湿地 |
| 11 | 天津市北运河重要湿地 | 西王庄至屈家店 | 市级重要湿地 |
| 12 | 天津市永定河重要湿地 | 邵七堤至北运河，不含永定河故道国家级湿地公园范围 | 市级重要湿地 |
| 13 | 天津市尔王庄水库重要湿地 | 水库内堤以内 | 市级重要湿地 |

## 天津市湿地保护修复工程

| 序号 | 类别 | 重点工程 | 主要内容 |
|---|---|---|---|
| 1 | 湿地自然保护区 | 生态移民与土地流转工程 | 七里海、大黄堡核心保护区生态移民和土地流转，对暂时不能搬迁的，可以设立过渡期。 |
| 2 | | 水环境保障与提升工程 | 保护区生态补水、水系连通和水利设施建设。 |
| 3 | | 保护区湿地生态修复工程 | 湿地生态修复，野生动植物生境恢复，生物栖息地建设，外来入侵物种治理。 |
| 4 | | 保护能力建设工程 | 保护区配套设施、基础设施建设，完善巡养管制度。 |
| 5 | 近海与海岸湿地 | 滨海滩涂湿地生态修复工程 | 滨海新区北部、大神堂、马棚口等区域湿地生态修复。 |
| 6 | | 近岸海域生态修复工程 | 大神堂牡蛎礁生态系统修复，外来入侵物种治理，围填海历史遗留问题区域生态保护修复，海洋渔业资源恢复。 |
| 7 | | 国家级海洋公园建设工程 | 滨海国家级海洋公园保护与修复。 |
| 8 | 河流湿地 | 河流湿地廊道建设工程 | “七廊”河流湿地保护与修复，滨河湿地建设。 |
| 9 | | 河道综合治理工程 | 水资源保护，河湖岸线保护，水污染防治，水环境治理。 |
| 10 | | 湿地公园保护与修复工程 | 永定河故道、潮白河、州河国家级湿地公园保护与修复。 |
| 11 | 水库水面 | 水源保护区保护工程 | 水源保护区保护，于桥水库综合治理。 |
| 12 | | 重要湖库湿地保护与修复工程 | 重要湖库水系连通、水源涵养与水土保持。 |
| 13 | 生态屏障区 | 生态屏障区湿地生态修复工程 | 金钟河、古海岸湿地廊道、津南八里湾、西青生态绿廊等区域湿地生态恢复、栖息地建设等。 |

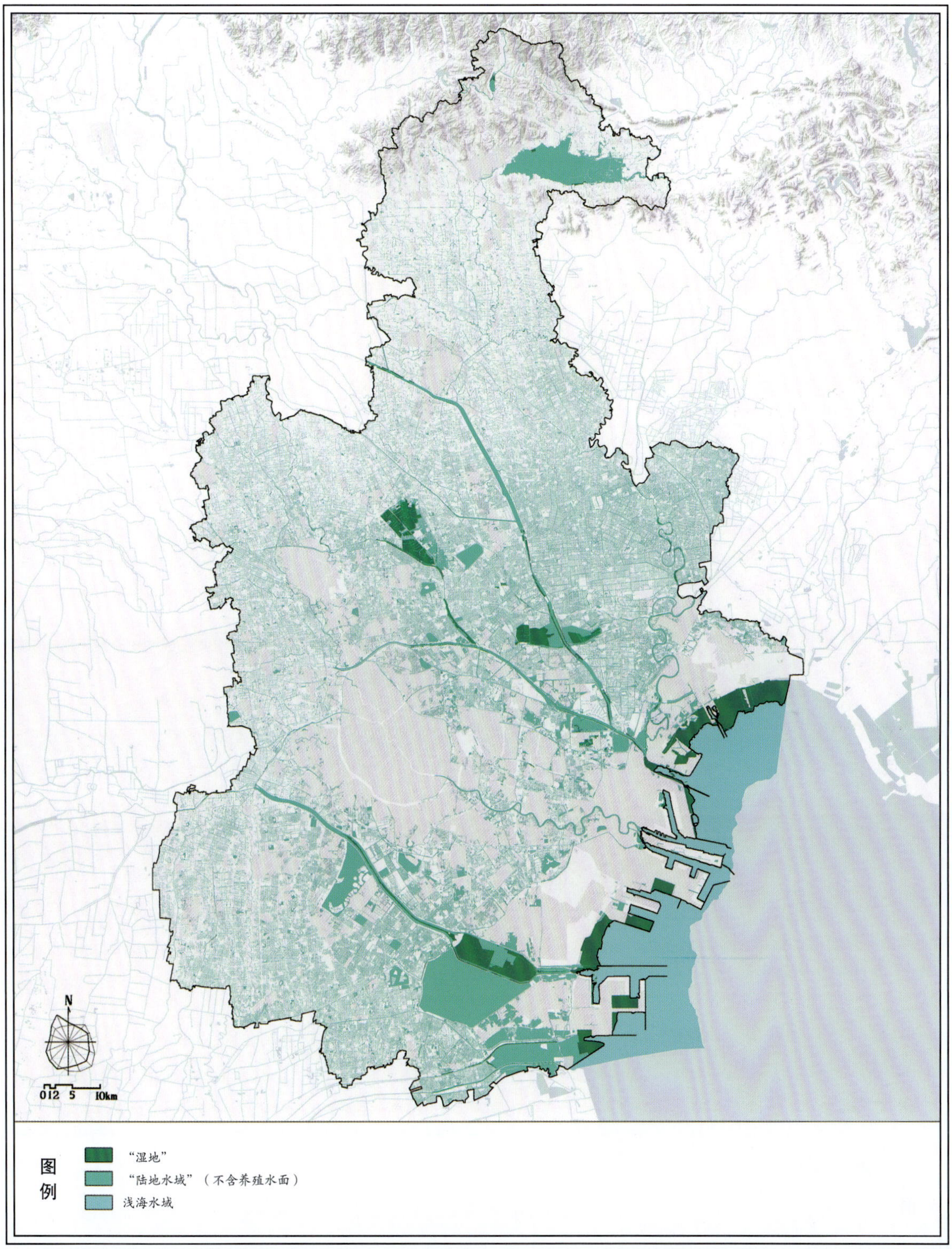


《天津市湿地保护规划（2022—2030年）》现状湿地分布图

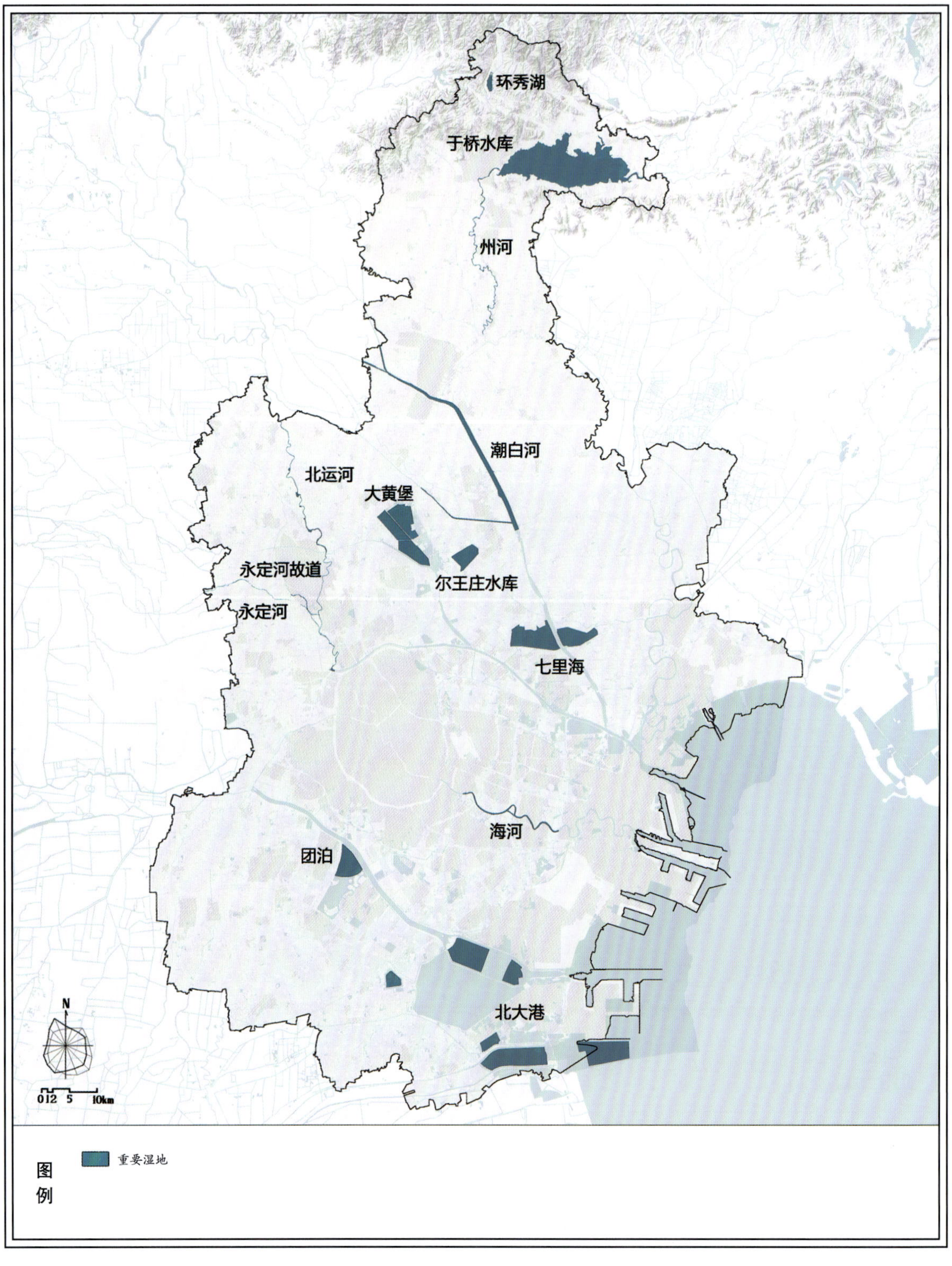


《天津市湿地保护规划（2022—2030年）》重要湿地分布图

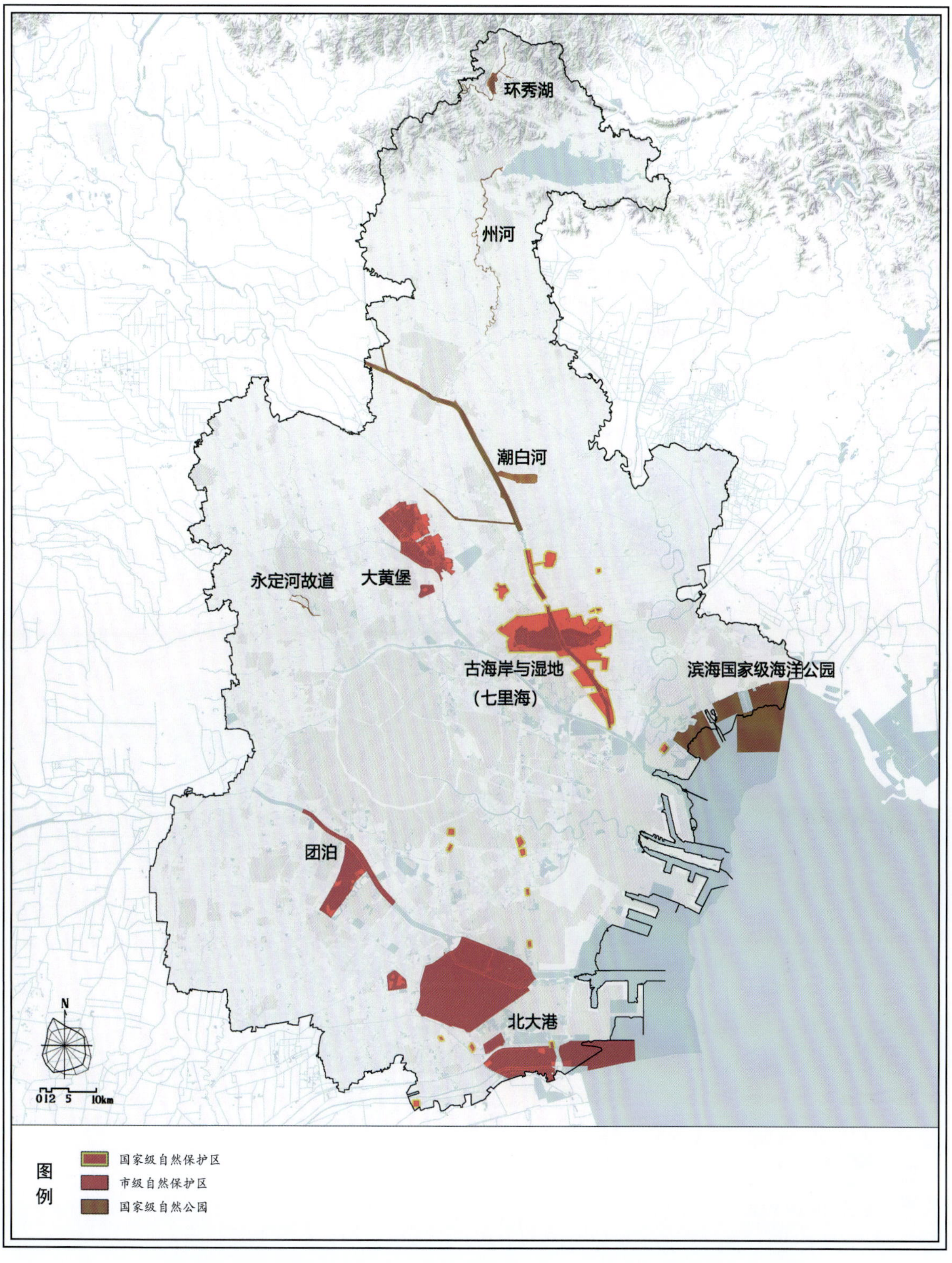


《天津市湿地保护规划（2022—2030年）》湿地自然保护地分布图

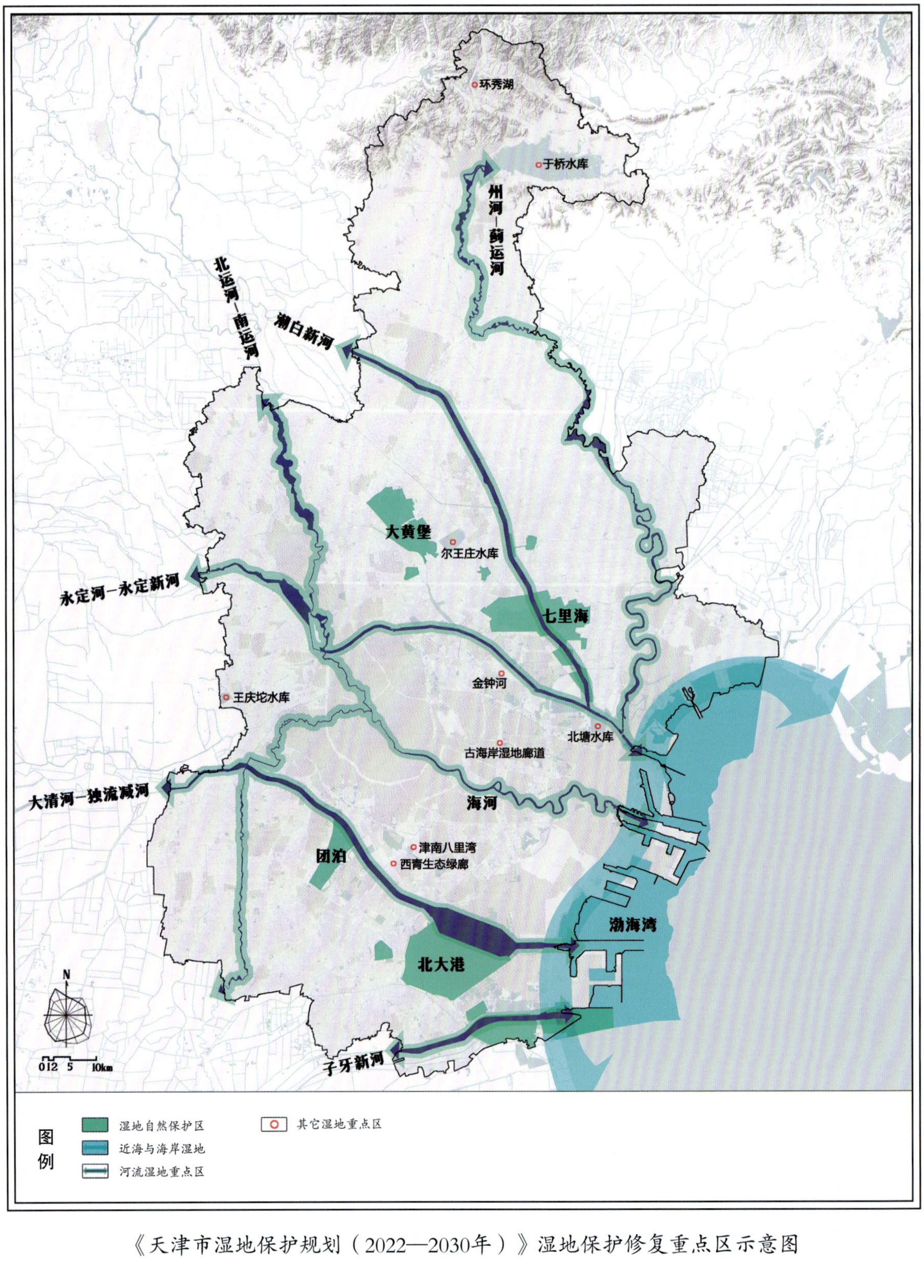


《天津市湿地保护规划（2022—2030年）》湿地保护修复重点区示意图

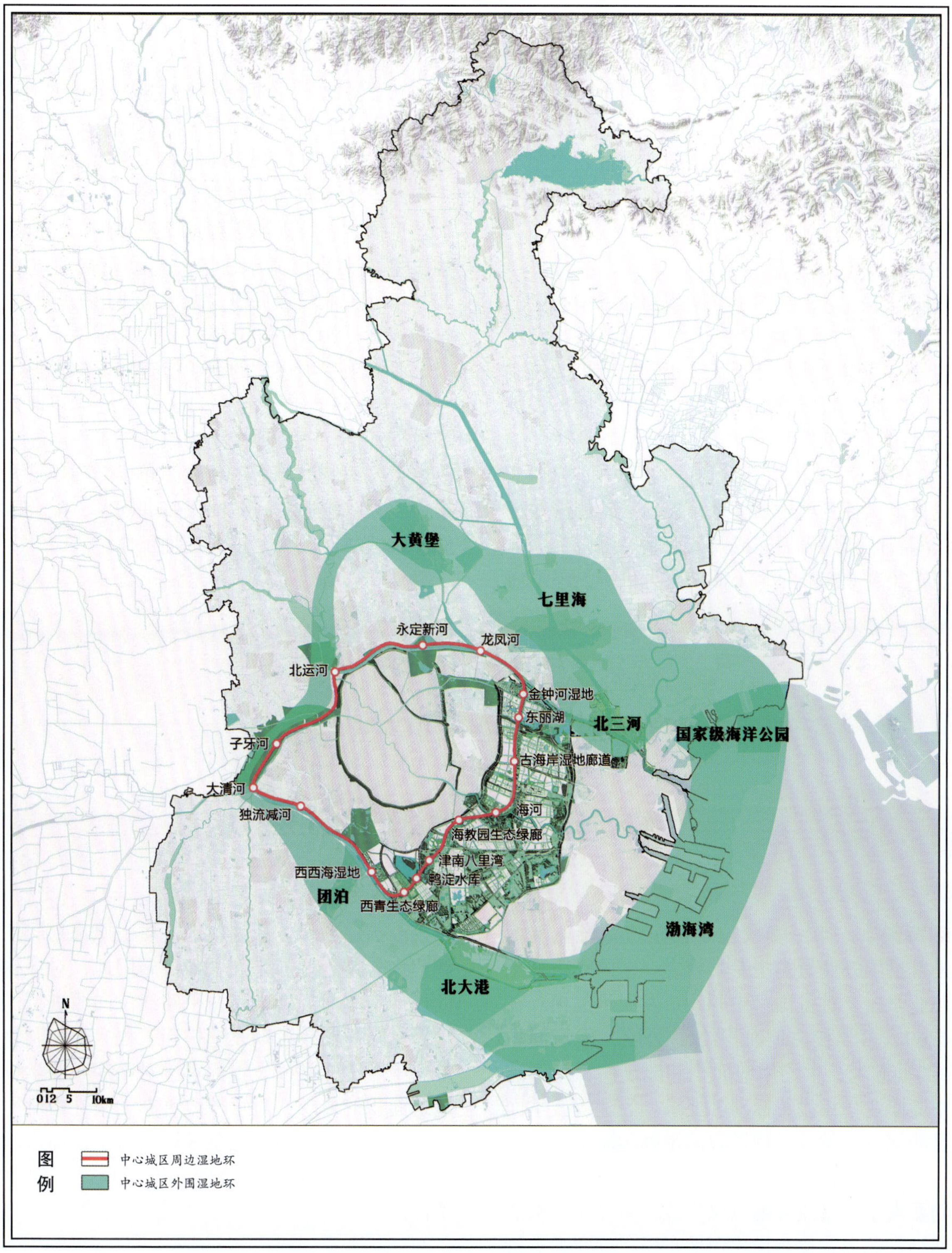


《天津市湿地保护规划（2022—2030年）》湿地保护与利用愿景图

## 滨海新区专项规划成果深化转化

**【简况】** 按照《关于印发滨海新区国土空间总体规划编制工作方案的通知》要求，各专业委局同步组织开展涉及空间利用的30余项专项规划编制工作，结合滨海新区发展实际，做好保障专项设施的空间落位和建设规划工作。

**【完成阶段】** 对于在国土空间规划体系中确定的34个专项规划，除了4项区级规划主管部门明确不再编制外，其他专项都已于2022年完成成果的编制工作，同时滨海新区分局配合相关单位开展有关规划、方案的审查工作。

2023年，随着滨海新区国土空间总体规划成果完成报审，各专项规划随之开展新一轮的修改衔接。滨海新区分局先后完成《滨海新区综合交通体系规划（2021—2035年）（征求意见稿）》《滨海新区新能源布局专项规划（2020—2035）（第三轮征求意见稿）》《天津市滨海新区移动通信基站站址布局专项规划（2019—2035年）编修》，以及对《天津市滨海新区防潮规划（2021—2035年）（征求意见稿）》《天津市绿地系统规划（2021—2035年）》《天津市海岸线保护与利用规划（2023—2035年）（征求意见稿）》《天津市殡葬服务设施布局规划（2021—2035年）（征求意见稿）》等区级市级多项专项规划的组织研究和反馈意见工作。7月，下发各行政主管部门区级国土空间规划资料和数据，推动各专项规划修改完善工作。配合区发改委组织编制滨海新区新能源布局专项规划并协助报审。为解决塘沽区域回民殡葬问题，配合区民政局开展塘沽回民公墓扩建选址工作。

（刘军宝）

# 详细规划及城市设计

## 河东区市一商校地块控制性详细规划

**【规划背景】** 市一商校位于河东金贸产业园西侧，是首批国办商贸类中专学校之一，国家级重点中等职业学校、首批国家中职改革发展示范校。在校生4769人，学校占地面积约6.7公顷，建筑面积约35000平方米，生均用地面积和建筑面积均未达到《中等职业学校设置标准》要求。为缓解教学面积不足的问题，学校亟待扩容满足办学需求。

**【规划要点】** 修改方案以民生改善为导向，按照近远期结合的方式逐步优化用地布局。近期为支持学校改扩建项目，规划用地性质由原规划居住用地调整为公共管理与公共服务设施用地；对穿越市一商校的南北向规划道路龙平路线位向西进行优化调整，保障一商校近期改造扩建工程。规划调整后满足《中等职业学校设置标准》对中等职业学校生均建筑面积的要求，对学校改善办学条件提供用地保障。远期结合周边土地整理征收对学校周边用地权属、交通等方面进行梳理，进一步提高学校办学条件。

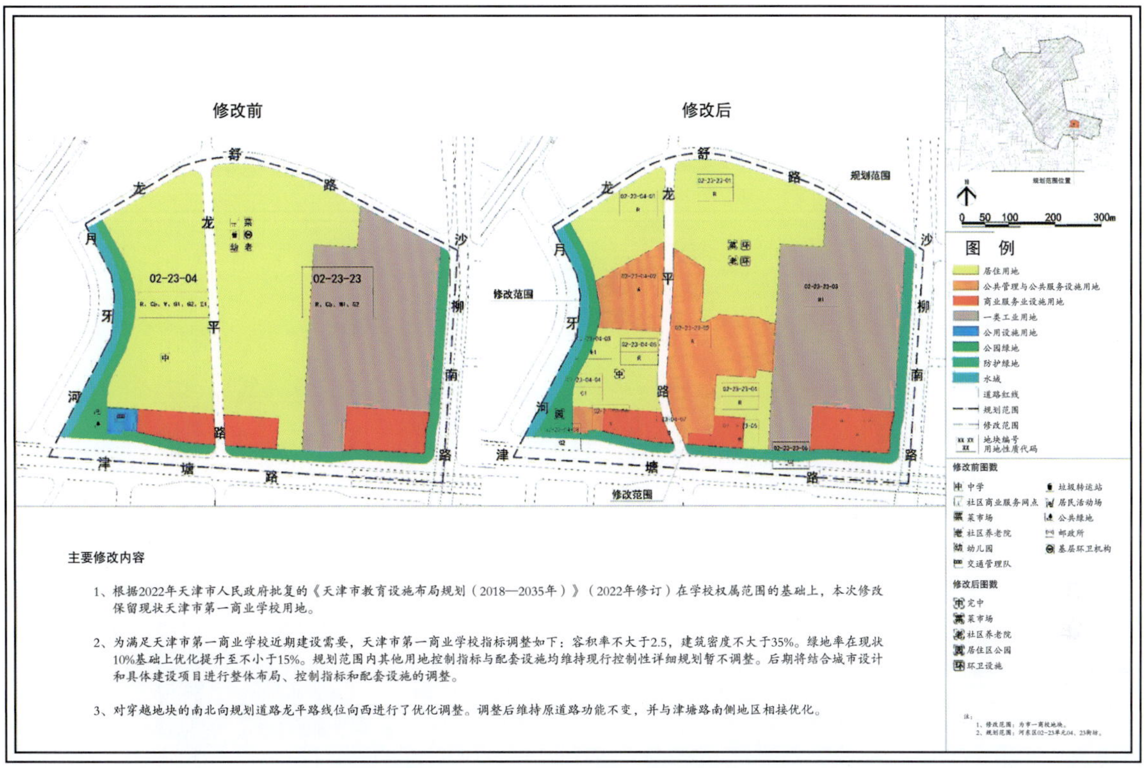


市一商校地块控制性详细规划修改方案对比图

## 西营门片区城市更新项目涉及地块控制性详细规划

**【规划背景】** 西营门片区城市更新项目位于南开区西北部，东至咸阳路、红旗路，南至雅安道、西湖道，西至向阳路，北至黄河道、宜宾道，城市更新范围面积约151.8公顷。《南开区西营门片区城市更新项目实施计划》于2021年10月27日经市老旧房屋老旧小区改造提升和城市更新工作领导小组批复，原则同意西营门片区城市更新项目实施计划及方案。按照《天津市老旧房屋老旧小区改造提升和城市更新实施方案》“各类更新改造规划涉及需要调整控规的，应报送天津市老旧房屋老旧小区改造提升和城市更新工作领导小组审查，经审查同意的城市更新规划作为控制性详细规划修改必要性论证和修改方案编制的重要依据。”为积极推动该项目落地，推动片区城市更新，改善民生福祉，2022年8月经报请市政府同意，开展了该地块控规修改方案的编制工作。

**【规划要点】** 此次控规修改范围主要涉及西营门片区城市更新项目范围北侧的1、6号地块，东至咸阳路，南至宜宾道，西至向阳路，北至黄河道，规划街坊面积约53公顷，规划实际修改面积约42公顷。另一方面，为补足西营门片区城市更新项目内教育资源，天津市南开城市建设投资有限公司向区政府提交《关于申请调整南开区西营门片区城市更新项目控制性详细规划的请示》，拟在西营门2号地块调整一处教育用地，控规修改范围为东至临潼路，南至渭水道，西至咸阳路，北至黄河道，规划街坊面积约17公顷，规划实际修改面积约4公顷。因此，确定西营门片区城市更新项目涉及地块控规修改范围为东至临潼路，南至宜宾道，西至向阳路，北至黄河道，规划街坊范围约70公顷，规划实际修改面积约46公顷。此次控规修改方案主要落实市老旧房屋老旧小区改造提升和城市更新工作领导小组批复的《南开区西营门片区城市更新项目实施计划》，推动片区城市更新，基于现状情况及项目可实施性，优化现行规划路网，结合轨道站点调整居住、商业等用地布局，修改后总建筑规模和各类用地建筑规模结合城市更新实施方案落实，结合市级专项规划要求，完善区域相关配套设施，满足周边居民生活需求，适当增加居住建筑规模。

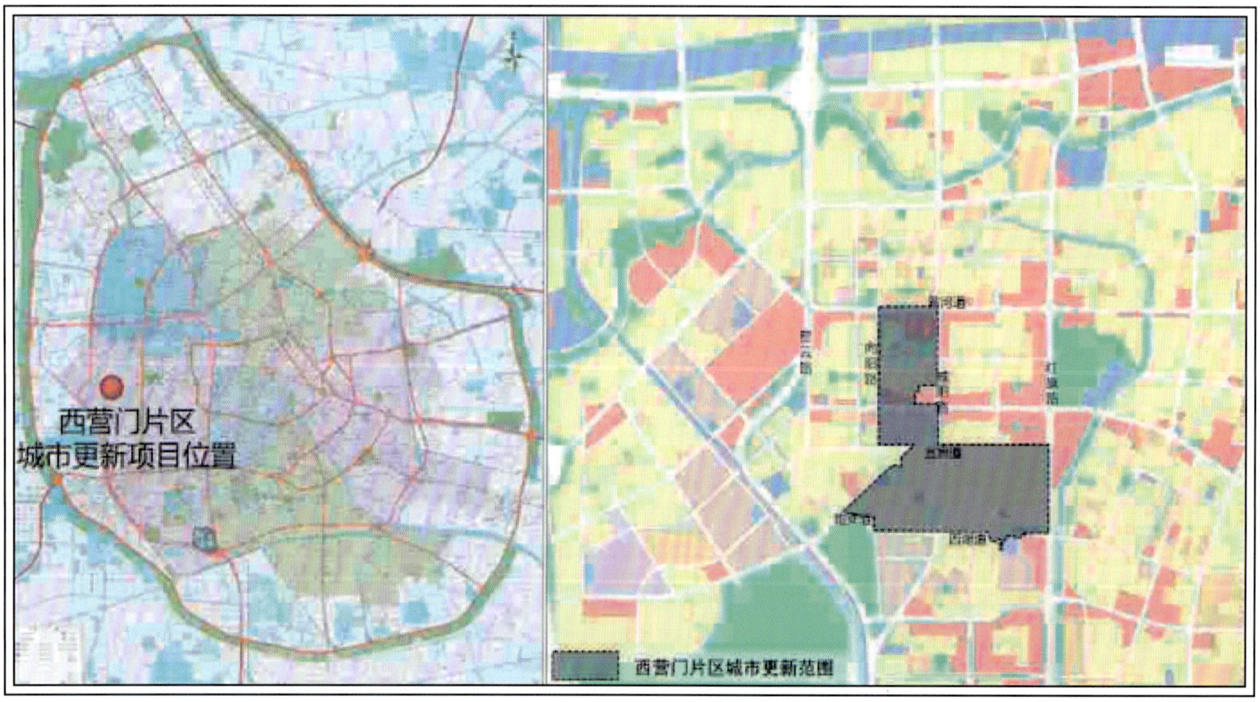


西营门片区城市更新项目位置示意图

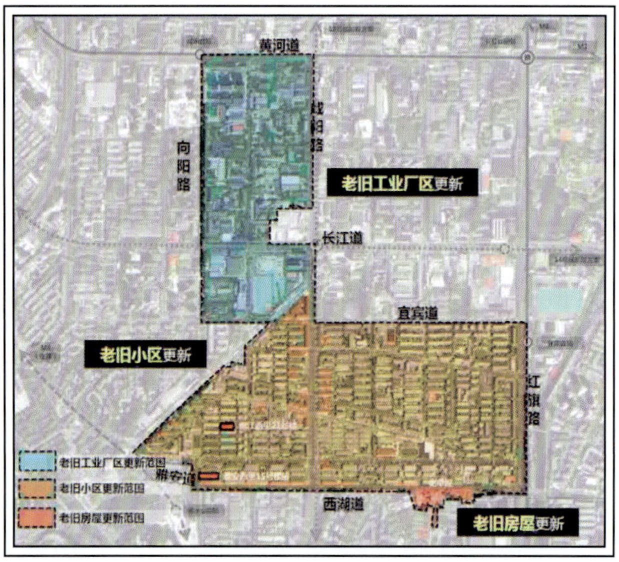


城市更新范围示意图

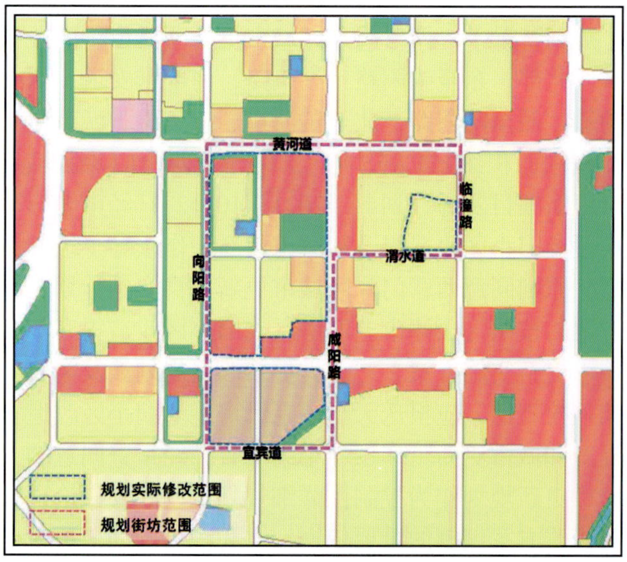


控规修改范围示意图

# 团泊新城西区17–39单元控制性详细规划

**【规划背景】** 中国医学科技创新体系核心基地天津基地的建设，是贯彻落实习近平总书记重要指示精神，全面落实京津冀协同发展战略，大幅提升天津市卫生健康质量和服务水平的重要举措。

2021年，市政府与中国医学科学院北京协和医学院签署合作协议，以合作示范区为承载主体，其中，协和天津校区选址于毕杨路南侧的17–39单元，将依托综合性医院，建成集本科、研究生教育于一体的教学基地，打造“协和”品牌的高端医学人才培养基地，为天津乃至全国输送优秀医学人才。

**【规划要点】** 单元规划总用地规模约594公顷，以公共管理与公共服务设施用地、居住用地、商业服务业设施用地为主。控制性详细规划方案依托城市设计研究优化完善片区空间结构，在充分尊重北京协和医学院意见的基础上，既立足协和天津校区的建设需要，又兼顾统筹天津基地各项目功能布局，突出高端化、专业化、国际化，拟将该区域打造成为津滨双城的健康新引擎，建设新型医学转化科研平台、医药产业创新创业中心、产城融合示范区，成为引领中国医学中心未来的生动样板。

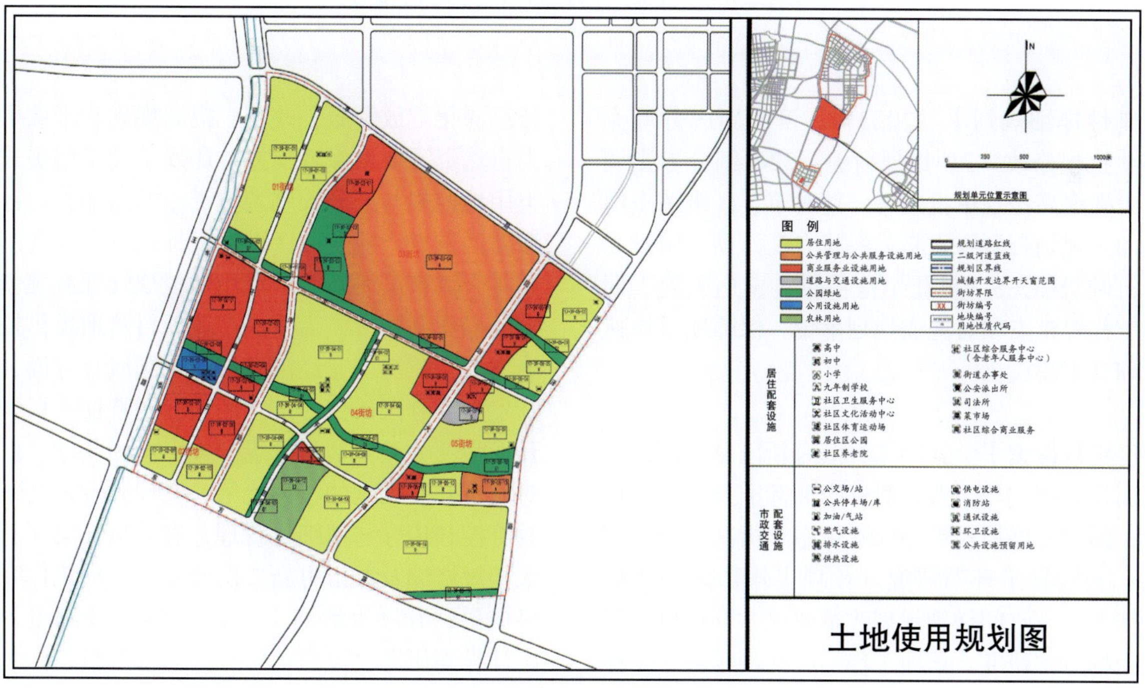


静海区团泊新城西区17–39单元控制性详细规划

团泊新城西区城市设计图

## 滨海新区控制性详细规划编制情况

**【控制性详细规划】** 2023年，滨海新区分局完成35项控规修改、7项控规新编、32项细分导则调整，大幅提高控规审批效率。针对市、区级重点项目，加大规划资源要素服务保障力度，助力国投北疆百万吨级CCUS一体化示范项目、泰达医院二期扩建工程等重点项目完成规划落位，保障项目快速落地和开工建设。

**【街区控规探索】** 2023年，滨海新区分局探索街区层面控规研究与实践，对标市局标准及先进省市经验，组织开展控规管理标准体系、街区控规编制方法、关键技术环节研究，该项工作形成初步成果；按照国土空间详细规划改革要求，开展单元划定及指标分解研究，该项工作形成初步成果；发挥试点带动作用，选取海河口入海口、汉沽街街区两个试点，开展街区控规及城市设计方案编制，该项工作完成最终成果。

**【规划创新研究】** 2023年，滨海新区分局在国土空间规划改革背景下，聚焦存量发展模式，因地制宜开展控规创新研究与实践探索。制度创新方面，持续深化“放管服”改革，提高规划管理效率，加大自然资源要素保障支撑，印发《关于明确非产业类用地控规与细分导则调整类型的通知》，针对滨海新区重点产业发展区域，发挥试点带动作用，起草《天津市滨海新区产业用地控规管理有关创新举措的操作细则》，为重点产业项目落地提供控规保障支撑，赋能产业经济发展。专题研究方面，开展开发强度分区研究，结合用地发展特征，科学制定开发强度分区模型，分级分类多指标联动，以强化对城市开发强度的整体统筹，实现开发强度指标有效管控和传导与精细化管理，有效指导滨海新区街区控规修编及城市更新二次开发，该项工作完成最终成果；开展生活圈（生活邻里+产业邻里）规划设计导则研究，聚焦社区服务需求升级，立足城市空间格局与特色，划分居住生活、产业生态、产城融合与乡村生活等四大场景，构建15、10、5分钟三级体系，明确以人为本、因地制宜的配建标准与差异化服务要素，为滨海新区生活圈规划实施提供技术标准和行动指引，该项工作完成最终成果，并经滨海新区人民政府批复印发；开展滨海新区慢行系统规划设计导则研究，积极践行新区绿色发展理念，从宏观、中观、微观三个层面提出系统的“滨城”慢行规划设计通则，打造全域慢行格局与特色慢行绿道，提升城市空间品质，以指导滨海新区慢行系统建设，该项工作完成最终成果；开展滨海新区新型产业用地政策实施评估，通过政策内容评估、政策实施评估、配套政策体系评估、政策试点评估等，对当前政策实施的难点与问题进行分析研判，研究形成新区新型产业用地政策修订方案（含试点扩区方案）及新型产业用地空间设计指引，促进新型产业用地政策落地，推进新型产业空间规划建设，该项工作完成最终成果。

**【城市设计】** 滨海新区分局把重点地区城市设计部分管控内容纳入控规指标体系，借助控规法定定位将城市设计有关控制要素法定化。2023年，滨海新区分局组织开展散货物流片区城市设计和控规编制工作，立足天津港散货物流片区区位特点，以战略性新兴科创产业为动力、轨道交通线网与站点为基础、蓝绿交融的人居空间为本底，打造集品质引领、服务赋能、创新颐业于一体的滨海新区港产城融合示范区，构建双核双带“三区、三廊、三极”的空间结构，通过规划赋能有效盘活片区存量资源资产，激发经济发展活力，该项工作完成最终成果；组织开展天津软件园区域城市设计与控规修编工作，立足中新天津生态城核心腹地，以信息技术为支撑，通过数字化、智能化技术提升区域产业链效率和附加值，空间布局上结合轨道站点建设TOD综合枢纽，串联创新型技术园区、体验型文旅景区与品质型生活社区，打造天津特色数字产业园，该项工作已完成方案征集，并经市级、区级主要领导多次审议。

天津软件园区域城市设计鸟瞰图

**【城市更新】** 2023年，滨海新区分局持续深化城市更新重点工作，坚持城市内涵式发展，在政策体系、体制机制、项目实施等方面多点发力。政策体系方面，滨海新区分局加快构建全生命周期管理的“1+1+1+N”城市更新政策体系，出台多项配套政策，保障新区城市更新工作有“规”有序开展，组织编制《滨海新区城市更新专项规划》并取得滨海新区人民政府批复，组织修订《滨海新区城市更新项目土地出让环节操作细则》，组织起草《滨海新区城市更新项目土地出让预交金管理工作规则（试行）》并以滨海新区城市更新工作领导小组办公室名义印发执行；体制机制方面，建立“新区—属地政府—社区”三级城市更新工作组织架构，搭建涵盖全过程、闭环式的实施体系，制定城市更新项目“策划立项阶段—实施主体确认—土地一级开发—规划调整阶段—土地出让—实施监管”实施六步骤，实现项目统筹推进和全过程监督管理及服务保障；项目实施方面，大力推动已中标城市更新项目落地实施，新区完成8个城市更新项目的实施主体招标工作，项目涉及总占地面积约9.6平方千米，总投资近785亿元，土地出让金230亿元，政府净收益约63.59亿元。上述项目已累计完成土地出让41.02亿元，其中2023年度完成土地出让约34.09亿元。

（段原婧）

滨海新区中部新城分区TGh（07）02、03单元城市设计节点图

滨海新区中部新城分区TGh（07）02、03单元城市设计鸟瞰图

滨海新区中部新城分区TGh（07）02、03单元城市设计鸟瞰图

## 《“津城”总体城市设计（2021—2035年）》

**【编制背景】** 为深入贯彻落实市第十二次党代会提出建设“四高”社会主义现代化大都市的部署要求，奋力推进天津市“十项行动”，按照《中心城区更新提升行动方案》要求，市规划资源局组织编制了《“津城”总体城市设计（2021—2035年）》。

**【规划范围】** “津城”总体城市设计规划范围包括市内六区及环城四区（不含双城之间绿色生态屏障），总面积约1466平方千米。

**【规划要点】** “津城”总体城市设计的主要任务是：以津城核心区统领周边多个组团，在应对提升生活质量和经济转型升级方面，发挥重要的空间引领作用。构建城市“中心—郊区”紧密联系的有机整体，强化空间秩序，引导城市形态。打破高密度同质蔓延，在宏观层面引导城市空间的多样性，促进生活品质提升。

**【编制过程】** 2023年1月，《“津城”总体城市设计（2021—2035年）》向社会公示，2023年9月，征求相关部门意见。2023年10月，经第9次局长办公会审议通过。2023年12月，向市政府汇报并通过。

**【审批情况】** 2023年12月，向市政府汇报通过后，提交市发展改革委，作为《中心城区更新提升行动方案》重要任务的成果。

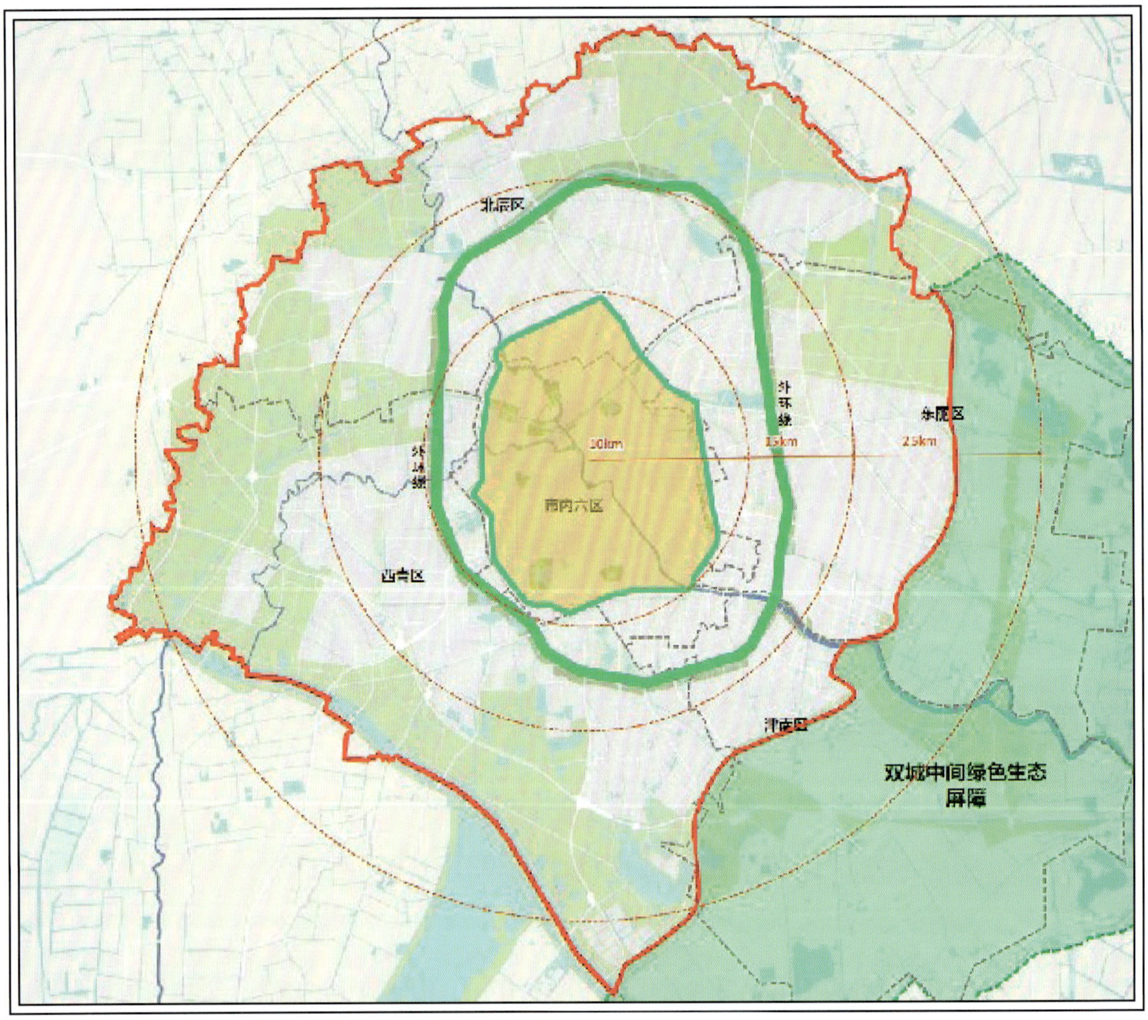


“津城”总体城市设计规划范围示意图

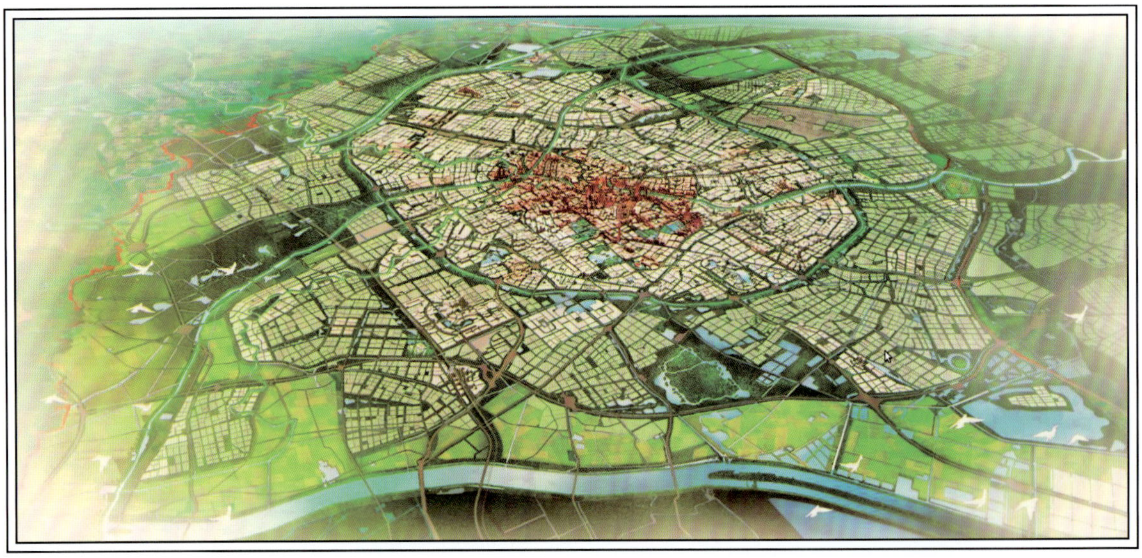

“津城”总体城市设计规划愿景示意图

# 南淀公园及周边片区城市设计

**【编制背景】**　南淀公园及周边地区位于中心城区东北部，新老外环交界之处，该片区是中心城区唯一没有控规覆盖的区域。为促进片区开发建设，编制了该城市设计方案。

**【编制过程】**　2022年，天津市规划和自然资源局组织编制南淀公园及周边地区城市设计，2023年7月，征求相关部门意见，并对社会公示。2023年12月，经局长办公会审议通过。

**【规划范围】**　片区隶属于东丽区，东至外环线东北部调整线，南至京津塘高速，西至规划津围快速路，北至北环铁路，规划总用地约8.5平方千米。

**【规划要点】**　开展南淀公园及周边地区城市设计，有利于促进地区发展。规划以“绿色低碳、多样宜居、民营汇聚”为目标，创建具有国际水准、国内领先的“三生融合、零碳共生”的零碳小镇。形成“一园、三区、六里”的规划结构，用地主导功能以居住、生态为主，包含商服、公服等功能。

**【审批情况】**　南淀公园及周边地区城市设计已经2023年第11次局长办公会审议通过后，主干路网、绿地布局等内容纳入天津市国土空间总体规划，规划成果提交给东丽区人民政府，积极促进片区控规编制。

（董　瑜）

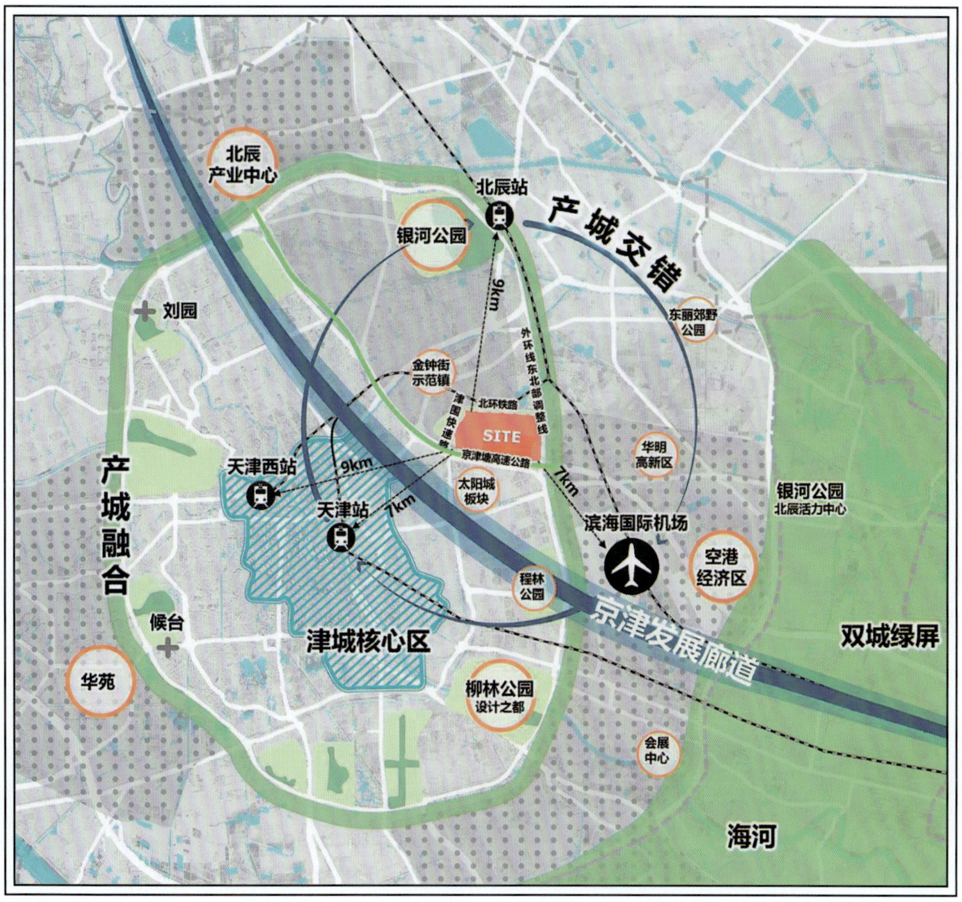


南淀公园及周边片区规划范围示意图

南淀公园周边地区城市设计鸟瞰示意图

## 滨海新区汉沽中医医院门急诊楼改扩建工程

**【项目简介】** 汉沽中医医院位于天津市滨海新区汉沽牌坊街38号，东至杏林路，南至牌坊街，西至新开中路，北至人民街。该项目位于汉沽中医医院院内，医院现占地面积约17734.5平方米。主要建设内容包括门诊、急诊、体检中心、检验中心、放射、超声、水泵房等，同步实施室外路面、附属设施工程、相关配套管网工程、绿化、围墙等室外工程；拆除原汉沽中医医院门诊楼、制剂室、供应室、配建室等设施。

**【设计特点】** 按照科学性、实用性与前瞻性相结合的原则建设；根据滨海新区医疗卫生事业发展规划和城市建设规划，充分利用现有资源，并考虑滨海新区城市发展需要；以科学、合理、实用和适当超前为原则，做到“可持续发展”，既要满足当前使用要求，又能及时适应现代医疗技术的迅速发展变化；贯彻“以人为本”“以患者为中心”的设计原则，做好建筑的内外环境设计，重视环境对患者心理、生理和社会意识的积极作用，追求高情感、人情味和自然化的生活情调，为患者创造一个舒适、愉悦、温馨的医疗环境，增强患者战胜疾病的信心。

**【经济技术指标】** 见下表。

| 项目 | | 单位 | 数值 | 备注 |
|---|---|---|---|---|
| 总用地面积 | | 平方米 | 14257.5 | |
| 界内建设用地面积 | | 平方米 | 14257.5 | |
| 总建筑面积 | | 平方米 | 6269 | |
| 其中 | 地上 | 平方米 | 5700 | |
| | 地下 | 平方米 | 569 | |
| 容积率 | | —— | 0.66 | |
| 建筑密度 | | % | 15.4 | |
| 绿地面积 | | 平方米 | 5746.7 | |
| 绿地率 | | % | 40.3 | |
| 机动车停车位 | | 辆 | 10 | |
| 其中 | 地上 | 辆 | 10 | |
| | 地下 | 辆 | 0 | |

（申　旭）

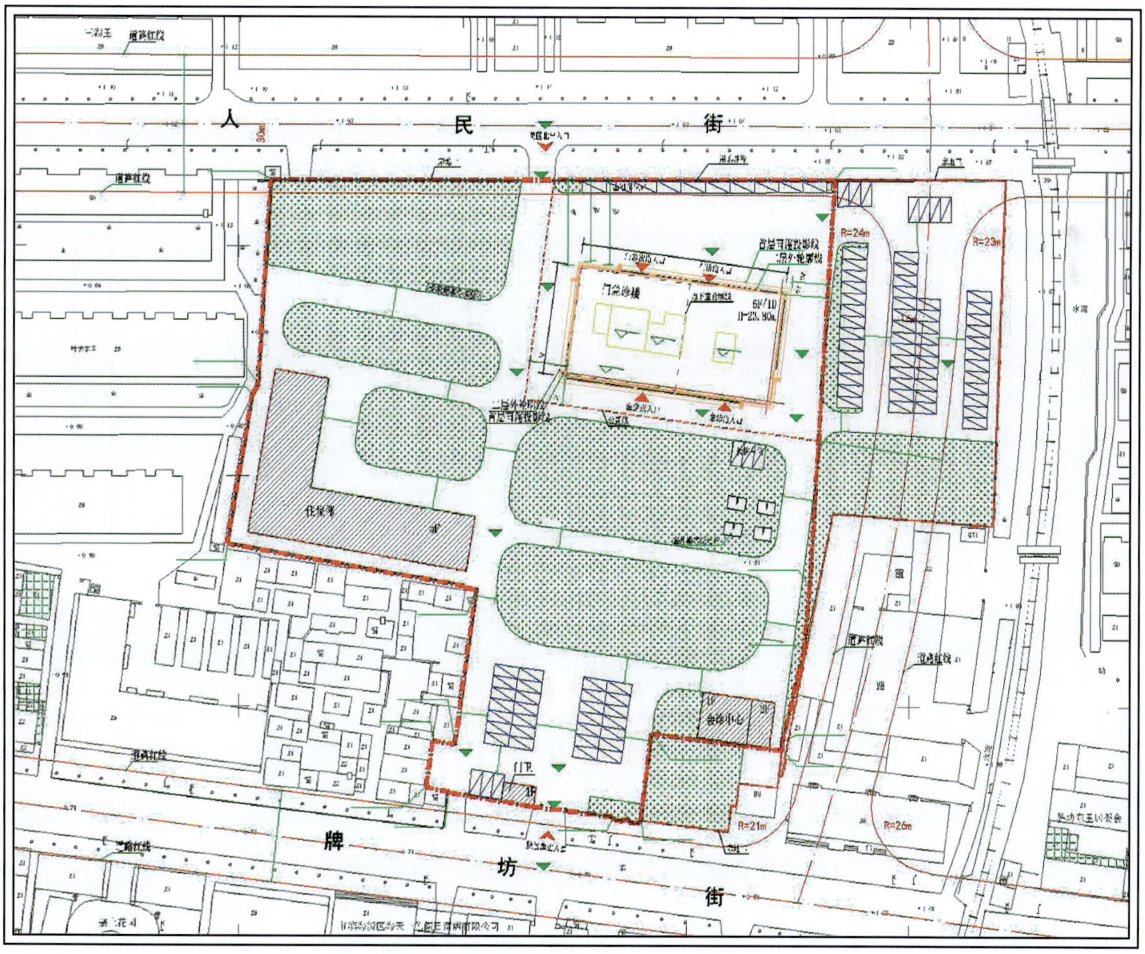


汉沽中医医院门急诊楼改扩建工程总平面图

汉沽中医医院门急诊楼改扩建工程南立面图

汉沽中医医院门急诊楼改扩建工程北立面图

# 大港街迎宾街以东片区城市更新的新建住宅项目

**【项目简介】** 项目位于世纪大道以南，迎宾街以东，育秀街与曙光路交口。项目总用地66981.3平方米，总建筑面积约15万平方米，建设有住宅，配套公建，社区商业等项目。

**【设计说明】** 项目从城市更新的片区视角，珍视其所处的大港片区在地文化，珍惜项目所环抱的大港公园以及规划体育公园等稀有自然资源，打造注重适老化和儿童友好的全龄健康主题社区。整个社区采用高密低容的布局空间，以秉承中魂西技的独特文化气质外檐，融合高低错落的丰富天际线，兼顾城更项目的城市属性与高端改善的居住属性，打造独树一帜的城市形象。项目内的商业项目，未来作为新型社区商业体量，将辐射整个大港片区，为周边成熟居住氛围，注入新鲜活力和便捷生活。

**【配套幼儿园经济技术指标】** 见下表。

| 项目 | | 单位 | 数值 | 备注 |
|---|---|---|---|---|
| 总用地面积 | | 平方米 | 4546.3 | |
| 界内建设用地面积 | | 平方米 | 4546.3 | |
| 总建筑面积 | | 平方米 | 4585.79 | |
| 其中 | 地上 | 平方米 | 4204.13 | |
| | 地下 | 平方米 | 381.66 | |
| 容积率 | | —— | 0.92 | |
| 建筑密度 | | % | 40 | |
| 绿地面积 | | 平方米 | 1591.21 | |
| 绿地率 | | % | 35 | |
| 机动车停车位 | | 辆 | 6 | |
| 其中 | 地上 | 辆 | 6 | |
| | 地下 | 辆 | 0 | |

（申　旭）

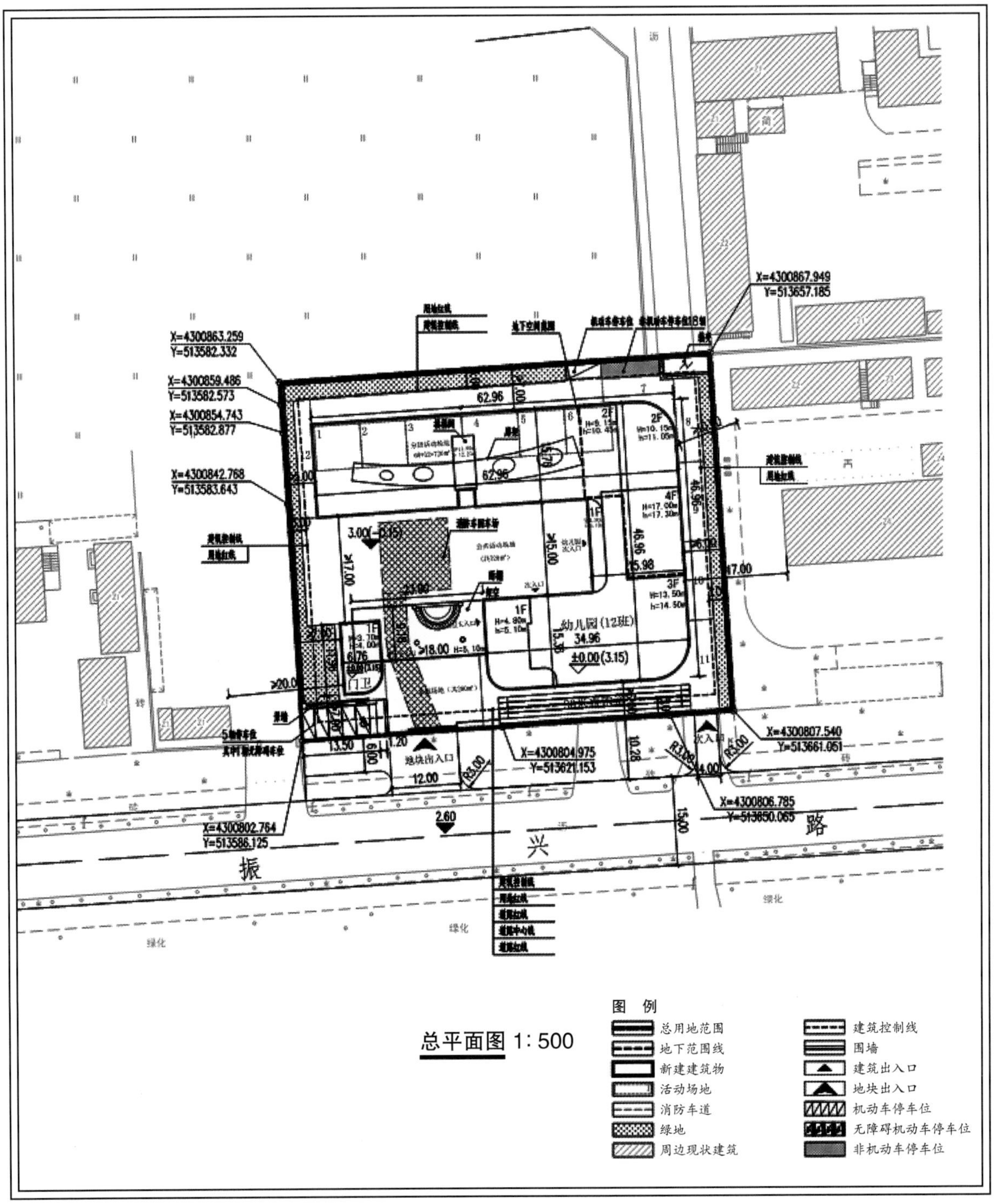
X=4300867.949
Y=513657.185
X=4300863.259
Y=513582.332
X=4300859.486
Y=513582.573
X=4300854.743
Y=513582.877
X=4300842.768
Y=513583.643
X=4300807.540
Y=513661.051
X=4300804.975
Y=513621.153
X=4300806.785
Y=513650.065
X=4300802.764
Y=513586.125
幼儿园(12班)
34.96
±0.00(3.15)
地块出入口
12.00
门卫
振
兴
路
绿化
总平面图 1:500
图 例
总用地范围
地下范围线
新建建筑物
活动场地
消防车道
绿地
周边现状建筑
建筑控制线
围墙
建筑出入口
地块出入口
机动车停车位
无障碍机动车停车位
非机动车停车位

配套幼儿园总平面图

配套幼儿园鸟瞰图

配套幼儿园效果图1

配套幼儿园效果图2

## 汉沽大田幼儿园

**【项目简介】** 汉沽大田幼儿园新建工程位于天津市滨海新区汉沽街道大田镇，大汉路与在水一方游泳馆交口西北侧，项目总用地4005.8平方米，总建筑面积3657.6平方米，建设三层9个班幼儿园，容纳270名儿童。

**【设计说明】** 该项目以“游园”为设计思路，旨在打造一个气氛活泼、空间丰富、形态安全、能满足儿童成长、生活的空间，给孩子一个温暖、安全的教学环境。建筑配色以暖色调为基础，通过活动场地的灵活色块，营造一个具有多重体验的儿童活动世界。通过建筑色彩的穿插布置及体块的围合，给幼儿提供一个温暖、安全、愉悦的教学环境。

项目建成后将辐射整个大田区域，为区域内儿童提供充满人文关怀的空间环境，为儿童第一次体验外部世界打下良好基础，对儿童的成长与发育起到积极作用。

**【经济技术指标】** 见下表。

| 项目 | | 单位 | 数值 | 备注 |
|---|---|---|---|---|
| 总用地面积 | | 平方米 | 4005.80 | |
| 界内建设用地面积 | | 平方米 | 40050.80 | |
| 总建筑面积 | | 平方米 | 3657.60 | |
| 其中 | 地上 | 平方米 | 3350.90 | |
| | 地下 | 平方米 | 306.70 | |
| 容积率 | | —— | 0.84 | |
| 建筑密度 | | % | 29.53 | |
| 绿地面积 | | 平方米 | 1183.02 | |
| 绿地率 | | % | 35 | |
| 机动车停车位 | | 辆 | 5 | |
| 其中 | 地上 | 辆 | 5 | |
| | 地下 | 辆 | 0 | |

（申　旭）

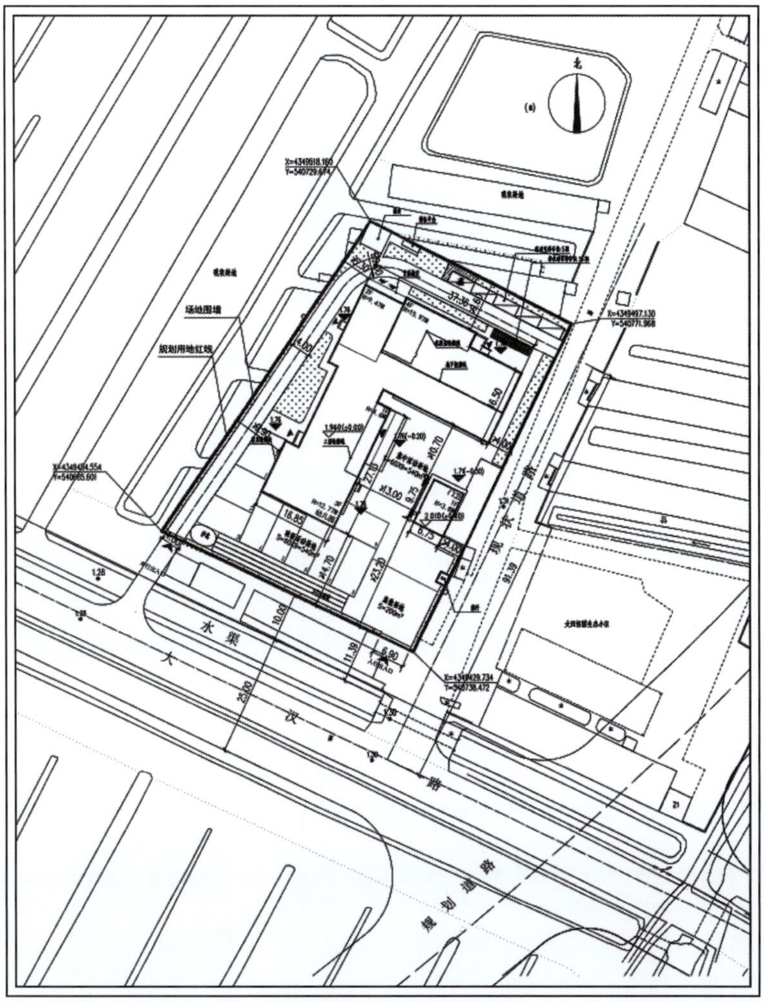


汉沽大田幼儿园总平面图

汉沽大田幼儿园鸟瞰图

汉沽大田幼儿园效果图

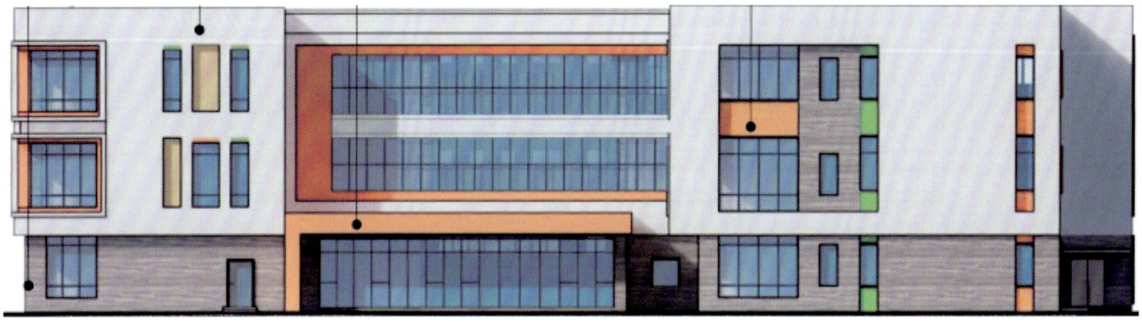

汉沽大田幼儿园东立面图

汉沽大田幼儿园南立面图

## 华达汽车科技（天津）有限公司大众华北基地汽车零部件厂房项目（二期）

**【项目简介】** 该项目位于滨海新区开发区大众基地众景道以南、达创路以东，总用地面积40000.56平方米，原有一期建设规模29713.17平方米，此次二期建设规模26257平方米。

**【设计说明】** 该项目为在原有厂区预留用地新建厂房，充分考虑车辆及人员流线，人车分流，交通系统合理、安全、可靠，布局合理，满足生产需求。新建厂房外檐与原有厂房协调一致，采用灰白色调钢板、涂料，简洁大方，清晰明朗，符合建设单位整体定位及企业形象，与周边环境和谐统一。

**【经济技术指标】** 见下表。

| 项目 | | 单位 | 数值 | 备注 |
|---|---|---|---|---|
| 总用地面积 | | 平方米 | 40000.56 | |
| 界内建设用地面积 | | 平方米 | 40000.56 | |
| 总建筑面积 | | 平方米 | 13291.25 | |
| 其中 | 地上 | 平方米 | 13291.25 | |
| | 地下 | 平方米 | 0 | |
| 容积率 | | —— | 1.5 | |
| 建筑密度 | | % | 66.56 | |
| 绿地面积 | | 平方米 | 8000.11 | |
| 绿地率 | | % | 20 | |
| 机动车停车位 | | 辆 | / | |
| 其中 | 地上 | 辆 | / | |
| | 地下 | 辆 | / | |

（申 旭）

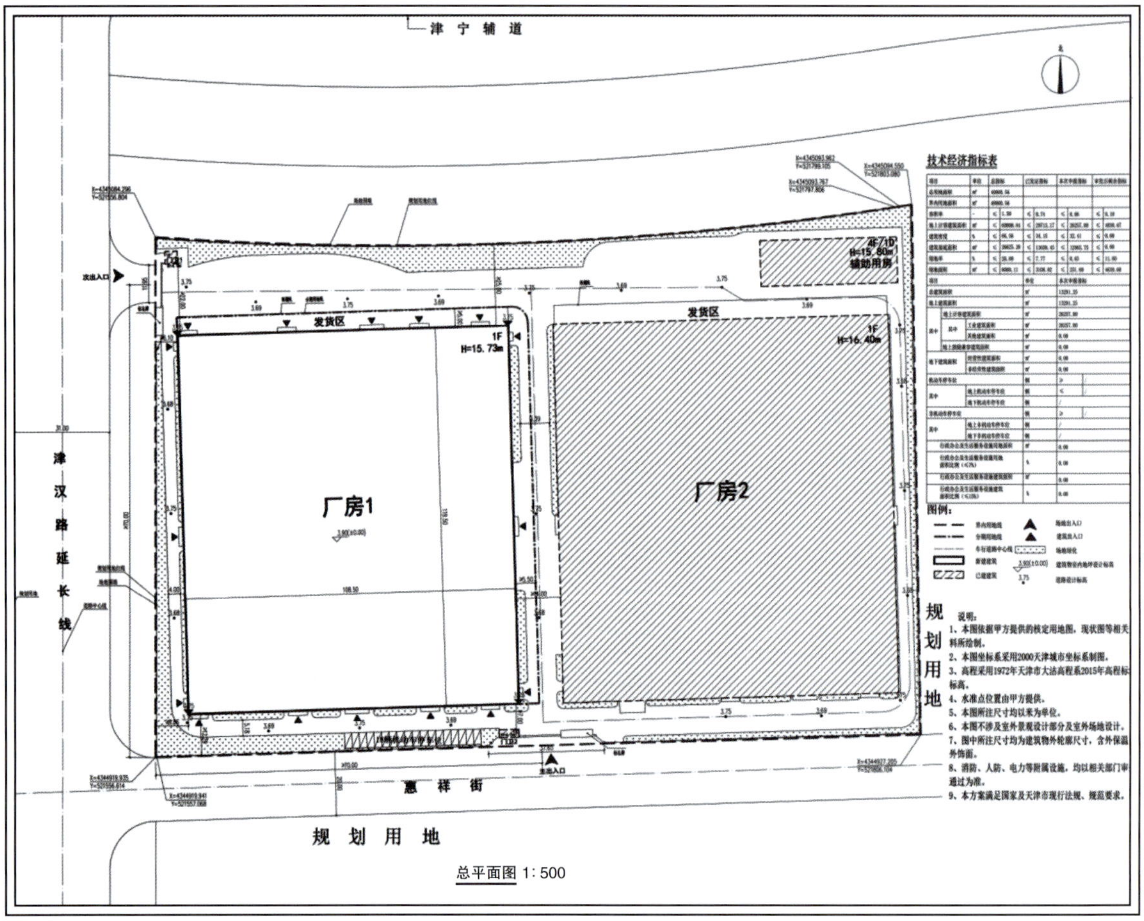


大众华北基地汽车零部件厂房项目总平面图

大众华北基地汽车零部件厂房项目鸟瞰图

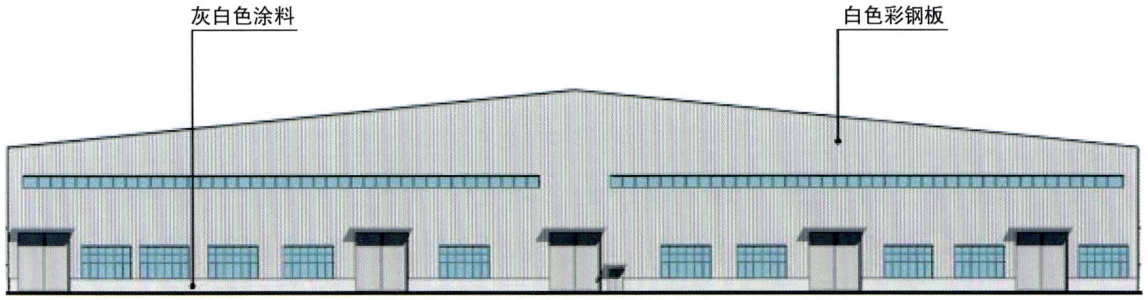


大众华北基地汽车零部件厂房项目二期南立面图

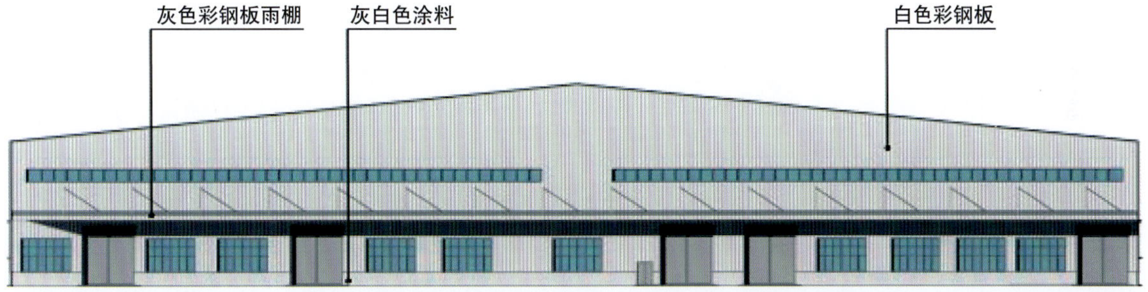


大众华北基地汽车零部件厂房项目二期北立面图

## 天津生态城枫叶国际学校项目02-08地块

**【项目简介】** 天津生态城枫叶国际学校项目02-08地块位于天津市滨海新区中新天津生态城临海新城，占地面积2648.6平方米，总建筑面积5052平方米。

**【设计说明】** 该项目将校园建筑空间环境与周边的城市环境有机融合，西式建筑风格与中式园林小品景观相融合，碰撞出中西方交融的校园环境。功能分区明确、布置合理、互不干扰、满足学习生活的要求。该项目以绿色校园为设计理念，将校园布局因地就势，处处成景，建造空间错落有致的校园。学校秉承枫叶教育“教育优化结合实施素质教育”的办学理念，为学生快乐健康成长、个性多元发展提供优越的国际学习环境和平台，满足家长实现多元教育价值选择的需求。

（申 旭）

枫叶国际学校项目总平面图

枫叶国际学校项目鸟瞰图

枫叶国际学校项目教师宿舍单体效果图

正立面图

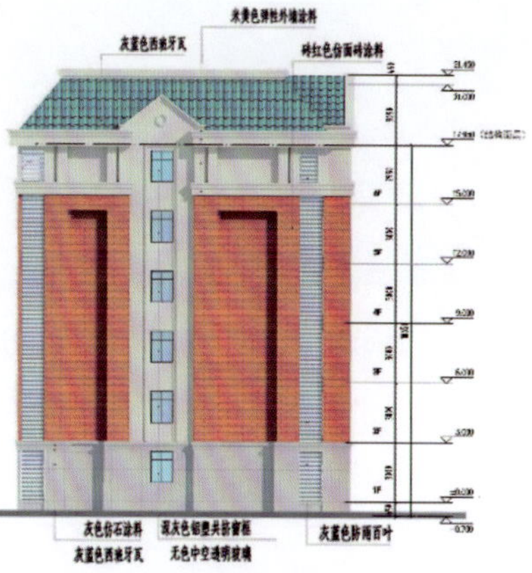


侧立面图

枫叶国际学校项目立面图

## 响螺湾九年一贯制学校

**【项目简介】** 该项目位于天津市滨海新区核心区，东侧为迎达路，南侧为汇河街，西侧为万年桥北路，北临永太路。建设用地面积26266.6平方米，项目总建筑面积36000平方米，其中地上面积26507.8平方米。为九年一贯54班制。

**【设计说明】** 建筑设计贯彻TDSTUDIO的教育建筑设计理念。兼顾当下，积极对应学生、老师以及学校未来发展需求，使空间整体如生态系统般协调可持续发展。同时相信自然和活泼的空间是最好的教材，把阳光、绿化和灵活有趣的空间带进校园，刺激五感，让学生在不知不觉中自由学习。

该项目建筑总体布局由南向北排列，并由连廊在东侧将体块一一联系为整体，因而总体体块形成E字形的半围合空间，确保每一个教室的充分采光及视野，又能赋予学生宽敞优美的绿化活动空间。

中学和小学共享校舍但功能动线设计独立分明。中学和小学的普通教室和专用教室分别位于南和北侧，动线互不相交。利用下沉庭院打造双首层概念，将地下空间打造成采光充足，景观层次细腻丰富的立体空间。建筑主体采用树木自然的基底颜色，外墙以木色涂料为主要饰面材料，搭配米白色及浅灰色涂料，不同手法的竖向交错排列，宛若树林错落有致，为立面增添了韵律感，阐释“城市绿洲学校”的主题。

（申　旭）

响螺湾九年一贯制学校日景鸟瞰图

响螺湾九年一贯制学校夜景鸟瞰图

## 新塘组团04-43地块

**【项目简介】** 该项目位于天津市滨海新区胡家园国兴路以西，和羽道以北。基地现状呈长方形，界内建设用地面积31077平方米，项目总建筑面积24861.6平方米，为48班小学。

**【设计说明】** 该项目结合周边地块的整体规划方向，利用基地内外资源塑造东西向文化轴线。建筑设计贯彻TDSTUDIO的教育建筑设计理念，以学校师生的需求为核心，创造便捷高效的学习环境，并提供丰富而且具有趣味的室内外活动场所。

该项目建筑总体布局由南向北排列，并由西侧连廊连系形成半围合空间。地块南侧为主建筑界面，设置校园主入口。地块西侧的建筑界面与邻近用地呼应，共同构成文化教育街区氛围。北侧设置次出入口以及风雨操场及运动场，与相邻社区形成以运动为主题的团块。

建筑首层设置局部架空层，设图书馆、报告厅、体育馆等较大公共空间。架空层以上设置为主要教学用房及教师用房。架空层屋面形成可容纳各种室外活动的平台。教学平面布局上将功能教室组团设置在高、低年级教室组团之间，以达到空间高效的利用。教师办公室穿插在教室组团之间，教学流线便捷。

建筑立面为现代极简风格，整体形象明快并具有文化气息。外墙以浅橘色砖效果的真石漆为主要饰面材料，搭配同色系浅米色及深灰色涂料，使立面简洁的同时具有丰富的层次及精致的细节。

**【经济技术指标】** 见下表。

| 项目 | | 单位 | 数值 | 备注 |
|---|---|---|---|---|
| 总用地面积 | | 平方米 | 57674.00 | |
| 界内建设用地面积 | | 平方米 | 57674.00 | |
| 总建筑面积 | | 平方米 | 51906.60 | |
| 其中 | 地上 | 平方米 | 51906.60 | |
| | 地下 | 平方米 | 0 | |
| 容积率 | | —— | 0.90 | |
| 建筑密度 | | % | 25 | |
| 绿地面积 | | 平方米 | 20185.9 | |
| 绿地率 | | % | 35 | |
| 机动车停车位 | | 辆 | 101 | |
| 其中 | 地上 | 辆 | 101 | |
| | 地下 | 辆 | 0 | |

（申　旭）

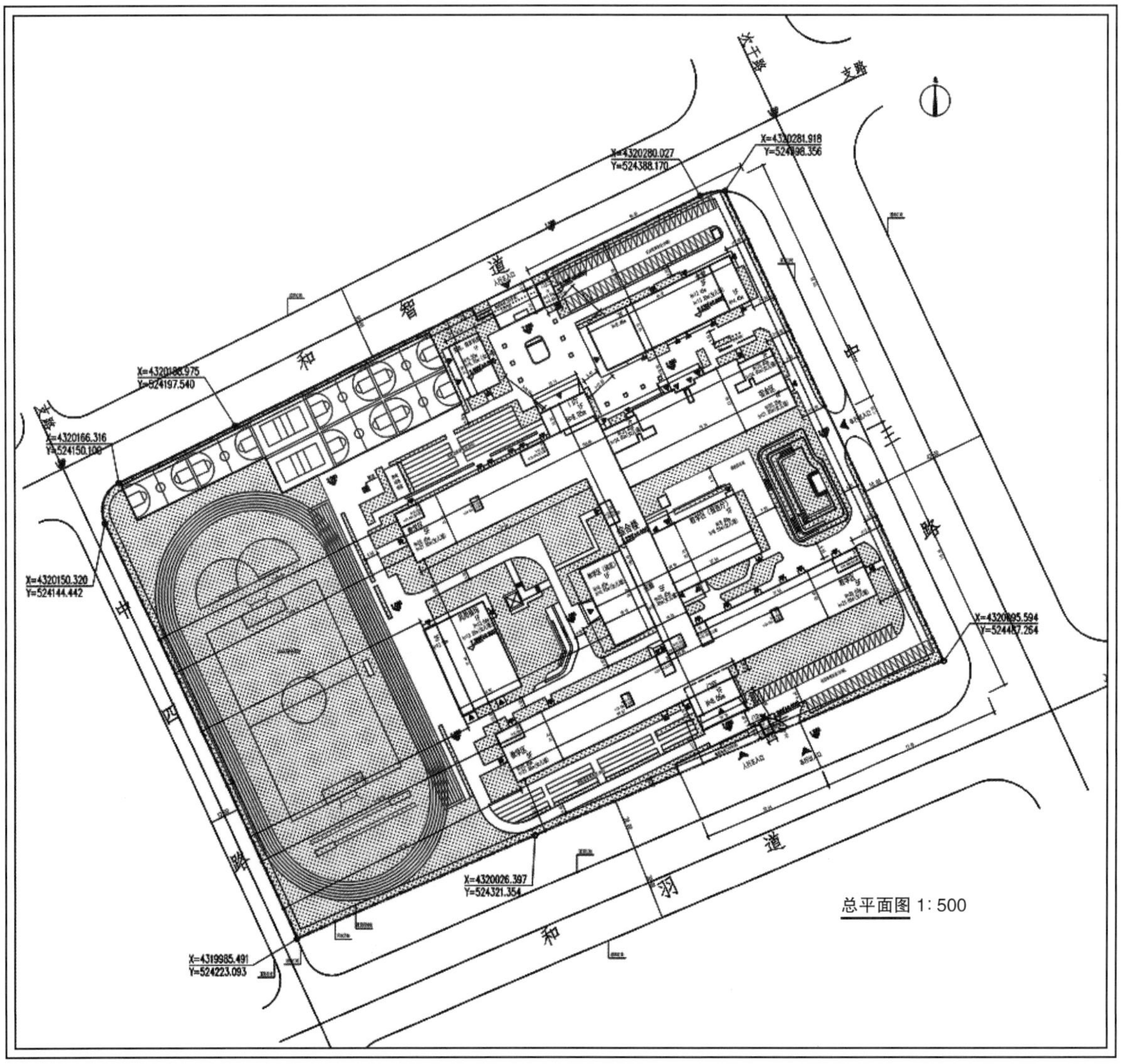


新塘组团04-43地块总平面图

## 中福天河智慧养老服务示范区二期项目

**【项目简介】** 该项目位于天津市滨海新区中新天津生态城临海新城，占地面积10985.1平方米，总建筑面积10523.97平方米。

**【设计说明】** 该项目通过情景街区、享受家居、康复景观三大板块设计，联动一期医康养中心，运用场景驱动策略，提升可及性和互动性。建筑立面清新、宜人，色彩质朴温暖，线条简洁明快。该项目由三栋四层的L形建筑和一组一层的低矮建筑组成。其中三栋四层的L形建筑为居住单元，供老人居住；一层的低矮建筑为情景街区，是老人日常活动的空间。三栋L型建筑高度16.9米，共四层，主要功能为住宿区、客厅、值班室等；一组低矮的建筑高度为5.48米，地上一层，地下一层主要功能为餐厅、厨房、服装店、理发店、消防控制室、换热间、弱电机房、中水泵站、给水泵站等。

（申　旭）

中福天河智慧养老服务示范区二期项目日景鸟瞰图

中福天河智慧养老服务示范区二期项目夜景鸟瞰图

## 中新天津生态城宝龙第二幼儿园项目

**【项目简介】** 该项目位于天津市滨海新区中新天津生态城临海新城西部，占地面积4910.6平方米，总建筑面积5367.17平方米，幼儿园共设置12班，每班30人。

**【设计说明】** 该项目满足国家绿色建筑三星级设计要求，应用了地源热泵、空气源热泵及屋面光伏发电等可再生能源技术。该项目以积木拼砌为设计理念，不同颜色的结合激活孩子的视觉与想象。该项目场地内设置幼儿园主体建筑一座，建筑高度18.3米，共三层；主体建筑内院为操场活动区，满足安全方面要求；场地西侧为该项目配套的社会公共停车场及家长接送孩子的等候区。项目一层为教室办公及后勤区域及儿童活动区，分区之间流线不形成交叉；二层、三层为儿童生活区及活动区，功能统一，便于管理。

（申　旭）

宝龙第二幼儿园日景鸟瞰图

宝龙第二幼儿园夜景鸟瞰图

# 天津规划和自然资源管理

## 综合业务管理

**【落实习近平总书记重要指示批示精神】** 组织推动落实习近平总书记重要指示批示，建立《市规划资源局贯彻落实习近平总书记重要指示批示工作台账》，组织各责任部门报送全年工作计划。对应工作计划按照市政府办公厅、市发改委要求，每季度跟踪督办并报送工作进度，进行半年和全年工作总结。

**【推进高质量发展“十项行动”】** 对标“十项行动”各市级方案，组织构建完成局系统“1+10”方案体系，以局党委名义印发市委、市政府“十项行动”局分工方案和任务清单，推动形成市规划资源局10个对应实施方案，确保“十项行动”项目化、清单化、机制化推进。定期对落实任务进行调度，督促工作进度，并相继向市委、市领导报告工作成效。

**【贯彻中央经济工作会议精神】** 贯彻落实中央经济工作会议精神，组织做好定期报送贯彻落实中央经济工作会议工作要求完成情况及全局争取政策支持、局领导走访国家部委、央企央院统计报送工作。组织做好部市合作专班筹备工作。

**【执行国务院高质量发展督查】** 组织推动做好国务院推动高质量发展综合督查实地督查迎检工作。印发局迎检工作方案，对照国家督查内容做好自查。派员作为市迎检工作联络员，对接市政府办公厅迎检事宜。牵头组织推动国务院办公厅交办的问题线索4件，协调各区政府出具核查报告，组织研究提出市规划资源局意见。

**【推动工程项目未批先建等问题专项监督】** 组织推动工程项目未批先建、边建边批等问题整改工作。统一更新调度工作进展17次，提请局领导召开专题调度会6次，指导各行业主管部门完成规划资源领域整改项目662个（2023年推动完成整改279个），尚未完成整改181个，推动整改工作完成率从50.05%提高到78.5%。

**【保障资源安全工作】** 组织推动资源安全工作协调机制有关工作，印发《天津市资源安全工作协调机制2023年工作要点》发至各成员单位。推动天津市资源安全工作协调机制运行，组织各成员单位召开3次季度风险研判工作会议，开展学习培训和风险研判预警，形成3份风险评估报告报市委国安办。

**【打好污染防治攻坚战】** 组织推动第二轮中央生态环保督察问题整改及深入打好污染防治攻坚战工作。针对第二轮环保督察问题整改工作，局领导小组先后2次召开专题调度会，推动任务落实，年底剩余2项任务均按时完成整改并履行销号程序。印发《深入打好污染防治攻坚战2023年工作实施计划》，定期调度工作进展，涉及市规划资源局38项任务均按时间节点完成。

**【用地用海要素保障及重大项目服务】** 牵头重点项目服务工作专班，积极服务天津市重大项目，做好资源要素保障。一是依托市重点项目智慧管理平台，对全市重点项目从策划到落地的全过程实现闭环跟进，探索重点项目的数字化管理模式，通过调度平台整合“重点建设、重点储备、2023年促开工、京津冀协同行动”等多个清单，进行集中督办。2023年，市级重点建设项目推动完成率达到

90.5%。二是采用“周调度、月通报、季总结”的定期调度工作模式。全年市规划资源局领导组织召开重点项目服务调度会议21次，有效解决了178个问题；同时，解决市重大项目智慧平台推送给市规划资源局的17个项目、33个问题。三是推动重点项目服务督办系统模块建设，实现平台重点项目和问题数据实时对接，以及规划用地用海审批结果实时对接等功能，提高工作效率。四是完善项目问题梳理反馈机制，开展项目情况常态化排查。核实项目堵点难点，研判原因，将未完成项目分级分类推动，汇总形成由非市规划资源局原因导致无法进一步推动的项目清单，及时向牵头部门反馈。五是持续加强与市重点项目办沟通联系。每月初主动与市重点项目办沟通，有效扭转了因非规划资源问题而被动接受通报的局面。六是市规划资源局深入一线实地调研，组织了13次前往宁河区、宝坻区、水务集团、滨海新区等项目现场的调研。

**【开展“十四五”有关专项规划中期评估】** 按照《天津市人民政府办公厅关于印发天津市“十四五”规划实施中期评估工作方案的通知》，市规划资源局开展《天津市自然资源保护和利用“十四五”规划》等专项规划的实施中期评估工作，编制评估报告报分管市领导审定后，抄送市发展改革委。同时，组织市级各相关单位开展自然资源部“十四五”自然资源保护和利用规划中期评估工作，汇总形成天津市的评估报告并报送至自然资源部综合司。

**【承接北京非首都功能疏解】** 市规划资源局召开全局承接北京非首都功能疏解工作动员推动会，印发工作方案，强化市区两级工作机制，积极与市协同办对接，推动各区项目的对接和落地。完成35亿元承接任务。市规划资源局推动京津冀协同发展项目的规划资源要素保障工作，积极对接项目单位了解项目具体情况，加大督促推动力度，采取压茬推进、并联审批方式加快项目规划土地手续办理。针对项目难点堵点问题，召开专题调度会研究解决方案，全年推动京津冀协同发展项目98个，其中已完成或部分完成建设工程规划许可证审批的项目达55个。市规划资源局积极推进部市合作项目，国际矿业大会期间自然资源部中国地质调查局与天津市签署了战略合作框架协议，开展城市安全综合地质调查评价、清洁能源勘查示范、加强海岸带生态修复、促进国际矿业发展、推动地学领域协同创新与人才培养等深层次合作。中国地质调查局水文地质环境地质调查中心在东丽区正式揭牌。

**【财政计划任务】** 一是市规划资源局牵头财政专项任务，印发《局2023年财政专项任务计划》，组织各处室报送2024年财政专项任务252项，初步完成资金预分配、项目重要性排序等工作。已完成总体绩效自评、财政专项任务资金评审、事前绩效评估第三方评审、财政专项任务绩效指标体系建设等5项工作。修订财政专项任务管理规定，已完成初稿起草和征求处室意见工作。配合建设财政专项任务管理系统，推进财政专项任务管理规范化，初步完成模型建设。二是市规划资源局牵头推动中央转移支付资金、中央预算内资金、国债资金项目及资金申报工作。完成2023年度林业草原转移支付资金细化方案，配合财政局将资金下达至有关区。申请2024年中央转移支付资金项目19个，申报资金24330万元。完成2024年中央预算内投资项目申报工作，申报项目4个，总投资14.18亿元，其中申请中央支持资金11.34亿元。

**【综合统计工作】** 一是组织开展自然资源综合统计，与自然资源部综合司统计分析处对接统计口径、统计信息化等工作，每月编制《自然资源综合运行分析报告》。组织编制《天津国土空间规划数据手册》并印发局各处室和市有关部门。二是完成2022年城市建成区统计，数据已报送市住房和城乡建设委。完成天津市城市建成区范围确定技术规程（初稿）编写，纳入2023年天津市地方标准工作计划。三是按期完成林业草原综合统计年报和季度报表、年度林业基本情况更新，以及《中国林草年鉴》《天津统计年鉴》《房地产统计月报》、土地价格指数、气候环境循环经济数据统计报送工作。四是印发《关于做好2023年天津市林业草原综合统计工作的通知》，进一步完善市规划资源局林业统计工作。五是配合做好全国第五次经济普查摸底调查涉及市规划资源局工作。

**【东西部协作和支援合作】** 市规划资源局党委两次听取工作汇报，研究制定全局2023年工作方案，明确工作任务和分工，压实各部门责任。由局领导带队，组织相继赴新疆和田、兵团十一师、西藏昌都、青海黄南藏族自治州、甘肃庆阳和天祝藏族自治县、重庆万州、河北承德走访调研、慰问结对群众、捐赠帮扶资金。在津组织开展天津市与昌都市自然资源系统干部业务能力提升培训交流，接待长春市规划和自然资源局来津交流。广泛动员社会各界力量，与天津市土地学会、天津市农业科学院、五大道管委会、天津市北方人才培训中心、蓟州区林业局、天津市规划院、天津市测绘院合作，取得良好的社会效益。

**【政策研究】** 市规划资源局印发《市规划资源局关于明确滨海新区各功能区在其他行政区管理范围规划资源管理职责的通知》进一步明确各经济功能区位于滨海新区行政区外、其他行政区内的规划资源管理职责。印发《关于进一步做好我市重点项目用地用海审批服务的通知（试行）》，针对规划调整和土地征转等阶段提出前置工作试点、并联开展工作、优化公示程序、加强陆海联动等加快重点项目审批的“绿色通道”具体工作举措。印发《关于贯彻落实国家要求进一步做好我市用地用海要素保障的通知》，从强化国土空间规划引领约束、优化建设项目审查报批、完善自然资源资产供应制度、优化用海审批程序、严格承诺事项落实情况的监管等方面提出相关细化举措，推进有效投资重要项目尽快形成实物工作量，促进经济社会平稳健康发展。提升存量土地、房产利用效率和效益。会同市发展改革委联合印发《关于支持绿色能源发展规范光伏发电产业规划用地（海）管理有关工作的通知》，进一步细化补充光伏发电项目规划布局、分类管理、用地用海手续办理、用地（海）监管等内容。

**【全局性综合业务办理】** 市规划资源局牵头组织、协调、推动、督办综合性业务工作。制定并落实党的二十大精神涉及市规划资源局任务台账、广华部长在全国自然资源工作会议上的讲话精神任务台账、2023年市政府重点工作台账，牵头推动美丽中国美丽天津建设、市委全面深化改革、生态产品价值实现、灾后恢复重建涉及市规划资源局各项工作共46项。加强重点业务工作的督办力度，2023年督办市委、市政府、市领导关注的重点业务，全面涵盖落实习近平总书记重要指示批示工作、全市重大经济社会工作项目、市政府常务会、市长督办重点工作。所有任务均按市委、市政府要求时限督办办结。

**【绩效考核】** 市规划资源局研究确定2023年绩效考核重点工作任务指标纳入全市绩效考核工作体系。评定2022年度各区自然资源保护利用绩效考核的成绩，并反馈至市发展改革委，研究提出2023年度考核事项及评分标准。组织做好2022年度绩效考核迎检工作，被评为良好等次；制定2023年度市规划资源局绩效考核实施方案，进行责任分解，明确工作要求。

**【局长业务会】** 2023年召开14次会议，审议48个议题。坚持“会前充分准备，会中集体研究，会后督办落实”的原则，切实保障市规划资源局各项业务决策的科学、民主、公正、透明。

（杨　锴）

## 法治建设

**【简况】** 2023年，市规划资源局坚持以习近平法治思想为指导，认真落实法治建设“一规划两纲要”，切实贯彻落实中央和本市关于法治建设的决策部署，推动局系统法治建设取得实效。

**【学习宣传贯彻习近平法治思想】** 充分发挥“头雁”作用，将习近平法治思想列入党委（组）理论学习中心组的重要学习内容，局党委书记、局长陈勇带头宣讲习近平法治思想，各单位主要负责人也相继宣讲习近平法治思想。通过活动促进学习贯彻走深走实，针对不同对象举办局系统学习习近平法治思想专题讲座4次，1100余人次参加，组织局系统法治部门、执法人员结合实际工作开展习近平法治思想学习交流。将习近平法治思想列入2023年度国家工作人员法律知识闭卷考试和局系统法律知识年度竞赛内容，严密组织局系统1547名党员干部完成天津干部在线学习习近平法治思想考试，促使局系统党员干部理解和熟记习近平法治思想的核心要义。

**【法治政府建设】** 加强党对规划资源法治建设的

领导，推进落实法治建设第一责任人职责。党委会传达学习并贯彻中央、市委关于法治政府建设和自然资源领域法治建设相关会议、文件精神，听取局2022年度法治政府建设工作情况报告，审议并出台局法治建设2023年工作要点、局2023年重大行政决策事项目录，研究部署市委依法治市办“一规划两纲要”中期评估和实地督察及相关反馈意见整改落实工作，系统谋划局系统法治建设工作。局党政主要负责同志坚持以习近平法治思想为指导，将“十一个坚持”贯穿法治政府建设和规划资源管理全过程、各方面，带头讲法治课，对法治建设总体工作和重点任务亲自部署推动、听取工作汇报，对疑难复杂、可能带来较大社会影响的行政诉讼案件亲自研究、亲自过问、亲自督办、亲自出庭应诉。落实述法制度要求，做好局主要领导及班子成员述法工作，研究部署局专题述法工作，以述法促基层“一把手”法治思维和依法行政水平提升。将推进法治建设情况作为处级领导班子年度考核述职报告的重要内容，纳入干部年度考核管理。

持续推动“一规划、两纲要”工作任务落实。完成局2022年度法治政府建设工作情况报告，向市委、市政府、自然资源部报送。配合完成法治政府建设实施纲要2023年重点工作台账制定并认真落实。组织报送4个项目参加天津市第三批天津市法治政府单项示范创建；报送2个项目参加天津市法治政府建设案例编撰，其中“以习近平法治思想为引领全面加强湿地保护修复工作”被收入《天津市法治政府优秀案例汇编（2023年）》。

以改促建进一步提升法治建设水平。完成“一规划、两纲要”中期评估及实地督察迎检，建立“一规划两纲要”任务台账，完成自查自检、问题清单和典型经验报送，汇总整理相关佐证材料。扎实推动督察反馈意见整改落实，出台局有关工作方案，召开局系统整改工作部署推动会，局党委书记、局长陈勇出席会议并对做好督察反馈意见整改工作提出具体要求。完善局政府网站公开公示法治政府建设重点信息的形式，对法治政府建设情况报告公开、重大行政决策、行政规范性文件、行政执法公示工作做了进一步规范。

**【规划和自然资源立法】** 积极践行习近平生态文明思想，全力推进《关于加强生态保护红线管理的决定》《天津市湿地保护条例》的起草和修订。其中，《关于加强生态保护红线管理的决定》于7月27日通过市人大审议并颁布实施；《天津市湿地保护条例》于11月29日通过市人大审议，于2024年1月1日起施行。

**【行政规范性文件管理和法制审核】** 2023年制定出台行政规范性文件1件，并已报送备案。开展政府规章《天津市城镇私房交易缴纳国有土地使用权出让金办法》及其配套行政规范性文件《天津市国有划拨土地上房屋转让缴纳土地出让金管理办法》的后评估工作，对其实施效果和存在问题进行调查、分析和评估，提出修改建议，为今后规章和行政规范性文件的清理及修改工作提供参考。严格落实合法性审核制度，2023年审核各类文件共88件，其中市政府重大行政决策项目1件、市规划资源局重大行政决策项目1件、市政府和市规划资源局行政规范性文件5件、其他政策文件34件、合同协议36件、权责清单7项，提出意见建议421条。

**【公平竞争】** 进一步推进公平竞争审查工作。一是健全公平竞争制度建设，将公平竞争审查环节纳入重大行政决策程序，进一步保障公平竞争审查机制的贯彻落实。二是召开市规划资源局系统公平竞争工作推动会，部署推进公平竞争各项工作。三是完成公平竞争自查，开展存量政策措施专项清理，清理中未发现与统一市场和公平竞争要求相抵触的情况。扎实做好新增政策措施审查工作，审查中发现存在不符合公平竞争内容的政策文件2件，均已纠正。四是通过书面培训、案例学习、讲座解析等多种形式开展反垄断法和公平竞争政策的宣传教育，强化政策起草部门及审查人员的责任意识。

**【普法依法治理】** 制定2023年度市规划资源局系统法治宣传教育要点，出台市规划资源局系统2023年度普法责任清单，严格落实“谁执法谁普法、谁负责谁普法、谁服务谁普法”的普法责任制，构建了市规划资源局系统大普法格局。严格落实党委（党组）理论学习中心组学法制度，利用支部会、处务会等多种形式开展学法活动。全年组织法治专题培训6次，市规划资源局系统2000余人次参加。组织处级干部赴天津市三中院、天津市一中院旁听职务犯罪庭审，达到“旁听一案，警示一片”的效果。组织市规划资源局系统执法人员学习2023年天津市相关典型案例，发挥典型案例的引领、示范作用。组织编制市规划资源局系统2023年国家工作人员个性学法清单和“个性题库”，按照全覆盖、分岗位、分层次要求，严密组织市规划资源局系统2000余名国家工作人员、执法人员法律知识闭卷考试，高标准完成天津市国家工作人员网上学法用法考法，合格率100%。中国自然资源报、天津政法报3次报道市规划资源局集中考法做法。

充分利用“2・2湿地日”“4・15全民安全教育日”“民法典宣传月”“6・25全国土地日”“8・29测绘法宣传日”“12・4国家宪法宣传日”“自然资源法治教育宣传月”等宣传节点和《行政复议法》《天津市法治宣传条例》颁布时机，组织市规划资源局系统结合实际以不同形式宣传相关法律法规，发放宣传材料。市规划资源局系统举办法治培训30余场次，制作法治宣传展板220余张、横幅100余条，发放宣传册、宣传折页及书籍8万余份，推送法治宣传信息50余条。积极发挥市规划展览馆作为天津市法治宣传教育基地的优势，先后举办习近平法治思想、宪法、民法典、土地法等规划资源领域法律法规专题展览，利用微信公众号等新媒体，线上线下结合，宣传推广各类优秀法治主题宣传产品，开展宣教活动23次，发放普法宣传材料22000余份，发布宣法普法信息40余篇，开展专题法治宣传直播3次，线上受众人数达9万余人次。

**【法律顾问和公职律师工作】** 持续加强法律顾问和公职律师队伍建设。注重吸收法学专家和律师事务所担任外聘法律顾问，充分发挥法律顾问的作用，着力提高依法行政水平。有力推动局机关、区分局及相关单位的公职律师队伍建设，目前全局系统共有公职律师26名。法律顾问和公职律师参与法律法规规章草案起草论证、重大行政决策和行政规范性文件审核、政府信息公开审核、复议诉讼案件咨询、合同审查等法律服务，共计1260余件次。

（于小川）

## 执法监督管理

**【简况】** 2023年，市规划资源局行政执法监督工作始终坚持以习近平新时代中国特色社会主义思想为指导，深入贯彻落实习近平法治思想和习近平生态文明思想，深入推进执法监督相关工作，尽心尽力打造自然资源执法管理工作“闭环”，做好自然资源“卫士”，全面提升自然资源执法管理体系规范化水平。

**【制度建设】** 市规划资源局落实执法领域精细化管理要求，一是制定并印发《规划资源领域轻微违法行为免罚清单（第一版）》，建立市场主体轻微违法容错纠错机制，探索自然资源领域包容审慎监管方式，强化处罚与教育相结合。二是制定《天津市规划和自然资源违法行为立案查处工作规范（2023修订）》，推进执法标准化建设，规范和完善自然资源执法程序，确保在法治轨道上推进自然资源执法体系和执法能力建设。

**【建立警示通报机制】** 市规划资源局建立规划资源执法警示通报工作机制。围绕执法工作中的薄弱环节，全面加强对巡查、行政处罚、平台录入、执法公示、案卷质量、信访举报核查反馈等重点方面的监督，通报监督情况，促进严格规范公正文明执法。全年开展综合情况通报13次。

**【自然资源行政执法案卷评查】** 市规划资源局印发《市规划资源局关于常态化开展2023年度规划和自然资源违法行为立案查处案卷评查工作的通知》，常态化开展案卷评查。组织指导各执法机构每季度开展案卷评查，采取“线下+线上”相结合、案卷评查小组采取分别阅卷、交叉互评的方式，实现案卷评查全覆盖。同时，发挥评查结果促规范利长远的根本作用，围绕评查发现的问题，深入剖析问题根源，提炼总结好的经验做法，全面提升执法效能。

**【执法队伍建设】** 市规划资源局从以下四方面强化执法队伍建设：一是突出抓基层强基础，推动基层自然资源执法队伍建设，健全自然资源执法业务培训机制，将执法队伍业务培训纳入局年度教育培训计划。二是开展行政执法个性化培训，组织各执法机构梳理执法工作问题及困难，深入16个分局开展“一对一”个性化培训，帮助各执法机构解决问题，促进依法依规依程序依标准开展行政执法工作。三是组织执法人员参加培训考试。利用市行政执法监督平台开展培训考试，在册执法人员全部通过培训考试。四是强化安全生产领域执法培训。在全局组织开展重大事故隐患排查整治2023专项行动监管执法人员专题培训工作，560多名监管执法人员参加，进一步压实全系统安全生产和重大事故隐患排查整治责任，提升了监管执法人员发现问题、解决问题的能力。五是强化持证人员管理。严格实行执法人员持证上岗和资格管理制度，定期组织申领和注销执法证件，2023年为37人申领执法证，为177名不再从事执法工作的人员注销执法证，实现“以证管人、动态管理”。截至目前，市规划资源局持证人员共989人。

**【诚信建设】** 2023年，市规划资源局开展联合激励85次，实施“办理建设工程规划许可证时，优先使用承诺制”“提供行政审批绿色通道”“加快办理规划验收”等激励措施。对6家企业实施“在审批中进行从严审核，不予采取承诺制审批”“不允许承诺制办理手续”等联合惩戒措施。

（李　扬）

# 自然资源调查监测

**【自然资源基础调查】** 国土调查深度融合，支撑自然资源管理作用不断凸显。以构建自然资源统一调查监测为主线，强化基础调查监测与专项调查监测的融合，统筹做好国土变更调查、林草湿专项调查、城市国土空间监测、上半年地类监测、日常国土变更等自然资源调查监测工作，全面建立日常国土变更调查机制，推动国土调查成果与自然资源管理工作协同，形成调查与自然资源管理一体推进的共享共用机制，有效支撑耕地和基本农田保护、土地执法、国土空间规划实施监督、城市体检、林业管理等自然资源管理工作。完成2022年全市国土变更调查和上半年地类变化监测工作，成果按期上报自然资源部，并顺利通过国家质量审核。与耕地保护和粮食安全责任制“首考”充分衔接，联合耕保、执法、林业部门部署开展2023年国土变更调查工作。印发《关于建立国土调查日常变更机制的通知》，建立全市日常国土变更调查新机制，持续推动土地调查成果与土地管理工作衔接，形成一个集日常管理、日常执法、变更调查一体推进的数据共享管理体系，有力地提高了土地管理工作水平。国土调查成果共享应用实现制度化、信息化，落实《关于天津市国土调查成果共享应用的有关意见》，畅通全市国土调查成果共享服务渠道，主动共享30多个单位，为全市经济社会发展作出贡献。完成全市国土三调数据库管理系统及共享服务平台建设，实现数据库管理、动态监测（含移动端）、信息核查、在线变更、成果分析、共享服务六大功能，搭建天津市自然资源统一调查监测数据集成共享平台，支撑日常国土变更调查，服务自然资源调查分析工作。

**【自然资源调查监测技术试点】** 完成“自然资源调查监测数据评价指标验证”滨海新区试点工作，为完善国家自然资源调查监测数据评价体系提供了天津经验，工作成果按期上报自然资源部，并得到调查司有关领导的肯定。开展“基于深度学习的耕地种植属性和耕地‘非粮化’智能监测技术研究”项目，建立全市三大主粮的海量样品库和模型库，研发了适合天津的多时序影像耕地作物自动提取算法，着力提升全市耕地种植属性和耕地“非粮化”自动化监测科技水平。“综合多源遥感数据的七里海湿地资源调查与生态状况动态监测”项目建立优势植物群落分类和反演模型，开展大气校正及水体信息提取、水质参数反演及营养化评价等工作，形成天津市湿地动态监测模式。

**【天津市地下水资源调查评价】** 以国务院《地下水管理条例》为指导，构建数据共享机制，分工协同，完成天津市2022年度地下水资源调查评价工作。建立包气带地下水运移监测试验场，提高了采集天津市地下水资源评价参数的精准度，打破水资源评价经验参数的束缚，首次分层计算地下水资源量，为国土空间治理和生态文明建设提供了数据支撑。自然资源部和市政府要情均刊登了天津市创新开展地下水资源调查评价工作的做法。调查权益处先后受邀参加了部调查监测司、中国地质环境监测院关于全国水资源基础调查工作部署的研讨，并参与了《全国水资源基础调查工作方案》的制定工作。

【天津市城市国土空间监测】 推动地理国情监测向城市国土空间监测转换工作。与民政、统计、应急、教育等11个委办局建立数据共享渠道，构建城市国土空间监测工作新机制，采集专题数据7万条。对城区监测范围内住宅、教育、医疗、社会福利等10个目标信息，对全市域范围内高等院校、水网、路网等19个指标进行了补充、更新采集，全面掌握2023年城市变化情况。完成全市12家室外滑雪场专项调查，核实滑雪场专题信息，支撑国土空间规划实施监督、城市体检等工作。2023年天津市城市国土空间监测数据成果通过质量检查，按期上报自然资源部。

【国土变更调查与林草湿调查监测成果融合】 落实自然资源部和国家林业和草原局关于林地地类认定的部署，牵头制定了《天津市森林、草原、湿地调查监测工作中林地地类认定工作分工方案》，统一了标准，明确了内容和责任分工。国土调查、林业调查等多部门联动，开展14.26万个不一致图斑的联合认定工作，推进国土变更调查与林草湿调查监测融合，为林业管理工作提供数据保障。

【自然资源调查监测人才队伍建设】 按照市规划资源局和市总工会"十四五"天津市自然资源调查监测劳动和技能竞赛的部署，成功举办首届自然资源调查监测劳动和技能竞赛，共评选出全国自然资源调查监测劳动和技能竞赛1名先进个人、1家先进集体、1个天津市五一劳动奖状、1名天津市五一劳动奖章获奖者，天津市自然资源调查监测劳动和技能竞赛10名先进个人、5家先进集体。以自然资源调查监测劳动和技能竞赛为契机，在成功举办首届"海河工匠杯"自然资源调查监测职业技能大赛的基础上，积极争取得到市人社局支持，在全市压缩赛事70%的情况下，成功举办第二届"海河工匠杯"自然资源调查监测职业技能竞赛，竞赛产生了3个第一名，36名先进个人、18家先进集体。通过竞赛，实现了全市自然资源调查监测技术队伍全员大练兵，提高了工作技能，提升了自然资源调查监测工作水平，营造了"比学赶超"的学习氛围，激发了广大技术工作者技能报国的工作热情，有力地推动人才队伍建设工作，得到自然资源部在全国自然资源调查监测工作会议上的点名表扬。自然资源部《部内要情》刊登了《天津首届自然资源调查监测职业和技能竞赛成功举办》。

（杨书畅）

## 全民所有自然资源资产所有者权益

【简况】 全民所有自然资源资产所有者权益各方面工作取得较大进展。所有权委托代理机制试点工作圆满完成，成为全国最早完成总结报告的省份；自然资源部在津成功召开全民所有自然资源资产所有权委托代理机制试点总结交流会。全民所有自然资源资产清查工作进一步深化，推动权属争议解决思路和"一张图"建设受到自然资源部权益司高度肯定。全民所有自然资源资产负债表试编工作有序开展；国有自然资源资产报告制度落实有力。推动制定市政府重大行政决策项目《天津市国有建设用地有偿使用规定》。

【全民所有自然资源资产委托代理机制试点工作】 2023年10月完成试点工作，试点总结报告经市政府批准同意后，提前上报自然资源部，成为全国最早完成总结报告的省份。试编资产规划，践行所有者职责取得初步成效；完善并落实自然资源清单，以清单落图推动代理机制落地见效；建立自然资源资产评价考核机制，开展试评价工作；突出重点，推动形成一批理论研究成果。自然资源部认为，天津市试点工作聚焦统一行使所有者职责的关键环节，加强理论研究、制度建设和实践探索，建立全民所有自然资源资产"一张图"，试编资产规划，提出直辖市委托代理履行模式，取得了实实在在的成效，为试点工作贡献了智慧和力量。自然资源部工作简报先后5次刊登天津试点工作情况。

【自然资源部在津成功召开全民所有自然资源资产所有权委托代理机制试点总结交流会】 11月28日至29日，自然资源部在津召开全民所有自然资源资产所有权委托代理机制试点总结交流会。范少军副市长出席会议；自然资源部党组成员、副部长、国家自然资源副总督察刘国洪同志出席会议并讲话，自然资源部田文彪总工程师主持会议，各省、自治区、直辖市及新疆生产建设兵团自然资源主管部门负责同志参加会议。会上，天津市进行了典型经验介绍，自然资源部对于天津市全民所有委托代理机制试点工作给予充分肯定，认为天津市聚焦统一行使所有者职责的关键环节，加强理论研究、制度建设和实践探索，建立全民所有自然资源资产“一张图”，试编资产规划，提出直辖市委托代理履行模式，取得了实实在在的成效，为试点工作贡献了智慧和力量。自然资源部权益司为天津市承办会议特致函感谢，认为本次会议得到了与会各方的高度评价，达到了试点总结、经验交流、成果展示、共同提高的效果，为委托代理机制试点圆满收官、向党中央国务院提交一份丰硕的成果奠定了坚实的基础，自然资源部在全民所有自然资源资产所有权委托代理机制试点工作简报（第27期）进行了专题刊登。

**【加强制度建设，完善用地要素保障】** 推动了市政府重大行政决策项目《天津市国有建设用地有偿使用规定》。文件制定经过广泛调研、充分论证，由市司法局审核把关，经市委、市政府批准，12月8日以市政府名义发文。文件起草充分考虑了章节上的系统性，总则概要，各分则详述，按照适用情形、价款方式、审批权限等逻辑顺序编排，方便土地使用人对号入座。文件突出了扩大土地市场有偿使用范围；明确了市区两级政府用地的审批权限和流程、收回国有建设用地使用权补偿标准，以及出让项目建设用地的使用权出让收益比例；加强市级对作价出资（入股）的管理，明确出资人职责，依法维护所有者权益等。

**【全民所有自然资源资产清查试点工作】** 超前部署，深化全民所有自然资源资产清查工作。印发《天津市做好国土变更调查和资产清查专项核查工作方案》，建立“双查合查”工作模式，组织对全市8.8万个差异图斑开展权属、用途的核实。建立覆盖全市、全要素叠加、分层设立、空间唯一的天津市全民所有自然资源资产“一张图”时空数据库，编绘了“天津市全民所有自然资源资产一张图”专题图。立项开展《自然资源资产三维时空“一张图”数据规范》地方标准建设。结合委托代理机制试点同步开展蓟州区清查试点工作，完成蓟州区全民所有自然资源资产实物量和价值量清查任务，并报部验收合格。

**【国有自然资源资产报告工作】** 充分发挥多部门协作的报告编制机制优势，按期高质量编制完成2022年度国有自然资源资产报告，并顺利通过市人大常委会会议审议。探索定量化反映国有自然资源资产情况。按季度形成国有自然资源资产处置及收益情况报表和产权登记情况报表，定期向市人大常委会报送。积极指导各区做好国有自然资源资产报告工作。

**【全民所有自然资源资产负债表试编工作】** 按照自然资源部要求，完成2022年度全民所有自然资源资产负债表编制工作。初步核算出全民所有土地、矿产、森林、草原、湿地、水、海洋等7类自然资源资产的实物量和价值量，积极探索地热、矿泉水资源实物量和价值量的测算路径，尝试在全口径耕地资源资产质量数据的基础上提取全民所有耕地资源资产质量数据。

（高艳楠）

## 自然资源确权登记

**【简况】** 2023年，天津市自然资源确权登记工作在习近平新时代中国特色社会主义思想的指引下，全面贯彻落实党的二十大精神，坚持以人民为中心的发展思想，坚持守正创新、巩固提升，坚持系统观念、服务大局，以推进新时代统一确权登记事业高质量发展为目标，以不动产登记队伍作风常态化建设为主线，扬优势、补短板、固底板、强基础、抓落实，扎实推进确权登记各项工作，更好发挥“保护权益、保障生态和交易安全、便民利民”的重要作用。

**【自然资源统一确权登记】** 2023年，天津市扎实推进市级自然资源确权登记，继续深入推动永定河故道国家湿地公园等11处重点区域自然资源的确权登记工作，并新启动三河岛等5处市级自然资源地籍调查工作。一是完成潮白新河、北运河、永定河故道国家湿地公园、天津北大港湿地自然保护区、天津大黄堡湿地自然保护区、蓟州区许家台镇新房子大葫芦头建筑碎石用白云岩矿区、天津宝坻潮白河国家湿地公园、天津团泊鸟类自然保护区、五名山建筑石料用灰岩矿区等9处自然资源的地籍调查和验收工作。二是完成潮白新河和潮白河国家湿地公园自然资源确权登记工作，成为全国首批、天津首条完成登簿的河流。三是新启动三河岛等5处市级自然资源地籍调查工作，已初步完成5个登记单元的单元预划、权属资料搜集工作。同时与北京、河北密切沟通，推动北运河京津冀联动确权登记工作。

**【持续优化不动产登记营商环境】** 一是全面试行个人存量房屋线上交易“带押过户”。深化不动产登记和金融服务协同合作，进一步优化营商环境，多部门联合推广个人存量房屋“带押过户”，减少登记环节，压缩登记时限，提升便利化服务水平，同时降低制度性交易成本，提高人民群众获得感、幸福感，助力经济社会发展。2023年，为2000余户群众办理“带押过户”，节约了申请人的成本，降低登记风险。二是开启不动产登记“跨省通办”新篇章。9月15日，与山西共同签署《津晋不动产登记“跨省通办”合作框架协议书》，开启了津晋两地跨省通办；11月29日，北京海淀、天津武清、河北保定三地率先尝试京津冀三地跨省通办；12月27日，与北京、河北、山西、内蒙古共同签署《“京津冀+晋蒙”深化不动产登记“跨省通办”合作框架协议》，实现华北地区“跨省通办”全覆盖。通过稳打稳扎，逐步深化，持续扩大“跨省通办”“朋友圈”，实现不动产登记异地受理、属地办理的“跨省通办”合作模式，在国内打造了合作样本，构建了跨省不动产登记业务“马上办、网上办、就近办、一地办”的快速通道，为区域高质量一体化发展贡献力量。三是在全市推行交地即送证。以公开出让方式获得土地的项目，企业在取得《土地确认书》时，可同步申请取得不动产登记电子证照或实体不动产权证书，为项目早落地提供保障。2023年完成交地即送证项目17宗地。四是在“不动产登记一网通”银行端开通在建工程抵押线上办理功能，实现抵押登记全业务类型线上“一站式”不见面办理，进一步提升在建工程抵押办理效率。五是持续扩大不动产登记与水气热联动过户范围，实现能源集团服务范围内和开发区范围内具备条件的小区不动产登记与供气供热联动过户。六是为推动天津市盘活存量工作，助力经济社会发展，市规划资源局研究出台了《市规划资源局关于印发支持盘活存量建设项目内部分割的管理规定（试行）的通知》，解决企业群众关于内部建筑分割的需求。

**【深入开展涉农不动产登记工作】** 一是完成天津市集体土地所有权登记成果更新汇交工作。按照《关于加快完成集体土地所有权确权登记成果更新汇交的通知》要求，2023年9月底提前完成天津市集体土地所有权登记成果向自然资源部更新汇交工作，本次汇交集体土地所有权宗地数25096宗，面积7132平方千米，涉及变更宗地数3540宗，涉及注销宗地数2497宗。二是完成与农业农村部门、档案主管部门联合发文，有效推动土地承包合同与不动产统一登记衔接。2023年7月5日，市规划资源局与市农业农村委、市档案局联合下发《关于做好不动产统一登记与土地承包合同管理工作有序衔接的通知》，对农村土地承包经营权登记成果资料移交、电子数据整合入库、登记档案信息共享利用、承包合同与不动产登记衔接、规范开展土地承包经营权调查以及健全联系机制等进行全方位部署，在全国率先实现在联合发文阶段即与档案主管部门建立具体登记资料共享使用机制。三是推动宅基地确权登记颁证。2023年3月印发《关于进一步落实〈天津市农村集体土地使用权及其地上房屋确权登记发证工作实施方案〉的通知》，明确了工作任务、完成标准及工作要求，2023年5月印发《市规划资源局关于进一步明确天津市农村集体土地使用权及其地上房屋确权登记发证有关事项的通知》，对各区提出的宅基地发证涉及的与现行规划不符、违法用地整治工作及历史登记数据汇交等难点工作予以明确，指导各区登记工作。

**【推动不动产登记队伍作风常态化建设】** 一是积极开展专项行动。紧扣“党建+不动产登记”结合点，聚焦“不动产登记队伍作风素质提升和作风常态化建设”两个关键点，抓住“典型问题整治和先进典型培树”两个着力点，突出“促进不动产登记队伍作风和素质双改进、大提升”落脚点，全力推进新时代不动产登记作风建设，全面提升不动产登记便民利企服务能力和水平。二是全力开展专项治理。为进一步规范和整顿全市不动产登记领域工作秩序，深刻汲取王伟涉嫌严重违纪职务违法犯罪案件教训，坚决治理不动产登记领域窗口腐败和作风问题，防范职务违法犯罪，开展全市不动产登记领域窗口腐败和作风问题专项治理。三是夯实基础工作。志愿服务：以“学雷锋，满意在登记窗口”为主题，在全市范围开展不动产登记便民利民为民服务活动。签署承诺：按照自然资源部自然资源确权登记局要求，组织全市近1200名登记窗口工作人员签署不动产登记作风常态化建设承诺书。培树典型：推选天津市西青区、津南区不动产调查登记中心工作人员共计2人，作为天津市“最美不动产登记人”推荐至自然资源部登记局。主题党日：在天津现代职业技术学院开展调研服务，并在学院“大思政课”实践教学基地开展党性教育活动。全员统计监测：充分利用自然资源部登记局开发的全国不动产登记人员信息库，自上而下逐级搭建组织构架、创建单位账号并组织全市近1200名登记人员信息填报。技能竞赛：组织开展天津市第二届不动产登记劳动技能竞赛暨首届全国不动产登记技能竞赛选拔赛。大厅“体检”：市规划资源局组织各区在充分自检的基础上，开展全覆盖核查，进一步加强不动产登记各环节管理，规范不动产登记业务流程。全员培训：结合2023年初制定的不动产登记业务培训计划，分两批对全市不动产登记人员开展集中业务培训。通过不断夯实不动产登记队伍作风建设基础，以“补短板弱项，强人员素质”为目标，不断强化岗位练兵，全面促进天津市不动产登记队伍上台阶、上水平。

（樊孝赞）

## 资源开发利用管理

**【简况】** 2023年，自然资源开发利用管理工作对标对表国家和市委、市政府的各项要求，深入贯彻落实市第十二次党代会和市委经济工作会议精神，以实际行动贯彻落实“十项行动”，在京津冀协同发展、港产城融合发展、中心城区城市更新提质改造等工作中发挥政策指导和组织实施作用，推动主题教育工作在实际工作中落实，有力推动天津市经济社会高质量发展。

**【土地供应】** 2023年3月，市政府批准《2023年度国有建设用地供应计划》，全年计划供应各类用地4628公顷。全市实际供应各类用地3778.4公顷，同比减少17.8%，完成供应计划的81.6%。全市实现土地收入791.4亿元，同比增长86%。

**【土地节约集约利用】** 2023年，天津市土地节约集约利用水平继续提升，单位GDP建设用地使用面积持续下降，各级各类产业园区土地集约利用水平逐年向好。34个一类园土地开发率达89.71%，同比增长0.9%，工业用地固定资产投入强度9608.91万元/公顷，同比增长3.73%；工业用地地均税收383.75万元/公顷，同比增长22.61%。105个二类园土地开发率65.44%，高于上轮8.8%；工业用地固定资产投入强度为6467.56万元/公顷，同比增长4.23%；工业用地地均税收为133.58万元/公顷，同比增长31.56%。29家示范园区土地开发率为58.82%，同比增长2.69%；工业用地固定资产投入强度为6178.72万元/公顷，同比增长0.74%；工业用地地均税收为94.99万元/公顷，同比增长22.76%。

滨海新区、河东区、西青区成功获评全国首批自然资源节约集约示范县（市），开展模式、技术、制度和管理四个方面的创新，探索模式机制和制度经验。严格落实“增存挂钩”机制，截至2023年底，天津市已消化“增存挂钩”口径批而未供土地1659.6公顷、闲置土地21宗、205.8公顷。

**【存量建设用地盘活】** 印发《关于盘活存量土地房产有关支持政策的通知》《市规划资源局关于支持天津港集团主导开发建设区域高质量发展有关事项的通知》等一系列文件，从规划、土地、海域、登记等方面提出24条政策，盘活利用土地17宗、土地面积48.7公顷，涉及医疗机构、综合能源站、工业厂房、专用设备制造业、通用设备制造业等产业。加大推进低效用地再开发试点工作力度。天津市成功纳入自然资源部低效用地再开发试点城市。已起草《天津市低效用地再开发试点工作实施方案（征求意见稿）》。

**【集体经营性建设用地入市试点】** 按照国家统一部署，在滨海新区、蓟州区、武清区、静海区等四区范围内开展农村集体经营性建设用地入市试点，重点探索建立土地增值收益合理分配机制等。已完成4宗、面积为15万平方米的农村集体经营性建设用地交易，用途为仓储用地、商服用地、商务用地、工业用地等，实现土地出让金8025万元。

**【土地储备及化债工作】** 按照市委、市政府及市级工作专班的工作部署，已梳理完成全市以土地出让收入为偿还来源的政府债务和隐性债务情况。组织各土地储备机构及土地储备项目实施单位推动土地储备项目实施。截至2023年底，全市储备土地19383公顷，其中已拆平纳入储备库管理土地11446公顷，正在实施征地拆迁土地7937公顷。

**【用地要素服务保障】** 进一步优化用地预审等建设项目审批流程、提升审批效率，打造一流营商环境。保障重大项目按期落地实施。全面保障津兴城际、京滨高铁南段、津潍高铁和滨海西站配套交通枢纽建设，完成京滨高铁南段报部用地预审，津潍高铁、京环线改线工程，津南500KV输变电工程、中芯国际输水干管工程等国家及市级项目用地预审与选址意见书审查、批复工作。

（张振东）

## 规划编制管理

**【天津市国土空间总体规划编制】** 自2022年12月《天津市国土空间总体规划（2021—2035年）》（以下简称《市总规》）由市政府呈报国务院后，2023年，按照自然资源部要求，市规划资源局持续推动修改完善工作。4—6月，陆续收到25个国家部委和2个相邻省市的审查意见。7月，将按照审查意见修改后的《市总规》报送自然资源部。8月，自然资源部组织专家会审查《市总规》。9月，自然资源部庄少勤副部长一行来津调研，市规划资源局汇报了《市总规》有关情况。12月，按照自然资源部专家审查会和庄少勤副部长来津调研的意见，修改后向市政府报告，并同步将修改后成果报送自然资源部。修改过程中，进一步落实京津冀协同发展战略要求，深化区域协同相关内容；坚持目标引领，聚焦高质量发展，强化存量空间有机更新；优化“津城”“滨城”空间格局，深化核心区管控与指引；突出安全韧性，系统完善韧性城市相关内容。

**【推进落实京津冀协同发展走深走实行动】** 2023年市规划资源局坚持以习近平新时代中国特色社会主义思想为指导，认真学习贯彻落实习近平总书记在河北雄安新区考察时的重要讲话精神，落实京津冀党政主要领导座谈会的部署安排。按照市委、市政府“十项行动”要求，印发实施方案，明确责任分工，高效完成走深走实行动方案确定的涉及市规划资源局的12项任务（4项牵头，8项配合）。精准对接引进非首都功能疏解优质资源，完成承接任务额35亿元，完成率100%。实现“京津冀+晋蒙”深化不动产登记合作，实现“跨省通办”。京津冀三地规划协同迈上新台阶，国土空间规划协同专题组成立并召开第一次会议和历史文化名城保护体系交流会，共同开展现代化首都都市圈空间协同规划编制前期工作。持续推动湿地、绿屏、海岸线生态建设和修复。加大用地用海要素保障，力促重大项目顺利开工建设，共计完成53个京津冀走深走实行动重大项目的规划土地审批手续办理。支持临港综合保税区申建和验收运作，获得国务院批复设立。持续推进京津冀地区林业和草原有害生物防控协同联动，从源头上控制林草有害生物在京津冀区域的传播和危害；加强与北京市、河北省接壤区县森林火灾联防联控，共同保障首都地区安全，守护京津冀的绿水青山。

**【推进落实港产城融合发展行动】** 市规划资源局贯彻落实市委、市政府港产城融合发展行动工作部署，印发《市规划资源局党委关于落实港产城融合发展行动的实施方案》，强化组织领导，明确责任分工，扎实推进港产城融合发展行动各项任务在规划资源系统落实落细；高效完成2023年度8方面14项任务，在创新用海政策支撑、强化存量土地盘活利用、谋划特色片区、加强规划引领等方面取得积极成效，助力构建“以港促业兴城、港产城相互赋能”的新格局。

**【区、乡镇级国土空间总体规划编制】** 按照国家关于同步开展各级国土空间总体规划编制，逐级进行审查、报批的工作原则，天津市10个涉农区均完成了区级国土空间总体规划编制工作，并履行完成了区人大审议、公示、征求意见等各项法定程序。经市规划资源局组织审查后，于2023年6月底前如期上报市政府。乡镇级国土空间总体规划工作同步推进，结合上位规划进展深化编制相关办法，各涉农区稳步推进乡镇级国土空间总体规划编制。

**【天津市国土空间专项规划管理工作】** 市规划资源局有序推进全市40余项专项规划的编制工作，2023年推动电力、危化品、无障碍、民政、体育、人防、湿地、生态修复、自然保护地等8项专项规划获批，“十四五”以来已累计推动27项专项规划获批。按照自然资源部工作要求，积极探索专项规划目录清单、规划审核规范化管理工作机制。

**【天津市机动车停车设施专项规划】** 市规划资源局聚焦停车难题，会同市城市管理委从规划布局和空间需求的视角，推动出台《天津市机动车停车设施专项规划（2021—2035年）》，规划至2025年“津城”“滨城”核心区共新增各类路外公共停车位2.25万个，至2035年构建以“配建停车设施为主、公共停车场为辅、路内停车位为补充”的停车供给体系，逐步补齐停车服务短板，2023年11月上报市政府审批。

**【天津市综合交通体系规划】** 为贯彻落实交通强国发展要求，加快天津市交通强市建设目标，市规划资源局积极推动天津市综合交通体系规划深化工作，围绕区域协同、市域融合、城区提质等发展目标，规划提出打造海铁联运大枢纽，建设世界一流智慧绿色枢纽港口；打造滨海机场枢纽，带动临空产业发展；加快形成“轨道上的京津冀”，扩大城市群2小时商务圈覆盖范围；谋划跨界市域轨道、路网，加速融入区域产业链条，促进乡村振兴；引导城区轨道服务升级，完善城市路网和停车设施，提高出行品质，激发城市活力。

**【天津市轨道交通线网规划】** 为更好支撑天津市国土空间发展格局，切实发挥轨道交通对城市发展的引领作用，市规划资源局会同市发展改革委、市交通运输委积极推动天津市轨道交通线网规划深化工作，围绕城市定位、“十项行动”等工作要求，规划提出以干线、城际铁路高效服务区域廊道，广泛覆盖节点城市，扩大2小时商务圈范围；市域轨道强化外围直达中心，依托枢纽互联互通，面向区域塑造1小时都市圈；“津城”城市轨道合理延伸既有线，适度加密核心线网，促进服务业发展，承载人口增量，“滨城”城市轨道构建“中心环+放射”的线网，强化中央活力区带动作用，引导城市更新。

**【市规划委员会办公室秘书处工作】** 2023年市规划委员会办公室秘书处做好天津市规划委员会相关工作，积极发挥协调统筹作用，于3月1日、7月30日、11月24日组织召开三次联络员会议。落实市领导对国务院关于《长三角生态绿色一体化发展示范区国土空间总体规划（2021—2035年）》的批复的批示要求，组织学习借鉴先进地区规划编制经验和上海大都市圈空间协同规划。贯彻习近平总书记关于城市设计和城市更新的讲话精神，落实陈敏尔书记、张工市长专题调研城市设计工作的重要讲话要求，深入推进天津市各区国土空间总体规划编制、城市设计、城市更新和历史建筑保护工作。听取天津城市设计工作介绍，天津工业遗产和文物保护建筑“活化”利用实践介绍。贯彻落实市委、市政府关于盘活存量、培育增量、提高质量的重要要求，围绕聚力实施“十项行动”，推进天津市城市更新功能提升、风貌特色塑造以及历史文化名城保护工作开展交流研讨。

**【政策制定】** 推进实施“制造业高质量发展行动”，持续跟踪产业用地支持政策实施效果。进一步加大《天津市推进产业用地高质量规划利用管理规定》的政策宣传力度，制作了“一图读懂”政策解读材料和动画视频，向16个区发放了专题宣传手册，组织开展政策讲解集中培训，选取典型案例进行分析介绍，对部分园区在用地性质转换、规划指标合理确定以及土地利用相关政策的应用进行了实地解答和指导，注重相关规划和土地管理的协同。鼓励符合条件的项目运用相关支持政策盘活存量，按照规定办理相关手续。截至2023年底，天津市应用规划支持政策审批的项目涉及南开区、河北区、红桥区、西青区、津南区、武清区、滨海新区、宁河区和蓟州区共9个区，共审批产业项目43项。应用土地利用支持政策审批的项目涉及红桥区、东丽区、西青区、津南区、北辰区、武清区、宝坻区、滨海新区和蓟州区共9个区，共审批土地32宗，土地面积共233.2万平方米。

**【街区层面控规】** 落实《中共中央国务院关于建立国土空间规划体系并监督实施的若干意见》提出的“五级三类”规划体系，学习首都副中心和首都核心区街区控规先进理念，进行了详细规划体系改革探索，2023年7月，出台了《天津市控制性详细规划（街区层面）编制指南（试行）》，优化天津特色控规编管体系，指导和规范控制性详细规划（街区层面）的编制工作。

西青区完成街区控规试点编制方案，构建联动衔接国土空间总体规划、专项规划、城市设计及单元控规的有力抓手，充分发挥街区控规上下传导作用，助推南站站产城融合示范区建设。河东区完成街区控规试点编制方案，落实市级国土空间规划要求，充分衔接专项规划，全面评估现行控规实施情况，并与当前河东区开展的城市体检、城市更新等工作统筹结合，助力河东构建高质量发展新格局。

**【海河柳林】** 持续推动海河柳林“设计之都”核心区规划建设。已组织完成设计公园配套驿站建筑设计深化方案、柳林公园慢行桥、滨河慢行桥深化方案的审查，推动该地区地下空间、公共艺术等综合实施方案专篇的编制并组织专家评审，推动柳林公园西侧“小总部”地块规划策划和土地出让工作。

**【课题研究】** 乐龄社区课题研究。按照市规划资源局2023年调研工作计划安排，组织市规划院开展了乐龄社区研究工作。该项课题以提升规划保障为调研宗旨，对服务适老化居住社区涉及区域选址、设施配置等规划需求及探索展开了调查研究。基于已有国内外案例研究基础上，按照大兴调查研究工作的要求，本次乐龄社区研究课题综合运用座谈访谈、随机走访、问卷调查、专家调查、抽样调查、统计分析等方式，以达到掌握实情、问计于群众、问计于实践的目的。充分运用互联网、大数据等现代信息技术开展调查研究，提高本次调研课题的科学性和实效性。为进一步开展好此项调研工作，组织建管处、利用处、西青分局、市规划院等部门赴上海、杭州、嘉兴及海口，以座谈会和实地调研等形式深入学习。通过实地考察、座谈学习等方式借鉴其他城市建设适老化居住社区成功经验，总结学习，探索适合天津市的规划、审批、土地支持对策，形成调研报告，提出了空间、布局、环境几方面要求，提出津城适宜选址区域，并结合河东、西青街区控规进行案例研究促进适老化居住社区建设发展。

**【控规管理】** 首次形成“创新有政策、管理有规定、技术有规程、成果有规范、操作有程序”完整的编管体系，进一步加强了天津市控制性详细规划管理。同时，在总结现有规划管理工作并借鉴国内相关城市规划管理经验的基础上，制定并印发了《天津市控制性详细规划相关政策文件汇编》，内容涵盖了天津市控制性详细规划管理的有关重大支持政策、管理规定、技术标准、成果要求和重点工作程序等，汇编文件已发放200余册，得到局相关处室、各区分局、市规划编研中心等一致好评。

协和医学院天津校区所在单元控制性详细规划编制审批。中国医学科技创新体系核心基地天津基地的建设，是贯彻落实习近平总书记重要指示精神，全面落实京津冀协同发展战略，大幅提升天津市卫生健康质量和服务水平的重要举措。市政府与中国医学科学院北京协和医学院签署《共建中国医学科技创新体系核心基地天津基地合作协议》以来，按照天津基地领导小组的要求，为服务和保障天津基地高标准规划并实施落位，市规划资源局会同相关部门全力组织推动，高质高效完成控制性详细规划编制和报批工作，为协和天津校区落地提供了规划保障。

聚焦“十项行动”，服务重点项目规划。推进实施“京津冀协同发展纵深推进行动”，结合上位总体规划、重点地区城市设计和相关专项规划等相关要求，推动宝坻区京津中关村科技城配套基础设施等项目涉及控规相关工作。推进实施“中心城区更新提升行动”，推动和平区南门外大街商圈北部片区城市更新、南开区西营门片区城市更新等项目涉及控规相关工作。积极推动西青区天津南站地区、天津音乐学院、美术学院新址扩建所涉及单元控规修编工作。

**【控规小程序研究】** 为了更好地掌握在办控规事项的进度，通过信息化手段明确各任务环节，解决时间节点消息不对称导致的控规修改时效问题，结合局“一张图”实施监督系统的建立，市规划资源局启动了控规任务监管（移动版）小程序开发工作，并于2023年正式开展试用，现已得到广泛应用。

（杨　旸　张　华）

## 城市设计和城市更新管理

【简况】 2023年，市规划资源局贯彻党中央、国务院关于加强城市设计工作和实施城市更新行动的决策部署，积极开展城市设计和城市更新规划管理工作，推动项目进展，系统总结经验。

【城市设计管理】 市规划资源局组织编制了《“津城”总体城市设计（2021—2035年）》，开展了公示及征求相关部门意见工作，市领导听取了该方案并原则同意；组织编制了南淀公园及周边地区城市设计和海河两岸慢行体系规划策划方案（依批准后的规划为准）。

【城市更新规划管理】 按照《天津市老旧房屋老旧小区改造提升和城市更新实施方案》《天津市老旧房屋老旧小区改造提升和城市更新规划、土地、调查登记管理实施细则（试行）》的有关要求，市规划资源局组织编制《天津“津城”城市更新规划指引（2023—2027年）》，完成第二次征求市老旧房屋老旧小区改造提升和城市更新工作领导小组（以下简称市领导小组）成员单位意见工作，并按照市领导小组会议要求修改完善（依批准后的规划为准）。

（朱文津）

## 建设项目规划管理

【简况】 2023年，市规划资源局建管处在局党委的领导下，认真贯彻落实中央、市委、市政府的决策部署，按照局重点工作任务，以推动超大城市规划建设高质量发展为目标，推进中西合璧古今交融的城市风貌塑造、有品位有活力的城市空间营造、延续文脉引领未来的项目建设。严格落实国家和天津市工程建设项目审批制度改革方案，积极推进重点规划和重点项目实施，以百姓生产生活需求为切入点，关注民生项目落地，不断强化法治意识，坚持依法行政，切实做好2023年各项工作。

【建筑工程规划许可管理】 2023年，按照国务院推进政府职能转变、深化行政审批改革和优化营商环境的工作部署，探索规划许可扁平化管理模式，进一步完善天津市建筑工程规划许可标准化管理体系。一是印发执行《天津市规划设计导则》（2023年版）。在导则基础上，总结天津多年建筑规划管理实践经验，与天津市国土空间规划、总体城市设计相衔接，从城市天际线、规划布局、空间尺度、建筑高度、体量、形态、风格、色彩、第五立面等方面作为全市建设项目策划方案、建筑工程设计方案、外檐设计和相关规划审批工作的指导性文件。《天津市城市重点区域天际线规划导则》中对重点地区天际线的要求同步纳入了《导则》。二是创新创效无纸化办理建设工程规划许可证。实行“网上申报、网上受理、网上审批”电子证照网上下载的“全程网办+无纸化”建设工程规划许可报建审批新模式，与此同时，规范电子印章、防伪标识等申报材料内容，打通部门之间许可结果共享，极大提升工程建设领域审批效率和服务质量，为项目早落地、早开工、早投产提供更加强有力的保障，以零跑动彰显天津速度。三是鼓励建设工程规划许可证承诺审批，切实提高审批效能。为打造良好营商环境，推动实体经济提质增效，市规划资源局建管处通过业务指导、专项督查、日常监管等工作规范规划资源分局审批行为。

【技术标准研究】 编制《天津市城镇社区公共服务设施规划设计指南》。坚持“创新、协调、绿色、开放、共享的新发展理念”，统筹协调经济、社会和环境效益，采用新理念、新技术、新方法、新手段，促进公共服务设施规划达到高水平，适应新时代要求，实现高品质宜居宜业居住环境。目前已在市规划资源局范围内印发试行。同时，已完成天津市建设项目停车场（库）配建标准研究以及《建设工程（建筑部分）规划放线测量技术报告编制通则》编制工作。

【建筑设计管理】 2023年，深入践行新型居住社区理念，提高新建住宅和社区品质，营造宜居宜业的良好居住环境，持续支持民营经济发展。一是编制住宅多样性空间增值利用规划管理指导意见（第二批）。在2022年对住宅挑空空间、住宅坡屋顶空间、住宅地下室空间及住宅室外专有庭院等四类多样性空间的增值利用新政出台基础上，开展对住宅停车多样性（地上停车楼、架空平台停车和半地下停车）、住宅底层多样化利用、鼓励住宅设置阳台并规范设备平台设置、允许有条件设置露台等方面尝试创新研究，助推房地产市场向着满足人民群众多样化生活需求方向改革创新。二是开展小地块多主体出让模式研究。结合民营经济发展、中小企业发展需求，探索适合天津市的小地块多主体出让模式，从平面控制为主的控规、立面形态控制为主的城市设计导则转换到控制建筑类型和土地权属，通过细分构成城市形态的要素内容，将其纳入智能审批要点，从而探索适合于天津城市形态特色的规划土地管理模式，并在柳林地区小总部商业地块开展实践。三是结合水西公园周边地区新型社区建设，探索存量土地成片出让。以新型居住社区理念为引领，积极推动水西片区中糖地块、D地块等项目规划策划，并结合水西周边条件，与天开园核心区形成联动，互惠互利，有效推动城市更新提升，激发城市活力，打造天津市“创新型活力服务中心、开放型宜居公园社区”。

**【重点项目建设】** 积极落实市委、市政府相关要求，为全面落实深化“放管服”改革和优化营商环境工作部署，积极推进重点规划和重点项目实施，2023年共召开20次建设项目业务案件会审会及重点项目推动会，积极解决分局在项目规划审批中遇到的堵点难点，推动项目落地。积极推动城市更新项目、水西片区项目等做好规划服务。

深入实施国家战略，助力天津机场三期改扩建工程。天津机场综合交通枢纽是联通京沪高铁、多条地铁、航站楼在地下和地上的综合立体换乘交通枢纽中心，是天津市的重要基础设施建设。为推动京津冀机场群协同发展，进一步提高天津机场综合保障能力，完善天津市综合交通运输体系，促进区域经济社会高质量发展。为贯彻落实市政府常务会议工作要求，组织深化机场三期改扩建和综合交通枢纽一体化方案，并报市政府专题会议通过。

**【高品质规划建设天开园】** 为贯彻落实市委、市政府“十项行动”科教兴国、人才强国、创新驱动发展战略，全力打造科技创新高地，高质量、高标准规划建设天开园，按照市委、市政府工作部署，市规划资源局积极开展相关工作。一是配合市科技局编制完成了《天开高教科创园建设规划方案》，经市政府正式印发，作为后续天开高教科创园规划和建设的依据。二是配合完成天开园新闻发布会，并针对天开高教科创园“一核两翼”在空间规划上的特色、亮点进行解答和介绍，圆满完成任务。三是张工市长召开天开高教科创园建设工作领导小组第五次会议，会议原则同意天开园“一核两翼”规划及有关工作情况内容。12月28日，向市政府报请《市规划资源局西青区人民政府津南区人民政府关于报审天开高教科创园“一核两翼”规划设计和核心先导区城市设计的请示》，优化天开高教科创园“一核两翼”规划空间布局，明确发展定位和空间布局，完善科创配套设施和综合交通，盘活存量科创载体，提出更新提升和近、远期实施的建议。

（高岩松）

## 交通与市政工程规划建设管理

**【简况】** 按照中央和市委、市政府的决策部署，聚焦主责主业，贯彻落实京津冀协同发展的相关要求，紧密结合“十项行动”等重点工作任务，探索推动交通市政工程统筹谋划工作，以优化营商环境、完善市政基础设施功能为目标，做好重点交通市政项目规划服务保障。

**【项目统筹谋划】** 一是为落实高质量发展要求，做好地铁实施与沿线地块的统筹谋划与建设，编制完成了《天津市津城轨道交通综合开发近期建设规划》，已报市政府批复。同时，积极推进吴家窑站、下瓦房站、医大二院站、澧水道站等站点上盖方案的策划研究；二是助力天开园高质量规划建设，以航海道（桥）、大学道、南丰路等道路为重点，系统研究了天开园核心区道路交通微循环改造方案，并对航海道（桥）设计方案进行指导和优化。同时，组织编制了卫津河—卫津路功能景观提升一体化策划方案，统筹协调各方建设需求，完善天开园核心区城市功能与景观环境。

【交通市政项目规划管理】 一是全力推进地铁工程规划建设，针对地铁11号线东段工程，加大协调各类规划和土地手续推动力度，区间、车站主体建设工程规划许可证已办理完毕，其他地铁4、7、8等线路的规划土地审批手续也在积极推进中；二是组织研究京滨铁路南段、京津塘高速公路改扩建工程、津维铁路等重点交通工程以及南水北调中线工程静海引江供水工程、新能源电力等市政工程的方案深化工作，并对项目后续规划许可审批进行指导；三是指导、协调推动苑中北路、宁华道、琴韵道等20项民心工程项目的规划许可审批保障工作；四是积极配合有关部门推进“道路交通出行品质提升十项攻坚行动”“地下基础设施普查和管理信息平台建设工作”“天津市城镇燃气安全专项整治工作”“工程建设领域未批先建治理”“5G基础设施建设工作”等专项工作。

【管理机制建设】 一是为进一步提高交通与市政基础设施建设项目规划许可管理标准化、精细化水平，印发了《天津市道路交通与市政基础设施建设项目规划管理技术规程（试行）》，对各类型交通市政项目技术文件编制涉及的技术标准和要求予以明确，使技术管控要求与规划管理内容有机统一；二是为强化对道路竖向数据的动态管理，研究制定了进一步规范道路竖向数据动态管理的有关工作要求；三是坚持建设项目管理会审制度，全年组织召开局级市政规划管理研究例会19次，处级业务案件研究例会23次，确保集体决策的科学性和严谨性。

（王亚轩）

## 村镇规划管理

【简况】 市规划资源局深入贯彻党中央、国务院和市委、市政府关于全面推进乡村振兴、加快建设农业强国的战略部署，统筹推动规划资源领域乡村振兴重点工作，编制完成《天津市村庄布局规划（2021—2035年）》，全市村庄规划编制和审批工作稳步推进，修订并印发村庄规划编制导则。2022年度乡村振兴战略实绩考核中，市规划资源局被评为优秀等级。

【村镇规划编制与实施】 市规划资源局组织编制完成《天津市村庄布局规划（2021—2035年）》，在系统梳理天津市村庄发展现状特征和历史脉络的基础上，形成了具有天津特色的村庄分类体系并提出差异化管控引导，为优化乡村空间布局夯实了基础。持续加强镇区控制性详细规划管理工作，系统梳理镇区控规编制、修改（编）和审批情况，有序推动各区镇区控规报审工作。分类有序推动村庄规划编制工作，乡村振兴示范创建村规划编制工作已基本完成，其他有条件、有需求的村庄规划编制工作也在持续稳步推进。涉及集体经营性建设用地入市、全域土地综合整治等试点示范工作的村庄优先完成规划编制任务，充分发挥了村庄规划在推动乡村振兴战略实施中的引领保障作用。规范乡村建设规划许可管理工作，对于使用集体建设用地建设乡村公共设施、公益事业及乡镇企业的乡村建设项目统一核发乡村建设规划许可证。

【完善工作机制】 根据2023年中央一号文件和市委、市政府实施意见及乡村振兴全面推进行动方案，市规划资源局党委印发了《关于落实〈天津市乡村振兴全面推进行动方案〉2023年重点任务的工作方案》，全面梳理23项涉及规划资源领域的乡村振兴重点任务。修订并印发了《天津市村庄规划编制导则》，细化规划编制和成果要求，加强对村容村貌的规划引导，为各区规划编制工作提供有力技术支撑。

【重要会议与业务培训】 为督促各涉农区完成年度村庄规划编制审批任务，2月、5月和11月组织召开了三次专项工作推动会议，9月市领导召开了全市工作调度会，要求加大组织推动力度，提高规划编制质量，加快工作进度，进一步压实各区规划编制主体责任，取得了显著成效。开展《天津市村庄规划编制导则》培训，对导则进行了全面深入的解读，培训范围涉及十个涉农区分局、全市各乡镇、重点村、规划编制单位约460人。组织各涉农区的用地审批和规划许可审批部门开展乡村建设规划许可管理工作培训，对许可管理办法有关内容进行详细解读，并就实际管理工作中存在的问题进行了交流座谈，提高基层审批管理人员的业务水平。

（田万里　张　弛）

# 资源保护管理

**【土地利用计划管理】** 2023年继续实施计划指标“增存挂钩”制度。一是抓好土地利用计划调控，坚持“项目跟着规划走、要素跟着项目走”，全年通过处置存量建设用地生成计划指标819.05公顷，全年共安排使用375.51公顷。二是出台《市规划资源局关于2023年土地利用计划管理的通知》，以真实有效的项目落地作为配置计划指标的依据。坚持分类保障，对纳入重点保障的项目用地，在用地批准时配置计划指标；对未纳入重点保障的项目用地，以当年处置存量土地规模作为核定计划指标的依据。明确各区“增存挂钩”产生计划指标的40%作为市级指标，由市级统筹使用。其中，5%的计划指标单列，专项用于安排农村一二三产业融合等农业农村发展用地。同时，自然资源部本年度下达天津市基础指标0.46万亩，用于保障市重点社会民生用地需求及奖励滨海新区、西青区、宝坻区、宁河区等完成耕地保护责任的区。三是经市人民政府同意印发了《天津市2023年重大项目用地清单》，以天津市2023年重点建设、重点储备项目清单为基础，结合各区梳理本年度新增建设用地需求，将符合国土空间规划及“三区三线”管控要求，且纳入规划“一张图”的单独选址的能源、交通、水利、军事设施重大项目共计143项纳入清单，用地经审批后由自然资源部配置计划指标。

**【建设用地审批管理】** 2023年，共审批建设项目166个，批准用地933.2公顷（含新增建设用地922.05公顷）。其中，审批授权类建设项目55个，批准用地259.5公顷；市政府审批建设项目111个，批准用地673.7公顷。按照自然资源部最新制定的《土地征收成片开发标准》，制定并出台《天津市土地征收成片开发标准实施细则》，严控成片开发用地增量，提高节约集约用地水平，对成片开发方案严格审批，全年共组织专家评审各区土地征收成片开发方案15个，成片开发范围面积约1199.14公顷，涉及拟征收集体土地面积689.3公顷，开发周期为1—5年。规范征收土地行为，切实维护被征地农村集体经济组织和农民的合法权益，结合天津市经济社会发展实际，对现行区片价执行情况进行了综合评估，并组织各区召开了区片价工作座谈会，根据评估结果和座谈会情况，对现行区片价标准不作调整，予以重新公布，切实维护被征地农村集体经济组织和农民的合法权益。2023年，共征收集体土地740.5公顷，涉及征地补偿费用9.52亿元，安置农业人口9950人，既保障项目用地，又确保社会稳定。加大协调力度，保障重大项目及时落地。积极推动各类急需开工项目、专项债及基金项目用地审查报批，用好用足国家要素保障和市规划资源局“绿色通道”政策，依据开工要求倒排工期，严控时间节点；加强前期介入主动协调，促进后期提速；定期推动与现场服务相结合，疏解堵点难点问题；边组卷边审查，征转审查各环节并联办理，不断提高用地审批质效。天津市在2022年全国建设用地审批“双随机、一公开”检查评比中获得第一名，常务副市长刘桂平、副市长范少军给予充分肯定，彰显了天津市土地管理工作成效。

**【落实耕地保护责任】** 落实耕地保护党政同责。按照国家耕地保护和粮食安全责任考核评分细则和评分方法，组织对10个涉农区2022年度耕地保护责任目标履行情况进行了考核试算，将试算结果报告市政府后反馈各涉农区委、区政府，帮助各区发现问题，补齐短板。配合市发展改革委制定印发对区级党委和政府落实耕地保护考核评分细则和评分方法，组织签订耕地保护和粮食安全责任书，推动压实党委和政府耕地保护主体责任。

**【耕地用途管制】** 严格执行耕地占补平衡制度，2023年审批建设项目涉及占用耕地面积289.57公顷，已全部按照占优补优、占水田补水田、占一补一原则落实占补平衡，保障了104个项目建设占用耕地需求。按照自然资源部部署，组织开展耕地占补平衡专项整治工作，制定天津市专项整治工作方案，细化落实举措，压实责任分工，完成问题排查工作，并推动各区做好整改。认真落实耕地年度进出平衡制度，推动各区组织编制2023年度耕地进出平衡方案，严格控制耕地转为其他农用地及农业设施建设用地。结合2022年度违法占用耕地情况和2023年新发生违法占用耕地情况，冻结北辰区、宁河区、宝坻区、津南区、蓟州区、静海区补充耕地指标87.05亩。

（王　磊）

## 国土空间生态修复

**【国土空间生态修复管理】**　履行重大行政决策程序，经市政府批复并印发《天津市国土空间生态修复规划（2021—2035年）》，统筹全市生态修复工作，同步研究制定《区级国土空间生态修复规划编制技术规程》，指导区级规划编制。联合市发展改革委、市财政局印发《天津市生态系统碳汇能力巩固提升实施方案（2021—2030年）》，高质量组织推动碳达峰碳中和各项任务落地。制定并印发《市规划资源局党委关于落实〈绿色低碳发展行动方案〉2023年重点任务的工作方案》，推动落实“十大行动”之绿色低碳行动。

**【造林绿化管理】**　2023年，天津市农村地区安排营造林计划0.47万亩，经市级检查验收，全市完成营造林0.72万亩，其中新造林0.1万亩，更新造林0.62万亩。天津市深入学习宣传三北精神，持续实施“三北”工程建设，加快推进《天津市“三北”工程总体规划》修编和《天津市“三北”工程六期规划》编制工作，完成重点区域生态保护和修复专项2023年燕山山地生态综合治理封山育林项目7.14万亩。

**【海洋生态修复】**　一是海洋生态修复再获4亿元中央资金支持。二是推动中新天津生态城临海新城北堤生态廊道工程竣工验收，海堤生态化完成3千米。三是推动实施天津滨海新区（汉沽区域）海洋生态保护修复项目，项目主体工程已完工。四是修复项目成功申报典型案例。中新天津生态城南堤滨海步道公园及永定新河入海口左岸滨海湿地修复工程入选8个国际先进典型案例，天津港保税区临港湿地二期修复项目入编2023年自然资源部《国土空间生态修复典型案例集》。五是加强京津冀协同治理互花米草。联合市生态环境局、市水务局印发《天津市互花米草防治实施方案》；推动滨海新区政府和河北省沧州市政府联合签署《关于建立互花米草协作治理工作机制的意见》，联合开展互花米草治理行动；组织开展了全市范围内的互花米草现状调查，编写完成《天津市沿海滩涂外来入侵物种互花米草调查报告》。

**【矿山生态修复】**　一是建章立制，科学规范推动历史遗留矿山修复。印发《市规划资源局关于进一步加强历史遗留废弃矿山生态修复项目监管工作的函》，强化矿山修复监管；印发《天津市历史遗留废弃露天矿山自然恢复技术指南（试行）》，落实中央环保大会精神，正确处理好人工修复和自然修复的关系；督促蓟州区成立矿山生态修复工作领导小组并印发矿山生态修复实施方案，明确责任，强化小组分工，引导科学修复矿山。二是有条不紊按季度开展现场督导。中央环保督察任务中，矿山修复累计开工面积11.24平方千米，推动蓟州区贾庄、小龙扒一期、盘山正门东侧、盘山正门西侧、小米庄矿区及零散采矿用地第一批一期治理项目进场施工。

**【林业有害生物防治管理】**　经总林长批准，印发了市级总林长令《关于进一步加强林业有害生物防治工作的令》。为全面强化林业有害生物联防联治工作，市规划资源局组织开展京津冀协同发展2023年林草有害生物灾害应急防控演练、京津冀林草有害生物防控培训暨联防联治联席会议。完成2023年度美国白蛾、松材线虫病等林业有害生物监测、检疫和防治工作。组织全市各涉农区开展松材线虫病秋季普查，完成松材线虫病五年攻坚行动中期评估工作，并被国家评为攻坚行动先进省级单位。

（庞瑞瑞）

## 地质勘查行业和地质管理

**【地质勘查】**　截至2023年底，全市地质勘查活动企事业单位共59家。地质勘查资金投入情况：2023年全年天津市域范围内地质勘查工作开展项目53项，支出资金4230.61万元。按资金来源区分：中央财政586.75万元，约占总量的13.9%；地方财政3288.82万元，约占总量的77.7%；社会资金

355.04万元，约占总量的8.4%。按资金投向区分：环境地质评价12项，2308.08万元；地质灾害调查评价17项，699.84万元；自然资源综合调查14项，586.58万元；基础地质调查5项，438.15万元；地质科研与技术创新3项，164万元；水文地质调查2项，33.96万元。无矿产勘查类项目。地质资料信息管理情况：2023年天津市地质资料档案汇交共接收成果地质资料107档，其中矿产地质类42档、环境灾害类50档、地质科研类2档、其他类13档。成果地质资料馆藏累计收藏5623种。成果地质资料利用方面，接待到馆借阅43人次，借阅地质资料483份次、利用6070件次，网站点击数约71000次；资料图文数字化情况地质资料总量5623种。

**【地质灾害防治】** 2023年，天津市地质灾害防治工作坚持以习近平总书记关于防灾减灾救灾的系列重要论述和关于自然灾害防治的重要指示批示为指导，按照市委、市政府部署要求，各有关部门和单位主动靠前、团结协作、履职尽责，圆满完成了地质灾害防治工作的各项任务。加强巡查排查，组织专业技术队伍汛期驻扎蓟州一线，20名专业技术人员配合蓟州区92名群测群防员有序开展“三查”工作，全年共出动专业技术人员、群测群防员5182人次，巡查排查各类隐患17693点次；蓟州北部山区16处自动化监测设备对地质灾害隐患点实施24小时监测，实现了对地质灾害隐患的主动预警和实时预警。积极推动治理，指导蓟州区政府高质量完成对受地质灾害隐患威胁的9处12户居民避险移民搬迁工作，提前完成《天津市地质灾害防治规划（2021—2025年）》任务目标，完成4处隐患点的治理工程。强化预报预警，汛前会同市气象局共同编制《天津市2023年度汛期地质灾害气象风险预警实施方案》，入汛后，紧盯雨情水情变化，严格落实每日会商制度，特殊时期加密会商频次，今年累计发布地质灾害气象风险预警信息共计12期。持续提升防治能力，汛前，会同蓟州区政府统筹防灾减灾任务，开展了宣传教育活动5次；组织基层防治工作人员、专业技术人员、群测群防员等开展专业知识培训2次，共计190人参加；指导蓟州区各涉灾乡镇开展常态化临灾避险演练19场，共计724人参加，切实增强基层干部、群众防灾避灾的意识和能力，筑牢防灾减灾救灾的人民防线。持续推进地质灾害防治资质审批，2023年审批通过36家60个地质灾害防治单位资质，目前天津市共有42家71个地质灾害防治单位资质。

**【地面沉降防治】** 2023年，全市地面沉降总体形势持续明显向好。平原区平均年沉降量为4毫米，比2022年减小4毫米，沉降严重区清零，近三年（2021—2023年）天津市平原区平均年沉降量6毫米，沉降严重区面积8平方千米，超额完成《京津冀平原地面沉降综合防治总体规划（2019—2035年）》对天津市提出的阶段性防治目标。制定了《天津市平原区地面沉降综合防治实施方案（2023—2025年）》，制定并实施了2023年度地面沉降防治任务清单，共计五个方面29项任务。科学量化制定“区域平均沉降量、沉降严重区面积和年度地面沉降防治任务清单完成情况”年度考评指标，充分发挥绩效考评的“指挥棒”作用。完成了《2023年度天津市地面沉降综合防治专项》项目，综合运用水准测量、InSAR和GNSS等监测技术，对全部地面沉降区实施综合立体监测。截至2023年底，全市地面沉降监测网共有监测设施1675个，监测网络范围达11000平方千米，印发《2023年度天津市地面沉降监测年报》。

在津南区八里台镇局部地面沉降突发事件发生后，市规划资源局在市委、市政府成立的指挥部统筹调度下，全力配合开展处置工作，事件得到妥善处理，未发生人员伤亡，引发快速地面沉降的风险已消除。

（杜贻清）

## 矿产资源管理

**【简况】** 2023年，天津市全面贯彻党的二十大精神，按照市委、市政府“十项行动”部署，统筹发展和安全，强化地热勘探开采管理，优化能源利用结构，推动地热绿色低碳发展，助力实现“双碳”目标。2023年，天津市共有探矿权60个，采矿权330个，其中：地热采矿权318个，地热流体开采总量4440万立方米，回灌总量为4229万立方米，回灌率95.2%，地热供热总面积4231万平方米；矿泉水采矿权12个，开采总量1.66万立方米。

**【矿产资源规划】** 2023年，市规划资源局组织对《天津市矿产资源规划（2021—2025年）》开展中期评估，总体进展情况较好，有关评估报告书面报送自然资源部。全市统一的规划数据库于2023年9月通过自然资源部组织的质量检查，已顺利完成入库。

**【矿业权出让】** 2023年，天津市组织开展了东46等7个地热矿业权区块公开出让工作，全部成交，成交金额4278万元。组织开展2023年度矿业权出让需求征集工作，研究制定了2023年度第一批出让计划。配合天津市城市管理委员会，研究将“十四五”地热有关目标纳入全市供热专项规划，探索地热联合燃气、热电联产等协同供热。

**【地热高质量发展】** 2023年，天津市持续推进全国地热示范城市建设，定期评估工作进展，不断总结成效亮点，查找问题不足，持续优化升级，努力成为全国地热高质量发展示范引领和城市标杆。编写了《关于天津创建全国地热示范城市工作进展情况的报告》，分别报送自然资源部和天津市政府。2023年8月，《天津市地热资源勘查开发利用战略研究》正式出版发行。

**【制度和标准建设】** 2023年，天津市加强制度和标准建设，研究出台了《市规划资源局关于加强改建地热专用监测井管理有关工作的通知》。按照财政部、自然资源部、国家税务总局矿业权出让收益征收办法有关要求，研究天津市落实意见。修订发布了《中深层换热技术应用规程》等地方标准。完成全国地热合理开发利用“三率”指标研究，相关成果已报自然资源部。

**【培训和服务工作】** 2023年，天津市加强业务培训和宣传交流，采用现场教学、审批业务培训等模式，提升各区分局矿产资源审批和监管水平。助力滨海新区小王庄镇打造“零碳小镇”，2个地热项目已建成并投入使用。5月23日，组织召开天津市地热资源暨第37届科技周专题展。2023中国国际矿业大会召开期间，首次设置“京津冀矿业协同创新发展”专题展。接待山西、西藏、陕西咸阳、河南郑州等地自然资源主管部门，交流研讨地热管理工作经验。2023年，共办理探矿权登记53项，采矿权登记78项，组织审查勘查实施方案22个、开发利用方案7个，组织验收地热井31眼、核验地热利用设施6个。

**【矿产资源储量管理】** 2023年，天津市按自然资源部相关工作部署，落实矿产资源储量统计和储量评审质量监督等工作，完成储量统计年报和非油气矿产资源开发利用统计直报工作。指导天津市地质资料馆开展储量评审工作，完成9个项目的储量备案。全面完成矿产资源国情调查，2月28日通过自然资源部组织的成果数据确认审查，3月11日完成部省共同确认。

**【地热资源回灌保护】** 2023年，天津市持续加大历史形成的地热开采单井回灌治理工作力度，完成了7个补建的回灌井的验收。加强矿产资源管理信息化建设，提升改进了矿产资源开采回灌动态监测系统和监管信息平台，实现了供暖季采矿权计量设施在线率93%。开发了“天津掌上矿管App”，实现了矿产资源手机查询、上传及监管等功能。

**【矿产资源监督管理】** 2023年，天津市强化事中事后监督管理力度，按照自然资源部统一安排，组织全市矿业权人开展了2023年矿业权人勘查开采信息的填报及公示工作。全市应公示探矿权28个、采矿权261个，公示率均为100%。公示结束后，按照“双随机、一公开”要求，组织对其中32个项目（4个探矿权、28个采矿权）进行实地核查。按照自然资源部部署，组织开展2023年矿山地质环境保护和土地复垦“双随机、一公开”监督检查工作，对全市95个采矿权进行了抽查监管。落实审计整改要求，着力破解历史遗留采矿权延续难题，全力以赴推动地热超采治理，成效明显。按照市委、市政府部署要求，开展津南区八里台镇局部地面沉降地质灾害钻井施工调查工作。

（李　波）

## 海洋经济与规划管理

**【海洋规划与经济发展】** 市规划资源局积极推动《天津市海洋经济发展“十四五”规划》落实，

组织召开2023年度海洋经济发展领导小组会议，对规划任务和重点项目进行调度。完成海洋经济“十四五”规划中期评估，报分管市领导审阅同意。动态跟踪天津市海洋经济发展重点项目实施，开展新一轮项目增补，形成重点项目清单并印发实施。推动天津市海岸带保护与利用规划编制，形成阶段性成果。深入研究海岸带地区发展，组织有关单位编制“龙腾渤海，活力海岸”建设行动方案，报分管市领导同意，转滨海新区研究推动。

**【海洋新兴产业】** 积极推进临港海洋经济发展示范区建设，完善制度政策体系，协调推进重点项目落地。推动临港海水淡化与综合利用示范基地、南港先达15万吨海水淡化项目建设实施，定期跟踪海水淡化企业运行情况。推动天津港保税区海洋装备产业主题园区建设，海油工程智能制造基地二期工程正式开工。围绕海洋生物医药产业发展开展专题研究，推动丹娜生物总部基地建设。组织滨海新区做好国家海洋经济创新发展示范城市验收，积极争取后续中央资金1600万元已下拨滨海新区。

**【海洋经济运行】** 持续开展海洋经济运行监测数据采集，完成天津市涉海企业海洋经济数据汇总分析。落实重点企业联系制度，开展涉海企业名录更新。赴涉海单位调研走访，对海洋经济运行情况和发展态势进行分析评估，编制完成2022年度海洋经济统计研究报告、2023年海洋经济运行情况季度分析评估报告。组织相关技术单位，开展2022年度滨海新区海洋生产总值试算工作，完成相关核算报告。

**【海洋经济调查研究与交流合作】** 落实党中央关于大兴调查研究部署要求，与天津银保监局合作，形成以金融促进海洋经济发展的新机制。组织市有关部门，赴深之蓝、丹娜生物等重点涉海企业走访调研，精准谋划产业发展思路，进一步提升产业发展水平。加强与中国科学院烟台海岸带研究所、青岛西海岸新区海洋发展委员会等外埠涉海单位对接，协同推动海岸带生态保护和海洋经济高质量发展。

加强对海洋经济发展有关问题的研究。受市委、市政府相关部门委托，组织对天津市海洋经济发展瓶颈问题、未来发展对策以及日本核废水排海等热点问题进行研究，先后撰写《天津市深入推进海洋经济高质量发展做强“蓝色引擎”仍需破解两方面瓶颈》《关于我市海洋经济发展情况及对策建议的报告》和《关于日本核污染排放对我市海洋的影响》专题文稿，在津政信息、党政信息等刊物上刊登。

组织天津市涉海企业，参加2023中国海洋经济博览会、东亚海洋博览会和厦门海洋科技成果洽谈会，进一步扩大天津市涉海企业的影响力。

（陶　钢）

## 海域管理与预警监测

**【坚持规划引领】** 优化海洋空间格局，组织编制《天津市海洋空间规划（天津市海域海岛保护利用规划）（2021—2035年）》，形成最终成果并纳入国土空间规划。规划大幅增加海洋生态空间，进一步优化开发利用格局，调整游憩用海布局，合理划定生活岸线。优化海岸线保护布局，在充分利用海岸线修测成果的基础上，组织开展《海岸线保护与利用规划》修订，合理优化生产岸线、生活岸线功能布局，探索推进海堤岸线上下两层复合式利用，拓宽公众观光旅游、休闲娱乐视野，预留出海通道。启动重点海域详细规划编制研究，深入挖掘国土空间规划、海洋空间规划成果待细化且尚未明确的内容，明确天津市重点海域可以进一步划定的功能区类型，现已形成阶段成果。

**【加强海域精细化管理】** 强化海岸线保护，对海岸线实施分类管理、分段保护，天津市自然岸线保有量未低于18千米的管控要求。坚决落实党中央、国务院关于严格管控围填海的要求，除国家重大战略项目外禁止围填海，2023年天津市未新增审批任何围填海项目。加强政策研究，探索海域资源市场化配置改革，编制《天津市海域使用权招标拍卖挂牌出让管理暂行办法》。研究完善海域使用管理制度，组织开展海域立体分层设权研究，《天津市规划和自然资源局关于推进海域使用权立体分层设权的通知》形成阶段性成果，为2024年出台政策文件奠定基础。

**【做好用海服务保障】** 积极落实《自然资源部关

于进一步做好用地用海要素保障的通知》要求，会同业务处出台《市规划资源局关于贯彻落实国家要求进一步做好我市用地用海要素保障的通知》，进一步加大力度优化用海审批，推动已填成陆的历史遗留问题区域内绿地、水域项目备案，印发《天津市历史遗留问题围填海区域用海备案服务指南》，全力做好用海要素保障工作。加快围填海历史遗留问题处置，组织滨海新区政府编制《滨海新区“未批已填”类围填海历史遗留问题处理方案审查补充说明事项》，经市政府审查后报自然资源部，推动天津市“未批已填”类历史围填海图斑全备案。推动“已批未填”历史围填海图斑处置，完成3个“已批准但尚未完成围填海项目”生态评估报告和生态修复方案专家论证工作。在以上工作基础上加强重大项目用海，与自然资源部沟通协调，充分保障了天津方通临港装备制造基地一期配套码头工程、三峡天津南港海上风电示范项目、天津临港综合保税区起步区工程等重大项目用海审批。2023年，共办理海域使用审核63宗，审核用海面积约984公顷，消化围填海历史遗留存量253公顷，征缴海域使用金4.1亿元。

**【推进围填海生态修复】** 按照围填海历史遗留问题区域生态修复工程实施计划，扎实推进生态修复项目建设，完成中新生态城临海新城东堤路西侧公园15公顷生态绿道建设项目，推动中港池北部岸线二期生态廊道3.2千米段、南湾滨水区景观建设、临港北区生态绿道等3项工程实施建设，推动南港工业区东部生态廊道、生态城人工岛环岛绿地等13项工程启动项目前期准备工作，实施5批次增殖放流。按照《市规划资源局深入打好污染防治攻坚战2023年工作实施计划》，完成深入打好渤海综合治理攻坚战19项重点工程年度目标任务。

**【加强海洋观测预报预警】** 聚焦海洋观测预报减灾与海洋生态预警监测两大业务，编制印发《2023年天津市海洋预警监测工作方案》，持续做好海洋预警监测工作。充分发挥海洋预警预报先导作用，定期开展海洋灾害趋势预测分析，印发《2023年度天津市海洋灾害趋势预测意见及应对建议》，形成趋势预测意见12期。常态化做好海洋环境基础预报和精细化预报服务。持续做好风暴潮、海浪观测监测，加强应急会商研判，做好应急值班值守，及时向市海洋灾害应急指挥部成员单位、有关部门、涉海相关单位及社会公众发布海洋预警信息30期，为防范应对海洋灾害提供有力的技术支撑保障和科学决策依据。推进新一轮天津市沿海警戒潮位核定工作，目前已基本形成相关技术成果，组织开展该项目专家评审，下一步按照有关程序提交技术审查。

**【提升海洋防灾减灾能力】** 注重汛期海洋防灾减灾工作，提早部署安排，印发《市规划资源局关于做好2023年海洋灾害防御汛前准备工作的通知》《市规划资源局关于做好2023年汛期海洋防灾减灾工作的通知》，组织开展汛前海洋灾害防御技术检查，主汛期赴市海洋环境监测预报中心开展实地检查调研指导。“5·12全国防灾减灾日”宣传周期间，采取“线上+线下”相结合方式，广泛开展海洋防灾减灾科普宣教活动。积极拓展预警报发布渠道，每日在滨海融媒体平台刊播海洋预报的基础上，新增天津海洋预报节目在抖音平台的同步播报，进一步深化海洋预警预报与防灾减灾宣传效果。先后组织开展2023年海洋灾害预警报应急演练和赤潮灾害应急监测海上联合演练，进一步检验应急期间各部门快速响应和密切协作能力。

**【有力保障天津市安全度汛】** 防洪应急响应期间，面对台风、冷空气、风暴潮和汛情多重风险叠加形势，组织市海洋环境监测预报中心密切关注天气动态和风暴潮、海浪情况，加强应急值班值守与联合会商，严密观测监测，多渠道科学发布海洋预警信息。海河流域永定河干支流、大清河等多条河流发生超警以上洪水期间，高潮位的顶托作用将严重影响防洪卸涝，作为洪水下泄入海的“最后一关”，海洋预警监测技术人员持续关注海况，密切监测潮位并报送潮位信息，向市海洋灾害应急指挥部各成员单位提供海洋灾害形势预测意见5期，联合天津市气象台、天津海洋中心气象台形成《专题服务报告——气象和海洋潮位信息及风雨预报》3期，全力以赴为海河“23·7”流域性特大洪水排涝、泄洪做好技术支撑服务保障。

**【完善海洋生态预警监测体系】** 积极完善海洋生态预警监测体系，科学优化监测站点布局，实施7大类海洋生态预警监测任务。组织开展近海生态趋势性调查监测、近海典型生态系统现状调查、近海典型生态系统预警监测、海洋生态保护红线区和自然保护地监测、京津冀区域协同监测、海洋生态分类分区以及海水入侵监测等工作任务。重点开展赤潮、绿潮等海洋生态灾害早期预警监测和应急监测，组织开展赤潮应急监测21次，出动40余人次，印发《天津近岸海域赤潮监视监测通报》14期。根据自然资源部工作部署要求，启动天津市生态海岸带评价工作，参照《生态海岸带年度试评价工作方案编制指南》，结合天津市实际，组织编制《天津市生态海岸带评价方案》并通过专家评审，下一步将按照国家要求开展试评价工作。

（陈　宁　丁小满）

## 测绘管理

**【稳步推进实景三维天津建设工作】** 2023年，实景三维天津建设纳入天津市基础测绘“十四五”规划，实现高位推动。编制《实景三维天津建设实施方案（2023—2025年）》，指导天津市实景三维建设工作。完成地形级实景三维全市域DOM数据获取、城市级实景三维500平方千米倾斜摄影数据外业获取及400平方千米三维模型制作工作，为数字天津、数字政府和数字经济提供三维空间定位框架和分析基础。

**【夯实时空信息定位基础】** 2023年，完成天津市卫星导航定位基准服务系统兼容北斗3号升级改造工作，全面支持北斗3号信号的接收和处理，提供以北斗3号为核心，同时兼容其他GNSS系统的时空基准服务，为经济社会发展和自然资源管理工作提供安全高效的时空基准服务。组织开展全市测量标志普查工作，全面摸清并掌握全市域现有1583个测量标志现状，更新完善测量标志建设使用、巡查维护、拆迁拆除等信息，按部统一要求确保年底前完成普查数据的汇交上报工作。

**【持续开展基础测绘成果更新维护】** 2023年，落实基础测绘成果更新维护机制，完成天津市1∶2000地形图数据更新维护和全市域0.2米高分辨率航空遥感影像数据获取及DOM制作工作，进一步丰富了基础地理信息产品，增强了成果数据的现势性和精细化水平，为地形级实景三维建设提供数据支撑。

**【为政府管理提供基础地理信息保障】** 2023年，全年为应急、水务、住建等部门及局内各处室提供基础测绘成果23800余幅，协助纪检、公安、法院等部门提供历史航拍图等测绘地理信息资料240余幅，有力支撑了政府管理决策。积极落实“军民融合”各项工作要求，为加强国防建设、实施强军战略提供服务保障。

**【提升应急测绘保障服务能力】** 2023年，加强应急测绘保障能力建设，组建应急测绘保障队伍，编制应急测绘保障工作预案，定期进行专业培训，加强部门协同联动，与海域灾害监测预警、防汛抗洪等专业领域相结合开展贴近实战的专业演练。在夏季防汛工作中主动提供应急测绘保障服务，建立防汛应急响应机制，积极参与并全力保障海河“23・7”流域性特大洪水抗洪抢险工作。

**【提升地理信息公共服务能力】** 2023年，依托新一代地理信息公共服务平台（天地图），持续做好“天地图・天津”数据的更新维护工作，发布基础测绘成果目录及专题信息，扩大基础地理信息和自然资源专题地理信息开放力度，不断提升在线地理信息公共服务能力。在年度测绘法宣传日期间上线发布市内六区文化旅游图，为社会大众提供便民信息服务、地图知识服务和城市文化服务，以公益性地图展示宣传天津市文化旅游资源，赋能天津市旅游经济发展。

**【助力京津冀协同发展走深走实】** 2023年，与北京规划和自然资源委员会、河北省自然资源厅共同签署了《京津冀测绘地理信息协同发展战略合作协议》，共同开展京津冀协同发展系列地图编制、应急测绘保障、测绘地理信息数据共享和现代测绘基准体系建设、深化营商环境改革、激活测绘地理信息数据要素潜能与市场监管等全方位合作，为京津冀协同发展走深走实提供测绘地理信息支撑。

**【加强测绘行业安全生产管理】** 2023年，认真贯彻落实国务院安全生产15条硬措施以及天津市50条具体措施，切实肩负起“管行业必须管安全”的职责，在重要节日、重大活动前夕下发安全生产提醒，提示测绘单位持续做好安全生产工作。6月，组织开展测绘行业重大事故隐患排查整治专项行动，共抽查测绘单位45家，针对检查发现的问题隐患，督促测绘单位限期完成整改。截至2024年3月底，涉及的测绘单位均已全部整改到位。

**【强化测绘地理信息安全监管】** 2023年，为落实自然资源部关于测绘地理信息安全保密监督检查工作的部署，切实维护测绘地理信息行业信息安全，市规划资源局与市委保密办联合开展了2023年度测绘地理信息安全保密检查工作，对天津市测绘院有限公司、天津勘察设计院集团有限公司等四家单位的安全保密管理制度、涉密存储介质、国家秘密的地理信息的获取、持有、提供、利用情况等进行现场检查，为地理信息安全扎紧织密“安全网”、筑牢“安全堤”。

**【筑牢国家版图安全】** 2023年，组织开展全市“问题地图”监督检查工作，持续健全联合监管、双随机抽查、互联网地图平台技术监管等机制，进一步规范了地图市场秩序，确保天津市地图市场规范有序。协助海关、市场监管等部门办理“问题地图”查处工作3项。通过提前介入、现场排查等方式，为世界智能大会、矿业大会等重要展会提供地图服务保障。

**【持续落实优化营商环境各项举措】** 2023年，动态调整优化基础测绘成果提供、地图审核等政务服务事项操作规程，深入整合业务流程，持续推动数字化政务服务建设。继续贯彻自然资源部关于测绘资质“严起来、实起来”的市场准入总体要求，在申报材料“真实性、有效性”上下功夫，结合主题教育关于大兴调查研究工作要求，采取官网查询、函调材料、现场核验、电话核实、本人信息核对、三方机构技术审查、前置服务、会商会办等方式，尽可能保障材料“真实有效”。

**【积极推进测绘地理信息法制建设】** 2023年，组织开展以“规范使用地图一点都不能错”为主题的年度测绘法宣传日活动，创新活动形式，注重宣传实效，以测绘法宣传日为契机，开展贯彻落实测绘法律、法规相关工作。将《天津市测绘管理条例》修订工作列入天津市2023—2027年立法规划，推动完善测绘地理信息管理相关法制建设，为天津市测绘地理信息发展提供坚实的法规支撑。

（王晓欢）

## 地名管理

**【标准地名图录典志编纂等成果转化】** 编纂完善《中华人民共和国标准地名词典》（天津）《中华人民共和国标准地名志》（天津）。编印出版《天津市地名词典》。

**【国家地名信息库地名信息核实完善】** 更新国家地名信息库相关信息，审校完善各类地名信息1000余条。

**【完成“深化乡村地名服务点亮美好家园”试点】** 调查采集各类地名信息3021条；数据处理上图1088块；地名命名设标31个；乡村特色资源宣传推广4次。组织推动开展“乡村著名行动”，印发《天津市“乡村著名行动”实施方案》，开展人员培训。

（王晓欢）

## 网络安全与信息化

**【简况】** 2023年，市规划资源局坚持以习近平新时代中国特色社会主义思想特别是习近平总书记关于网络强国的重要思想为指导，认真贯彻党的二十大精神和市第十二次党代会精神，严格落实市委网信委工作部署和市委网信办工作要求。在局党委的正确领导下，坚持把牢方向、管好阵地、建强队伍、防范风险，持续推进市规划资源局的网络安全和信息化工作，更好地服务推动高质量发展“十项行动”。

**【网络意识形态】** 本年度持续学习习近平总书记关于网络安全和信息化的重要论述和指示批示精神，着力贯彻落实天津市网信工作会议精神，进一步明确网信工作发展方向。加强统筹协调，不断完善宣传引导、舆情应对、管网治网等工作机制。对局属单位开展网络意识形态和网络生态治理专项督查，做到有部署、有检查、有督导，层层压实工作责任。加强队伍建设，印发市规划资源局网络监督员管理办法，组织完成2023年全局网评员更新工作，并加强业务培训，将“三支骨干队伍”培训列入局年度培训计划。健全局系统网络意识形态风险隐患排查机制，强化常态化排查网上风险隐患工作，按月组织局系统各部门各单位开展风险排查工作，并针对排查隐患制定行之有效的防范措施，建立排查处置台账。

**【网络舆情】** 健全局系统一体化网络应急指挥体系，完善舆情研判、联动协处的工作流程。严格落实《市规划资源局网络舆情管理办法》等相关应急机制。充分发挥舆情监测系统作用，通过网络舆情日报、月报、季报及时对舆情进行分析汇总，促进线下工作，实现风险隐患早发现、早处置。针对全国两会等重要时间段制定专门预案，加强关键时间段24小时值班值守，做到风险排查到位。印发局2023网络生态治理专项行动方案，按照市委网信办要求组织各单位开展专项整治，强化网上舆论引导和舆情调控管控。深入实施网络舆情“瞭望哨”工程，将网络生态治理责任传导到基层末梢。

**【网络安全和数据安全】** 认真贯彻习近平总书记关于网络安全和数据安全工作的重要指示精神，贯彻落实党中央、自然资源部和市委决策部署。组织开展局系统网络安全宣传教育和培训，将网络安全宣传周活动纳入重要工作。以保护业务数据和信息系统为核心，严格按照等级保护规范要求，落实网络安全提升方案，开展关键信息基础设施等级保护测评等重要网络安全工作，圆满完成重要时间节点网络安全保障工作。加强技术应用，规范终端入网准入要求，推进重点领域国产替代。建立健全网络和数据安全应急体系，印发《天津市规划和自然资源局网络数据安全事件应急预案》，做好重要时间节点网络安全保障工作。

**【数据共享开放】** 推进数据分类分级，印发市规划资源局实施方案，摸清数据底数，开展数据标准分析。深化数据开放共享，按照计划对包括行政许可、行政检查、行政处罚、行政确认、行政征收、其他类别等职权类别共计105项事项进行了共享开放。目前已共享政务信息数据99项，开放政务数据80项，向天津市政务信息共享平台推送数据约15万条，向信用信息共享平台推送数据约7.8万条。征集局内数据需求，开展针对性调研，组织调研协调会7场，通过国土空间信息平台实现线上数据共享130项、线下数据定制共享129项，有效推动局内数据共享应用。每季度发布《关于2023年季度信用数据报送情况及做好季度信用数据报送工作的通知》，对上一季度数据报送情况进行分析，做好下一季度提示。

**【数据管理统筹】** 实施数据全生命周期安全管理。对数据的产生、传输、存储、使用、共享、销毁等实行全生命周期安全管理，提高数据安全防护能力和个人隐私保护力度。严格执行数据处理和使用审批流程，按照“知所必须，最小授权”的原则划分数据访问权限，加强对数据共享环节的安全控制，有效预防未经审批、不受控制的数据共享行为。落实数据安全权限，明确各级权限范围。

**【国土空间基础信息平台】** 建设完成天津市国土空间基础信息平台。平台汇集了现状、规划、管理、社会经济四大类34小类132项专题数据，内容涵盖土地、规划、矿产、林业、地质、海洋等行业，为国土空间规划编制、业务审批、国土空间开发利用监测监管等提供技术支撑，提升了自然资源数据的共享应用水平和统一管理能力。最大限度挖掘自然资源数据潜力，从数据服务广度、数据使用深度提升平台服务能力，加快建立“用数据说话、用数据决策、用数据管理、用数据创新”的管理新机制。国土空间基础信息平台二期工程已经上线运行，进一步完善了综合监测分析、三维数据可视化分析、数据资源管理等方面的能力。

**【国土空间规划“一张图”实施监督系统】** 建设完成天津市国土空间规划“一张图”实施监督系统，为国土空间规划编制、审批、修改和实施监督的全周期管理提供信息化支撑，包含“一张图”应用、规划分析评价、规划成果审查与管理、监测评估预警、资源环境承载能力监测预警、指标模型管理、系统运维管理七个功能模块。国土空间规划

“一张图”实施监督系统二期工程也已上线运行，进一步完善优化系统功能，主要包括全流程监管功能、规划数据质检功能、规划审查功能等，为各专业规划的实施监管工作提供技术支撑。

**【信息化建设】** 按照市网信办和市大数据管理中心的统一安排，不断推动市规划资源局政务信息化建设工作，共分四次向市大数据管理中心申报12个项目的项目建设需求，向市网信办直接申请政务信息化项目评审11项，其中包括天津市“一地一码”协同服务平台项目、国土空间用途管制监管系统（一期）、天津市“一张蓝图、多规合一”综合管理平台升级改造项目、“一张图”系统功能升级改造项目等。

（冯兆成）

## 证后管理

**【管理机制】** 有序开展“双随机、一公开”监管工作，不断完善抽查事项清单。制定《规划和自然资源部门随机抽查事项清单》（2023年版），包含对从事测绘活动单位的行政检查、地质灾害防治资质单位管理等17项抽查事项，覆盖市区两级部门监管职责，相关检查计划、抽查对象、检查人员、检查结果等均按要求进行公示。

**【建设项目施工过程“双随机、一公开”检查】** 全面落实国家关于进一步加强事中事后监管的有关意见，对全市已核发《建设工程规划许可证》的在建项目采取“双随机、一公开”方式开展过程检查工作，全年组织开展12期，涉及项目60个，检查结果均已公开。

（李　扬）

## 森林资源与野生动植物保护管理

**【简况】** 2023年，天津市森林资源管理和野生动植物保护工作深入贯彻习近平生态文明思想和全国生态环境保护大会精神，牢固树立和践行绿水青山就是金山银山的理念，坚定不移走生态优先、绿色发展之路，以高品质生态环境支撑高质量发展，加快推进人与自然和谐共生的现代化。

**【加强野生动物保护宣传】** 成功举办京津冀晋“世界野生动植物日”联合宣传暨天津滨海观鸟文化节活动，组织召开京津冀鸟类等野生动物联合保护工作协调小组会议和京津冀野生动物保护联合培训活动。与吉林省林草局、宁河区政府在七里海湿地国家级自然保护区，联合举办了救助候鸟放归活动。联合市规划展览馆制作了天津市野生动植物保护宣传片，举办了天津市野生动物保护演讲比赛。联合市教委共同举办了大熊猫科普直播活动。充分发挥各地、各部门协同优势，形成宣传合力，打造层层推进、重点突出的正面宣传态势。

**【野生动物保护管理】** 一是开展联合打击行动形成震慑。以市野生动物保护工作领导小组办公室名义印发《开展天津市“2023清风行动”的通知》，自2023年3月16日起至2023年6月14日，在全市范围内开展代号为“2023清风行动”的打击破坏野生动物资源违法犯罪联合行动。全市共出动执法人员约3.5万人次，检查重点场所约3万处，查办案件60起，打击处理犯罪人员63人，收缴野生动物487只（头）、野生动物制品140件，取得显著成效。二是制定相关政策法规规范管理。通过了《天津市野生动物保护条例》立法论证，制定出台了《天津市野生动物致害补偿管理办法》，发布了《天津市重点保护野生植物名录》，强化立法保障，让野生动物保护有法可依。三是充分发挥“政府+民间”保护机制作用。广泛动员和组织志愿者参与护飞行动，圆满完成全年候鸟护飞任务，实现过境候鸟零异常死亡、零负面舆情的历史性目标。

**【持续推深做实林长制】** 为贯彻落实市委、市政府主要领导同志关于林长制的指示批示精神，2023年天津市以林长制和森林资源督查考核通报整改为抓手，不断健全完善工作机制，狠抓督查整改落实，筑牢筑实工作基础，扎实推进林长制各项重点任务。一是高度重视，高位推动。2023年市总林长会议成功召开，报请市总林长签发2个总林长令，副总林长两次召开林业会议，全市16个区共召开总林长会议29次。2023年新一届市委、市政府领导班子产生后，立即调整了市级林长对口联系点，明确市级林长责任区，四级林长累计巡林35.5万次，形成“周报要情、月报巡林、季报总结”督查模式，完成国家林长制考核和森林督查通报问题全部整改工作。二是建立健全制度体系。市林长办印发《天津市总林长令发布制度》等7项林长制配套制度，会同市人民法院、检察院、公安局等多部门实施天津市《关于全面推进“林长+”工作机制的意见》，印发《天津市林长办关于建立林长制督查工作机制的通知》等，建立林长制社会监督机制，组建专家智库平台。三是完成林长制督查考核。局领导多次召开专题会议推动考核工作，共计召开例会26次、基层调研20次、征求意见5轮，印发《市林长办关于开展林长制义务监督工作的通知》《关于2022年区级林长制实施情况督察评估结果的通报》《2023年天津市林长制督查考核工作方案》，完成区级督查考核，及时提交国家考核资料。四是强化运行支撑保障。加大宣传培训力度，7月开设天津市“林长办工作要情”市规划资源局微信公众号专栏，全年发布信息24期。向国家林草局和市政府报送林草政务信息7篇，发布《天津市推进林长制工作简报》30期，开展林草资源专题培训15场。完成智慧林长平台建设，提高信息化水平。以林长制为抓手，推动各区严格落实国土绿化、有害生物防治、候鸟保护、森林防火、古树名木保护等方面属地职责，统筹推进森林资源和野生动物保护工作。

**【市级种质资源库建设】** 为加强天津市林草种质资源库建设和管理，保护好林草种质资源，根据《中华人民共和国种子法》《天津市实施〈中华人民共和国种子法〉办法》和国家林业和草原局《林木种质资源管理办法》等有关规定，市规划资源局研究制定了《天津市林草种质资源库管理办法》，于2024年1月1日起实施。

**【种质资源普查】** 按照《中华人民共和国种子法》《国家林草局〈第一次全国林草种质资源普查与收集总体方案〉的通知》和《国家林草局〈林木种质资源普查技术规程〉》，天津市结合实际制定《天津市林草种质资源普查与收集工作方案》，利用三年时间，全面摸清天津市资源本底。查清全市乔木、灌木、竹类、藤本、草本的种类、数量、分布、生长情况及生长环境；调查树种种类的变异类型、来源、经济性状、抗逆性、保存状况等；建立天津市林草种质资源数据库，实现林草种质资源科学有效保护和合理利用，促进天津市现代林草业发展和现代文明建设。2023年圆满完成了天津市种质资源普查与收集外业工作，共记录数据8.2万条，制作标本9540份，采集植物DNA2399份，记录优良单株117条，采集上交林草种子200余份，累计发现40个天津市新记录植物，国家二级野生保护植物5个。

**【林权交易情况】** 目前，天津市在全国省级层面率先建成“市—区—镇（街）—村”四位一体林权流转交易市场服务体系，按照“统一规则制度，统一交易系统，统一信息发布，统一交易鉴证，统一服务标准，统一监督管理”的“六统一”开发了林权流转交易信息系统。将集体林地经营权和林木所有权、使用权的流转交易纳入林权流转交易系统；开设林产品交易专区，将干鲜果品、木本油料、调料饮料、林下蔬菜畜禽产品、花卉苗木等林产品的大宗交易纳入系统；开设碳排放权交易专区，将林业碳汇交易纳入林权流转交易系统，探索推进排污权有偿使用和交易，探索建立用能权交易机制。2023年全市场林权流转交易622笔，总成交金额20.73亿元。

**【森林资源概况】** 根据2022年林草生态综合监测成果，天津市森林覆盖率13.12%，森林蓄积520.23万立方米，森林面积15.77万公顷。2023年天津市国家级公益林面积12.42万亩，市级公益林面积5.57万亩。全年共审批建设项目永久使用林地169项，面积253.9504公顷；审批临时使用林地65项，面积210.3507公顷；收缴植被恢复费4401.2232万元。

**【涉林案件查处整改】** 组织召开整改推动专题会议，推动天津市2022年涉林案件查处整改，进一步加强对各区督导检查，推动相关工作落实。2022年涉林案件均已查处整改到位。通过行政管理处室、执法部门、技术支撑单位三方面形成工作合力，案件查处整改工作取得了实实在在的成效。

**【2023年森林督查工作】** 组织召开2023年森林督查第一期违法图斑内业分析研判暨违法案件整改

工作部署会议，对2023年森林督查第一期国家林草局下发图斑进行逐条划分类别、分析研判，疑似图斑内业核实率达到100%。为把森林督查作为年度森林资源管理的中心工作抓实、抓好、抓到位，打下了坚实基础。

**【京津冀晋林草资源动态监督图斑核实】** 开展“京津冀晋林草资源动态监督”系统平台图斑信息反馈工作，明确属地、属事责任单位，严格按照系统填报标准，率先完成核实任务。完成所有下发图斑核实工作，共计4个期次、1086个图斑、1414.5162公顷判读面积。实现了对破坏林草资源违法行为的及时预警、迅速响应、快速处置。

**【林地保护利用规划纲要编制】** 积极和国家林草局资源司沟通，针对天津市多为平原地区，增加林地空间有限，既要坚守林地保有量，又要坚守耕地保有量，同时还要保障服务城市发展和基础建设的实际情况，共同分析天津市林地增量和减量因素，落实好国家林草局和市政府签订的《座谈会备忘录》相关内容。

**【林草湿综合监测与国土变更调查日常融合】** 印发《市规划资源局关于印发〈天津市2023年森林、草原、湿地调查监测工作方案〉的通知》，确定图斑监测和样地调查任务分工、完成时限和质量管控措施。加强推动各分局和各区林业主管部门的沟通协调，实现林草湿综合监测和国土变更调查工作的日常融合。

**【食用林产品质量安全监测】** 印发《市规划资源局关于开展2023年食用林产品质量安全监测工作的通知》，监测食用林产品共7种，包括核桃、板栗、枣、榛子、杏、花椒、文冠果，监测批次为510批次，明确食用林产品质量安全监测项目及依据标准、产地土壤质量安全监测项目及依据标准。

**【公益林保护】** 严格落实国家级公益林管理办法，加大日常督查、检查力度，结合打击破坏森林资源专项执法行动，对长期作案、团伙作案、顶风作案的涉林违法犯罪分子和团伙予以严厉查处，从源头上遏制管辖公益林区涉林违法案件的发生。结合2022年林草湿综合监测工作，以林草生态综合监测成果数据为基础，及时开展调查监测天津市国家级公益林资源变化、使用及补进调出情况，为落实中央财政森林生态效益补偿基金制度，实现公益林有效管理打好基础。

**【林地和林木采伐审核审批】** 严格执行国家下达天津市年度林地定额和天津市年森林采伐限额指标，认真落实“放管服”改革，提升服务效率，指导各区政务服务部门做好建设项目使用林地和林木采伐依法审核审批，督促各区林业主管部门加强事中事后监管。2023年审核审批建设项目永久使用林地项目169项，占用林地定额253.9504公顷，审核审批临时使用林地和直接为林业生产服务设施使用林地69项，面积210.3507公顷，共收取植被恢复费4401.2232万元；发放林木采伐许可证2621个，使用采伐限额8.1721万立方米。

**【全民义务植树】** 市党政军领导、相关部门负责同志、机关干部、群众代表在东丽区东湖公园义务植树点参加义务植树活动，引领全市掀起植树造林、推动国土绿化的新热潮。组织“互联网+全民义务植树”活动30余次，1000余名市民报名参加，激发全社会参与义务植树的积极性和主动性。

**【古树名木保护】** 天津市持续加强古树名木保护，开展后备资源调查工作，将“树龄在80年以上接近100年的树木”全部纳入古树后备资源库，对接天津智慧林长平台，参照古树名木管理标准落实管护措施。积极争取国家对一级古树保护的补助经费。申请专项资金，用于抢救复壮濒危衰弱的一级古树。

（杨金璐）

## 湿地和自然保护地管理

**【湿地资源保护】** 一是七里海生物多样性监测项目建设完成。对标国内一流水平，强化自然保护区基础能力建设，按照国家加强自然保护地“天空地一体化”监测能力建设要求，完成天津古海岸与湿地国家级自然保护区（七里海国家重要湿地）生物多样性监测项目，落实市委、市政府批准的湿地自然保护区“1+4”规划关于建立完备的湿地监测监控系统的重点任务。二是完成《天津市湿地保护条例》修订。在充分征求各区政府和市级有关部门意见建议、调研借鉴其他先进省市经验基础上，形成了具有天津市特色的湿地保护地方性法规。2023年11月，经天津市第十八届人民代表大会常务委员会第六次会议通过，自2024年1月1日起施行。三是建立湿地保护协作和信息通报机制。协调机制由市规划资源局牵头，市发展改革委、市财政局、市生态环境局、市城市管理委、市农业农村委、市水务局等部门为成员单位，履行湿地保护管理职责，形成湿地保护管理工作合力。四是经市政府同意，印发《天津市湿地保护规划（2022—2030年）》。首次基于全市域范围编制《天津市湿地保护规划（2022—2030年）》。重点明确湿地保护目标任务、总体布局、保护修复重点、保障措施等，为构筑天津市“河流环抱”“湿地围城”的良好生态格局提供支撑；完成《天津市重要湿地名录（第一批）》调整工作。通过调整，重点解决了重要湿地保护范围内城镇村建设用地、水利设施、交通道路、长期稳定耕地和养殖坑塘等历史遗留问题。五是加强重要湿地监测并制定地方标准。组织制定《重要湿地监测技术规程》地方标准，该地方标准已通过市市场监管委发布，于2023年12月8日正式实施，成为天津市第一个湿地保护的地方标准。六是成功申报大黄堡湿地进入国家重要湿地名录。11月2日，国家林草局发布新一批国家重要湿地名录，天津市大黄堡重要湿地列入其中。大黄堡湿地是继2020年七里海、北大港纳入国家重要湿地名录后，天津市第三块国家重要湿地。

**【自然保护地管理】** 一是编制完成《天津市自然保护地整合优化方案》，将全市现状17个自然保护地整合优化为15个，总面积1196.58平方千米。通过整合优化，有效解决了历史形成的自然保护地区域交叉、空间重叠和保护与发展之间的突出矛盾等问题。二是开展国家湿地公园等自然保护地专项行动。市规划资源局会同市生态环境局制定《违规侵占国家湿地类自然保护地问题排查整治专项行动实施方案》，全面摸排湿地公园等自然保护地内污染湿地生态环境、违规侵占湿地、违规进入湿地等突出问题。督导各区建立长效机制，对湿地公园和自然保护地开展常态化监督检查，切实提高天津市自然保护地建设管护水平；按照林草局“全国自然保护地监督检查管理平台”系统推送点位核查工作安排，常态化督促各自然保护地管理机构按要求完成疑似违规点位核查、信息上报、整改工作。三是批复《黄崖关长城风景名胜区入口服务区详细规划》。按照《黄崖关长城风景名胜区总体规划》及相关规划要求，落实长城国家文化公园（天津段）建设重大决策部署，按照保护优先、合理利用的要求，对风景名胜区的建设项目作出规划，保证了景区建设和文物保护的需求。2023年5月市规划资源局批复了该规划。四是推进《天津滨海国家海洋公园规划（2022—2035年）》审批程序。为落实滨海湿地保护工作，推动天津滨海国家海洋公园建设走深走实，市规划资源局组织编制了《天津滨海国家海洋公园规划（2022—2035年）》，下一步，按照《国家级自然公园管理办法（试行）》有关规定，履行滨海国家海洋公园规划审批程序。

（高建刚）

## 保护规划管理

**【简况】** 2023年，市规划资源局贯彻落实习近平总书记关于历史文化遗产保护的重要论述、重要指示批示精神和中共中央办公厅、国务院办公厅《关于在城乡建设中加强历史文化保护传承的意见》，推动历史文化名城名镇名村和历史文化街区保护传承工作，充分发挥规划的引导作用。

**【历史文化名城保护规划编制】** 市规划资源局组织编制《天津市历史文化名城保护规划（2021—2035年）暨天津市历史文化保护传承规划》，已形成初步成果，核心内容纳入正在报批的天津市国土空间总体规划。邀请单霁翔等国内知名专家召开评审会，规划成果已报自然资源部和住房城乡建设部审查。（依批准后的规划为准）

**【研究起草《历史文化街区保护规划规程》】** 通过业态更新指引、建筑分类创新、市政和公共服务设施优化等要求，以统一的技术规范指导历史文化街区保护规划修编，并报市市场监管委申报地方技术标准。

【历史文化名城保护专项评估】 按照《住房和城乡建设部国家文物局关于加强国家历史文化名城保护专项评估工作的通知》要求，市规划资源局会同市文化和旅游局组织对全市历史文化名城保护工作进行评估自查，对天津市各类历史文化资源认定保护情况进行调查，完成专项评估报告呈报住房和城乡建设部、国家文物局。

【天津历史街区与工业遗存活化利用交流会】 市规划资源局指导举办“天津历史街区与工业遗存活化利用交流会”，邀请中国文物协会会长、原故宫博物院院长单霁翔等10余位业内知名专家、学者和企业家参加，交流分享优秀案例，总结实践经验，探讨发展路径，为天津市盘活存量资产、优化生产力布局，汇聚新动能，贡献新智慧。

（杨平立）

## 科技合作管理

【科技创新平台建设】 完成自然资源部2个工程技术创新中心挂牌，推动2个依托单位抓好基础设施建设；指导卫星中心顺利通过自然资源部对省级卫星中心的现场考核评估，推动卫星中心为天津市林草生态监测、历史遗留矿山核查、土地执法监督、生态修复等工作提供卫星遥感数据；推动2个国家创新联盟开展科技交流及项目研究等联盟活动；经组织天津地热勘查开发设计院申报，自然资源部天津中低温地热野外科学观测研究站获批成立，是天津市首次获批的自然资源部野外科学观测研究站。

【科技项目研究】 向自然资源部申报获批了3项部省合作项目，向国家林草局申报获批了4项中央财政林业科技推广项目、2项自筹资金科技项目；组织开展了2023年43项局级自筹科技项目立项研究；组织开展2024年局级科技项目申报工作。

【科技成果取得】 2023年3月，由天津地热勘查开发设计院赵苏民等承担完成的《深部地热资源勘查技术突破》项目成果，获得2022年度天津市科学技术进步二等奖。

【科技人才培养】 2023年6月，经国家林业和草原局批准，市规划资源局林业事务中心汪海霞、宝坻区林业发展服务中心技术推广部吴海洋、东丽区农业发展服务中心郭炘涛、静海区天祥果树种植专业合作社李小朋等4名同志获聘第四批林草乡土专家；2023年11月，经自然资源部批准，华北地质勘查局五一七大队韩贵雷、天津地热勘查开发设计院阮传侠获评自然资源部高层次科技创新人才工程（地质找矿方向）科技领军人才；2023年12月，经国家林业和草原局批准，北辰区农业发展服务中心穆鹏获评第三批“最美林草科技推广员”。

【全域科普工作】 完成2023年天津市林草自然资源资产价值及科技机构、人才、资金等信息系统的统计报送工作；组织市规划资源局系统单位开展“科技周”、全国科普日等系列活动。在天津市第37届科技周活动期间，由市规划资源局主办，市规划展览馆、天津地热勘查开发设计院等单位联合举办的天津市地热资源科普展，被天津市科技周活动组委会纳入天津市第37届科技周重点活动内容。市规划资源局、市自然资源生态修复整治中心、市规划展览馆被中国科协办公厅评为2023年全国科普日活动优秀组织单位和优秀活动单位。

【标准体系建设】 积极参与自然资源部及天津市标准制修订工作，批准2项自然资源行业标准，11项天津市地方标准立项。推动有关编制单位开展获批立项的国标、行标及地方标准项目的编制工作。送审《地热尾水回灌技术规程》等22项地方标准，报批《中深层换热技术应用规程》等2项地方标准。

【城乡规划资质管理】 截至2023年底，天津市共有18家规划甲级资质，年度新增1家；28家规划乙级资质，年度新增20家。积极主动做好营商服务工作，高标准完成了自然资源部委派2家甲级资质证后核查，参与了自然资源部对新疆、江苏甲级资质“双随机、一公开”检查；强化乙级资质单位管理，对审批通过的15家单位完成证后实地核查工作，纳入“双随机、一公开”监管范围，并逐一做好“天津市政务一网通权力运行与监管绩效系统”“天津市行政执法监督平台”“天津市‘双随机、一公开’监管工作平台”数据动态维护工作。

**【外事管理】** 组织因公出访团组赴智利参加智利国际矿业展，赴阿根廷宣传推介2023中国国际矿业大会。配合市推进“一带一路”建设工作领导小组办公室做好市规划资源局融入共建“一带一路”相关工作，进一步加强境外非政府组织境内活动管理等。

**【社会组织管理】** 指导天津市野生动物保护协会成立换届领导机构、筹划领导班子配置，修改完善换届文件、材料，协调市民政局、市科协对换届工作给予指导支持，协调解决换届工作中存在的难点问题。推动完成天津市土地学会换届选举工作。协助完成中国野生动物保护协会、中国太平洋学会海域管理分会等省部级行业协会、学会理事、常务理事人选推荐工作。

**【其他事项】** 在第七届世界智能大会期间，牵头组织举办“新时代数字孪生城市”论坛及“数字自然资源、智慧空间规则”展览。活动采用“论坛+展览”相结合的方式，吸引了天津日报、自然资源报、津云等多家主流媒体进行报道，进一步展示和宣传了天津城市形象。论坛由市政府相关领导出席并致辞，来自规划资源系统、行业各单位、高校、社会组织的专业嘉宾约350人参加。

（曹新华）

## 政务服务

**【简况】** 2023年，在局党委的正确领导和局领导的带领下，政务处深入开展学习贯彻习近平新时代中国特色社会主义思想主题教育，聚焦服务市“十项行动”和高质量发展，持续深化“放管服”改革，不断推进全局营商环境建设，大力提升政务服务水平，积极帮办领办服务企业，有力推动重点工程项目建设。天津市在工程建设项目审批制度改革评估中位居全国第四，市规划资源局在政务服务月度考评成绩排名始终保持全市第一，在营商环境建设常态化监测排名稳定保持在全市前列。

**【全面提升政务服务能力】** 推动建立优质高效政务服务体系，将市规划资源局53项行政许可事项全部纳入《天津市行政许可事项清单》管理，动态调整现行202项政务服务事项操作规程，扩大多项便利化措施范围，“网上办、一次办”比例达98%，“全国跨省通办”达16项，“京津冀通办”事项达59项，局系统全年共办理政务服务事项29034件。积极为企业提供多元服务场景，通过走访调研、帮办领办、“营商环境大讲堂”等多种途径深化服务。

**【加强营商环境重点任务建设】** 结合世界银行优化营商环境指标体系调整变化，系统梳理分析“获取经营场所”指标，制定改革任务清单，对标先进城市，与北京“结对提升”，不断加强营商指标建设。印发《市规划资源局2023年营商环境建设举措》，高质量完成天津市优化营商环境三年行动计划涉及市规划资源局的7项任务，牵头推动完成天津市优化营商环境工作涉及市规划资源局的111项任务。为认真贯彻全市推动民营经济高质量发展大会精神，立即深入多家企业开展调研服务，学习借鉴先进地区经验做法，针对规划资源领域重点营商环境指标，研究制定了新一轮优化营商环境政策措施。

**【深化“多审合一、多证合一”改革】** 印发《市规划资源局关于深化实施规划用地“多审合一、多证合一”改革的通知》，进一步统筹规划、建设、管理三大环节，夯实规划基础，精简审批环节，加强规范管理，加快国土空间规划审批，规划用地审批许可提质增效。

**【创新实施“一地一码”协同服务】** 经市人民政府同意，市规划资源局印发《天津市“一地一码”协同服务平台建设工作实施方案》，构建“一块地”从项目生成、审批、验收、登记到监管全过程的多部门协同服务平台，实现“源头赋码、按码供地、码上服务、见码发证、码上查询、码上监管”。“一地一码”平台已完成搭建并正式启用，整合市规划资源局工业项目审批环节，并延伸相关市级部门集成工业项目备案、施工许可全流程，实现各审批系统管理平台数据联通、规划土地审批全链条管理。在手机移动端和门户网站同步开发“天津码上看地”专栏，助力全市工业项目土地招商。

【推进用途管制改革】 聚焦“两统一”职责，集中开展天津市国土空间用途管制监管系统建设，通过全面梳理用途管制实施八项业务流程，制定统一标准，构建市区两级全链条覆盖、全要素管理的国土空间用途管制初步架构。通过与各类外部系统对接，实现“全域、全要素、全流程、全生命周期”的数字化管理转型升级。

（李晓骅）

## 绿色生态屏障建设管理

【简况】 2023年，天津市规划和自然资源局持续推动绿色生态屏障建设，实施造林绿化、拆迁修复、环境治理等73项工程（跨年工程24项），按计划启动68项，完成49项，绿色生态屏障蓝绿空间占比超过65.6%，一级管控区森林绿化覆盖率达到28%。

【建设任务指标】 完成植树造林1753亩，绿色生态屏障一级管控区林地面积已达到19.3万亩；完成拆迁与修复16794.92平方米；建设完成生态道路金钟河堤顶路4千米；完成金钟河北部地区引水工程、双洋渠泵站拆建工程和开发区西区东南组团雨水泵站建设；绿色农业发展工程，完成8万余亩小站稻种植，推广了鱼虾混养生态防控技术等生态健康养殖模式；污染治理工程，完成天津市新丽华色材有限责任公司废气收集系统升级工作；持续推进二三级管控区试点建设，完成荣钢集团二级管控区试点建设，完成国际生物医药创业园厂房建设；滨海新区已与天津碳排放权交易所签订协议完成碳减排量核证工作，津南区已完成10家企业碳排放报告的初步审核及报送工作。

【生态价值转化】 绿色生态屏障区全面实施土地综合整治和高标准农田建设，着力提高土地产出效益，种植8万亩小站稻，亩产平均超过1000斤，预计产值超过1.6亿元。实施稻蟹立体种养2.5万亩，实现“一水两用、一地双收、稳粮增效、稻渔双赢”，产值预计可达750万元；大棚蔬菜、食用菌菇、种子繁育等设施农业成效显著，果蔬品种日益丰富，同步推动大口黑鲈等渔业的产业化建设和发展，产值预计可达570万。

充分利用绿屏19余万亩林地资源，积极探索林业经济发展模式。一是林下经济尝试“多点开花”。滨海新区探索性开展天麻、天南星等林药种植500亩；津南区林下养鸡200亩，坑塘养鱼7000亩；东丽区、津南区种植紫花苜蓿、波斯菊等林下花卉9200亩；西青区种植林业作物297亩，预计年产值将超过110万元。二是碳汇交易前期准备工作已经就绪。绿屏19万亩林地、8万亩水稻和大面积湿地空间，预计每年可产生20余万吨的碳汇，生态价值转化潜力巨大。目前津南区、宁河区完成首批碳汇开发核证工作，滨海新区已将8951亩林地纳入碳汇项目进行开发。

【维护运营取得一定成效】 绿屏相关区重点推进运营试点，经营性收入总体已突破6900万元。一是生态游立竿见影。滨海新区官港森林公园、东丽区东丽湖生态区、西青区绿廊、津南区绿动BOX街区、宁河区林水生态区5个维护运营试点取得良好成效，成功举办了中国好声音天津区域赛事、农民丰收节和半程马拉松等活动，经营性收入总体突破2600万元。二是乡村游蓬勃发展。津南区孙庄子村打造7套特色民宿样板，做到“一宅一特色”，实现经营性收入300万元；月桥村以婚姻文化为主题打造“月桥文化仓”品牌，接待游客8万人次，经营性收入约1500万元；小站迎新村举办的2023年“民俗嘉年华”系列活动，累计接待游客50万人次，实现经营性收入2000万元。三是工业游崭露头角。绿屏各区已申报成功12家国家级工业旅游景区，其中国家级4A级景区3家、3A级景区5家，具有丰厚的旅游发展潜力。已累计接待游客10万余人次，累计实现经营性收入约500万元。

（杨　涛）

## 森林防火管理

【简况】 2023年，森林防火处认真学习贯彻落实习近平总书记关于森林防灭火工作的重要指示批示精神，坚决扛起“防”的责任，认真组织、扎实推动各项预防措施，圆满完成国家林长制考核工作中防火各项指标任务，全年未发生森林火灾，保持了天津市连续33年未发生重大森林火灾的良好态势。

【工作部署】 2月24日，局党委委员、副局长张宏晖同志主持召开2023年天津市林业行业安全生产暨森林防火重点工作部署会。3月29日，市规划资源局组织森林防火保障小组成员单位、直属林业单位和各涉农区林业主管部门召开2023年全市春季森林防火暨林业行业安全生产工作会议。4月20日组织召开全市森林防灭火工作第二次联席会。4月26日，总工程师刘捷同志主持召开全市森林防火暨林业行业安全生产工作推动会。9月20日，组织全市林业部门部署秋冬季森林防火工作。

【推动检查】 2月27日、28日，国家林业和草原局森林草原防火包片组组长、森林火灾预防监测中心主任许传德带队一行四人赴天津市蓟州区督导检查森林防火工作。3月，部署开展森林火灾隐患排查整治专项行动。9月28日，局党委书记、局长陈勇同志率工作组赴蓟州区检查指导中秋国庆“双节”期间森林防火防范准备工作。

【制度机制】 7月19日，印发《市规划资源局关于建立森林违法违规野外用火举报奖励机制的通知》。8月9日，印发《天津市加强森林防火网格化管理的实施方案》。9月23日，印发《天津市市级森林防火物资储备库管理暂行办法（试行）》。

【防火宣传】 3月25日至5月12日，组织全市林业部门开展“森林防火宣传月”活动。5月9日，市规划资源局联合蓟州区林业局在蓟州区府君山广场开展森林防火暨防灾减灾集中宣传。

【业务培训】 9月7日，市规划资源局组织各涉农区林业局和行政审批局相关科室负责同志开展森林防火政务服务事项培训。9月19—20日，组织各区林业局森林防火负责同志、业务骨干、防火专业队代表开展森林防火业务培训并部署全市秋冬季森林防火工作。选派专业队优秀队伍参加首届全国林草行业森林消防员职业技能竞赛，获得“精神风貌奖”。

【项目验收】 11月22日，市规划资源局组织召开智慧森林防火视频监测一期、二期服务项目验收会，113个摄像头全部投入使用，实现山区视频监测全覆盖。

（宋培帅）

## 调查研究

【严密组织调研】 市规划资源局认真贯彻落实习近平总书记关于调查研究工作的重要指示精神和市委、市政府相关工作要求，着眼全市大局，对标“十项行动”，紧贴规划资源工作实际，坚持问题导向，精心安排部署，制定印发了2023年调研工作计划，严密组织开展调研，取得了较好的成效，在规划资源系统形成了大兴调查研究的良好氛围。

【形成丰硕成果】 2023年度局系统共形成调研报告65篇，经组织评选，登记处、建管处、东丽分局三个单位的调研报告调查研究深入、事项分析透彻、对策建议务实、成果转化明显，被报送自然资源部参加优秀调研报告评选。建管处报送的《关于鼓励支持民营经济发展、适应小地块多主体的建设工程（建筑工程）智能审批的调研报告》被自然资源部评为优秀调研报告，予以通报表扬。做好调查研究后半篇文章，推动调研成果转化运用，将调研成果转化为解决问题、推动工作的有关政策和具体举措，为局党委科学决策提供了有力支撑。

（王长深）

# 天津市规划和自然资源局派出机构

## 天津市规划和自然资源局和平分局

**【简况】** 2023年，市规划资源局和平分局坚持以习近平新时代中国特色社会主义思想为指引，坚决贯彻落实党的二十大精神，坚决推进市委“十项行动”，在市规划资源局党委、区委、区政府的领导下，聚焦规划和自然资源重点任务，以党建促发展，以担当促作为，带领全体干部拼搏奋进，真抓实干，高效服务，狠抓目标任务落实，保障和改善民生，各项工作取得新进展、新成效。

### 规划设计编制审批

**【重点规划编制】** 聚力市委“十项行动”，将服务高质量发展作为根本要求，充分发挥统筹作用，助推盘活存量资源优化生产力布局规划编制。坚持在低效土地和存量载体两个层面研究生产力地图的总体思路，高效对接区相关部门，组织完成全区136座商务楼宇、30处商业载体、168幢小洋楼、6处工业厂房和7处土地资源底数摸排，彻底摸清闲置、低效使用情况。对现状问题进行深入剖析，牢定规划目标，划定天开高教科创园核心区、解放北路—友谊路金融街、小白楼—南京路中央商务区、和平路金街、五大道等5个重点片区及近期示范项目，形成盘活存量资源优化生产力布局规划策划方案，突出策划在先、更新为主、远近结合、市场动力，为和平区在高质量发展阶段下，实现渐进式盘活更新、推动产业业态迭代升级发挥重要作用。

**【城市更新】** 南门外大街商圈北部片区城市更新项目：该项目作为和平区首个经市领导小组批复的城市更新项目，是统筹存量资源盘活、提升传统商圈活力、完善配套设施、助力高品质生活的开创性实践。和平分局提前谋划、精心组织，将规划调整、土地供应、建设审批、市政切改等环节协同推进。在科学分析资源环境承载力、公共服务配套供给能力的基础上，严格执行相关法律法规，履行程序要求，充分运用既有更新支持政策，听取各方利害关系人和公众意见建议，耐心做好解释沟通，实事求是研究规划调整指标。2023年7月，市政府批复同意该地块控规修改方案，切实提高了资源利用水平，释放了新动能。

和平路片区大新华里地块提升改造项目：和平分局先行先试，以改善人居环境、助力国际消费中心城市标志区建设为目标，对和平路片区开展整体策划，通过文化传承、载体更新、场景塑造等方式，实现打造国际消费中心城市地标商圈、活化复兴历史文化街区、改善民生的规划目标。充分考虑规划实施的可操作性，先期开展片区历史文化价值评估、建筑类型分析和单体方案策划，将大新华里地块作为带动周边片区、串联商业节点和提升传统商圈活力的“引爆点”，先行启动了保护规划修改工作，2023年12月，区政府常务会、市规划资源局局长业务会审议通过了保护规划必要性论证，正式启动一报市政府程序。

**【控规（保护规划）修改】** 合理优化空间布局，提升区内教育资源水平，保障重点项目建设，完成和平区01–07单元09街坊汉阳道中学地块控规修改。地铁7号线八里台站出入口由卫津路西侧调整至东侧，毗邻现状汉阳道中学，和平分局在保障重点轨道设施落位的同时，聚焦和平区土地资源稀缺、教育空间需求强烈的现状，积极谋划促成TOD上盖项目。通过释放立交控制地带、地铁征拆边角土地，结合轨道设施上盖扩建汉阳道中学，进一步提高土地利用效率，优化教育资源配置，满足群众对优质教学环境的需求。2023年7月，市政府批复和平区01-07单元09街坊汉阳道中学地块控规修改方案，经优化的道路红线和控规指标从法定规划层面增加学校占地面积和建设规模，有效缓解学位紧张的局面。

## 规划和自然资源管理

**【规划审批】** 持续发挥规划效能，助力重点项目高质量开展，核发包括南门外大街商圈北部片区城市更新项目A、C地块，天津医科大学总医院新建门急诊综合楼，和平区大沽北路地块项目A地块等项目在内的建设工程规划许可证及建设工程规划许可证附图变更14件次。扎实推进城市更新工作，为现有载体提升活力发挥规划引领作用，服务重点民生项目，为全民共享提供规划保障，助力和平区创建国际消费中心城市标志区，积极推动解决历史遗留问题，重点关注审批紧迫需求，切实解决群众实际困难。

**【基础设施规划管理】** 坚持人民至上，发展为先，落实“十项行动”工作要求，着力做好轨道工程规划服务保障。从“找我审批”转变为“我要审批”，在用地阶段提前对地铁8号线一期区间工程设计方案进行预审预研，对项目存在问题逐项提出解决方案。市区两级共商共研确定项目审批路径，最终在3日内完成了项目专家论证、征求文物主管部门意见及许可证发放，全年共核发轨道工程建设工程规划许可证2件次。全力做好重点建设项目道路交通与市政基础设施配套服务保障，助力“两高三化”新和平建设。年内按计划完成苍梧路（潼关道—西安道）、喀什路（乌鲁木齐路—包头道）等2条道路的建设工程规划验收合格证核发工作。对和平区大沽路地块项目现状管线历史遗留问题深入研究，确定切改方案并积极协调破解工程审批程序难点问题，完成通信部分规划许可审批。对和平区全民健身中心改造项目管线切改及配套工程进行一揽子研究，提出工作路径，年内完成了所有管线许可核发工作。全年共核发配套管线工程建设工程规划许可证3件次。

**【规划行政许可和行政审批】** 2023年核发规划条件10件、建设项目用地预审与选址意见书3件、建设用地规划许可证5件（其中划拨项目2件，出让项目3件）、标准地名证1件、建设工程规划许可证19件（其中市政项目5件）、建设工程规划验收合格证13件（其中市政项目2件）、建设工程档案验收认可证3件、测绘作业证5件。

**【证后管理】** 逐一分析研判项目验收路径，创新破解历史遗留难题，严格审查并履行验收手续，全年核发包括和平印象城连廊、天津市中心妇产科医院原址改扩建工程围墙大门工程、天津市中心妇产科医院原址改扩建工程在内的建设工程规划验收合格证11件次。

**【规划用地审批】** 以民生设施、基础设施补短板规划提升为重点，完善轨道交通、教育、健康、体育等公共服务，推动城市建设均衡发展。2023年核发建设项目用地预审与选址意见书3件，规划条件10件，建设用地规划许可证5件，国有建设用地划拨决定书2件。审批项目涉及地铁7号线、8号线，全民健身中心改造项目、汉阳道中学地铁上盖项目、总医院新建门急诊综合楼项目、南门外大街商圈北部片区城市更新项目等多项重点建设工程。

**【国有土地出让】** 稳步推动国有建设用地使用权协议出让工作，严格落实协议出让、租赁的规范与流程，保障土地市场有序交易，防止国有资产流失。2023年签订国有建设用地现状补办出让合同14个，协议出让合同1个，土地租赁合同7个，涉及土地出让金、年租金约1978.1万元。

**【土地监督管理】** 聚焦土地资源要素精准保障，强化存量土地资源监管，推动土地资源节约集约、高效利用，为区域高质量发展蓄势赋能。推进闲置土地处置，完成大沽北路项目逾期认定工作，推动项目正式开工；合生国际1号楼项目追缴逾期竣工违约金1261035.72元；挖潜区域储备资源，规范储备土地临时利用，充分支持和平路（永安医院）地块临时利用建设停车场，助力缓解停车民生难题。

**【国土变更调查】** 全力做好和平区2023年度国土变更调查工作。按照市规划资源局的统一部署，统筹内业和外业，逐步开展和平区国土利用现状及变化情况调查、举证、核实、认定等各环节工作，严守时间节点，按时完成调查任务。和平区此次变更调查作业图斑共计54块，面积179.9亩。经核实，其中25块图斑涉及变更，面积75.6亩；29块图斑实地未发生变化，面积104.3亩。

## 监督检查与城建档案

**【执法监察】** 2023年和平分局办理规划和自然资源违法案件1件，严格按照行政执法“三项制度”履行违法查处程序，真正做到执法主体职权明确、执法程序合法严谨、调查内容全面清楚、证据材料确凿充分、适用法律合理得当、法律文书规范齐全、处罚决定执行坚决，充分体现了和平分局执法人员“严起来、实起来、硬起来”的执法理念。严格落实“横向到边、纵向到底、不留死角”的要求，加大对辖区重点项目、重点区域的日常巡查和违法查处力度，精准制定巡查计划，全面记录巡查情况，全年开展日常巡查和例行检查246次，录入天津市行政执法监督平台242件。按照天津市“双随机、一公开”监管平台工作要求，和平分局及时完成了2023年度事项清单认领工作，持续加强“检查人员库”和“检查对象库”的建立和更新，制定并公示了“对从事测绘活动单位的行政检查”2023年度检查计划，配合区住建委完成了2023年度和平区房地产市场监督执法检查。完成天津市规划和自然资源综合行政执法总队组织的全市“双随机、一公开”检查5次，及时将检查结果录入平台并对外公示；加强与区相关执法部门的横向沟通，密切配合、加强联动、形成合力，协助和平区各街道完成违法建设认定工作75件，发现违法建设线索4件，均及时移送相关执法部门，对新增违法行为做到快速发现、快速反应、快速处置、快速解决；完成卫片图斑核查8个。

**【矛盾化解工作】** 坚持和发展新时代“枫桥经验”，学习和弘扬新时代“浦江经验”，着力打造“阳光信访”“责任信访”“法治信访”“智慧信访”，筑牢信访工作防线，狠抓源头治理，充分发挥矛盾纠纷多元化调解机制作用，坚持发现在早、处置在小，把风险矛盾化解在萌芽状态，从源头上预防和化解矛盾纠纷，切实维护群众合法权益，不断提升人民群众获得感、幸福感、安全感。全年共办理群众来访、来电、来信、网络平台、矛盾调处中心等渠道信访事项200余件，接待来访人数20余人次，受理答复信访案件16件，受理率、办结率和满意率均达到100%，积极引导群众利用法定途径依法解决问题，未出现因信访事项引发的社会舆情问题，在积极运用法治思维和法治方式依法化解社会矛盾纠纷方面取得了良好成效。

**【行政诉讼、行政复议和依申请公开】** 以行政诉讼胜诉率、行政复议维持率、行政负责人出庭率为抓手，严格按照《中华人民共和国行政诉讼法》《中华人民共和国行政复议法》履职尽责，认真做好行政诉讼举证答辩和行政复议答复工作。落实关于行政负责人依法出庭有关要求，党政主要负责同志带头出庭，确保应出尽出。2023年和平分局组织人员旁听了和平区人民法院案件审理，零距离感受法律威严和司法公信，对案件审理中证据重要性和程序合法性有了更深刻的认知。

严格执行《中华人民共和国政府信息公开条例》，明确政府信息公开的内容、程序、范围、时限。坚持“公开为常态、不公开为例外”和“应公开尽公开”原则，应当让社会公众或者服务对象广泛知晓或者参与的事项，及时主动向社会公开。依申请公开的事项，严格规范受理登记、转办分送、承办答复、审核反馈等工作流程，按照法定程序和时限给予答复。2023年和平分局通过市规划资源局网站、天津市和平区政府网站及信息资源共享平台等，主动公开政府信息31条，其中规划信息公示12条、规划信息公布17条，土地管理信息2条；办理各类依申请政府信息公开案件29件，均在法定时限内向申请人做出答复。

**【档案管理】** 2023年，和平分局严格落实市规划资源局关于档案规范化建设专项整治暨机关档案“三合一”编制工作调度会议精神，强化基础设施建设，细化档案管理制度，积极开展存量档案数字化工作，全年完成6647卷存量纸质档案的数字化扫描工作，为档案数字化工作筑牢基础。和平分局秉承成卷即移交，移交即归档的原则，确保城建档案不拖沓留存。2023年全年，和平分局共成卷文书档案4085卷，城建档案50卷，财务档案12卷。

（费　翔）

# 天津市规划和自然资源局河北分局

【简况】　2023年，市规划资源局河北分局坚持以习近平新时代中国特色社会主义思想为指导，全面贯彻落实党的二十大和二十届二中全会精神，在市局党委、区委、区政府的坚强领导下，积极助力“十项行动”落地见效，紧紧围绕年度工作任务，大力发挥规划引领和资源保障作用，加强土地资源效能管理，积极推动各项工作扎实开展，为河北区高质量发展提供了坚实的规划资源支撑保障。

## 规划设计编制审批

【重点规划编制】　启动河北区街区控规编制与研究，向市局及区政府专题汇报街区控规前期成果。落实中车地块、电力档案馆地块、张兴庄二期地块的规划指标调整，确保项目顺利出让。为第一医院二期扩建项目调整规划指标，在天美艺术街区城市更新项目中，发挥规划引领作用，挖掘历史文化资源，优化功能布局，实现天津市首个没有大规模拆建、产业导入、运营前置的有机更新项目。指导区有关部门做好教育专项规划、供热专项规划和人防专项规划的编制，并与商务、消防、民政、体育等部门密切沟通，完善各类专项规划的编制和设施布局。

【深化控规调整】　完善海河历史文化街区、一宫花园历史文化街区保护规划修编，完成日纬路及丰厚里棚改地块控规修改报审，完成天津市第一批城市更新试点项目涉及的金钟河大街南侧地块控规修改报审。启动河北区05-02单元05街坊北运河A、C地块控制性详细规划修改，启动海河历史文化街区C2、C4街坊保护规划修改。

## 规划和自然资源管理

【综合业务管理】　2023年共召开业务案件会审会24次，研究各类业务案件50件，印发会议纪要24期。坚持定期召开业务案件会审会，严格实行集体会审。积极推动“一张蓝图、多规合一”的策划生成工作的顺利实施，落实“一制三化”，全面推行“承诺制”和“以函代证”，做好重点项目的规划审批。

【规划行政许可和行政审批】　全年核发规划条件14件，选址意见书8件，建设用地规划许可证17件（含市政12件），建设工程规划许可证52件（含市政17件），建设工程验收合格证34件（含市政11件），地名命名1件。

【建设工程规划管理】　核发建设工程规划许可证35件，累计发证规模54.89万平方米。（含：均和产业园项目、中车南口路地块项目、电力公司智慧档案馆、琨泰公寓项目）。为天美艺术街区、日纬路电力档案馆、河北区实验小学、张兴庄二期、东西里、华为总部、中车地块等重点项目和中医二附属医院、榆关道保障房、四十八中、隆生大厦、调料一厂实验小学等民生项目核发规划审批手续。采用承诺制审批方式的项目8个，占全部业务案件23%。采用以函代证审批方式的项目1个（第一医院）。所有业务案件均按时完成，无超时件。

【证后管理】　核发证后管理事项34件，建设工程竣工总面积42.14万平方米。完成王串场24段地块、国印二期、琨泰公寓、中海609地块等住宅项目的竣工验收。

【基础设施规划管理】　做好区域基础电网优化保障，完成城东10千伏电网项目（河北区一期）电源线工程多个子项工程规划手续核发，累计核发电力管线长度4千米；保障区域轨道线网建设需求，完成地铁4号线、地铁7号线工程多个区间及主体的规划手续核发；做好区内重点出让地块市政配套规划服务工作，主动对接中车地块、35中地块、张兴庄地块，深化完善市政配套道路设计方案、管线综合规划方案，明确办理方式及流程，为地块出让后完善市政基础配套夯实基础。

**【土地有偿使用】** 2023年共完成出让土地3宗（中车地块、电力档案馆地块、张兴庄二期地块），现状补办出让土地32宗，实现土地出让金34.17亿元。积极促成京津冀地区第一座智能化电力专业档案馆（国网天津电力档案馆）项目顺利落地，高效完成了自2018年机构改革以来市内六区首宗建设项目协议出让供地。

**【多元化服务企业】** 严格落实"双万双服促发展"工作要求，对河北分局负责包联的6家企业走访调研50余次，现场解决企业提出的问题。以企业需求为导向，多元化服务企业，完成了席厂609地块地下连通通道供地工作，推动解决北站保障房项目选址、榆关道保障房土地征收、福嘉园三期土地及登记、上江花园空置地块建设、金钟河大街加油站供地方案等问题，核发了黄纬路团结里29号改扩建工程、天津市公交集团总部新建车棚、意风区原河北实验小学改造、国网天津信通公司信通调控楼等项目规划条件。

**【解决历史遗留问题】** 研究解决东站D地块地下和地铁5号线思源路站地下结建建筑补办有偿手续，完成中山路33号部队不动产移交融通天津房地产公司涉及的出让合同签订相关工作，协调推动武警二支队驻地补办土地手续。研究土地分割及合宗，完成了意风区5、6号地宗教产土地分割，协调确认意风区1号地内民族路27号土地范围，完成规划展览馆土地分割，协助办理了不动产权登记，研究地铁2号线建国道站结建建筑补办手续涉及的土地分割、转让、边角地出让、土地合宗等问题。

**【土地利用调查】** 梳理河北区存量待盘活土地共计100块，总面积约4620亩，并组织编制了河北区存量土地资源调查与盘活利用研究成果。

**【土地供后监管】** 做好建设项目供后监管工作，督促建设滞后项目尽快完成建设，全年发放开工提醒函、竣工提醒函共计25件，推动国印二期项目完成建设。靠前服务市重点项目天津远洋大厦二期，确保项目顺利建设。

**【矿产资源管理】** 配合市规划资源局、河北区政府研究森远投资集团有限公司HB-02地热回灌井处置方案，督促矿业权人履行安全生产主体责任与企业社会责任，消除安全隐患。开展河北区地热资源年度检查与安全生产专项检查，确保地热资源安全合法利用。

## 监督检查与城建档案

**【执法监察】** 充分发挥执法监督平台及智慧信访系统作用，坚持日常巡查和重大节假日巡查相结合，避免违法建设。配合市局"双随机、一公开"联合检查工作4次，日常巡查142次。积极配合区综合执法机构出具协助调查函复93件。配合街道吹哨部门报到现场联合执法2次。与区市场监管局对野生动植物保护工作开展"清风行动"4次，对区域内市场、餐馆、野生动物繁育场所等重要点位进行了联合执法。行政诉讼应诉1件，无败诉。

**【信访工作】** 全年共接待个人访70余次。12345政务服务热线工单324件。政民零距离信访件31件，答复率均为100%。

**【复议及依申请公开】** 全年共受理依申请公开信息查询60件，回复率100%，群众满意率100%。2023年度未发生行政复议案件。

**【档案管理】** 2023年，河北分局着力加强档案基础设施建设，安装报警系统、视频监控、消防烟感系统，设置档案阅览室。完善制度规定，制定档案保管制度、借阅制度等。全年共成卷文书档案392件，城建档案93卷。

（汪治良）

# 天津市规划和自然资源局河东分局

【简况】 2023年是全面贯彻落实党的二十大精神开局之年，是天津市全面建设社会主义现代化大都市的关键之年。天津市规划和自然资源局河东分局始终坚持以习近平新时代中国特色社会主义思想为指导，深入贯彻落实习近平总书记对规划资源领域重要论述和重要指示批示精神，聚焦服务高质量发展“十项行动”，不断强化规划土地要素保障，有效推动区域内自然资源节约集约利用水平，在中心城区率先编制完成区级城市更新专项规划，积极推进城市更新工作实施，为天津市经济社会高质量发展贡献力量。

## 规划设计编制审批

【街区控规编制】 河东区为街区控规编制中心城区唯一试点区，紧紧围绕国土空间总体规划，结合天津市特色创新控规编管体系，推动控规“天花板”街区控规编制工作。探索构建了“分层编制、分级审批”的编审体系，工作成效得到河东区委、区政府主要负责同志高度认可，部分成果纳入已出台的《天津市控制性详细规划（街区层面）编制指南》，相关工作开展情况被《中国自然资源报》予以刊登。

【城市更新专项规划编制】 作为区城市更新领导小组办公室成员单位，紧跟天津市城市更新工作部署，统筹全区各项资源，加快实施城市更新行动，与区住建委共同组织编制《河东区城市更新专项规划》，将规划内容作为重要专项规划融入河东区规划体系，在市内六区率先编制完成并对外公布。

【控规修改】 在控制性详细规划动态维护中，严格履行相关审批程序，坚持开展专家论证、社会公示制度，广泛征求利害关系人、相关部门及社会各方面意见。完成一商校地块、金贸产业园部分地块控规修改；推动部队公寓房项目控规修改。

【城市更新行动】 为落实市政府办公厅印发的《天津市老旧房屋老旧小区改造提升和城市更新实施方案》有关要求，作为区城市更新领导小组办公室成员单位，充分发挥规划引领作用，助推河东区城市更新项目落地。在城市更新专项规划的指引下，完成河东区一机床、井冈山路、津龙湾3个城市更新项目细分导则调整工作，成功列入市政府批复的年度更新计划和城市更新实施方案审查工作。

## 规划和自然资源管理

【综合业务管理】 建立项目台账化管理机制，助推项目落地实施。对照市、区重点项目清单形成河东分局2023年重点工作台账，定期推动，动态销号。进一步转变工作作风，优化主动服务企业机制。为进一步打通审批工作难点、堵点问题，依据工作台账，对项目开展上门服务。针对企业提出问题及政策难点责成相关业务科室进行专题解答，并建立长效沟通机制，为项目实施提供全流程服务。加强科室协同，助力土地出让工作。积极配合落实市、区两级土地出让任务，主动指导土地整理单位梳理出让前审批流程和时间节点，各科室协同采用联合审查、整体研究、压茬办理等方式为土地出让提供有力保障，提高审批效率。其中东孙台地块从出让到取得建设工程规划许可证仅用18个自然日，实现了“河东速度”（审批时限为39个工作日）。主动担当作为，统筹引领项目策划。一机床城市更新项目备案前依据“一张蓝图、多规合一”平台开展策划生成工作，督促区17家行业主管部门及时出具相关意见，策划生成时间由10个工作日缩短至2个工作日，获得了企业的好评。做好政策解读，回应企业关切。指导企业用足用好营商利商政策，对一般社会投资项目审批事项、审批条件、审批范围、审批环节等方面进行全面梳理，汇总形成一般社会投资项目审批流程图，在服务中向企业进行宣讲，形成优化营商环境常态化机制，获得企业好评。全年共收到锦旗、感谢信10余次。

【土地供应管理】 认真做好土地资源要素保障工作，高质量完成建设用地供应许可审批工作。全年共完成划拨类供地审批20件，供地面积共计16.64万平方米，其中13件城镇村道路用地、供地面积7.43万平方米；2件轨道交通用地、供地面积0.39万平方米；1件公用设施用地、供地面积0.11万平方米；1件公园绿地、供地面积5.68万平方米；1件城镇住宅用地、供地面积1.34万平方米；1件铁路用地、供地面积0.53万平方米；1件交通服务场站用地、供地面积1.16万平方米。完成国有建设用地使用权划拨补办出让44宗，缴纳土地出让金4815.19万元。

【建设用地管理】 按照市、区土地出让计划，积极配合土地整理部门落实地块出让前期工作，全年共实现东孙台、新开路、金贸产业园区11-D和15号地、万辛庄二期A地块、一机床城市更新居住地块、津龙湾城市更新01-02地块、井冈山城市更新01地块等7块土地出让；完成汪庄子一号地、振中路减速机厂一期、际华3522、一机床城市更新03商业地块、龙潭里地块等项目规划条件核发。积极开展地块招商工作，向多家意向单位介绍河东区地块规划情况、招商引资政策、规划审批路径及程序等。为城市更新项目做好规划资源要素保障，完成一机床城市更新绿地公园项目供地及相关配套道路、井冈山路城市更新项目九年一贯制配套中小学项目选址意见书核发。积极推动市、区重点项目，完成一商校培训楼、电气院EMC实验室等项目自有用地规划条件及大直沽泵站项目选址意见书核发。积极推动历史遗留项目补证工作，完成中山门换乘楼、天津站综合交通枢纽工程A地块及地下空间、和悦馨苑等项目用地手续。

【土地供后监管】 认真履行建设用地供后开发利用监管职责，促进各个建设项目依法依规用地。全年对建设项目进行58次现场检查，其中开工巡查16次、建中巡查12次、竣工巡查30次，同步做好督促建设单位及时递交开工及竣工申报工作。并依申请配合一热电幼儿园地块、太阳城地块完善竣工延期手续。

【矿产管理】 认真履行地热井监管职责。加强地热资源开发利用管理，积极推进落实地面沉降防治工作，对辖区内24个地热井及回灌井进行现场专项检查，核实各矿业权人现场安全生产情况等。积极配合市规划资源局开展翠阜新村供热站燃气热源替换项目和太脱拉地块新建地热项目现场踏勘等出让相关工作。

【建筑工程管理】 保障重点项目落地见效，推动区域高质量发展。积极推进出让地块开工建设，高效率高质量核发东孙台地块、金贸产业园华勘地块、一机床城市更新和太阳城A2地块等项目规划许可手续；优化营商环境，全周期服务一热电中地块、中海城市广场三期商业地块、工大三号地及万辛庄地块等项目分证、变更工作，保障各建设项目顺利投入使用；主动对接建设单位，提前指导企业开展津龙湾城市更新、新开路地块、井冈山地块和万辛庄A地块项目方案设计工作，为企业纾难解困。助力盘活存量资源，加快推动历史遗留项目补证工作。研究确定天津站综合交通枢纽工程轨道换乘中心主体工程、真理园二期、临营西里经济适用房、中山门换乘楼和地铁2号线靖江路站附属工程地上部分等项目补办产权登记程序、路径，主动担当为项目出具“规划意见函”，及时消除项目违法状态，帮助相关建设单位办理产权手续。支持老城区改造和功能性产业项目建设。为彩阳里小区1号楼改造出具“加装电梯联审意见”，完善便民设施建设；深入研究并核发天津电气院EMC实验室、群立胡同班点用房及天津第一商业学校教学楼等项目规划许可手续，推动功能性项目建设。

【证后管理】 加强事中监管。认真督促建设单位按时履行承诺要求，定期巡查了解在建项目建设情况。加强对出让项目现场服务。第一时间到现场对有关外檐、立面、配套、验收等方面给予规划指导意见，按时完成板钳工具六厂经济适用房、格调榴园、阳光里A地块、万欣城、东宿舍等居住项目规划验收，确保项目如期交付入住，维护群众权益和社会稳定；推进公益性项目投产，完善区域配套体系。积极完成河东区十三幼、太阳城A2配套小学和幼儿园、金地紫云府小学、月牙河泵站及河东体育场等项目规划验收工作，有力保障公益类项目及早投入使用，满足群众及社会需求；聚焦群众“急难愁盼”问题，保障民生工程顺利验收。服务市政交通项目，及时了解并解决存在的问题。核发地铁2号线增站、4号线和10号线相关站口及十四经路（海河东路—六纬路）等项目规划验收手续，有力完善区域便捷交通体系。

**【市政工程管理】** 完善重点地块市政配套工程。推动完成万辛庄地区、中海城市广场、一热电中地块、阳光里地块、工大三号地等重点地块市政道路及管线的规划审批工作，为项目高质量交付提供市政规划保障；积极解决市政难点堵点问题。完成雪莲南路污水管线、彩丽园小学供热、津龙湾和新开路地块电力切改等规划审批工作，切实解决市政配套疑难杂症；高质量推动区域电网改造。整体谋划布局，深入研究电网线路，助力电网公司完成达唐一线、平24、602、673、丘传线等线路老旧电缆改造，有力保障区域用电稳定性。

**【地名管理】** 全年共核发居住区标准地名证3件；为8条新增道路核发道路标准名称启用通知；完成3条新增道路规划命名工作。

**【测绘管理】** 完成河东区2023年地图监督检查工作；开展河东辖区测绘单位测绘资质的自查，完成对3家测绘单位测绘资质行政检查；完成河东辖区测绘单位测绘年报统计工作；落实安全生产“三管三必须”要求，组织开展测绘行业重大事故隐患排查整治专项活动暨“安全生产月”等活动；跨省通办核发测绘作业证4家共13件。

**【规划行政许可和行政审批】** 全年完成核发各类行政许可事项179件，其中用地预审与选址意见书22件、规划条件23件、建设用地规划许可证24件、建设工程规划许可证59件、建设工程规划验收合格证28件、标准地名证书3件、建设工程档案验收认可证16件、测绘作业证4件（13人次）。

## 监督检查与城建档案

**【执法监察】** 强化执法监督力度，提升执法队伍水平。全年配合市局、区政府开展“双随机、一公开”检查9次；核查自然资源部卫星图斑30件；行政处罚新立案件7件，结转案件7件，涉及地热矿产、城乡规划、测绘等领域，下达行政处罚决定书5份，累计罚款52万元；向属地街道移送违法问题线索28件，协助认定违法建、构筑物153件。

**【信访工作】** 严格落实《信访工作条例》，推动新时代信访工作高质量发展。在信访工作中坚持倾听群众合理诉求，维护群众合法权益。积极稳妥处理来电、来访及各类信访转办件，高度重视矛盾纠纷调处及信访积案化解，主动约访见面，现场答疑解惑，对于重点信访案件及时向上级部门进行报告。全年共办理来电、来访、各类信访转办件等300余件。

**【政务公开】** 全年主动公开政府信息340条，其中：政务信息45条，行政许可审批信息165条，控制性详细规划修改草案、修编方案公示、公布4条，建设项目批前公示、批后公布信息61条，行政处罚5条，土地供应公示信息60条。全年共出具政府信息依申请公开答复书79件，持续做好政府信息依申请公开工作。

**【复议应诉工作】** 积极做好行政复议和行政应诉工作，分局配合办理行政复议案件1件，诉讼案件8件，无败诉或复议不利结果。收到负责人出庭应诉通知书3件，负责人出庭应诉3次，应诉率100%。

**【法治政府建设】** 深入宣传习近平法治思想，深化公民守法意识。主要负责同志以“深入学习贯彻习近平法治思想全力推进规划资源领域法治建设”为题，围绕习近平法治思想和法治自然建设讲授专题法治课；落实“谁执法谁普法”普法责任制，在《行政复议法》实施前在分局内组织系列培训活动；组织开展“美好生活·民法典相伴”主题宣传活动、“国门安全成果展”参观活动、“《信访工作条例》实施一周年”知识竞赛活动；“国家宪法宣传周”活动期间赴有关部队普及城乡规划法律知识，将“普法进军营”和服务市级重点项目有机结合。

**【档案管理】** 全年完成业务档案立卷、整理、归档共151卷，做到档案及时归档。

（顿爱军）

# 天津市规划和自然资源局河西分局

【简况】 2023年，市规划资源局河西分局坚持以习近平新时代中国特色社会主义思想为指导，深入贯彻落实习近平总书记对天津工作“三个着力”重要要求和一系列重要指示批示精神，分局领导班子带领全体同志认真贯彻落实各项工作部署，以推动落实市委、市政府“十项行动”和河西区“1+10”实施方案为有力抓手，深刻践行人民城市理念，聚焦提升优化营商环境，坚定实干步伐，为河西区高质量发展贡献规划资源力量。

## 规划设计编制审批

【控制性详细规划】 深刻领会《中共中央国务院关于建立国土空间规划体系并监督实施的若干意见》，强化控规编制审批管理工作，完成了河西区街区控规单元划分工作，并以区政府名义报送市规划资源局。

【控规修改】 开展了解放南路地区02单元48街坊、解放南路地区03单元30街坊、河西区03-22单元18街坊、河西区03-13单元02街坊先达地块、河西区03-10单元12街坊（红旗新里片区）控规修改相关工作，开展了桂发祥地块、佟楼TOD、尖山路TOD保租房、陈塘F6地块细分导则调整相关工作，这些工作从研究区域发展定位，到为企业解决土地置换谋划未来发展，到推进城市更新项目落地，到环境品质提升，再到从文教体卫以及市政公共服务设施配置服务水平入手，提升河西区老百姓的生活便利性和舒适度方面，都取得了很大的成绩。

## 规划和自然资源管理

【规划行政许可和行政审批】 2023年核发行政许可431件：规划条件17件，建管用地预审与选址意见书7件，市政用地预审与选址意见书46件，建设用地规划许可证43件，建设用地规划许可证(出让）10件，地名命名14件，建设工程规划许可证199件，建设工程验收合格证74件，建设工程档案认可证14件，采矿权变更6件，采矿权延续1件。

【综合业务管理】 综合业务科依据“一制三化”改革任务，负责监督河西分局各项任务指标落实情况。2023年持续推进规划用地“多审合一、多证合一”改革落实。深化“以函代证”“承诺制”审批与事中事后监管的衔接，不断推动工作流程和审批管理的科学化、规范化、标准化。严格落实“一次性告知”制度，提供“一站式”服务。每一类项目通过审批流程图、一张表单、事项材料清单精准指导全流程审批，减轻企业负担优化政务服务，聚焦惠企利民，提供多种渠道便利企业和群众申请、宣传推广“电子证照”“电子印章”，努力实现线上线下一体化应用。认真贯彻落实市规划资源局重点项目服务工作要求，对重点项目台账实施动态管理，明确河西分局职责办理节点、时限和责任人，统筹协调责任科室及时更新重点项目进展情况，主动与建设单位沟通对接，推动重点项目落地建设，协调解决重点项目规划自然资源领域审批难点、堵点问题。

【建筑工程管理】 坚决贯彻上级工作整体决策部署，继续牢固树立并践行“服务产业发展改善营商环境”的理念，健全建设项目服务保障机制，充分发挥河西区工程建设项目审批制度改革试点领导小组办公室牵头及平台搭建作用，在项目审批中，推动难点问题协调解决、在批前公示征求意见等环节为企业的发展、项目的建设保驾护航，进一步推动项目审批速度的提升。推动体茂体西地块、中海金江里地块、联投陈塘热电地块出让，超前服务，有针对性的集中为企业答疑解惑，并对重点问题进行全面深入研讨，方便企业后续办理手续，切实提供高效优质的政务服务，已核发建设工程规划许可证。积极推进教育、医疗、基础设施等民计民生项目的规划审核。参与10个老旧居民楼加装电梯项目联合审查，促进加装电梯工程落地，惠及民生。通过担当作为、守正创新助力河西城区建设，完成佟楼TOD保租房东侧地块、天津歌舞剧院等项目的建设工程规划许可证审批。积极推进解决历史遗留问题。按照《市规划资源局关于解决历史遗留公益性项目房屋产权证问题的意见》精神，为河西区委党校、河西区职工服务中心等项目核发了规划意见函，为解决历史遗留项目不动产登记问题扫清了规划手续方面的障碍，指导瑞江花园配套公建楼、天津医科大学广东路校区等历史遗留项目梳理审批沿革情况、完善测绘报告等要件，积极主动推进项目进展。

【市政工程管理】 聚力实施市委“十项行动”，进一步强化轨道交通建设规划服务力度，全力助推地铁11号线东段通车运营，完成地铁11号线东段全部站点规划审批手续。同步推动地铁7号线、11号线西段规划审批事项，为2024年7号线、11号线西段通车提供有力规划要素保障。坚持以改善群众出行条件为目标，加快区域道路建设，完成了友华路、尖山路、纪庄子北等多个断头、卡口改造节点工程，缓解百姓出行困扰。同时为保障地块顺利出让，完善地块配套道路建设，完成体院、陈热、金江富江等地块周边共13条道路及配套管线规划审批工作，全面提升区域交通通达性能。与河西区城管委形成合作机制，配合梳理中心城区雨污混接管网改造节点，加大雨污混接改造力度，从源头提升排水管网品质，解决城市水环境污染问题。与城市供水、供热、燃气等市政公用管理部门密切协作，重点针对运行年限较长、漏损严重、管材劣质的老旧管网按时序分批次进行更新改造，按照同一道路同步规划、同步实施，避免重复破路的原则，切实保障民计民生工程实施到位。按照市海绵办部署，落实解放南路地区调蓄池设施及调水方案，配套道路建设等规划前期工作，顺利完成解放南路片区4座调蓄池、11条道路以及所有配套管线的规划审批工作，为河西区建立水生态基础提供了规划保障。加快河西区电力基础设施建设，加紧推进电力能源转型的实施，积极推动浯水道220千伏变电站、陈塘庄220千伏变电站、渌水道110千伏变电站、柳林110千伏变电站、复兴门110千伏变电站等河西区多片区升压工程的实施落地，完成天津市“雪花网”试点工程的电力系统连接，全面推进解放南路地区电力主网架结构提升。

【测绘管理】 2023年在河西注册的测绘单位共计24家，为中交（天津）生态环保设计研究院有限公司核发测绘作业证4个。按照市规划资源局要求，完成2023年度测绘资质管理巡查工作；测绘地理信息统计报表工作；国家版图意识宣传工作；测绘行业安全生产检查工作。

【地名管理】 2023年标准地名证核发12件、更名2件。联合河西城管委共同开展中心城区道路地名标志专项治理工作，完成河西区以人名命名地名专项摸排工作，在征集地名文化系列内容素材工作中为河西区选报海河中学相关材料，办理有关标准地名业务依申请公开8件，协助不动产登记中心核实产权登记过程中所需的标准地名相关信息3件。

【证后管理】 河西分局深化“一制三化”体制机制改革，提高证后管理标准化、智能化水平，加强企业便利化服务。在法定职责内既要做好服务，也加强对项目的监督管理。配合市联合验收新制度，落实《建筑工程规划验收管理技术规范（试行）》，加强制度规范学习、加深服务精神的培养、加大与联合验收有关部门的联动、使新制度能切实提高审批效率，减少中间环节，减轻企业负担。推动规划验收合格证的办理。全年共验收项目69件。

【土地储备管理】 组织河西区住建委、河西区土整中心、河西区城投公司完成年度全生命周期预算报送工作。编制年度土地储备计划和土地储备三年滚动计划。组织河西区土整中心编制年度土地供应计划报河西区政府批准。组织河西区住建委、河西区土整中心、河西区城投公司落实自然资源部关于土地储备监测监管系统升级工作。办理河西区土地整理中心申请的储备土地临时利用手续。

【土壤污染管理】 严格按市生态环境局与市规划资源局联合印发《关于做好我市建设用地土壤污染调查、风险评估、风险管控和修复效果评估报告评审有关工作的通知》文件要求落实工作，配合河西区生态环境局对河西区内土壤污染修复项目进行会审，召开专家会议，研究土壤污染修复报告。

【土地有偿使用】 2023年分局分别为天津市机关

事务管理局、天津宾馆集团有限公司等26家企业及个人办理完成土地现状补办手续。推动桂发祥麻花文化馆、居然之家、一商珠江装饰城项目协议出让工作。

**【矿产资源管理】** 向区内33家地热矿业权利人下发《2022年度矿业资源储量统计表》、底数信息核对并上报市规划资源局矿管处和矿产资源开发利用统计直报管理分析系统的填报审核。完成了6个矿业权转让变更手续的办理。完成天津市首个核增开采年限且补收出让收益的矿业权延续手续办理。完成对河西区辖区内所有的地热单井的封填工作。联合河西区应急局对辖区内33家地热矿井进行安全生产自查自纠。会同天津市地质事务中心对区内随机抽取的5个地热矿井在标识制度落实情况、开发利用方案编制和执行情况和开发利用情况等9个方面进行实地核查。配合河西区责任部门在控沉工作中做好对地热矿井的监督监管工作。完成2023年度矿山地质环境保护与土地复垦“双随机、一公开”监督检查工作的报告。完成地热、矿泉水采矿权出让情况统计表填报。

## 监督检查与城建档案

**【依申请公开】** 切实做好依申请公开政府信息查询工作，对于需要进行依申请公开政府信息查询的，严格按照《政府信息公开条例》的法定程序办理查询类问题，做到及时回复及时办理。在与群众当面交流时充分听取意见，做好群众工作，给予必要的指导和释明，区分对待、逐个解决。2023年河西分局办理政府信息公开查询44件，协助市规划资源局办理政府信息公开查询17件，协助河西区政府办理政府信息公开查询1件。

**【信访工作】** 2023年河西分局共收到信访事项23件、其中2件信访事项不在河西分局职责范围内与市规划资源局信访处沟通后退回，受理并答复21件，答复率100%。全年共收到各类便民服务专线转办单894件，共办理370件，直接退回524件。

**【执法监察】** 2023年河西分局办理99件举报和履职申请事项，其中86件已全部通过邮件回复；6件已对街道办出具移送函；2件已作出答复；1件经核查未发现规划方面的违法行为；其余4件举报事项，已核查完毕，尚未发现违法行为。对照自然资源综合监管平台下发的卫星图斑，现场核查全部疑似违法建设项目35处，经查阅图斑相关项目的规划和土地资料，未发现卫星图斑所在地块存在土地违法行为。河西分局2023年继续开展“双随机、一公开”检查工作，其中配合市规划资源局执法总队及其他分局检查河西区项目3次，检查其他区项目6次。作为检查人配合河西区住建委检查河西区8个房屋租赁企业；河西分局单独抽查了5个从事测绘活动的单位，发现一处违法行为，已立案。2023年河西分局对15个涉嫌违法行为启动违法线索核查程序，对规划和自然资源领域违法案件立案14件，结案10件，罚款25.33万元。

**【土地供后监管】** 2023年开展闲置土地处置工作，无偿收回秋霞路、左江道桥、小白楼地下通道等土地使用权，对晟林房地产名下21、38两宗土地进行闲置土地认定，并报请河西区政府同意后开展闲置费征缴及收回土地工作。对河西分局新核发的项目，在核发相关手续时告知其权利和义务，并在后续督促其开发建设，从源头上杜绝新增闲置土地等低效使用土地的情况出现。完善河西区内国有土地租赁业务办理，对已出租的土地按时催缴租金，下达土地租金催缴函，对于不按时缴纳租金的租户，通过起诉等手段进行租金追缴，并按规定收取违约金。

**【档案管理】** 截至12月31日，全年共整理档案592卷，验收档案592卷。

（王梦佳）

# 天津市规划和自然资源局南开分局

【简况】 2023年以来，在市局党委和南开区委、区政府的正确领导下，南开分局坚持以习近平新时代中国特色社会主义思想为指导，以贯彻落实党的二十大精神为主线，认真开展学习贯彻习近平新时代中国特色社会主义思想主题教育，积极贯彻落实天津市委、市政府“十项行动”部署要求，为南开区域经济高质量发展贡献规划资源力量。

## 规划设计编制审批

【控规和细分导则管理】 有序推动天津大学鞍山西道地块、地铁7号线海光寺站地块控规修改，就修改必要性进行充分论证；完成西营门片区城市更新项目涉及地块控规修改；完成市养老院地块、奥体中心消防站地块、汾水道消防站地块、简阳路航天物资站地块、新裕里地块细分导则调整。

【其他重点规划工作】 参与天拖片区、可口可乐片区、长虹公园西片区等城市更新项目实施方案的前期策划与研究工作。组织编制南开区盘活存量资源、优化生产力布局规划，确定“一核、两轴、三区”的空间发展结构，近远期结合确定盘活项目。完成南开区街区控规单元划定工作。

## 规划和自然资源管理

【规划行政许可和行政审批】 审定各类成果213件；其中规划条件16件；用地预审与选址意见书42件；建设用地规划许可证39件；标准地名证书4件；建设工程规划许可证93件；建设工程规划验收合格证13件；档案验收认可证4件；采矿权变更2件。

【公布公示】 控规公布1件；总平面图公示35件、公布26件；道路公示3件；规划条件变更公示1件；闲置土地公示1件；土地出让结果公示1件；审定成果公示264件。

【土地供后监管】 对南开区土地供后监管台账进行梳理完善，依法依规履行监管职责。依托土地市场动态监测和监管系统，对新供应土地做好动态监测监管，落实落细土地利用动态巡查制度，督促土地使用权人按照出让合同约定开竣工，预防土地闲置。完成光电子园B地块、迎水道B地块、冀衡达三马路地块、合生公寓地块等4宗历史遗留的闲置土地处置的阶段性成果，前3宗地的处置方案已报南开区政府批准，其中光电子园B地块已纳入储备地块并纳入2027年出让计划，迎水道B地块、冀衡达三马路地块完成处置，对金轩商业中心、天房崇德园三期、双峰道（天津大学）地块、天保上城观景地块等4宗因政府原因造成竣工逾期的项目开展阶段性延期处置。对于南开科技城、世贸城二期、富力城7号地、保利迎水道地块等项目因企业自身原因造成竣工违约问题，及时下达违约金催缴通知书并持续督促企业尽快竣工。

【土地出让及租赁】 为南开医院、市养老院主楼改扩建工程、战备楼D地块学校等项目核发选址条件及供地许可。核发选址意见书12件次，规划条件11件次，建设用地规划许可证39件次，签订现状补办出让合同50件次，签订土地租赁合同4件次。其中公开出让土地约21.18公顷，划拨供地24.9公顷（其中地下空间5.7公顷），现状补办出让土地0.245公顷。

【建设工程规划管理】 助力天开园建设建言献策，积极参与天开水西联动策划，从规划资源方面助力天开园空间、人口结构新生，盘活融资渠道，引导人口置换，提升园区科技创新能力。为中国医学科学院生物医学工程所出具规划意见函，协调登记部门解决历史遗留登记问题；服务天津市地质矿产勘查开发局出入口改建，改善天开园交通微循环；核发完毕新一代智慧物联科技创新平台（精仪楼）、天津大学新一代智慧物联科技创新平台三通一平项目（换热站）、天津大学卫津路校区天津应用数学中心建设工程规划许可证。灵活运用政策，开展极速审批，打造精品项目，为天拖片区城市更新项目住宅南地块、六马路片区棚户区改造项目（24班小学及住宅用地）、天津市第二十九中学改扩建小学工程、南开大学迎水道校区苑中北路东侧地块（B用地）一期及二期、南开医院中西医结合临床中心建设项目（新院区）、西湖道（中医药大学北院）地块项目一期及二期、天开高教科技园项目天津科技广场二期改造装修工程、昌源里片区棚户区改造项目、西湖道（中医药大学北院）地块项目一期及幼儿园、西营门片区城市更新项目6号地产业园东侧地块、育杰南苑、育杰北苑、战备楼片区棚户区改造项目A、B地块、战备楼D地块学校项目、市南开医院中西医结合临床中心建设项目、天津市城市建设档案馆库房扩建工程等25个项目办理建设工程规划许可证。为六马路片区棚户区改造项目（住宅用地）、天开高教科技园项目天津科技广场二期改造装修工程、天拖二期岁丰路东侧B地块（住宅）项目、天津市城市建设档案馆库房扩建工程、天拖二期岁丰路东侧地块公安派出所等13个项目办理建设工程验收合格证。解决历史遗留问题，为与控规不符的黄河道影剧院补办规划许可手续，解决不动产登记历史遗留问题。高效为华苑地下人防等历史遗留项目补办规划许可。

**【市政基础设施规划管理】** 提升城市活力，持续完善交通规划路网，完成地铁7号线、8号线和11号线南丰路站、延安路站、南开大学八里台站、水上公园西路站及区间等地下工程建设工程规划许可证审批共计8项；完成科研北路、成业路、泽川路等新建道路共计8.5千米。推进能源清洁低碳转型和环境保护，完成主城区再生水管网连通第二批工程共计3.5千米；核发10千伏配网工程项目规划手续18项，协助企业提前3个月完成年度规划审批工作，实现电力网络提升面积约2.88平方千米；核发老旧电缆改造工程选址长度6.3千米，推动区域提升用电质量，保障用电安全。持续关注民生需求，持续完善重点项目基础设施，推进保泽道、海洋道、凤鸣路、泽川路等配套道路管线工程审批，为新裕里、岁丰路西侧地块、水厂南侧地块做好配套服务保障。为老旧电缆改造、电力系统网络联结工程、主城区再生水管网连通工程、天开园双千兆网络布局建设、燃气旧管网改造等市政管线办理规划手续共计85件，其中用地预审与选址意见书30件、建设工程规划许可证54件。

**【证后管理】** 办理建设工程规划许可证（建筑工程）25件，建设工程验收合格证（建筑工程）13件。

**【地名管理】** 共计核发《标准地名证书》4件。

**【测绘管理】** 2023年在南开区注册的测绘单位共计10家，其中甲级3家，乙级7家。按照市规划资源局要求，完成2023年度测绘资质管理巡查工作、测绘作业证核发、统计年报工作、测绘法宣传日活动。

## 监督检查与城建档案

**【执法监察】** 坚持学习习近平法治思想，严格落实行政执法“三项制度”，坚决做到严格执法，杜绝执法不规范、不严格、不透明、不文明以及不作为、乱作为等问题，坚持以法为据、以理服人、以情感人，努力实现最佳的法律效果、政治效果、社会效果。深入推进行政执法标准化建设，积极做好“双随机、一公开”检查工作；加强对违法建设的治理，认真做好日常巡查，确保每周派出执法人员对所辖区域进行例行巡查，共完成执法巡查268次，卫片执法巡查68次；加强执法联动，扎实推进违法建设协查移送工作，多次及时会同街道办事处人员共同察看搭建建筑现场或赴天津市城建档案馆查询档案，2023年共完成协助街道办事处进行规划审批认定63件、发现违法建设移送街道办事处14件。

**【地热资源监察】** 科学合理开发利用地热资源，严肃查处违规开采地热资源行为，共完成超采地热资源案件查处工作3件。

**【专项整治】** 南开分局积极推进重大专项行动工作，扎实推进“私搭乱建”问题摸排整治工作、常态化扫黑除恶斗争工作、城乡自建房安全专项整治工作等重大任务，切实推动行业领域整治走深走实，确保行业秩序明显好转、制度机制基本完善、人民群众满意度持续提升。

**【信访与行政诉讼】** 严格遵照《信访工作条例》

和市规划资源局规范性文件的要求，着力打造“阳光信访”“责任信访”“法治信访”“智慧信访”，热情接待群众信访22人次。2023年南开分局解答市规划资源局转办信访事项（包含政民零距离、12345热线、来信来访）77件、南开区信访办转办政民零距离97件、南开区信访办转办12345热线信访494件、“天津市智慧信访信息系统”转办件87件、来访来电57人次、人民网途径8件、北方网途径3件，共计823件。2023年南开分局产生行政复议案件1件，无行政诉讼案件，无败诉案件。

**【依申请公开】** 为了保障公民、法人和其他组织依法获取政府信息，提高政府工作的透明度，建设法治政府，充分发挥政府信息对人民群众生产、生活和经济社会活动的服务作用，积极推进依申请公开答复工作，共完成依申请公开答复76件。

**【档案管理】** 2023年共整理档案162卷，其中建设工程规划许可证43卷，建设工程规划验收合格证16卷，规划条件6卷，建设用地规划许可证15卷，用地预审与选址意见书18卷，标准地名证2卷，测绘作业证12卷，档案验收认可证4卷，土地出让现状补办42卷，土地租赁4卷。

（辛　潮）

# 天津市规划和自然资源局红桥分局

**【简况】** 2023年，市规划资源局红桥分局以习近平新时代中国特色社会主义思想为指导，深刻把握党中央和市委、市政府对规划资源工作作出的重大部署和重要要求，按照构建新发展格局、推动高质量发展的要求，聚焦落实市委、市政府“十项行动”，坚持高起点规划、高水平建设、高品质融合，以加快“京津冀同城商务区”规划建设为抓手，通过优化自然资源要素保障，持续推动盘活存量、培育增量、提升质量，谋划促进土地出让和产业项目落地，着力为区域高质量发展增添新动力、注入新动能。

## 规划设计编制审批

**【规划编制】** 秉承京津冀同城发展功能定位，落实国土空间总体规划，坚持规划引领城市发展，助力打造“一核两带三组团”的空间布局。与市发改委等部门联动配合，共促《天津西站综合开放枢纽——京津冀同城商务区建设总体方案》获市政府批复。从规划编制到开发建设全流程把控，确保“同城商务”的规划愿景与建设内容相匹配。

**【城市设计】** 推动京津冀同城商务区西站核心区二期启动工作，优化深化西于庄片区城市设计方案，调整道路结构体系和片区功能导向，优化片区交通组织及功能布局，统筹研究地块建设内容及配套要求。重点研究推进西站片区综合交通枢纽周边区域交通改善项目，细化津航桥、西青道辅道、复兴路匝道等道路规划策划方案，推动周边区域交通环境、商务、服务配套功能日益完善，加快建设“轨道上的京津冀”。

**【控规和细分导则管理】** 有序推动欧亚达地块控规修改，科学论证修改必要性，充分研究修改方案；完成群众影院地块、西站南地块细分导则调整。

**【其他重点规划工作】** 按照红桥区政府关于城市更新工作安排，配合研究辖区内京津冀同城商务区一期西站西片区、西站南片区、耀华中学红桥学校周边区域城市更新项目，找准区域城市问题，补齐公共配套设施，高效率做好规划资源要素保障。组织编制红桥区盘活存量资源、优化生产力布局规划，确定近远期盘活项目。

## 规划和自然资源管理

**【重点地块规划】** 加快“京津冀同城商务区”规划建设，细化研究天津西站南广场、同义庄、群众影院、欧亚达、西于庄Z1、Z2等重点优质地块，合理调整商务、商业等要素的规模比例，提升生产力承载能力。为同义庄地块、群众影院地块2个地块核提规划条件，为欢庆路110千伏输变电工程核发用地预审与选址意见书，支持西于庄泵站工程、双环西路（龙泉道—连环道）道路工程、地铁4号线北段工程核发国有土地划拨手续。公开出让土地1宗，为天津西站东二（群众影院）地块，土地出让金约2.2亿元。协议出让土地共2宗，分别为卓朗科技园二期项目及铃铛阁C、D地块地下连通通道项目。

**【建设项目规划管理】** 为河北工业大学红桥校区南院科研楼项目优化立面设计方案，将该项目建设工程设计方案与地铁建设充分结合，高质高效完成规划审批，解决学校教育科研用房紧张的难题。“零跑动”办理建筑类建设工程规划许可证，耀华中学红桥学校项目顺利取得全市首个无纸化建设工程规划许可，加速推动项目进展。服务人民医院三期住院楼、中交报春里、中海铃阁北苑、五十一中南等项目，积极对接并提前告知项目规划验收注意事项和办理流程。全力推动红桥区耀华中学红桥学校、中医医院规划验收工作，持续跟踪服务，高效率高标准完成项目内外业审核，为项目顺利验收创造有利条件。高质量完成中海油天津化工研究设计院有限公司新建食堂项目、天津水泥工业设计研究院有限公司购置研发中心建设双创基地暨绿色数智双碳创新中心项目规划验收，助推红桥区经济社会高质量发展。

**【市政工程规划管理】** 高质量推动西站南广场地块、西于庄片区、同义庄地块、欧亚达地块等重点区域路网规划建设，梳理周边待提升道路规划情况，针对西青道辅道、复兴路匝道、津航桥等重要节点进行研究。着力推动区内铃阁南苑、铃阁北苑、云泽苑、报春里等建设项目市政配套道路及配套电力、供热等管线工程。服务城西电力公司，为本溪路110千伏变电站核发建设工程规划许可证。积极推进排水设施建设，保障西于庄泵站在2023年汛期前交付使用，一个工作日内即为其核发建设工程规划许可证，高效完成西于庄泵站手续办理。加快地铁工程审查审批，主动对接轨道集团，研究地铁站点建设方案，为地铁4号线北段工程西于庄站车站附属地下部分及地铁4号线北段白庙站—北洋桥站区间、北洋桥站—西沽公园站区间、西沽公园站—西于庄站区间（红桥区）核发建设工程规划许可证。

**【规划行政许可和行政审批】** 2023年共核发规划审批手续59件次。其中，核发用地预审与选址意见书8件次，规划条件7件次，建设用地规划许可证10件次，建设工程规划许可证21件次，

**【测绘管理】** 为持续做好辖区测绘行业安全生产工作，全面加强测绘资质监督管理，加强对测绘单位从事测绘活动的监督管理，维护测绘地理信息市场秩序，按照市局部署要求，全年组织所辖行政区域内测绘单位检查2次，每次检查按比例抽选实地巡查对象，详细查阅测绘地理信息安全保障措施管理体系、测绘成果和资料档案管理体系等有关资料，听取测绘单位情况汇报，要求测绘单位高度重视，提高思想认识，确保测绘生产安全。

**【地名管理】** 切实履行规划资源系统地名管理职责，在行政区域内开展道路地名标志检查工作。共检查城市道路123条、地名标志290个、发现3种类型问题地名标志共计31个，并将检查发现的问题报送综合行政执法总队，通知地名标志设置单位开展整改工作。

**【证后管理】** 建设工程规划验收合格证13件次，审批建筑规模为76466.03平方米。

**【盘活存量资源】** 编制“1个规划”。按照市规划资源局工作部署，会同区相关部门梳理辖区存量载体“底数”，红桥区商务楼宇12处、商业载体16处、工业厂房7处，闲置率32%，结合现状及发展定位编制了《红桥区盘活存量资源优化生产力布局》方案，为盘活重点项目提供规划依据。盘活“4处项目”。灵活运用产业用地高质量利用及不动产登记相关政策，通过探索用地性质转换、工业用地续期等方式，助力新型科技、工业研发、教育资源项目落户红桥，促进卓朗科技园二期项目、水泥设计研究院绿色数智双碳创新中心项目、滨水大楼项目实施，盘活建筑面积13.44万平方米，实现政府净收益超1亿元，预计增加税收5.5亿元。原天津市第五十一中因教育资源整合，校舍已闲置多年，通过提升改造校园环境，引入耀华中学优质教

育资源，成立耀华中学红桥学校，实现教育资源更新盘活，顺利达成招生目标，推动全区教育质量和办学水平稳步提升，存量载体盘活转化为实际社会效益。

**【土地资源管理】** 结合开展为群众办实事活动，用心为企业和办事群众做好“非居住”类现状不动产国有建设用地使用权补办出让手续，耐心解读新政策新要求，一次性告知具体办理流程，让群众少跑腿。2023年共办理包括现状不动产国有建设用地使用权补办等协议出让手续30余件，收取土地出让金（含政府净收益）4500余万元。

**【用地供后管理】** 加强动态巡察，及时掌握项目进展情况，对红桥区已供土地建立和完善监管台账和巡查台账，充分利用土地监管平台、项目跟踪卡，加强对已供土地开竣工事项进行供后监管，为禧瑞花园项目办理竣工延期手续。

## 监督检查与城建档案

**【执法监察】** 严格落实执法“三项制度”。结合规划监管、测绘资质巡查、部门联合抽查等职责，以“互联网+监管”“双随机、一公开”等为依托，切实加强规划资源领域事中事后监管力度。按照《天津市规划和自然资源违法行为立案查处工作规范》规定，严格做好行政处罚信息公开公示相关工作，切实维护规划和自然资源法律法规的严肃性。2023年立案结案1宗，移送案件线索20余宗，出具协助调查函100余份。定期开展执法案卷评查，提升规划和自然资源法律法规的治理能力。扎实开展推进土地领域问题整治、自建房安全排查整治、深化巩固违建别墅问题清查整治等专项专班工作，严格落实用地、规划审批安全监管责任，对涉及红桥区经营性自建房20宗项目、养老服务用地、设施等开展行业领域排查，严格落实相关整治工作要求，完善日常监管长效机制，持续深化自然资源领域行业整治，较好地完成了重点专项整治任务及迎检督导督查相关工作。

**【信访工作】** 坚持学好用好“浦江经验”和“枫桥经验”相结合，积极寻求化解信访问题新方法，做好信访人员情绪疏导和稳控工作，多元化解矛盾纠纷。2023年共接待群众来访共计70余人次，转办回复12345工单、人民网留言、政民零距离留言共400余件，回复群众关于地铁线路规划、土地利用性质和建设项目规划等信息查询。配合市规划资源局、红桥区司法局、红桥区人民法院等复议诉讼机关做好调查取证工作，涉及行政诉讼案件1件。

**【依申请公开】** 2023年共完成信息公开45件，回复市规划资源局转办10余件，回复区政府转办10余件。

**【档案管理】** 高度重视档案收集、整理工作，召开专题会议部署档案工作。分局各归档科室积极配合，按时完成档案移交。2023年共完成文书档案收集261件，业务档案收集84卷。2023年共提供档案查询、借阅79人次。查询、借阅档案共计180卷。

（李佳璇）

# 天津市不动产登记局中心城区分局

**【简况】** 2023年，天津市不动产登记局中心城区分局坚持以习近平新时代中国特色社会主义思想为指导，全面贯彻党的二十大精神，扎实推进高质量发展，持续优化营商环境，推动窗口服务更加便民、内部管理更加规范。

## 不动产登记

**【完成不动产登记工作任务】** 全年办理各类不动产登记36.73万件，同比增长38.1%。其中，新建商品房转移登记1.06万件，同比增长120.43%。二手房转移登记6.38万件，同比增长33.64%。抵押登记9.08万件，同比增长59.05%。抵押注销登记6.31万件，同比增长33.88%。查封、异议登记2.99万件，同比增长40.64%。共计代征税款16.89亿元。办理不动产登记资料查询13.04万件。进行现场查勘88次，上门服务504户，接听便民热线咨询电话9.27万个，收到锦旗58面、感谢信8封。

**【服务重点工程】** 高质量完成天开高教科技园登记工作。在依法依规的前提下，协助破解法拍堵点，采取以购房款项结清证明代替房款发票、以幢为单位开具契税票等措施，既提高了登记效率，又保证了登记安全。在紧急完成500余套房产约1400条查封注销登记的基础上，仅用时4天就完成了1288套房产的不动产登记工作。

**【压缩登记时限】** 在全市率先将补证、换证业务办理时限由3个工作日缩短至即时办结。聚焦企业需求，增加绿色办事和现场办理窗口，用足现行惠企惠民政策，在取号机上增加“个人卖企业”现场取号功能键，通过技术手段与登记2.0系统进行联动，防范倒号风险。

**【登记规范化】** 重新研究并规范了不动产更正登记的办理程序及更正标准；就登记业务中涉及分割、合并登记，缴纳土地出让金等存在争议或未明确的事项进行研判，加强沟通；邀请法律顾问参加研讨并出具法律意见书，为依法合规办理登记提供法律保障。

**【服务企业】** 陆续走访天津柳林街区城市更新产业运营有限公司、天开高教园、海河建投、和平区金融街、河北区群芳苑、河西区海景芯苑等20余家企业。为河北区意式风情区宗教房产办理了20年未解决的历史遗留产权证；为和平区尊盛园项目量身打造“土地变更”“竣备即首登”“交房即交证”三合一组合拳不动产登记新模式。

**【落实阶段性土地出让支持政策】** 完成天津市首个“发函即发证”项目。先行先试，对具备分期独立开发建设条件的地块以土地利用部门出具的函代替补充合同，为企业办理首期地块的土地权属登记，节省了企业的时间、资金和人力成本，实现土地出让分期交地、不动产登记同步办理。为之后在全市出台阶段性土地出让支持政策提供了实践经验。

## 自然资源管理

**【权籍调查基础保障】** 全年开展不动产权籍调查259项。针对市、区重点开发项目、城市更新项目，提前介入，先期开展工作，在设计阶段加强与项目相关单位沟通，摸清相关地块权属情况，为项目的有序推进提供条件；针对地铁4、7、8、10、11号线区间、站点及附属设施用地建设项目，与项目单位实时沟通，及时反馈相关信息，避免因权属注销等问题导致项目返工。

**【落实市重点督办项目】** 针对区重点出让地块项目，及时反馈地块内未注销或需明确用地单位等各类问题，保证项目方及时跟进情况，及时解决发现的各类问题。顺利完成和平区新华路体育场地块开发项目、河西区柳林地区城市更新项目、河北区美术学院地块城市更新项目等重点工作。

## 监督检查与城建档案

**【修订完善制度】** 修订完善《干部职工因私出国（境）管理规定》《主任办公会议事规则》《党委会议事规则》，制定《工作例会制度》《工作服务规范》《日常管理及工作制度》《带班值班制度》等6项制度，进一步强化内部管理。制定《服务大厅巡查检查制度(试行)》《窗口作风讲评例会制度》《窗口投诉处理机制》《回访制度》等4项制度，加强自查自检，坚持问题导向，畅通问题反馈渠道，确保发现问题及时整改落实到位。

**【建立监督检查机制】** 建立《市区不动产登记数据安全检查管理制度》，明确登记数据的查询、提供、使用等各层级的权限，建立月检查、问题通报、问责处理机制，严格防范信息泄露、信息篡改、违规使用等问题发生。建立《市区不动产登记涉税联系单制度》。与市内六区税务部门实行涉税联系单“数据流”线上传输，防止人为篡改和体外循环；由税务部门明确各类登记涉税收缴标准，最大限度限制不动产登记人员的涉税自由裁量权。

**【严格登记系统权限管理】** 制定《市区不动产登记事务中心不动产登记系统账户管理规定》，梳理了中心登记系统账户305个，清理账户43个，做到使用人签字确认，落实到人；对于敏感权限账户按照最小权限原则，及时关闭权限；研究实名注册、建立爽约机制，并与住建委信息中心联系，确定不动产登记2.0系统升级方案，将叫号窗口和叫号顺序号进行绑定，防止徇私舞弊内外勾结。

【信访工作】 规范信访投诉处理，设置矛盾化解专用接待室，对可能出现的苗头性问题先期介入，先行化解。全年受理信访案件399件，化解尚未形成信访的事项1899件，受理线上咨询投诉2321件。应诉行政案件43件，行政复议10件。

【内控管理体系】 组织召开10次不动产登记业务研究会，针对中心城区范围内的50余项不动产登记问题进行研究，顺利解决和平区睦和里、河西区红云里26-36号、河西区芳竹花园75幢、南开区台北花园等27个项目的登记难题。前三季度中心城区分局分三批共抽取市区不动产登记事务中心各类不动产登记档案1032卷，从登记受理、审核审批等环节入手进行核查，发现材料填写、材料收取及整理、办理日期、税费票据等4方面共17项问题，进行通报并督促整改。对登记系统中涉及“证件号码”“房屋用途”等方面进行修改的“更正登记”件进行100%覆盖检查，共核查440余件。

【档案管理】 建立《市区不动产登记事务中心不动产登记档案自查和管理制度》，开展日常登记档案自查及整改，从档案的产生、流转、归档、利用等环节入手，突出源头管理、过程管理以及线上管理，坚决禁止缺失、替换、损坏等现象发生。

（孟宪伟）

# 天津市规划和自然资源局东丽分局（天津市不动产登记局东丽分局）

【简况】 2023年，市规划资源局东丽分局坚持以习近平新时代中国特色社会主义思想为指导，深入贯彻党的二十大精神，坚定拥护“两个确立”、坚决做到“两个维护”，扎实开展学习贯彻习近平新时代中国特色社会主义思想主题教育，积极助力“十项行动”落地见效，认真履行“两统一”核心职责，加强自然资源保护和利用，为区域经济社会发展贡献力量。

## 规划设计编制审批

【国土空间规划编制】 2023年，东丽区国土空间总体规划编制工作取得阶段性成果，在自然资源部审核并同意启用的“三区三线”基础上，进一步深化方案，明确发展定位、重点指标，构建全域国土空间保护开发新格局，统筹布局生产、生活和生态空间，对城乡公共服务、交通、能源、水利及安全设施进行系统安排，制定规划实施的保障措施。

【控规及细分导则调整】 重点推动12个控规调整及细分导则调整项目完成批复（其中控规调整6个，细分导则调整6个），5个控规调整项目取得阶段性进展。

【《东丽区国土空间总体规划（2021—2035年）》】东丽区于2020年5月，成立了规划编制和服务工作组，主要负责东丽区国土空间规划编制过程中发展战略、重大事项的指导和决策工作。通过建立高效的工作机制，保证规划编制的顺利开展。区委、区政府高度重视，深入谋划，建立了涵盖1项总体规划、9项专题研究、22项专项规划的编制体系，统筹形成规划合力，高标准推动《规划》编制。《规划》形成阶段成果后，通过线上、线下相结合的方式，面向社会公开征求意见；向市级有关部门及相邻区政府书面征求意见，经多轮沟通就相关问题基本达成一致；组织专家评审会议，邀请5位专业领域高水平专家建言献策；此外，按照有关法规、政策规定，履行了《规划》报审的各项法定及必要审查程序。

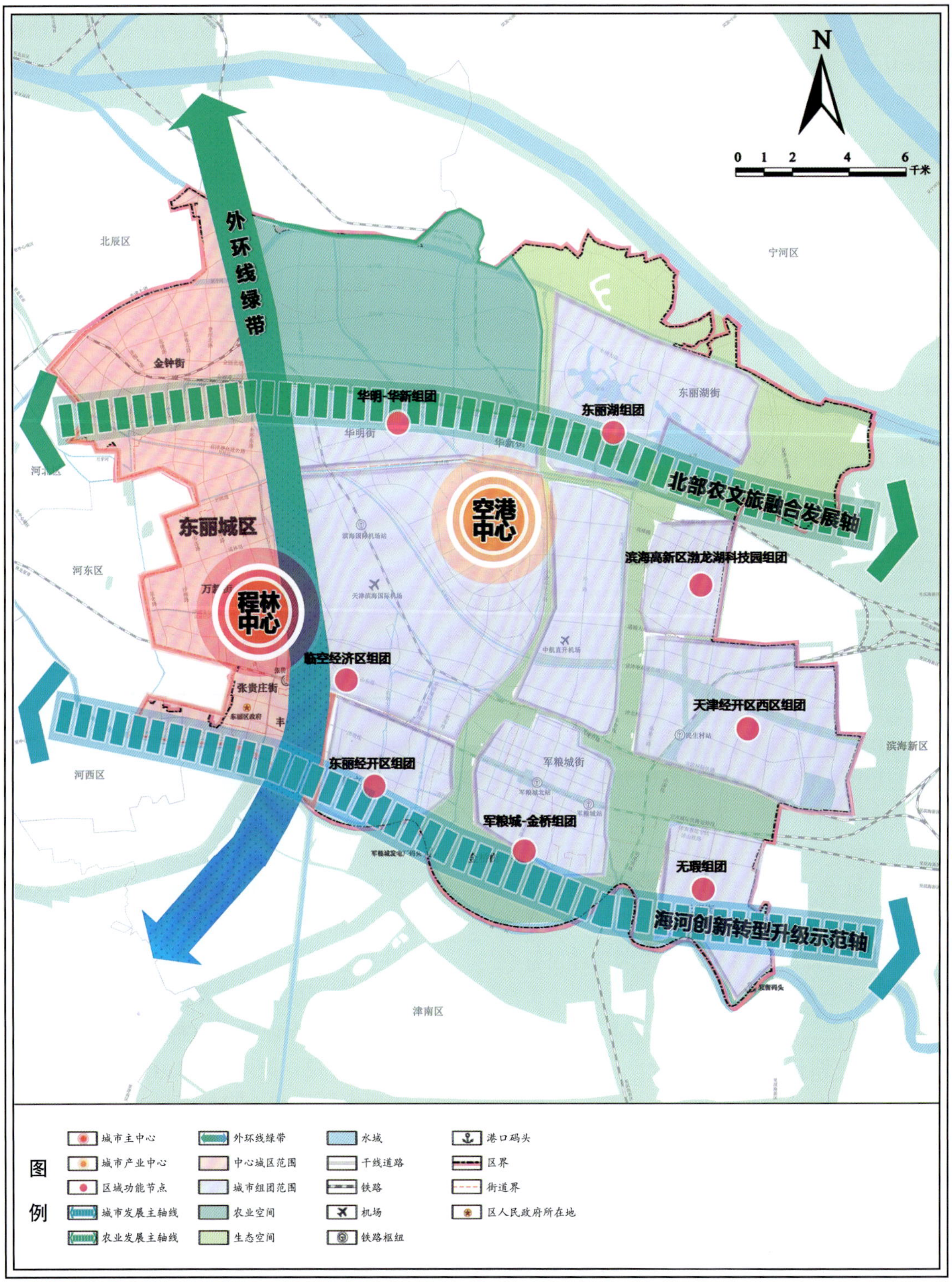


《东丽区国土空间总体规划（2021—2035年）》国土空间总体格局规划图

**【东丽区农林空间详细规划（村庄规划）（2022—2035年）】** 2023年以来，东丽区按照《自然资源部关于加强国土空间详细规划工作的通知》要求，结合《自然资源部关于深化规划用地“多审合一、多证合一”改革的通知》，积极推进规划范围内的耕地、林地等资源的空间布局优化与单元管控通则的绘制，探索城镇开发边界外农林地区分层级深度详细规划的编制和管控方法，完成全区49个农林空间单元管控通则。规划编制过程中充分向市规划资源局进行汇报，广泛征求专家、区级有关部门、各街道园区和社会公众意见和建议，梳理吸收并在方案中予以落实，通过区司法局合法性审查。按照有关法规、政策规定，履行了规划报审的各项法定及必要审查程序。践行绿水青山就是金山银山的发展理念，完成并批复《东丽区农林空间详细规划（2022—2035年）（村庄规划）》。规划将东丽区农林空间分解为49个单元，分别明确耕地、生态红线、林地等底线要求，分解建设用地指标，提出动态维护生态空间、按需落位建设空间，创新管理模式，为开发边界外项目许可提供了详细规划保障。

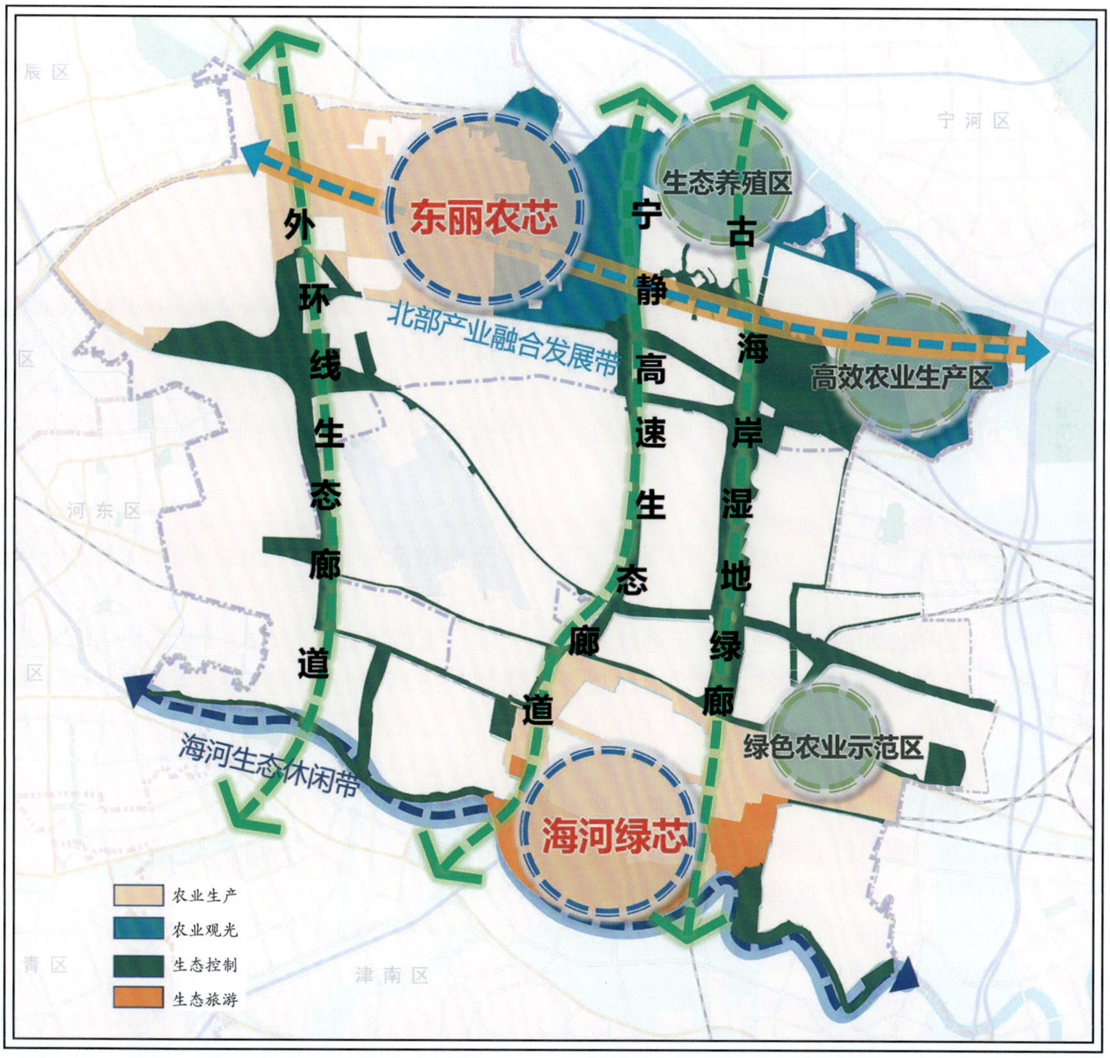


农林空间开发保护总体格局示意图

## 规划和自然资源管理

**【建设工程规划管理】** 2023年，推动建设项目规划审批进度，完成东丽区设计产业配套设施、设计公园一期、津丽（挂）2021-06号宗地B地块项目、金钟河大街南侧片区城市更新项目8号地、天津机场三期改扩建工程——西区特种车库工程、天津地铁4号线南段工程航双路站附属工程（地上部分）、中国地质科学院地球物理地球化学勘查研究所自然资源部地球化学探测重点实验室项目等86个建筑工程类建筑工程规划许可证；天津市金钟河大街南侧片区城市更新项目上江北路（赵沽里大街—靖江北路）道路工程、柳林桥DN1400给水管道切改工程、东郊污水处理厂及再生水厂迁建工程项目、昆俞路（崂山道—程新道）管线综合工程等69个市政工程类建设工程规划许可证。

**【建设用地规划管理】** 天津地铁4号线南段工程新兴村站主体工程（地上部分）、“设计之都”设计产业配套设施、金茂出让地块配套道路工程等42件划拨类建设用地规划许可证；完成金钟河大街南侧片区城市更新项目8号地、津东丽海（挂）2023-006号地块项目等8件出让类建设用地规划许可证。

**【规划行政许可和行政审批】** 2023年，市规划资源局东丽分局政务服务窗口核发各类业务案件524件次。其中核发规划条件20件，用地预审与选址意见书建筑工程22件、市政工程150件，建设用地规划许可证建筑工程9件、市政工程33件、出让用地8件，地名命名、更名居住区、公建项目7件，建设工程规划许可证建筑工程86件、市政工程69件，建设工程规划验收建筑工程81件、市政工程23件，建设工程档案认可证12件，采矿权延续4件。审批建设用地规模93.76公顷，审批建设工程规模87.09公顷，规划验收规模321.71公顷。

**【证后管理】** 2023年，市规划资源局东丽分局通过“一网通”平台办结证后管理业务案件116件，其中核发规划验收合格证104件、档案认可证12件。所有验收项目案件全部做到现场踏勘，均经分局业务案件会审例会审核通过，业务系统带图作业率100%，无一超时办理。

**【地名管理】** 2023年，市规划资源局东丽分局持续做好地名管理，完成标准地名证7件，主要包括花璟雅园、恒正商业楼、雅郡润园、万悦南苑、清溪园等项目；配合市局完成地铁11号线东丽文体中心站命名工作。

**【耕地保护】** 严格保护耕地资源，按照耕地保护和粮食安全考核新要求，市规划资源局东丽分局开展了2023年度耕地保护和粮食安全责任目标检查工作，12月完成自查工作，并将自评结果报送东丽区发改委。

**【地热采矿权审批】** 严格落实地热采矿权审批工作，完成地热采矿权审批4宗，其中1宗采矿权变更登记、3宗采矿权转让登记。

**【建设用地增减挂钩管理】** 严格落实城乡建设用地增减挂钩建新方案管理，配合弘轩道以北（万康北侧）地块、天津国家会展中心海河通道工程等征地项目，出具《城乡建设用地增减挂钩建新方案》5个。落实跨省域城乡建设用地增减挂钩节余指标约0.85公顷，协助东丽区政府回笼资金640.38万元。

**【土地供应管理】** 2023年，市规划资源局东丽分局以协议出让方式供应土地7宗，土地面积约1.6公顷，土地出让金586.63万元，均为政府净收益。以划拨方式供应土地42宗，涉及土地面积114.77公顷。以租赁方式供应土地3宗，土地面积5.17公顷，租金66.6万元，均为政府净收益。

## 不动产登记

**【不动产登记管理】** 2023年度共完成不动产登记相关业务108822件，其中：房地（包括首次登记、转移登记、变更登记、注销登记、换证、补证）19786件；国有土地使用权（包括首次登记、转移登记、变更登记、注销登记）49件；集体土地所有权449件；抵押登记18548件，其中涉及企业的抵押登记1011件，抵押金额1758.33亿元；抵押注销登记11574件；预售登记101件；预告登记6117件；查封登记3799件；档案数字化入库48399卷。

**【登记服务】** 2023年度共启动不动产绿色通道479次，增加登记服务号源5960个，接待咨询12600余次，利用下班时间入户服务41户，企业办件全量回访1882件，为小城镇还迁居民办理不动产登记1205件，津心办App线上业务与带押过户多登合一业务727件，累计完成非税收入1721万元，税收收入21542万元。

**【所有权汇交专项工作】** 完成集体所有权更新汇交专项工作，2023年8月14日通过市级质检并汇交至部级进行质检。成果更新汇交变更宗地348宗，注销宗地76宗。共汇交集体土地所有权宗地700宗。积极参与登记系统重构、登记数据治理以及业务标准化工作，认真组织人员参与研讨、学习政策、提出合理意见。及时完成相关工作任务。

**【地籍管理】** 2023年，市规划资源局东丽分局完成各类不动产权籍调查工作97件，面积391.3公顷；完成各类测绘监管工作33件，面积222.2公顷；完成疑似违法用地协查工作46件，面积142.6公顷；完成各类地类变更工作3件；完成不动产登记外业现场查勘54宗；完成2023年度国土调查工作，包括国家下发遥感监测图斑、上半年监测图斑、自主补充图斑等14268个，面积8157.77公顷，经过内业分析、外业调查举证、内业判读与认定，完成审核后制作增量数据上报，年度国土调查工作成果通过市级核查。

## 监督检查与城建档案

**【执法监察】** 2023年，市规划资源局东丽分局完成违法行为立案查处工作。立案查处土地案件13件、规划案件22宗。及时对接天钢公司、焊管公司、赛瑞公司等重点改制企业，做好查处对接工作。完成东丽区2019至2022年历史遗留40个地热井超采行为立案查处工作。积极落实武警后勤学院、民航大学和世纪圣发医院3个无证地热井整改工作，并下发责令限期整改通知书，督促项目单位及时完成关停封堵。全年做好违法建设核查工作，受理回复街道违法建设协助调查函300余件。

**【专项清理整治】** 会同东丽区农业农村委继续推动“大棚房”问题专项清理整治行动“回头看”工作。会同东丽区农业农村委对全区28个设施农业项目开展自查，未发现新增“大棚房”问题。开展农村乱占耕地建房问题整治工作。按照《关于开展农村乱占耕地建房非住宅类项目有关工作的通知》要求，完成国家下发图斑的补充摸排工作。持续推动历年例行督查整改工作。开展历年卫片执法检查和2023年卫片新增整改工作。

**【信访接待】** 坚持和加强党对信访工作的全面领导，不断提高信访工作的能力水平。2023年共计受理信访事项126件，个人来访来电41件，智慧信访26件，自然资源部系统28件，市局、区转件26件。接收转办12345热线959件。严格落实领导接访方案，坚持领导干部接待信访常态化、制度化，确保责任落实到位，群众合理诉求得到解决。

**【依申请公开】** 依法依规做好政府信息公开工作。坚持“公开为常态、不公开为例外”的工作原则，完成主动公开政府信息936件，办理依申请公开307件，充分保障人民群众的知情权。

**【档案管理】** 加强档案日常管理，2023年接收整理各类业务档案660卷，文书档案648件。

（李金鹏）

# 天津市规划和自然资源局西青分局（天津市不动产登记局西青分局）

【简况】 2023年，天津市规划和自然资源局西青分局深入学习贯彻落实习近平总书记关于规划和自然资源管理重要指示批示精神，坚决落实市规划资源局党委和西青区委、区政府部署要求，聚力“十项行动”，提升规划设计编制和管理水平，提升形成西青区“两心三带三区，多点支撑”国土空间规划格局，高质量推动大运河文化带等专项规划，重点推动天开西青园规划设计，高水平谋划天津南站站产城一体化规划设计。强化资源要素保障，土地出让完成率位居全市前列，获评全国首批“自然资源节约集约示范县（市）”。持续优化营商环境，在全市率先建立区级“标准地”指标体系，创新应用线上“带押过户”模式，推广应用“三并行、三同步”“拿地即开工”“交地即送证”“竣工即投产”“标准地”等审批模式，积极推行建设工程规划许可全流程无纸化审批，为高质量发展助力赋能。“标准地”案例入选市优化营商环境典型案例。丽江道下穿地道工程规划手续办理案例被评为市规划资源局优化营商环境示范案例。“交房即交证”项目获评天津市法治政府建设示范项目。

## 规划设计编制审批

【国土空间总体规划】 深入推进区国土空间总体规划编审，落实主体功能区划定要求，细化13类主体功能分区，提升形成西青区“两心三带三区，多点支撑”国土空间规划格局，合理布局农业、生态、城镇空间，优化城区空间布局，对城乡公共服务、交通、能源、水利及安全设施进行系统安排，规划方案已上报市政府待批。

【专项规划】 高质量推动专项规划编制，大运河文化带（世界文化遗产西青段）专项规划已报市政府审查，西青区综合交通、生态修复等2个专项规划均形成阶段方案并启动报审工作。重点推动天开西青园规划设计，开展先导区景观环境提升设计，助力天开西青园顺利开园，围绕大学城构建研发转化产业化的西翼拓展区这一主基调，规划形成“一城、两业、三区、四谷、五链”发展布局。（配图1）

【城市设计】 高水平谋划天津南站站产城一体化规划设计，创新规划设计理念和组织模式，采用“指标弹性管控、街区混合利用”方式优化空间设计，构建复合多元、精明成长的综合枢纽片区，南站站产城一体化城市设计形成稳定方案。协同开展大运河艺术之城城市设计，坚持文化传承和运河保护的理念，规划构建运河绿芯、文体街区、艺术街区，设计形成六大功能板块，更好支撑音美学院及周边地区高质量建设。

【控制性详细规划】 有序推进控制性详细规划提升，幸福道、中北物美西地块、小外九年一贯制（M3车场及周边地块）、西营门片区、杨柳青农场发债地块、陈塘热电、西青区委党校等7个控制性详细规划项目完成市政府报批，音美片区、南站地区等控制性详细规划项目正稳步报审，有效支撑西营门片区、外国语小学等重点地区（项目）发展建设。（配图2）

【村庄规划】 加快村庄规划覆盖，推进完成木厂村、小孙庄村、建新村、宽河村、闫庄子村、小卞庄村、宣家院村等7个村庄规划编制，注重落实“一村一策”策略，因地制宜，科学确定村庄发展目标，合理布局村庄“生态、生产、生活”空间，优化保障乡村发展空间，推动乡村振兴发展。（配图3）

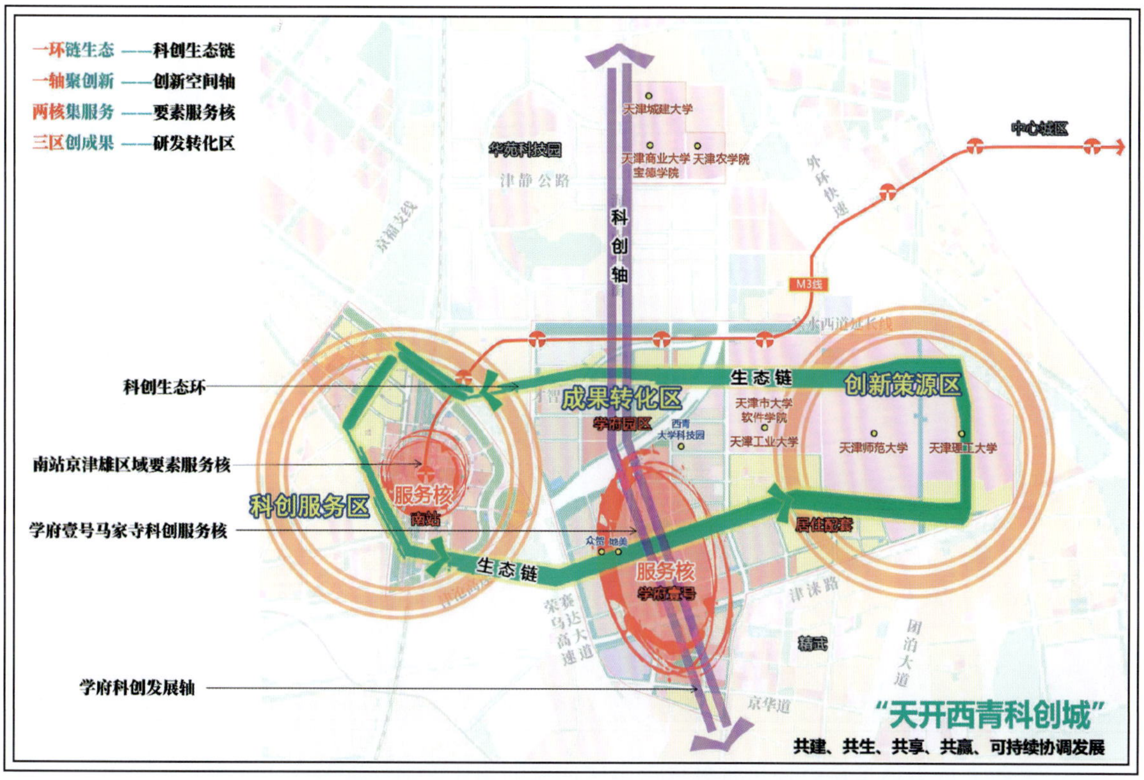


天开高教科创园西青园规划设计空间结构图（配图1）

天津市西青区西营门片区控制性详细规划（配图2）

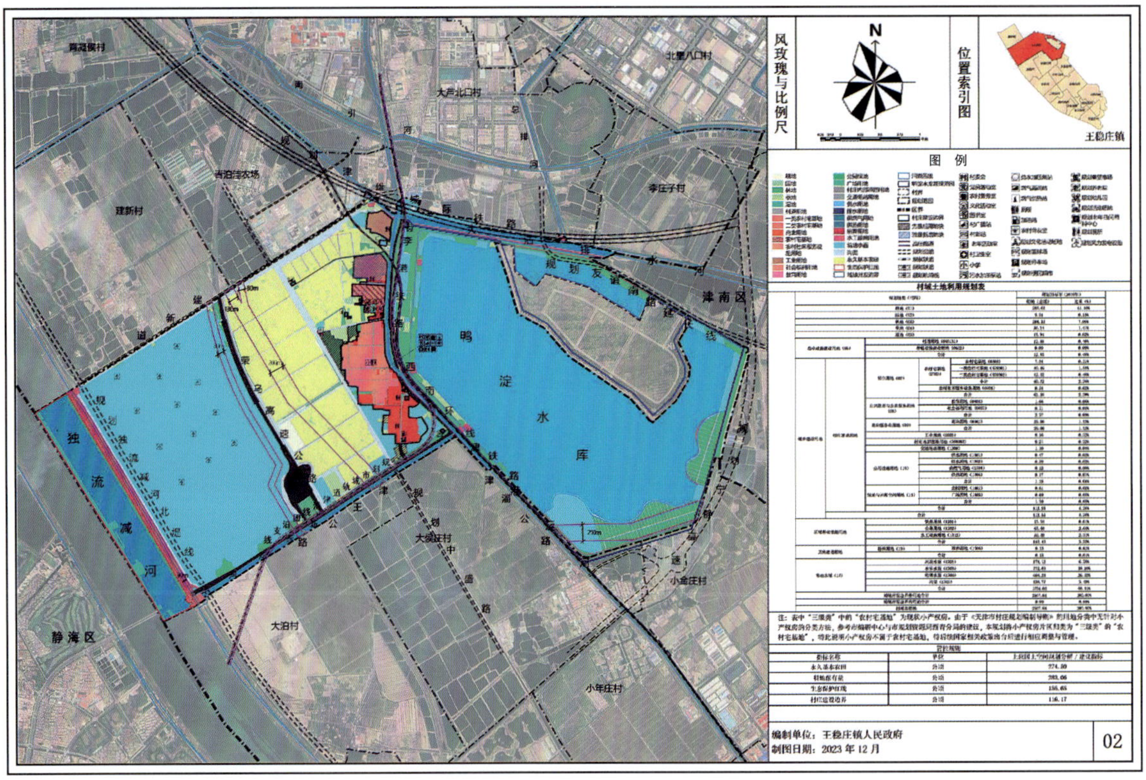


西青区王稳庄镇小孙庄村村域国土空间规划图（2021—2035年）（配图3）

## 规划和自然资源管理

**【用地管理】** 完善用地计划管理，强化新增建设用地、占补平衡、规划指标等各类指标的统筹使用。精准高效落实产业用地高质量发展、助企纾困、历史遗留项目、灾后恢复重建项目绿色审批通道等政策措施，进一步发挥规划和自然资源对重大项目建设的支撑保障作用，全力推进市区两级重点项目、重点储备项目、灾后项目落地。在重点项目服务工作专班基础上，推广应用“三并行、三同步”“拿地即开工”“交地即送证”“竣工即投产”“标准地”等审批模式，积极推行建设工程规划许可全流程无纸化审批，加强“一地一码”平台宣传应用，助力土地招商。领导班子带队深入街镇、企业、项目等开展走访服务37次，协助解决问题140余项。

**【重点项目规划服务】** 强化对重大项目建设的支撑保障作用，各环节提前介入、主动服务、并联办理、压茬推进，完成天开高教科创园西青园、集成电路封测、经纬恒润、杉杉奥特莱斯等重大项目服务。高效服务“孩子王”仓储项目，从签订土地成交确认书到取得建设工程规划许可证仅用9个工作日，成为西青区首个实现“拿地即开工”的仓储项目。通过建立标准地“土地超市”，保障天开高教科创园西青园“东鹏特饮”工业项目从签约到发布挂牌公告仅用8天，实现“签约即挂牌”。探索形成一批特色亮点典型案例成果，西青线上“交房即交证”被评为市规划资源系统“我为群众办实事”实践活动示范项目、丽江道下穿地道工程规划许可手续办理案例被评为市规划资源局优化营商环境示范案例、西青“标准地”案例入选天津市2023年第二季度优化营商环境典型案例、西青“交房即交证”案例入选2023年天津市法治政府建设优秀案例。

**【耕地保护】** 认真贯彻落实《土地管理法》，坚持最严格的耕地保护制度和最严格的节约用地制度，积极开展耕地保护工作，达到耕地保有量指标要求。组织各村签订《耕地保护责任书》，将耕地保护责任分解到村，明确责任和要求，进一步强化耕地保护意识。对各街镇“田长制”2022年度工作情况进行考核，探索优化田长管理模式，督促各级田长履职尽责。严格控制非农建设占用耕地，落实耕地占补平衡制度，积极挖掘存量用地潜力；积极引导农业内部结构性功能分区调整，充分利用其他农用地和未利用地，尽量不占或者少占耕地，引导设施农业项目向有利于耕地保护的方向进行。天津市对各区2022年耕地保护责任试考核中，西青区在全市排名第一。

【全民所有自然资源资产清查】 编制西青区全民所有自然资源资产清查工作实施方案，完成西青区全民所有农用地（不含林草湿）、建设用地、未利用地、湿地资源资产实物量清查工作，为摸清自然资源资产底数奠定基础。

【城镇国土空间监测试点工作】 联合西青区各镇人民政府、街道办事处以及近20家相关委、办、局，成立西青区城镇国土空间监测试点工作领导小组，明确任务分工和职责，共同参与、推动试点工作。2023年7月，西青区城镇国土空间监测试点工作顺利通过验收，探索并完善城镇国土空间监测体系和技术方法，初步形成了市区两级国土空间监测的工作模式，为全市城镇国土空间监测工作开展奠定工作经验。

【农用地转用土地征收】 2023年报批农用地转用土地征收20个批次，面积85.1公顷，全部获批。其中经营性用地9个批次，面积65.4公顷，为西青区经营性用地出让奠定了基础；公路、公共服务设施等11个批次，确保了蓟汕高速公路工程（津滨高速—津晋高速）津港公路分离式立交段、精武镇学府工业区1号雨水泵站工程等基础设施、民计民生项目的及时落地。

【土地出让】 强化用地服务保障，积极落实优化营商环境各项举措，紧紧围绕向前延伸促招商、中间协调各部门、向后延伸促项目快速落地的工作思路，实行全流程的服务，高效推动土地出让工作。聚焦市委、市政府“十项行动”，进一步简化、优化、标准化供地程序，提高土地供应效率，促进西青区经济高质量发展。2023年6月，联合西青区八部门印发《进一步优化西青区工业用地“标准地”出让工作实施意见》，西青区全面推行“标准地”出让，出让“标准地”355亩，成为全市率先完成年度工业用地“标准地”出让任务的区县。以企业需求为导向，积极推动项目“拿地即开工”，全力保障金印联、孩子王、海源、大宗气站等项目快速落地，保障“孩子王”仓储项目“拿地即开工”，实现“东鹏特饮”工业项目“签约即挂牌”。2023年出让土地15宗，出让面积67.7公顷，土地出让金40.9亿元，年度出让任务完成率117%。其中，经营性地块7宗，土地面积25.69公顷，出让金36.8亿元；工业地块8宗，土地面积42.01公顷，出让金4.1亿元。

【土地开发利用管理】 2023年1月，西青区获评全国首批“自然资源节约集约示范县（市）”。2023年度消化批而未供土地198.68公顷，完成天津市规划和自然资源局下达任务指标。严格落实建设用地“增存挂钩”机制，将新招商项目优先安排在存量建设用地内，严控新增建设用地，以土地利用方式转变提高土地利用效率。规范开竣工监管，加强对开（竣）工申报认定、土地延期、逾期违约金计收、开（竣）工情况巡查、历史已供建设项目开（竣）工问题处置等方面的规范管理，加强巡查监管，督促提醒用地单位加快开发建设进度。健全通过法律诉讼追缴违约金的工作机制，本着“分类处置、有序推进”的原则，推进剩余历史遗留闲置土地处置工作。

【规划行政许可和行政审批】 严格按照《天津市工程建设审批制度改革试点实施方案》和“一制三化”改革方案进行审批，实施各类事项“五减”改革，坚持“马上就办”，实行承诺办结制度，积极推行“以函代证、容缺后补”等审批方式。2023年核发用地预审与选址意见书(含规划条件)184件、建设工程规划许可证301件、建设用地规划许可证73件、建设工程规划验收合格证109件、标准地名证12件、国有土地有偿使用（含划拨补办出让和合同条款变更）17件、测绘作业证4件。

【地名管理】 办理地名审批12项，完成9条新增道路命名，完成西青区环内地区75条道路路名标识排查工作。

## 不动产登记

**【不动产登记管理】** 推动不动产登记服务高质量发展，优化营商环境服务水平再提升，推出线上存量房“带押过户”、批量办理、领帮办等举措，提高服务水平。利用西青区数据服务平台持续推动与住建、税务、民政等有关单位信息共享，并结合税务直征，进一步优化存量房买卖办件流程，在全市率先开展“继承公证+不动产登记”窗口一次办，提升“一窗受理、集成化服务”、不动产登记“一站式”服务效能。加强不动产登记队伍作风常态化建设，健全完善制度建设，强化窗口廉洁从政和作风建设。深化“交地即送证”服务，完成孩子王等5个“交地即送证”项目。积极解决历史遗留问题，办理产权证4925套。2023年共完成各类不动产登记约7.5万件，现场查询业务约1.5万件。办理不动产权籍调查成果233件。开展2022年度国土变更调查工作。落实集体土地所有权确权登记更新汇交工作，梳理出需做裁余登记的共计500宗，涉及14705.76公顷；并积极配合审计、公检法等部门的核查工作。

**【不动产登记网上办理】** 加强智慧化办公、智能化服务，积极推行“不动产登记一网通”“津心登”网上办理不动产登记业务，2023年完成不动产网上登记33559件，其中抵押权登记网上办32356件；津心登”App网上办理各类登记611件；线上“交房即交证”为龙湖江茗苑、保利智雅苑项目业主共计办理产权证592套，并被评为市规划资源局“我为群众办实事”十大示范项目和天津市法治政府建设示范创建项目。创建“青先锋·利民登”不动产1+6党建品牌，成立党员先锋队，发挥党员模范带头作用，着力宣传线上受理服务；完善咨询电话呼叫中心系统语音引导功能，积极推行“津心登”App网上办理不动产登记业务，加强不动产登记网上办宣传，将便民利企举措落到实处。

**【推出线上“带押过户”服务】** 为进一步优化营商环境，办好民生实事，更好地满足刚性和改善性住房需求，促进房地产市场良性循环和健康发展，通过贷款、交易、登记业务信息共享，各部门业务协同、集成办理、数据交换等手段实现个人存量房屋交易线上“带押过户”，降低个人存量房屋交易的资金成本和时间成本，保证交易双方和抵押权人的合法权益，2023年共办理线上“带押过户”187件，涉及贷款金额17421.5万元，面积19295.93平方米。

## 监督检查与城建档案

**【违法用地治理】** 严格落实市委、市政府关于违法用地治理的部署要求，持续加大违法用地治理力度，深入落实“早发现、早制止、严查处”工作机制，充分发挥土地和规划管理所前哨作用，采用“人防+技防”手段，提高基层巡查效率。深入开展土地领域专项巡视问题整改、例行督察问题整改、农村乱占耕地建房问题整治、“大棚房”问题巡查检查等各类专项行动，秉持“零容忍”态度合力攻坚，遏增量、去存量，全面推动西青区违法用地治理工作，2023年累计推动整治违法用地440余亩。

**【基层现场巡查】** 基层土地规划巡查所“一根钢钎插到底”，动态调整巡查重点点位，优化重点巡查路线，坚持高发时段重点查、重点区域反复查、发现问题跟踪查“三查”方法，提高巡查效率，实现源头发现、源头治理，2023年完成土地和规划外出巡查2211人次，制止违法行为26个。配合其他部门完成“田长制”“河（湖）长制”及建筑工程证后过程查验监管、建设用地供后开发利用监管、石油天然气长输管道项目两侧违法占地和违法建设、地热井、自建房专项整治等多项专项巡查工作。

**【执法监察】** 完善行政执法体制机制，围绕执法监督重点工作，促进执法工作精细化、科学化、高效化。坚持以案卷评查为抓手，全面提升行政执法水平，组建分局行政执法案件评查小组，开展执法案卷评查4次。严把法制审核关，将全部行政执法案件和重要行政工作纳入法制审核，2023年审核行政处罚案件8件，审核重要合同及文件68件，为各类行政决策及法律事项出具法律意见79件。在天津市行政执法监督平台录入行政执法检查信息8149件。制定执法人员培训计划，组织开展法治培训11次，进一步夯实执法人员业务水平。

**【信访和依申请公开】** 践行以人民为中心的发展

思想，用心用情解决好群众合理合法的利益诉求。2023年共办理依申请政府信息公开279件，办理信访事项430余件，12345工单830余件，化解重点信访积案39件。2023年2月，西青分局被自然资源部评为全国自然资源信访工作业绩突出单位，1名同志被评为全国自然资源信访工作业绩突出个人。

**【档案管理】** 严格落实档案管理工作要求，加强档案管理政策法规和规章制度的学习和培训，提升档案管理规范化水平，提升档案查询利用便捷水平。2023年局机关共接收业务档案840卷、文书档案22卷、会计档案127卷、不动产登记中心会计档案277卷。严格执行各项档案管理制度，履行审批手续，坚持“借阅有登记”，西青分局机关档案查询利用业务、会计文书等各类档案借阅356人次，856卷次；查阅278人次，2893卷次。西青区自然资源调查和不动产登记中心2023年接收并归档档案47158卷，查询与利用档案8348卷。推进不动产登记档案数字化实时扫描，2023年实时扫描约251万页。西青分局机关办公室荣获天津市档案工作先进单位。

（姚　依）

# 天津市规划和自然资源局津南分局<br>（天津市不动产登记局津南分局）

**【简况】** 2023年，天津市规划和自然资源局津南分局以习近平新时代中国特色社会主义思想为指导，全面贯彻党的二十大和二十届二中全会精神，紧紧围绕全市“十项行动”以及“十项行动·津南行动”部署要求，严格落实市规划资源局以及区委、区政府工作部署，严守资源安全底线，优化国土空间格局，促进绿色低碳发展，维护资源资产权益，着力扎实推进全区规划资源工作提质增效。

## 规划设计编制审批

**【国土空间规划】** 为贯彻落实《自然资源部关于全面开展国土空间规划工作的通知》等文件精神，组织开展了津南区国土空间总体规划编制工作，并于2023年6月初报市政府审批。坚持上下联动，重视规划体系的承接传导，指导各镇镇级国土空间总体规划编制工作，严格落实津南区国土空间总体规划中的约束性指标，同时衔接已编制的村庄规划，实现区、镇、村三级联动，确保镇级国土空间总体规划发挥“衔接上下”的作用。

**【控制性详细规划】** 按照法定审批程序，依申请组织开展控规修编、控规修改和细分导则调整工作；深入落实详细规划改革创新要求，开展津南区街区控规单元划定工作。津南区新城片区12p-04-04单元津南医院地块控规修改方案，于2023年7月24日经天津市人民政府批复，为津南医院二期扩建项目提供规划支撑；津南区海河中游西片区12p-02-02单元02街坊02-02地块控制性详细规划修改已完成征求利害关系人意见、安全影响评价和环境影响评价梳理工作，并于2023年12月29日经市政府同意开展控规修改；津南区八里台片区12p-06-04单元02街坊（八里台东路以东地块）控制性详细规划修改已完成征求利害关系人意见、安全影响评价和环境影响评价梳理工作。2023年组织开展天嘉湖片区12p-08-01单元部分地块细分导则调整工作、八里台片区12p-06-04单元科技大道西侧部分地块细分导则调整工作、港辛片区12p-01-11单元03-09地块细分导则调整工作、滨海新区西片区葛沽分区JDe（12）02单元03街坊部分地块细分导则调整工作、津南区新城片区12p-04-04单元津南医院地块细分导则调整工作、津南区12-03单元12街坊部分地块细分导则调整工作和津南区八里台片区12p-06-03单元01街坊部分地块细分导则调整工作，并履行完成专家评审、征求相关部门意见以及市规划资源局业务会审批工作。

**【专项规划】** 津南区专项规划涉及城乡资源类、公共服务类、生态保护类、综合交通类、市政设施类、历史保护类、防灾减灾共七大类39项专项规划，由天津市规划和自然资源局津南分局会同行业主管部门组织编制。天津市规划和自然资源局津南分局统筹梳理专项规划编制情况，与津南区国土空间总体规划做好深度衔接，满足各专项的空间需求。津南区已完成24项专项规划的批复，15项专项规划正在积极开展编制审批工作，其中由天津市规划和自然资源局津南分局组织编制的专项规划有4项，津南区村庄布局规划、津南区综合交通专项规划均形成阶段性成果，完成征求各部门意见；津南区国土空间生态修复规划形成阶段性成果；津南区空间管制区规划形成初步成果。

**【村庄规划】** 组织相关镇结合实际，倒排工期，梳理剩余村庄规划编制审批计划，制定时间表，研究路线图，合理安排村庄规划审批时序，2023年共完成17个村庄规划审批手续。截至2023年底，津南区31个保留村中已完成22个村庄规划审批手续。2023年多次到各相关镇调研服务，选派“乡村规划师”下乡服务推动和美乡村共谋共治，以高质量的村庄规划助力乡村振兴的实施建设。2023年，天津市规划和自然资源局津南分局被中共天津市委农村工作领导小组授予天津市乡村振兴先进集体荣誉称号。

## 规划和自然资源管理

**【政务服务】** 继续深入推进“放管服”改革，做好要素保障；规范政务服务承诺制，提升政务服务便利度，做好“以函代证”和“电子报建”等政务服务工作；主动采取“服务前置”模式，在建设单位取得土地手续前，提供前期方案指导及预审查服务，现场从用地预审、规划选址、规划许可、土地供应、登记发证等环节开展模拟审批流程指导，设置专人督办、持续跟踪问效；持续开展双万双服促发展和“街镇调研”活动，梳理规划和自然资源领域政策清单，形成“政策包”，在解难题的同时开展政策宣讲；深化“首问负责、一次告知”等服务机制，切实提升窗口工作人员专业能力和服务本领。

**【规划行政许可和行政审批】** 2023年完成政务服务事项579件，其中用地预审与选址意见书（含规划条件）134件，建设用地规划许可证44件，建设工程规划许可证184件，建设工程规划验收合格证108件，建设工程档案认可证90件，地名命名更名8件，矿业勘查探矿采矿许可6件，国有建设用地使用权出让合同条款变更4件，乡村建设规划许可证1件。

**【建筑与市政工程管理】** 进一步强化重大项目支撑，通过“线上+线下”联合模式，采取“承诺制”“以函代证”等方式压缩审批时间，保障国家会展中心生态会客厅、华海清科化学机械抛光机生产配套工程等项目完成审批手续；推动白万公路（天津大道—海河南道）工程（一期）、柳林公园贝影桥、海河工业区北闸口拓展区基础设施建设工程、渤海综合治理津南区合流制改造一期等项目开工建设；推动海河教育园区公园配套活力街区项目（绿动Box活力街区）落地，针对首次遇到的集装箱新型建筑形式，多次召开专题会议研究项目情况，重点突破箱式灵活的摆放方式、租赁土地取得特许经营权的情况，为绿屏生态产品价值转换提供新思路。2023年主动对接、提前服务、广泛宣传，与住宅项目的建设单位沟通对接多样性空间增值利用的可行性、鼓励建设单位应用住宅挑空、坡屋顶、地下室及室外专有庭院等四类多样性空间的增值利用政策，加快推进天津市住宅建设向高品质居住需求的目标转型升级，满足住宅市场设计精细化、多样化需求，为天津中海天嘉湖房地产开发有限公司臻湖苑、天津京晟置业有限公司海棠街友慧路东侧A10项目、天津广隆房地产开发有限公司海棠街友慧路西侧居住项目、天津建绿筑城房地产开发有限公司津津南景（挂）2023-018号地块一期东区和西区、天津中建津轨建设发展有限公司双林街浯水道东侧居住项目一期等项目申请的住宅室外专有庭院、部分挑空核发规划审批手续，助力项目后期顺利实施。

**【证后管理】** 全面落实国家关于进一步加强事中事后监管有关意见要求，对津南区已核发建设工程规划许可证且未规划验收的项目采取“双随机、一公开”方式开展过程检查工作。2023年共抽取检查津南区项目4个，参加检查12人次。验收时严格核查《建设工程规划验收测量技术报告》与规划审批的一致性，完成天津海汇房地产开发有限公司唐玺雅苑、天津融町房地产开发有限公司汀水轩、天津滨涪置业有限公司汀泽庭苑二期项目、天津星耀投资有限公司星耀五洲17号地琥珀银滩、天津市协连房地产开发有限公司惠安花园三期项目、天津津南新城房地产开发有限公司津南新城合祥园二期等住宅项目的规划验收，助力保交楼顺利交付；跟踪天津博众汽车配件制造有限公司博众年产68万套高档汽车配件项目、天津联东金舸实业有限公司联东U谷双创中心、天津荣程联合钢铁集团有限公司65MW煤气高效清洁综合利用发电项目、天津全时自动化精密设备有限公司模具生产项目、天津津重重工机器设备制造有限公司年产风力发电机仓座120台（套）扩建项目、天津江恒房地产开发有限公司江恒产业园、西夫拉姆酒业（天津）有限公司年产2万吨进口葡萄酒灌装项目建设进度，加速项目竣工投产；推动中建方程（天津）城市建设发展有限公司葛沽PPP顺河大街等五条道路工程、天津市津南区八里台镇人民政府老桥道（洪泥河东路—泰和路）工程、天津海河金岸投资建设开发有限公司机场大道（天津大道—海河南道）工程、天津市津南区土地整理中心津南区荣辉路（双荣道—津沽公路）道路工程等重点项目的规划验收工作，保障市政基础设施顺利落地。

**【国土变更调查】** 2023年6月完成2022年国土变更调查数据上交。2023年8月2022年国土变更调查成果下发。

**【测绘成果监管】** 2023年进行测绘监管489宗，面积9735.1公顷，其中征转37宗，面积175.7公顷，供地42宗，面积301公顷，登记42宗，面积153.5公顷，所有权368宗，面积9104.9公顷。

**【宅基地确权调查】** 2023年继续开展宅基地确权调查工作，完成北闸口镇、小站镇的18个村宅基地房地一体的地籍测绘、权属调查，全面查清宅基地的使用权状况以及地上房屋的权属、界址、位置、面积等情况，对符合登记发证条件的进行登记发证，实现凭证管地、凭证用地。

**【地名管理】** 2023年共办理地名证6宗。津南区作为天津市唯一试点，开展深化乡村地名服务工作，促进31个乡村地名管理服务能力显著提升，乡村地名信息在互联网地图平台全面准确规范标注，乡村地区出行导航能力显著提升，助力数字乡村建设取得积极进展。天津市规划和自然资源局津南分局牵头开展此项工作，开展乡村地名外业调查采集4062个地名点数据，涉及地名点的数据有3852处，涉及道路街巷的数据有210处；2023年上报百度地图审核通过1116条，分析统计乡村地名数据，编制成果图表，对乡村地名规范命名、设标。

**【全民所有自然资源资产所有者权益试点】** 继续牵头开展津南区全民所有自然资源资产清查试点工作，完成全民所有土地、矿产、森林、草地4类自然资源资产清查试点的各项任务，结合价格体系成果估算经济价值，相关成果经区级自检、市级复检合格后已上报至自然资源部，通过国家质检核查，为委托代理机制试点工作提供基础数据。在深化清查工作方面，摸清国有与集体边界，作为代表区做全市的经验介绍。继续牵头开展津南区全民所有自然资源资产所有权委托代理机制试点工作，结合资源分布特征、资源禀赋等实际情况，津南区重点探索土地资源和矿产资源的行权履职，试点期间，编制“自然资源清单”1项，形成“理论成果”6项、“制度性成果建议”5项、“实践成果”5项。2023年9月份按时如期上报试点工作总结报告。

**【耕地保护】** 牵头完成了津南区耕地资源质量分类2021年度、2022年度更新分析报告评审工作、耕地开垦资金专项核查工作和2022年下半年耕地卫片874个图斑、2023年上半年75个图斑外业拍照及系统填报工作。2023年4月以来，按照自然资源部要求，开展了占用耕地和永久基本农田超标准建设廊道绿化问题专项排查整改工作，对市级部门下发的5517个图斑进行了核实并经区政府同意将排查整改情况报市规划资源局、市农业农村委。同时，发挥考核对耕地保护的“指挥棒”作用。制定津南区耕地保护责任目标年度检查工作方案，并将考核结果报送区绩效牵头部门。按照自然资源部和天津市《关于严肃开展耕地和永久基本农田划定成果核实处置工作的通知》要求，拟定工作方案，组织各镇开展核实处置工作，对永久基本农田中的449块“非耕地”图斑及符合政策要求的其他图斑进行现场核实，拟定处置意见，形成初步成果。进一步做好耕地占补平衡和进出平衡工作，统筹做好耕地后备资源指标管理，全力联合相关部门组织各街镇开展耕地卫片、占用耕地和永久基本农田超标准建设廊道绿化、改变用途或超标准建设设施农业整改。

2023年4月和8月对全区2021年以来已备案的29宗设施农业进行了2次全面实地检查，并督促问题项目整改工作。

【矿产管理】 津南区截至2023年底，地热采矿权共38个，探矿权8个。地热井数量共计75眼，其中有采矿许可证开采井为38眼，回灌井37眼；8个探矿权涉及的4家矿业权单位按天津市规划和自然资源局要求组织开展地热勘探工作。2023年完成津南区所有有证地热单井治理工作，《市规划资源局关于地热单井采矿许可证办理延续登记有关事项的通知》下发时，津南区涉及有证地热单井8眼，经治理，其中3眼注销，4眼补打回灌井并通过验收，1眼为两采一灌符合要求。2023年共办理采矿权审批登记5件；按照天津市规划和自然资源局统一部署，制定《津南区开展矿产资源领域安全生产月排查工作方案》，对全区所有采矿权人和探矿权人开展现场检查，同时组织各镇街、开发区、农业园区等单位对无证地热井、地质勘查隐患进行排查。

【建设用地审查报批】 在项目选址阶段提前介入，主动服务。利用“一张蓝图、多规合一”综合管理平台，结合项目初步选址选线位置，以国土空间规划和用途管制规则为基本依据，围绕耕地和永久基本农田保护、生态保护红线、节约集约用地等方面提出书面意见，并严格落实上位规划的各项要求，主动提示申报单位充分利用“智慧选址三线查询”小程序，提前核实占压红线、永久基本农田情况，力争选址更科学合理，降低后期审批难度。审批过程中充分传递和执行好最新的支持性政策，让优惠政策落准落实。在项目选址和用地预审阶段严格执行土地使用标准，超标准、无标准的项目用地严格按照《自然资源部办公厅关于规范开展建设项目节地评价工作的通知》要求做好项目节地评价。相关规划审批工作保障了海鑫路工程、津南医院二期工程等一系列重点项目落地，更好地促进土地资源开发利用，服务津南经济发展大局。小站镇北马路北侧工业项目、双林街浯水道东侧居住项目、双港新家园03-09地块规划条件变更均在上级部门要求节点高效完成，为重点招商项目落地和市、区出让计划完成保驾护航。推动完成海河柳林企业小总部项目规划条件核发，促进民营经济高质量发展。通过梳理研究政策并与区武装部沟通调研，成功解决了葛沽PPP民俗文化区项目内的“碉堡”难题，重新核发了相关地块的规划条件，为土地出让工作打好了基础。同时积极探索创新，海棠街两宗居住项目结合服务人口合理配置配套公建设施等助力区土地招商，保障了地块顺利完成出让。积极主动对接市规划资源局相关处室，第一时间落实了市规划资源局关于土地征转工作在权籍调查表格、其他草地认定、社会稳定风险评估备案、报批格式上提出的新要求。2023年编制成片开发方案4个，获批土地征转批文14个，批准面积总计124.7公顷。保障了会展生态会客厅项目、迎新振兴文旅发展有限公司乡村振兴发展项目、白万路（津港高速—津港公路）、洪泥河东路、津南医院二期等重点项目用地需求。

【土地供应】 继续统筹全区土地供应工作。2023年共出让经营性用地4宗，占地面积218.03亩，成交总价款12.213亿元；出让工业用地2宗，占地面积410.1亩，成交总价款1.765亿元；协议出让、补办类项目23宗，土地出让金0.5亿元。划拨24宗，供地面积164.36公顷，划拨土地价款8071万元。梳理津南区批而未供土地情况，对批而未供土地进行分类汇总，建立台账，实时更新，限时督办。重点对基础设施和“未批先建”项目进行梳理，主动与项目单位对接，督促项目单位尽快申报办理有关供地手续。2023年津南区“增存挂钩”批而未供完成处置60公顷。2023年完成办理三宗工业用地分割、分割转让手续，解决资金困难项目无法继续建设形成违约的实际困难以及企业想要高效利用土地、盘活存量资产的迫切需求，同时也实现了土地的节约集约利用。按照市规划资源局利用处统一安排，自2023年2月起牵头配合市规划资源局研究全市建设用地使用权转让、出租、抵押政策，制定了《政策汇编》和天津市建设用地使用权转让、出租、抵押3个实施细则初稿，基本形成了天津市较为完善的二级市场转让实施细则。2023年探索拟定《津南区工业用地预转让及预告登记制度实施方案》，确定了为企业办理国有建设用地使用权转让预告登记的方法路径，颁发了天津市首个国有建设用地使用权转让预告登记证明。企业持预告登记证明即可办理立项、建设工程规划、施工许可等手续，突破了以前办理土地使用权证后才能办理以上手续的瓶颈，为盘活低效土地、促进优质项目落地建设开辟了全新路径。

【供后监管】 2023年针对项目开竣工情况现场巡查11次，涉及162宗土地；累计发放各类监管通知147份；收取开竣工违约金项目7宗，共计359.036741万元，均为通过司法诉讼追缴到位；向法院提起民事诉讼追缴开竣工违约金项目共计2宗；因政策性原因延误，经区政府批准，办理开竣工延期项目11个；加快推动闲置土地及竣工违约项目处置工作，2023年未新增闲置土地。制定津南区《关于新冠肺炎疫情期间建设项目开竣工顺延方案》，帮助全区192家企业解决开竣工延期问题。

## 不动产登记

【不动产调查】 2023年累计办结各类不动产调查113宗，面积597.4公顷，其中供地57宗，共299.1公顷，登记17宗，共190.7公顷，征地30宗，共98.1公顷，预审4宗，面积3.2公顷，临时用地5宗，面积6.3公顷。2023年完成地类变更2宗。

【不动产登记管理】 2023年共办理各类登记业务127075件，包括个人业务64124件、对公业务3336件、预告登记8397件、查封解封11883件、“一网通”39335件。

【优化不动产登记营商环境】 2023年在全市率先实现“竣备即首登”工作。通过加强与各相关部门的沟通协作，综合运用前置预审、容缺受理、并联审核等措施，推动建设工程项目联合验收、竣工验收备案与不动产登记同步开展，实现企业“竣备即首登”，进一步减少企业的时间成本。在全区范围内推行土地公开出让交地即送证服务。土地出让部门与受让企业签订出让合同时，将首次登记申请材料内部流转至不动产登记部门，一窗办理交付土地确认书和不动产权证书，用地企业在签订交付土地确认书当日即可到不动产登记部门领取不动产权证书，为用地企业提供“一站式”服务。

## 监督检查与城建档案

【执法监察】 继续牵头推动全区耕地保护督察反馈问题整改。2015年至2023年挂账问题共计222宗，上报整改完成181宗，其中2023年耕地保护督察问题2宗，上报整改完成1宗，不存在“非农化”问题。全力做好土地领域违法违规用地问题整治牵头组织工作，定期汇总整改进度、分析存在困难、提出解决建议，多次以“半月报”形式向区委、区政府主要领导和分管领导报告各类专项任务整改情况，同时会同区委督查室先后深入镇街开展实地督察，通过听取汇报、召开座谈会和现场查看点位等方式进行督导，了解整治工作进展情况和存在问题。为保证各整改责任单位顺利完成整改任务，结合工作实际，先后深入各镇街指导服务40余次，解答工作疑难问题，并加班加点连续利用一个月时间指导各单位拓宽整改路径和对图斑进行分类梳理，多次组织分局审批部门、镇街召开专题会议，研究解决推动补办手续、设施农业备案事宜，并联合属地政府深入现场共同推动整改工作370余次（行驶里程25792千米），共整改完成567宗116公顷。

【卫片执法】 扎实做好执法监督卫片工作，结合2023年新土地卫片判定规则，第一时间组织召开专题培训会对变化部分进行深入解读，及时组织开展卫片图斑外业核实、内业核查、集中研判工作，同时采取填报和检查分离工作模式，每月均按时保质保量完成填报，2023年全区占用农用地非农化行为“零新增”。

【行政执法】 严格落实行政执法“三项制度”，定期组织相关执法工作人员召开案件研判会40余次，集中研判在办案件办理进度、存在疑难点以及拟解决方案，对调查过程进行逐项审核，确保问题及时发现和处理，通报案件进度，保证执法文书按期及时送达，有效避免因超期等程序违法造成的败诉风险。2023年共立案查处土地、规划、矿产类案件51件，下达行政处罚决定书16件，通过督促整改或督促履行行政处罚决定方式结案51件。同时，充分运用“行刑衔接”机制，进一步加强与公安、检察院、法院衔接，与公安机关对接30余次，向法院移送案件11件，形成共同打击违法占地合力，有效遏制“非农化”违法行为。

【无人机巡查】 将无人机高效性、安全性、精准性等优势与巡查工作充分结合，精准设置228个无人机放飞点位，形成覆盖管辖范围的大网，实现耕地保护在大数据时代下高效智能化；基于国土变更调查耕地数据，剔除已经征转、出让和发证地块，叠加“三区三线”基本农田和耕地保护红线、基本农田储备区、土地开发整理范围数据，形成耕地保护范围“一张图”，并定期收集国土变更调查数据、征转和用地审批数据、开发整理数据、复垦验收数据，动态更新，始终做到巡查工作高精准、全覆盖。

【违法建设清理整治】 继续履行津南区违建别墅问题清查整治专项行动领导小组办公室职责，持续做好深化巩固违建别墅问题清查整治工作。2023年未发现新增违法线索。

【信访工作】 依法分类处理信访事项，严把时限关、程序关，坚持第一时间受理、第一时间答复。强化法律顾问、公职律师在群众申请依法履职事项中的审核把关作用，确保依法履职、依法答复。2023年共办结各类信访件444件，其中信访网转办372件，个人来访/来信46件，矛调中心交办16件，市规划资源局交办10件。组织接访202批，571人次。办理政务服务便民“12345”热线2237件，承办区信访办（地方领导留言板、“政民零距离”平台留言、在北方网“党群心连心”留言等）交办153件；承办市规划资源局信访处（人民网留言、公仆热线、12345热线等）交办131件。落实领导包案制度，带头化解群众反映强烈的突出问题。2023年领导接访、回访共计15次，并对重点信访问题积极组织专题研判推动。

【行政诉讼、行政复议和依申请公开】 进一步规范复议应诉办案标准和流程，做好案情分析，案情汇报、风险研判、结案分析、督促整改。2023年共办理行政复议案件6件，协助市规划资源局办理行政复议案件5件，办理新发生行政诉讼案件20件，协助区政府办理行政诉讼案件3件。需要负责人出庭应诉的开庭审理共7次，实现百分百负责人出庭应诉。2023年共答复政府信息依申请公开288件（含2022年度结转6件），均在法定时限内答复完毕，配合办理市规划资源局、区政府转办的政府信息公开申请95件。

【档案管理】 开展档案三合一整改整治，进行库房改造及设施维修，制定制度规范档案保管、保密安全、鉴定销毁、应急预案、档案统计工作流程。组织开展档案数字化工作，完成档案数字化项目招投标，进驻人员设备，开始数字化扫描。2023年完成文书档案数字化扫描工作，其中著录文书档案17465条，文书档案扫描164883页，完成业务档案著录34435条，业务档案扫描350764页。

（曲晓琳）

## 天津市规划和自然资源局北辰分局（天津市不动产登记局北辰分局）

【简况】 2023年，天津市规划和自然资源局北辰分局深入学习贯彻党的二十大精神及习近平新时代中国特色社会主义思想，紧紧围绕“两统一”职责，积极主动作为，勇于担当负责，全年完成规划行政许可和行政审批事项567件，完成土地征收转用报批27个项目，共计办理各项各类不动产登记88737件。

### 规划设计编制审批

【控规编制与修改】 北辰分局推动控规项目编制、修改4项，分别为北辰区13P-13-09单元（西堤头镇南工业区）控制性详细规划编制、北辰区13p-10-06单元（河北工业大学及周边用地）控制性详细规划编制、北辰区13-11小淀一单元11、12、15、16街坊（原天津农药厂地块）控制性详细规划修改、北辰区13P-02-03单元06、07街坊部分地块（双街张湾地块）控制性详细规划修改。同时根据发展需求，开展其他重点区域、重点项目控规编制、修改前期论证相关工作。

【国土空间总体规划编制】 2023年在原有国土空

间规划阶段方案基础上，持续深化区级国土空间总体规划编制工作，在形成文本和图集（报审稿）基础上，履行完成了公示、两轮征求市区两级意见、专家论证、风险评估、合法性审查等程序，经北辰区人民政府第49次常务会议审议通过，通过北辰区第十八届人大常委会第十四次会议审议，按期于2023年6月上报市政府。《规划》紧紧围绕京津冀协同发展战略，对标对表市委、市政府“十项行动”，紧扣乡村振兴，立足北辰区先进制造业雄厚基础，以新发展理念构建新发展格局，严格落实上位规划。《规划》构建了北辰区“一区三片，三轴两带，两心多点”的国土空间开发保护格局。内容涵盖十四个篇章，围绕总则、基础评价与问题评估、明确发展目标与战略、优化国土空间开发保护格局、优化绿色高效的农业空间、保护协调稳定的生态空间、建设创新协调的城镇空间、完善中心城区、塑造特色个性的魅力空间、建设绿色高效的综合交通体系、加强城市安全韧性体系建设、土地集约利用与国土综合整治、近期行动计划、《规划》实施保障机制等方面，科学谋划北辰区未来发展。

【专项规划编制】 完成北辰区生态修复规划编制报批工作，为天津市首个获批的区级生态修复专项规划。《规划》全面贯彻落实国家生态安全战略，提出了空间生态修复指导思想、主要目标、战略格局、重点工程和实施措施等，是当前及今后一段时期内北辰区开展国土空间生态保护修复工作的指导性、纲领性文件，是实施国土空间生态修复工程的重要依据。

## 规划和自然资源管理

【建设工程规划管理】 北辰分局严格遵照相关法律及规范性文件，本着优化加简化的原则不断梳理规范审批事项，精简材料，简化流程，提高效率，全年累计核发用地预审与选址意见书99件，建设用地规划许可证85件，建设工程规划许可证106件。

【规划行政许可和行政审批】 2023年共核发审批事项567件，其中规划条件22件，用地预审与选址意见书99件（市政84件），建设用地规划许可证件85件（市政54件），建设工程规划许可证184件（市政78件），建设工程验收合格证63件（市政0件），建设工程档案验收认可证103件，标准地名证5件，采矿权变更1件，采矿权延续3件，乡村规划许可证2件。

【市政工程规划管理】 北辰分局全年共计完成道路及配套管线工程审批216件，其中核发用地预审与选址意见书84件，建设用地规划许可证54件，建设工程规划许可证78件。

【证后管理】 加强对建设工程规划实施的监督检查，确保建设工程严格按照规划审批的要求进行建设，全年完成规划验收63件。

【测绘管理】 按照《市规划资源局关于开展2023年测绘地理信息行业“双随机、一公开”监督检查计划的通知》相关安排，组织辖区内所有测绘单位开展测绘资质自查工作，多次抽取测绘单位开展实地检查。2023年6月组织开展应急测绘保障演练，市规划资源局北辰分局与天津市辰源测绘有限公司共10人参加演练，投入无人机2架和10余套专业数据处理软硬件设备。结合“中秋”“国庆”“新年”等关键节点，对辖区内测绘单位进行安全防范教育，签订安全承诺书。组织2023年测绘法宣传日暨国家版图意识宣传周活动，以“规范使用地图，一点都不能错”为主题联动区内各单位，对各领域地图使用情况开展自查，普及测绘法律知识，强化公民国家版图意识。

【地名管理】 严格遵循新修订的《地名管理条例》，提前谋划，依法履职，结合国土空间规划、村镇规划、道路定线等专项规划，制定地名方案，2023年共完成22条新增规划道路的命名工作，核发4本居住区标准地名证书。落实《天津市中心城区城市道路地名标志专项治理工作方案》要求，开展北辰区道路地名标志专项治理工作，组织环内11个镇街单位现场摸排，覆盖规划城市道路290条，汇总问题信息176条，并同步上报综合行政执法总队。

【耕地保护】 制定完善耕地保护政策、做好耕地保护宣传。对照国土空间规划“三区三线”永久基本农田保护红线和耕地保护目标，配合制定了《北辰区耕地保护和粮食安全责任目标考核办法》；结合《北辰区耕地保护“田长制”实施方案》，会同农业部门共同起草了《北辰区耕地保护“田长”巡查机制》；强化设施农业用地事前、事中、事后管理，制定了《进一步规范设施农业用地监督管理的通知》；结合法治宣传等活动，编纂了《北辰区耕地保护宣传手册》《耕地保护告知书》及耕地保护明白纸。

**【土地征转报批】** 全年完成土地征收转用报批27个项目，总面积97公顷，新增建设用地82公顷。

**【土地开发利用】** 2023年全年共累计出让土地11宗，总面积46.8公顷，实现土地出让金19.7亿元（经营性住宅2宗15.7亿元，经营性商业项目2宗0.72亿元，工业项目7宗），划拨土地66宗，总面积382公顷。2023年6月1日，农用地和农村集体建设用地基准地价公布实施。

**【节约集约用地】** 在保证依法依规供应土地的前提下，北辰区全年共消化“批而未供”土地240公顷。2023年无新增闲置土地。

**【国土变更调查】** 按照自然资源部、市规划资源局关于《2023年度国土变更调查工作方案》的要求，统筹协作，多措并举，扎实开展2023年度北辰区国土变更调查工作，历时一个多月实地核查、内业判读，共计完成调查图斑11442个，面积约8万亩，其中国家下发图斑3541块，面积约2.1万亩，市局下发图斑7160块，面积约5.7万亩，自主补充图斑741个，面积约0.2万亩，经区级100%质检合格。

## 不动产登记

**【不动产登记管理】** 2023年全年共计办理各项各类不动产登记88737件。其中新建商品房登记17067件，新建经济适用房登记2355件，存量房屋买卖登记9378件，房屋抵押登记14982件，期房预告登记6607件，期房抵押登记16048件，其余各类登记22300件，圆满完成了北辰区不动产登记任务。

**【登记服务】** 登记中心主动作为，积极推动化解历史遗留登记问题和群众急难愁盼的登记难题，全年收到锦旗17面、表扬信2封，获得了企业群众的高度认可；高度重视信访投诉处理工作，对于各渠道转来的信访投诉咨询事项做到耐心解答、及时回复，办结率达到100%，有效推动不动产登记良性有序发展，减少登记类行政复议和诉讼案件的发生。

**【便民利企措施】** 长期坚持压缩时限、绿色通道、一窗受理、证书邮寄、志愿者服务站等便民利企措施，并推出了24小时自助查询服务专区、个人存量房屋交易线上“带押过户”、常态化延时受理、16项高频业务“跨省通办”等服务新举措，不断提升服务企业群众本领。

**【权籍调查】** 2023年共完成332宗权籍调查，包括土地征收转用前期调查106宗、国有土地供地前129宗、已有供地手续类（初始登记）50宗、无解析坐标类10宗。

## 监督检查与城建档案

**【执法监察】** 全年共查处土地、规划及矿产资源领域违法案件25宗，办理往年未结案5宗，并将下达行政处罚决定书的16宗土地规划类案件的决定信息在市、区两级相关网站进行公示。

**【卫片执法】** 全年国家共下发新增违法图斑134宗、41.05公顷，包括违法占地30宗、10.67公顷。其中，完成整改11宗、4.25公顷；立案查处的2宗、0.58公顷；移交属地或农业农村委等其他部门处理的10宗、4.36公顷；推动整改7宗、1.48公顷。违法建设（包括未供即用项目）94宗、29.08公顷移交属地处理。非粮化违法违规用地10宗、1.3公顷，移交农业农村委处理。

**【信访和依申请公开】** 全年共处理各种途径信访问题约2326件次，其中智慧信访信息系统交办线索51件，政民零距离交办线索103件，自然资源信访系统交办线索19件，北辰区矛调中心交办线索13件，12345便民服务热线平台交办线索2140件。行政诉讼17件，行政复议6件，依申请信息公开317件。

**【档案管理】** 全年共接收各类档案938卷，1680件，其中文书档案1648件，会计档案170卷，专业档案768卷，照片32张。

（王美图）

# 天津市规划和自然资源局武清分局
# （天津市不动产登记局武清分局）

【简况】 2023年，市规划资源局武清分局紧紧围绕市局党委、区委、区政府工作部署，坚持以习近平新时代中国特色社会主义思想为指导，全面学习贯彻党的二十大精神，坚持规范管理，依法行政，改革创新，务实笃行，积极抢抓京津冀协同发展战略机遇，竭力优化营商环境，坚守底线思维，在保障和服务区域经济社会发展大局方面，做了大量卓有成效的工作。

## 规划设计编制审批

【区级国土空间总体规划】 2023年，武清分局以京津冀协同发展战略、乡村振兴战略为指引，高水平推进武清区国土空间总体规划编制审批，全国首创“组团发展”城镇体系，并以第一梯队上报市政府审批，作为优秀成果向市长专题汇报，市领导给予高度评价。同时，规划成果也获得中央京津冀协同发展专家咨询委员会李晓江等国家级专家高度评价。2023年11月24日，中国自然资源报以《组团发展构建城镇体系——天津市武清区国土空间规划编制要点》为题，专题报道了武清区国土空间规划的创新做法。

中国自然资源报
规划 3
优化空间布局助推新型城镇化
组团发展构建城镇体系
——天津市武清区国土空间规划编制要点

《中国自然资源报》报道
《组团发展构建城镇体系——天津市武清区国土空间规划编制要点》

武清区国土空间总体规划以《中共天津市武清区委关于深入学习宣传贯彻党的二十大精神加快建设京津明珠幸福武清的意见》确立的“3+1+1”工作思路为统领，坚持新发展理念，坚持以人民为中心，积极抢抓京津冀协同发展重大战略机遇，加快推进“通武廊”战略合作，落实天津市国土空间总体规划，以建设京津产业新城为总抓手，促进国土空间开发保护更高质量、更有效率、更加公平、更可持续，推动实现全区高质量发展。在组织编制过程中，武清分局主动提高站位，主动融入以首都为核心的京津冀世界级城市群，明确“京津明珠、幸福武清”的功能定位为：至2035年，将武清区建设成为京津冀世界级城市群重要节点，京津冀协同发展先行示范区，高质量发展的京津产业新城，国际消费中心城市重要支点，人文绿色的运河公园城市。立足目标导向和问题导向，实施主动协同、强核聚力、全域公园、城乡一体、集约高效五大国土空间开发保护策略。坚持统筹推进，全国首创“组团发展”城镇体系，坚持城乡统筹和产城融合，着力破解城镇体量小、发展不平衡问题，构建中心带动、组团发展的新型城镇体系。

【镇级国土空间总体规划】 紧紧围绕区级国土空间总体规划构建的“一城八组团”城镇空间格局，

在全市率先全覆盖开展镇级国土空间总体规划编制工作，选取河西务镇和河北屯镇分别作为产业带动和乡村振兴的样板，发挥示范带动作用。24个镇均已启动镇级国土空间总体规划编制工作，河西务镇、河北屯镇作为样板镇，已形成阶段性成果，并向区委、区政府汇报。

**【村庄规划】** 2023年，武清分局紧紧围绕乡村振兴，全力推动村庄规划编制，累计完成193个村庄规划编制审批，超额完成乡村振兴155个村庄规划的考核任务，审批完成总量居全市之首，审批率居外围五区之首。结合中心村、大运河沿线乡村旅游村、重点项目审批需求及土地领域专项整治等工作，制定年度编制审批计划，并逐村倒排工期，明确各镇街工作任务和完成时限。探索在国家严控城乡建设用地总量的背景下，结合违法用地处置、存量建设用地盘活、村庄建设用地指标配置等，统筹镇域建设用地指标、宅基地利用、产业布局等方面对村庄规划的传导，推动村庄集约高效发展。分别于年初、年中、年末组织召开4次推动会，压实主体责任，每月梳理各镇村庄规划编制审批进展情况，推动各镇街村庄规划编制工作，确保完成任务目标。

**【控制性详细规划】** 强化规划传导，全面推进武清区控规优化提升工作，为全区土地出让工作提供有力支撑，为特变电、敏华、中石化等重点项目提供规划保障。2023年，着力加强与各部门的统筹协调，强化对各镇街的服务指导，统筹推进规划调整工作，共完成14-01-06单元、14-03-01单元、14-03-02单元、王庆坨G单元等4个单元控规调整，14-01-02单元、14-01-04单元等19个细分导则调整。

**【规划审议】** 积极履行规划委员会办公室职责，2023年共组织召开1次规划委员会和13次规划委员会办公室专题会，审议武清区国土空间总体规划、控规调整、专项规划、村庄规划共77个议题。

## 规划和自然资源管理

**【承接北京非首都功能】** 积极承接京津冀重点工程，助力武清区“一城一带一商圈”规划建设。倾心服务中国联通、中国电信、交控等重点项目落地，在各环节提前介入、主动服务、并联办理、压茬推进，为重点工程项目建设全过程提供“管家式”服务，提升武清加速度。

**【优化营商环境】** 2023年，武清分局主动服务，积极对接街镇、园区，建立精准收集问题、督办、回访制度，随时“在线”响应企业需求，为特变电、好利来、铁科金化等项目解决难题，对照重点项目清单，对已供地暂未申报方案项目进行提前服务，了解企业需求并提出解决路径，助推重点项目早日开工。在服务中石化、巴克斯项目过程中，提前对接、指导，制作明白纸，通过土地分割合并、相邻地块分割转让等方式，盘活了存量土地，优化了营商环境，助力区域经济高质量发展。用足用好“交地即交证”“拿地即开工”“交房即送证”“竣工即送证”等服务举措，为敏华家具、龙湖集团、天大合成生物研究院等项目建设提供更加高效有力的土地要素保障。

**【综合业务管理】** 2023年利用“一张蓝图、多规合一”综合管理平台共策划生成了775个项目，其中出让287个、划拨488个。完成34个项目用地清单。

**【规划行政许可和行政审批】** 2023年核发建设工程规划许可证222个（其中建筑工程169个、市政工程53个），核发建设工程档案认可证57个，核发乡村建设规划许可证1个。核发用地预审与选址意见书164个、规划条件93个，核发建设用地规划许可证68个。全年共批准标准地名7件、道路命名1件。

**【证后管理】** 加强事中事后监管，在建设工程项目施工过程中开展检查，及时反馈研判，确保建设项目按已审批的建设工程规划和设计进行建设。2023年向各土地和规划管理所转办项目185个，核发建设工程规划验收合格证128个（其中建筑工程124个、市政工程4个）。

**【测绘管理】** 依照武清区内已有从事测绘活动的19家单位申请，全年共审批办理测绘作业证41本。

**【土地供应】** 结合武清实际，科学研判，赴北京、上海、广深渝等地招商，立足京津冀协同发展、长三角经济发展联动，吸引优质企业来武清投资兴业。科学安排时序，统筹协调拟出让地块手续办理。2023年完成土地供应93宗，面积216.6公顷，总额约43亿元。其中，住宅用地集中出让地块6宗，面积33.93公顷，成交总额33.506亿元；商业用地出让3宗，面积3.78公顷，成交总额0.925亿元；工业用地出让17宗，面积83.2公顷，成交总额7.467亿元；集体建设用地出让2宗，面积13.11公顷，成交总额0.65亿元；协议出让14宗，面积1.38公顷，收取土地出让金0.0861亿元；划拨土地51宗，面积81.2公顷，收取划拨价款0.125亿元。

2023年4月20日，武清分局主要领导带队赴广深渝地区开展招商推介活动

**【工业用地弹性年期出让】** 针对武清区工业用地管理粗放，节约集约用地水平低问题，武清分局积极探索“弹性出让”管理制度，在全市率先出台《武清区关于加强工业用地弹性年期出让管理的实施方案》，通过合理确定产业用地使用年限，创新工业用地出让方式等，降低企业用地成本，切实减轻企业负担。优化配置和合理利用土地资源，完善土地有偿使用制度，服务实体经济和产业高质量发展。

**【“标准地”管理制度】** 结合全区批而未供土地情况，建立“标准地”数据库，研究制定“标准地”出让制度、使用协议及相关指标指导标准，形成阶段性成果。优化了标准化工业项目用地供地程序，促进产业项目快速开工落地，提高土地利用效能。选取京滨园一宗工业用地作为试点，在全市率先推行“标准地”出让。2023年完成“标准地”出让面积约200亩。

**【批而未供和供后监管】** 2023年完成处置2009年至2018年批而未供土地344公顷。收回土地使用权4宗，面积16.5公顷。在建转让1宗，转让面积4.2公顷。规划指标调整1宗，面积3.2公顷。处置闲置土地3宗，面积4.76公顷。共为企业办理开竣工延期5宗，收取开竣工违约金885.759万元。

**【农村集体经营性建设用地入市】** 武清分局作为武清区农村集体经营性建设用地入市工作牵头部门，瞄准“盘活增值”目标，高位谋划、主动担当、全力推动。6月29日，武清区南蔡村镇粜粮务村仓储地块、大良镇中迤寺村商业地块成功完成挂牌入市，敲响了天津市农村集体经营性建设用地入市交易“第一槌”，标志着武清区试点工作取得实质性成果。

2023年5月10日，武清区南蔡村镇粜粮务村仓储地块、大良镇中迤寺村商业地块调研

**【盘活闲置低效资产】** 通过分割转让、土地合并、用地性质转让等方式促进企业低效、空闲土地再利用，2023年盘活低效用地约350亩。同时，武清分局会同区住房建设委在全区开展了“未批先建”项目大起底和集中整改行动，全面梳理“未批先建”项目1400余个，按照“对接一批、研究一批、解决一批”的方式，帮助企业取得合法产权，扩大有效投资，解决了多年来制约企业发展的历史遗留问题。

**【“保交楼”工作】** 2023年完成恒大翡翠湾、世贸国风雅颂、经纬二期等5个“保交楼”项目验收。为助推“保交楼”工作开展，责成专人对接、提前介入，在坚守底线的同时，担当作为，为每个项目量身定做规划审批解决方案。开展“一对一”保姆式服务，制定“精细化、个性化”不动产登记方案，推动登记服务从“零拖延、零积压”升级为“超前办、实时批”。

**【加强土地要素保障】** 优化征地程序，积极服务重大项目用地报批，以真实有效的项目落地作为配置新增计划的依据，2023年完成土地报批138公顷，优先保障市、区重点项目及乡村振兴用地，统筹保障重大民生、社会事业、基础设施、农村一二三产业融合发展。完成7个批次和8个单选项目建设用地报批工作，解决了武清站联通工程、崔黄口镇风电项目、白古屯镇33兆瓦分散式风电项目等一批民生类、基础设施类和产业类项目建设的用地难题，保障了全区使用新增建设用地计划指标7.34公顷。

**【耕地保护】** 严格落实《武清区人民政府关于印发武清区“田长制”实施方案的通知》和《武清区关于进一步完善“田长制”的意见》，完善“信息化平台+田长、土地和规划管理所、执法支队”的“1+3”耕地保护体系，多次召开镇街动员部署会、推动会、培训会，压实“田长制”管理责任，以“长牙齿”的硬措施，坚决遏制耕地“非农化”、防止“非粮化”。组织开展武清区耕地和永久基本农田划定成果核实处置工作，保质保量完成了武清区107.1公顷永久基本农田“非耕地”处置工作，并完成耕地保护目标中的“非耕地”整改50.97公顷，超额完成2023年度处置任务。全面落实耕地占补平衡政策，严格落实数量和质量双平衡要求，组织各涉农镇街编制2023年度耕地“进出平衡”总体方案，确保纳入耕地保护责任目标范围的耕地不再减少。开展耕地占补平衡专项整治工作，组织属地政府开展自查自纠，会同武清区农业农村委、武清区财政局开展联合审查，推动自查发现的问题地块进行整改复耕。

**【地热井治理】** 进一步加强地热矿产资源保护，2023年对23眼采矿权地热井加强监管巡查，开展日常巡查3次。整改后可利用回灌双井19眼（含新打回灌井1眼）。结合全区地面沉降及地热资源整治工作，会同武清区控沉办及属地镇街开展地热资源安全专项检查。坚持“以灌定采、采灌平衡”，统筹做好资源保护，对超采、回灌不达标地热井依法查处。

2023年6月14日，武清分局主要领导带队开展地热资源安全专项检查

**【变更调查】** 在2022年度国土变更调查成果的基础上，基本完成2023年度国土变更调查工作，共调查图斑29058块，面积231471.4亩。基本掌握了2023年度武清区国土利用现状变化情况，确保了第三次全国国土调查的现势性。

**【重点项目建设】** 积极与市级重点项目工作专班、区重点项目办沟通对接，积极推动武清区纳入市级重点项目台账的74个项目和纳入区级重点项目台账的432个项目，逐个梳理进展情况、存在问题，研究解决路径。2023年已推动60个市级重点项目、346个区级重点项目开工建设。

**【成立生态修复整治利用中心】** 2023年12月，武清区生态修复整治利用中心挂牌成立。中心承接土地征收、农用地转用事务性工作；耕地认定事务性工作；设施农用地相关工作；土地出让事务性工作；临时用地工作中批准临时用地后的档案管理及后续监管、验收工作；储备土地临时利用的相关工作；城建档案管理工作。

## 不动产登记

**【不动产登记管理】** 2023年，武清区自然资源调查与登记中心受理完成商品房转移登记、二手房转移登记、各类抵押登记、首次登记、预告登记、预售登记等各类登记业务11.3万余件。面对不动产登记业务量激增，坚持“以人民为中心”的服务理念，多措并举，提升不动产登记服务效能：联合住建、税务部门组织全部涉企对公不动产登记业务进驻区政务服务大厅集中办公，对所有企业实行免预约服务；主动出击，全力化解个人业务预约难题。在工作日采取增加线上预约号源、紧急业务现场免预约等措施，累计发放现场号1500余个。在全市率先开启中午值班、周六常态化延时服务，加班为群众办理各类业务，业务受理量2900余件；积极推广线上办理渠道，在商品房首次登记环节，积极引导开发企业开通一网通线上端口，通过线上集中办理转移登记，有效降低线下窗口预约压力。2023年已引导并协助11家企业开通“商品房端”线上办理端口，共受理“商品房端”线上业务1434件，业务量在全市不动产登记经办机构中位居第一，约占全市总量的62.5%；主动开展“上门服务”，真正打通服务群众的“最后一千米”，有效解决特殊群体办事难的问题，累计开展上门服务约40次；围绕因政策变化、住宅项目集中交房、入学季等原因导致的业务激增情况，完善《业务办理应急预案》，有效应对突发的批量业务，保证登记大厅各项业务顺利运转。

**【创新办理模式】** 积极推动不动产登记“跨省通办”业务，9月15日，完成天津市首例“津晋跨省通办”预告登记业务办理工作，11月29日，在全市率先与北京市海淀区不动产登记中心、河北省保定市不动产登记中心签订《不动产登记“跨省通办”合作框架协议》，实现了抵押登记、新建商品房转移登记、新建商品房预告登记等19项业务的“跨省通办”。通过“信息异地共享、证照电子化、材料电子化”等新模式，打造“异地受理、属地审核、一次办结”的不动产登记“跨省通办”新模式，解决了企业、办事群众异地办理不动产登记业务跨省跑、折返跑的问题，为实现更大规模、更高水平的跨省通办提供了“先行先试”的良好经验。积极开展“交地即送证”服务，采取“合并受理、并联推进”的联动模式，将登记工作向前延伸至土地供应环节，充分发挥部门协作、并行审查优势。在企业成功摘牌后，一次性告知办理产权证所需材料，将签订土地出让合同、收取不动产登记申请材料同步进行，协助企业在缴纳土地出让金的同时进行地籍测绘等相关工作，通过资料内部流转和信息交互共享，待企业缴清土地出让价款和相关税费、明确土地交付时间后，即时完成不动产登记审批和缮证工作，交地、送证同步进行。2023年先后完成了上马台汽车产业园北京高中压阀门科技集团有限公司和敏华家具（天津）有限公司工业地块2家企业的“交地即送证”服务。

2023年9月15日，武清区自然资源调查与登记中心完成全市首例异地购房“跨省通办”登记业务

## 监督检查与城建档案

**【执法监察】** 坚持问题导向，扎实推动土地领域问题综合整治，统筹推进例行督察、国家卫片整改、农村乱占耕地建房等专项工作。健全完善执法支队与土地规划管理所、司法部门的协调联动机制，加大违法用地查处和督促整改力度，组织各类执法巡查检查3757次，全年共查处各类案件76件，其中规划5件、土地69件、地热2件，达到查处一件、警示一片的效果。

**【卫片执法】** 在做好日常巡查工作的同时，强化科技手段应用，开展武清区月度执法卫片自主提取工作，以科技手段助力执法监管更加高效。以高压态势巩固整治成果，坚决防止问题反弹回潮，农用地违法面积逐年递减，实现自2020年7月3日以来违法占用耕地问题“零新增”。

**【信访工作】** 多措并举，做好信访及便民工作，争取在源头上化解信访矛盾。制定了局长接待日、预约信访、登门走访、上门回访等信访制度。每月15日局长接待日，局领导带领各部门负责人进行接访，倾听群众意见，解决信访问题，2023年共组织局长接待日12次，接访群众36批、65人次。做实做细平时信访接待，2023年共受理信访471件，化解信访464件，化解率98.5%。12345政务服务、政民零距离、党群心连心等平台答复1896件，办件满意率达到90%以上。

**【依申请公开】** 坚持以公开为常态、不公开为例外，遵循公正、公平、合法、便民的原则，按照武清分局依申请公开工作办法，严格登记制度，认真研判，落实各部门责任，依法按期予以回复。2023年共办理依申请信息公开587件，全部依法依规办结。组织行政处罚依申请听证会3次，保障了当事人的权益。

**【测绘执法监查】** 对从事测绘活动单位开展了行政检查工作，按照不低于10%的比例随机抽取了2家单位作为2023年度检查对象，在检查过程中对有关单位存在的安全隐患和可完善环节提出了整改意见。根据《中华人民共和国测绘法》《地图管理条例》等规定，组织开展了2023年武清区地图监督检查工作，对5家单位进行了现场检查。

**【档案管理】** 严格按照《档案法》和《机关档案管理规定》接收管理档案，并提供档案查询服务。2023年共接收整理各部门业务档案1053卷，文书档案450件，为925人次提供查阅利用档案3121卷、367件。

（李思睿）

# 天津市规划和自然资源局宝坻分局（天津市不动产登记局宝坻分局）

**【简况】** 2023年，天津市规划和自然资源局宝坻分局深入贯彻落实党的二十大精神，扎实开展学习贯彻习近平新时代中国特色社会主义思想主题教育，在市局党委和区委、区政府的正确领导下，围绕主责主业聚力推动高质量发展“十项行动”和“十项工程”，充分发挥空间规划引领作用，持续优化用地审批，不断强化耕地保护，优化营商环境，为宝坻区高质量发展作出了积极贡献。

## 规划设计编制审批

**【区级国土空间规划】** 科学评估永久基本农田保护红线和生态保护红线，科学划定城镇开发边界。“三区三线”划定工作于2022年10月经自然资源部批准启用。区级国土空间规划已完成征求区级部门、市级部门及相邻区政府意见、专家评审、区内审查程序，已上报市政府常务会审议，待审议通过后，报市政府审批。在国土空间总体规划编制过程中，充分衔接各专项规划，将已批复和已有稳定规划方案的专项规划纳入区级国土空间总体规划，为有空间用地需求的重大项目提供规划保障。2023年全面梳理出宝坻区永久基本农田内非耕问题，为下一步基本农田和耕地的保护管理提供了支撑。永久基本农田整改补划报告已经自然资源部审核通过。

**【镇级国土空间规划】** 已启动镇级国土空间规划编制工作，并完成前期和镇街的对接和调研，部分镇如牛家牌镇、八门城镇已有规划方案，其他镇方案正在修改完善中。

**【村庄规划】** 《宝坻区村庄布局规划》全面梳理宝坻区各类村庄分类要素，将全区669个村庄划分为城郊融合类、改善提升类、特色保护类、中心带动类、引导整合类共五类，助推乡村振兴战略。2023年完成15个村的村庄规划的报批，已有48个村的村庄规划履行了审批程序获得区政府批复。

**【专项规划】** 宝坻分局结合区交通局编制的《天津市宝坻区综合交通体系规划》和《宝坻城区河道专项规划》已经宝坻区政府批复；《天津市宝坻区

生态环境与文旅总体规划》已上报区长办公会、规划委员会审议，等待上报宝坻区政府常务会审批；《宝坻区公共设施专项规划》（教育、消防、环卫、民政、体育）已通过宝坻区政府常务会审批。《宝坻区生态修复专项规划》已经过宝坻区政府专题会、规划委员会审议通过，准备上报宝坻区政府常务会审批。

## 规划和自然资源管理

**【规划行政许可和行政审批】** 2023年宝坻分局共核发建筑类选址意见书12件，选址规模54.6公顷；市政类选址意见书60件，长度93.6千米；规划条件54件，核定规模167.7公顷；建筑类建设用地规划许可证20件，审批用地规模85.7公顷；市政类建设用地规划许可证45件，长度38.2千米；建筑类建设工程规划许可证77件，审批建筑规模200.8万平方米；市政类建设工程规划许可证40件，长度169.8千米；乡村建设工程规划许可证9件，建筑规模916平方米。

**【综合业务管理】** 通过“一张蓝图、多规合一”综合管理平台将工程建设项目审查前置，提高审批效率，减轻企业负担。2023年度共承办95件工程建设项目策划生成，其中出让项目储备64件、划拨项目储备31件，承办用地清单项目25个。按照“一窗受理、一窗办结”工作模式，承担审批窗口政务服务事项收发件、咨询工作。推动落实优化营商环境政策部署，宣传贯彻审批制度改革措施。

**【测绘管理】** 完成宝坻区2022年度测绘地理信息统计年报工作。组织开展2023年测绘地理信息行业“双随机、一公开”事项监督检查，加强区测绘地理信息市场监管，随机对2家测绘资质单位展开了资质巡查。核发测绘作业证书24件。

**【耕地保护】** 2023年，宝坻分局积极拓展“三区三线”划定成果，增加基本农田4786.67公顷、耕地3273.33公顷，压缩城镇开发边界31.64平方千米。拧紧三个链条：深耕细作“田长制”，进一步筑牢街镇和村级“田长”的耕地保护第一道防线；宝坻分局行政监察、支队检查、土规所巡查合力监管，以“长牙齿”硬措施对耕地违法建设行为“零容忍”；以国土变更调查反促治理土地违法，全年未出现耕地违建新增问题。

**【耕地“进出平衡”】** 2023年，宝坻分局完善全区2022年度耕地“进出平衡”方案，编制实施2023年度耕地“进出平衡”方案，耕地转出359.47公顷、转入424.24公顷，实现耕地进出动态平衡。运用国土调查云对史各庄镇、朝霞街道进行外业核查，实现57公顷耕地流出平衡。

**【非耕处置】** 2023年，宝坻分局科学编制区级耕地处置工作方案，对自然资源部下发的229.67公顷非耕图斑逐一核实、全面排查，就地恢复11.57公顷、补划571.92公顷、调出281.22公顷，地方自提非耕图斑面积63.87公顷，完成全年非耕处置任务，确保全区6.06万公顷永久基本农田要求保有量“实至名归”。

**【土地综合整治试点】** 2023年，宝坻分局推进牛家牌镇全域整治项目建设，完成建设用地整理92公顷、生态保护修复952公顷。牛家牌西老鸭口、赵家湾两村土地开发整理项目由天津市规划和自然资源局于2023年2月7日批准立项，是年5月9日批准规划设计，涉及建设规模347公顷，预计新增耕地51.30公顷。

**【用地保障】** 2023年，宝坻分局坚持“土地要素跟着项目走”，积极谋划，提前介入，主动对接用地需求，及时纳入“一方案两计划”。全年征转土地100公顷，新增建设用地90公顷。完成土地划拨51宗、145公顷，出让26宗、57.44公顷，实现土地收益13.61亿元。出让工业“标准地”9宗、31.6公顷，位居全市第一。盘活存量土地资源，处置批而未供土地140.69公顷、闲置土地6.45公顷，利用过渡期政策为振宇柔道系列文化产业基地项目出具规划审查意见书，保障企业顺利开工建设，服务经济高质量发展。

**【农用地转用】** 2023年，宝坻分局批准农用地转用19批次，涉及耕地96.32公顷，按照《宝坻区耕地占补平衡指标统筹管理办法的通知》要求，全部落实耕地用途管制，实施了耕地“占补平衡”。

【供后监管】 2023年，宝坻分局严格执行土地利用动态巡查制度，促进已供应土地合理开发利用。全年办理开竣工复核59宗、257.97公顷，其中开工复核25宗、103.53公顷，竣工复核34宗、154.44公顷。

【证后管理】 2023年度，宝坻分局积极推进规划验收，落实《建筑工程规划验收管理技术规范》要求，全年共验收项目108宗，其中建设项目78宗，市政项目30宗，全部按期完成。

## 不动产登记

【国土变更调查】 2023年，宝坻分局在全市率先完成2022年度国土变更调查，启动开展2023年度国土变更调查，完成1.1万宗下发图斑外业调查和内业判读。调查整理已发证宅基地登记数据3.7万宗，汇交国家平台。

【自然资源资产确权登记】 2023年，宝坻分局完成潮白河湿地公园、潮白新河、蓟运河、古海岸湿地自然保护区等4个登记单元权籍调查；完成全国首批、天津首例——潮白河水资源确权登簿工作。

【不动产登记】 2023年，宝坻分局受理预告、转移、抵押、司法协助等各类登记5.23万件，核发不动产权证书1.53万本，受理现场和电话咨询3.65万人次，公开查询6662件，开展上门服务31次，解决区内“一号工程”登记难历史遗留问题15宗。

【不动产登记便民服务】 2023年，宝坻分局推动“二手房+供电”联动过户模式在全市率先真正做到互联通办。银行抵押登记实现全流程“网上办”，全年办理线上抵押登记1.6万件、抵押注销登记0.72万件。利用“津心登”App办理业务938件。率先在全市搭建24小时自助取证信息系统，建成天津首个营商环境实现24小时自助取证创新型试点单位，被《中国自然资源报》刊登宣介。

## 监督检查与城建档案

【农村乱占耕地建房整治】 2023年，对历史遗留农村乱占耕地建房非住宅类项目进行补充摸排工作，国家下发宝坻区疑似图斑共3137个，占地面积467.5公顷，经摸排梳理后最终确定宝坻区农村乱占耕地建房非住宅类项目2419宗，面积2688.3亩，补充摸排工作已完成。土地领域问题清查整治专项行动开展以来，宝坻分局积极推动落实历史遗留非住宅类违法占地项目整改工作，拆除和补办了一批历史形成的违法用地项目，解决了一部分历史遗留的难题，违法用地整改工作取得成效，已完成整治1810宗，面积1767.55亩，整治完成率65.75%。

【违法用地治理】 针对违法用地，采取动态管理、台账推进、挂账销号的办法进行整治，2023年新增违法用地为零，耕地“非农化”得到有效遏止。

【信访工作】 2023年，宝坻分局共办理信访1186件（其中便民服务热线938件，市局转办41件，区信访办167件，其余部门转办40件）。

【政务公开】 2023年，宝坻分局在市规划资源局和区政府门户网站共公开发布规划类公告、闲置土地公告、征收土地预公告、不动产权证书/登记作废公告及土地、房屋登记公告等共2100余条。全年通过宝坻分局微信公众号平台发布、转发各类信息210余条。受理依申请公开125件，均按照《中华人民共和国政府信息公开条例》的有关规定和要求进行办理和答复。2023年，宝坻分局未发生涉及政府信息公开行政复议案件，涉及政府信息公开行政诉讼案件2件，均已结案。

【档案管理】 2023年，宝坻分局完成城建档案预审项目27个，归档入库项目39个共4533卷。核发《天津市建设工程档案移交清单》39个。归档文书档案1901件；归档财务档案账本39本，凭证209册；归档业务档案258卷。提供档案查询529人次，查询城建档案176卷、文书档案、财务及业务档案1903卷（件）次。接待各类咨询341人次。

（张　薇）

2023年12月1日，刘勇声副区长在区政府主持召开自然资源督察整改工作推动会。分局主要领导及主管领导、属地镇街主管领导参加

2023年12月27日，市规划资源局宝坻分局资源保护管制科组织开展田长制培训活动

# 天津市规划和自然资源局蓟州分局（天津市不动产登记局蓟州分局）

**【简况】** 天津市规划和自然资源局蓟州分局（以下简称市规划资源局蓟州分局）是区级规划和自然资源行政主管部门。2023年，市规划资源局蓟州分局完成规划修编、资源管理、集体经营性建设用地入市试点、地质灾害防治、废弃矿山生态环境整治、执法监察等各项工作。

## 规划设计编制审批

**【区级国土空间规划】** 蓟州区国土空间总体规划在“三区三线”划定成果基础上继续完善，规划成果经三轮修改，报审程序履行完毕，蓟州区政府常务会、蓟州区委常委会、蓟州区人大常委会审议已通过，上报市政府待批。

**【控制性详细规划】** 开展了18-16单元、18-12单元2项控制性详细规划修改工作，其中18-12单元控规修改方案完成所有审查流程，于12月29日经市政府批复；18-16单元控规修改已通过蓟州区政府、市规划资源局审议，上报市政府待批。结合集体土地入市需求，开展了18-19单元、18-20单元2项细分导则修改工作，修改成果已提交市编研中心汇交。

**【村庄规划】** 完成124个“多规合一”村庄规划报批；完成22个乡村振兴示范村、56个产业振兴村、特色旅游村村庄规划报批。

**【保护规划】** 会同蓟州区文旅局、蓟州区住建委等部门加快推动历史文化名城保护规划和两片历史文化街区保护规划编制，形成初步成果。将结合天津市历史文化名城保护规划继续修改完善，完成两片历史文化街区核心保护范围划定，充分结合街区内现状建设情况提出产业发展、基础设施、公共服务设施的规划管控要求。

## 规划和自然资源管理

**【规划行政许可和行政审批】** 共办理各类政务服务事项393件。其中规划条件19件；用地预审与选址意见书13件；市政用地预审与选址意见书10件；建设用地规划许可证（出让）30件；建设用地规划许可证（划拨）2件；地名命名更名（居住公建）4件；建筑类建设工程规划许可证79件；市政工程类建设工程规划许可证11件；乡村建设规划许可证124件；档案验收认可证29件；建设工程规划验收合格证56件；国家基础测绘成果资料提供使用许可2件；

乡村证（含用地批准）12件；采矿权延续2件。

【测绘管理】 完成辖区内测绘单位2022年统计年报工作；开展测绘法宣传日暨国家版图意识宣传周活动、测绘资质巡查、测绘行业重大事故隐患排查整治活动；为辖区内测绘单位7名技术人员发放测绘作业证；为天津华电蓟州龙潭沟1400兆瓦抽水蓄能项目提供了国家基础测绘成果资料使用许可。

【地名工作】 为春风雅居、陶安艺术中心、央玺花苑、观澜嘉苑核发标准地名证书；常态化做好城区街道地名标志牌维护及地名标志牌宣传广告监督工作。

【耕地保护】 对2022年各乡镇耕地保护制度和“田长制”落实情况、耕地数量变化情况、耕地和永久基本农田保护情况进行打分，形成考核结果并提出指导意见；编制蓟州区2023年度耕地“进出平衡”总体方案。统筹考虑耕地流出和计划转入，确保满足全区2023年度耕地“进出平衡”需求；年度恢复耕地556.67公顷；为巩固划定成果，严守耕地红线，有效处置“三区三线”划定成果启用前形成的少量非耕地等问题，严肃开展了耕地和永久基本农田划定成果核实处置工作。

【土地出让】 完成划拨土地出让2宗、3.08公顷，出让金（成本）1291.75万元；公开出让教育用地2宗、商服用地4宗、工业用地5宗，面积共14.57公顷，出让金14962万元。

【出让土地合同监管】 按照《关于加强土地开发项目供后监管规范开竣工管理工作的通知》要求，逐步完善合同监管台账，明晰项目开竣工时间和土地出让金缴纳情况，开展项目现场巡查，及时更新土地市场动态监测监管系统项目信息，共计办理土地开竣工延期手续28宗；发送违约开竣工提醒1次；就项目开竣工违约情况约谈项目单位1次；消化批而未供土地12.79公顷。

【地质灾害防治】 组织编制了《蓟州区2023年地质灾害防治方案》，对全年地质灾害防治工作做出具体安排部署。发出地质灾害防治提示函8封。联合发布地质灾害气象风险预警12次。预警签发后，协调督促各单位落实人员转移安置、交通管制等防范措施，共集中转移受地质灾害威胁群众53户，157人，户内避让362户，1087人。组织编制了《蓟州山区突发地质灾害汛前排查报告》和《蓟州山区突发地质灾害汛后核查报告》，督促协调群测群防员和天津市地质环境监测总站、天津市地质研究和海洋地质中心两支专业队伍做好日常巡查和应急核查。群测群防员共巡查4141人次，13655点次；专业队伍共巡查831人次，3117点次。完成9处12户居民避险移民搬迁。开展了地质灾害工程治理6项，工程维护3项。组织开展了地质灾害培训；开展防灾避险演练19场次，参加人数724人；开展地质灾害防灾减灾知识和法治宣传活动6次，发放宣传品6000余份。

【废弃矿山生态环境整治】 大力推进蓟州区矿山生态修复项目二期、三期，2023年内实现贾庄矿区、小龙扒矿区一期、小米庄矿区、盘山正门道路东、西两侧矿区以及零散采矿用地第一批自然恢复进场施工，开工面积累计达到11.24平方千米，按时完成第二轮中央环保督察整改任务。加强对施工中的别山矿区、铁岭子矿区和以上新开工矿区的指导监督和安全检查，督促实施主体广成集团严格按照设计施工。

【矿山企业监管】 定期对矿泉水生产企业进行采矿行为安全生产检查，并督促企业做好安全生产工作。完成天津市中燕饮用矿泉水有限公司和天津昕华伟业投资有限公司的采矿权延续工作，并做好矿产资源开采行为的监督管理，维护矿产资源开采秩序。

【中上元古界国家自然保护区管理】 坚持日常巡护，充分利用视频监控、无人机等技术，结合现有地面人工巡护，及时掌握重点地段管护信息，发现问题及时移交处理。全年巡护118次，移交疑似违法违规问题线索1条。完成生态保护体系项目、地质自然环境评估与对策项目、动植物资源调查与生态价值评价项目资料整理、现场汇报及验收工作。积极申报2023年度中央财政转移支付资金及市财政专项，不断提升保护区监管能力和科普宣教能力。结合“4·22世界地球日”“5·18国际博物馆日”“6·5环境日”及科技周与相关单位联合开展科普宣教活动，普及自然科学知识，提升受众群体的自然资源保护意识。活动中，发放宣传资料5000余份、宣传品150余件，受众群体6000余人。

## 不动产登记

**【不动产登记管理】** 办理不动产产权登记21214件，抵押登记11147件，抵押注销登记6725件，房屋首次登记2731件，不动产预告登记1449件，查封、解封3145件，土地登记1297件，异议登记2件，房地产权注销登记393件，二手房买卖协议4731件，违法建筑限制和解除167件。

**【确权登记】** 按照2024年4月底前完成登记发证工作（12万本不动产权证书发放）的要求，2023年底前完成工作任务总量70%以上，已完成全区确权登记、入库16.2万宗。同步颁发电子证书16.2万本，各乡镇领取118836本不动产权证书。

## 监督检查与城建档案

**【违法用地治理】** 违法用地共18.41公顷，已整改10.49公顷，整改完成率56.9%。

**【闲置土地整治】** 处置闲置土地2宗，5.41公顷，处置率32.9%。

**【信访工作】** 全年办理各级转办、交办、督办信访件286件次，接听举报、咨询及对外服务热线电话共计1200余次，接待来访460余次，反应的问题及时解决。

**【档案管理】** 接收29个建设项目的城建档案1291卷，数字档案光盘90张。共接待社会个人和团体200余人次，调用档案资料千余卷。配合行政部门查阅财务等档案1200余卷。

（魏树俊）

2023年12月8日，在市规划资源局蓟州分局后二楼会议室，市规划资源局蓟州分局局长郑向宏主持召开会议，专题研究州河湾镇、尤古庄镇土地开发整理相关问题。区财政局、州河湾镇、尤古庄镇等单位领导参加会议。市规划资源局蓟州分局生态中心、测绘数据中心、丞翔公司负责同志参加会议

2023年6月，天津市规划资源局蓟州分局局长郑向宏带领工作人员到东二营镇调研耕地保护情况

# 天津市规划和自然资源局宁河分局<br>（天津市不动产登记局宁河分局）

**【简况】** 2023年，天津市规划和自然资源局宁河分局在市规划资源局党委和宁河区委、区政府正确领导下，坚持以习近平新时代中国特色社会主义思想为指导，全面贯彻落实党的二十大精神，紧紧围绕“十项行动”工作目标和市局工作部署，以党建统领业务，积极发挥规划引领作用，强化用地要素保障，严守耕地红线，政务服务“加速度”，便民惠企有温度，解决难题有力度，为宁河区高质量发展提供了强大助力。

## 规划设计编制审批

**【区级国土空间总体规划】** 持续推动宁河区国土空间总体规划审批工作，完成公示、专家论证、技术审查等环节工作，方案上报市政府，履行司法审核程序中。

**【村庄规划】** 完成53个村庄规划的编制及审批，主要涉及乡村振兴示范村、农民丰收节项目、全域土地综合整治等内容；其中，11个乡村振兴示范村村庄规划完成编制及审批，在天津市乡村振兴战略实绩考核任务中取得满分成绩。

**【控制性详细规划】** 推动细分导则编制工作，支持重点项目用地需求。全年共完成8个细分导则修改项目和1个细分导则编制项目，有效推动现代产业区创业基地、双奥中心、愉悦港湾菜市场、预制菜产业园、区医院扩建等项目的建设。

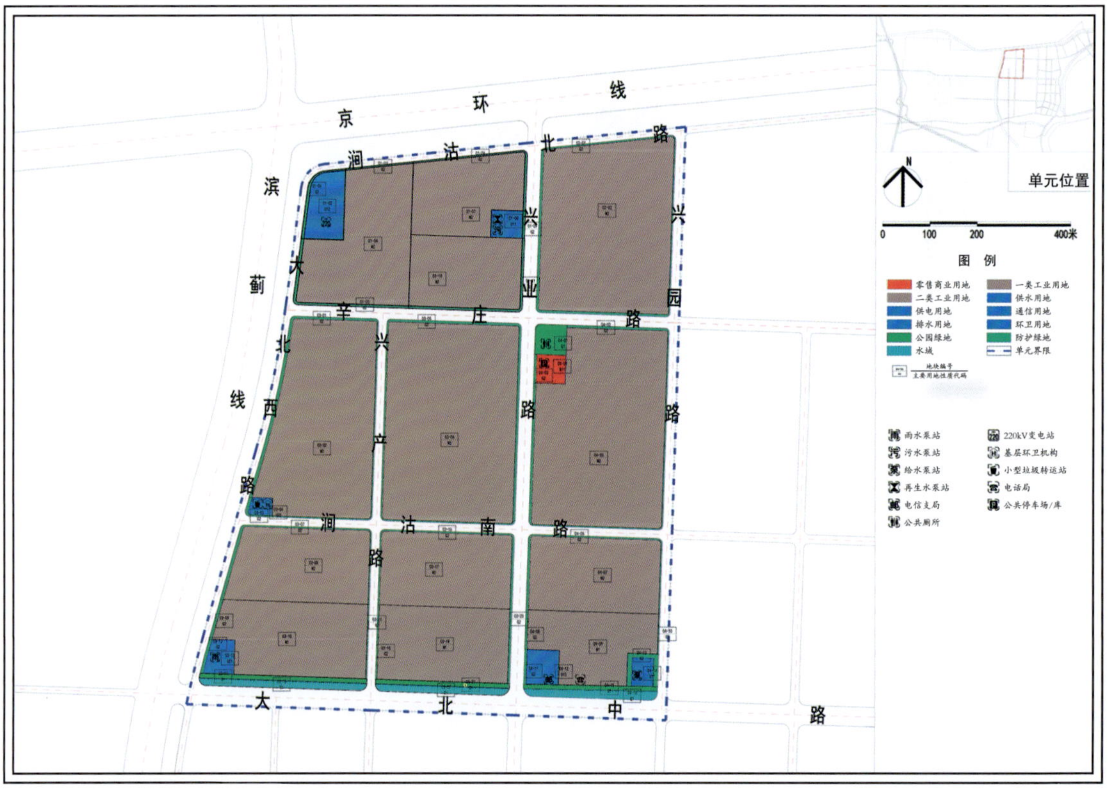


宁河区津冀协同发展示范区大北产业园区16P-02-01单元土地细分导则用地规划图

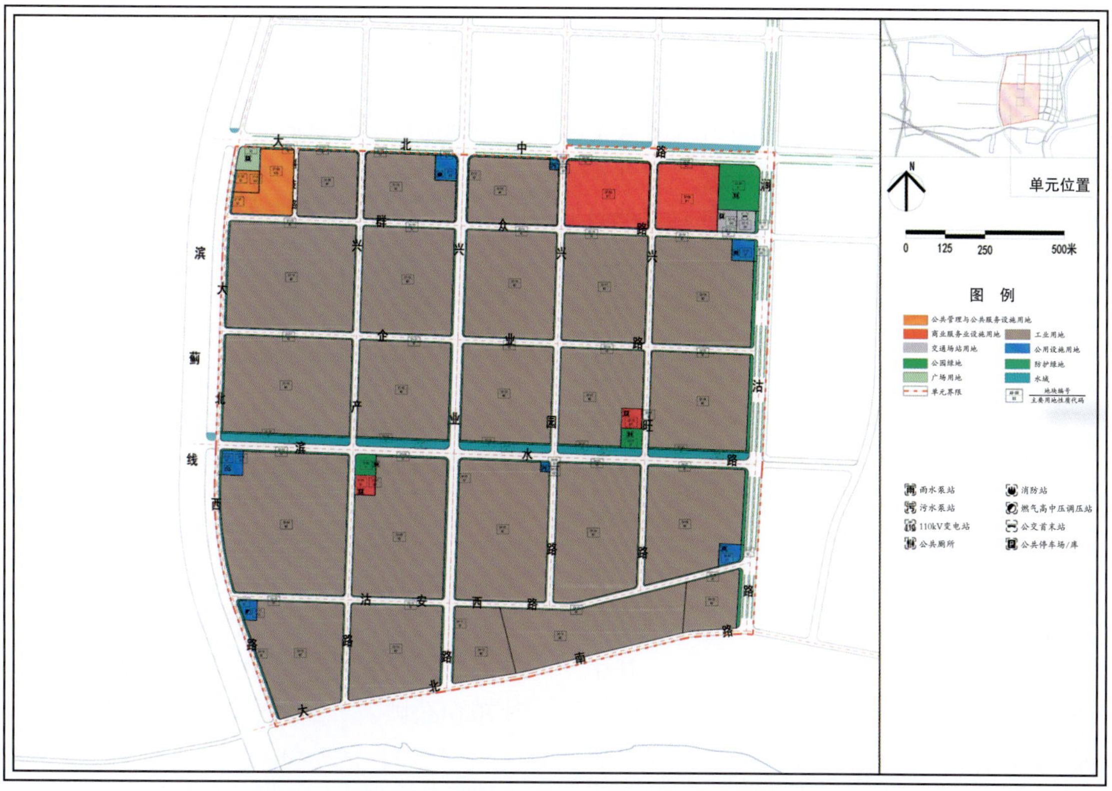


宁河区津冀协同发展示范区大北产业园区16P-02-02单元土地细分导则用地规划图

**【专项规划】** 积极推动相关委办局开展27项专项规划编制工作。其中，商业发展布局规划、农文旅融合发展规划等2项规划获批；20项专项规划完成初稿或阶段成果，部分专项规划正在履行报批程序；剩余5项专项规划正在编制中。

## 规划和自然资源管理

**【规划行政许可和行政审批】** 2023年核发行政许可事项378件，其他事项26件。行政许可事项中，包括规划条件25件、用地预审与选址意见书113件、建设用地规划许可证52件、地名命名、更名4件、建设工程规划许可证131件、乡村建设规划许可证6件、建设工程规划验收38件、划拨补办出让6件。其他事项中，包括测绘作业证6件、建设工程档案认可证20件。

**【建设项目管理】** 依托“一张蓝图、多规合一”平台项目策划生成系统，策划生成出让项目17个，回复划拨项目意见36件。加快西超菜市场和麒麟桥民心工程规划许可手续办理，助力民生设施建设，保障民生工程落地。服务岳龙镇椒薯加工厂等项目开发建设，提前服务对接，推动乡村振兴，助力制造业高质量发展。完成现代产业区基础设施配套项目、未来科技城民航大学周边基础设施配套项目道路及管线、服务新能源220千伏变电站及电力线路等20余项配套工程规划许可手续，为基础设施建设做好规划保障。津冀协同发展纵深推进，完成宁河区津冀协同发展示范区大北产业园区两个单元土地细分导则编制，为园区建设提供了规划支撑。

**【证后管理】** 全年完成34宗项目规划验收。推进观澜苑一期、二期、新城悦隽公馆、航御花园、保利云水园等居住项目以及蓝光雍锦湾、当代海逸嘉园2个“保交楼”项目完成规划验收，精准施策保交付。及时完成民心工程西超菜市场验收工作，保障“菜篮子”工程如期开业。参加“双随机、一公开”证后管理检查7次，加强事中事后监管和服务指导，确保建设工程项目按照规范实施。

**【加强用地保障】** 完成2个单独选址、6个批次25.72公顷征地组卷，包括市级重点项目服新220千伏变电站和宁河区招商引资重点住宅类出让地块等项目。完成《天津未来科技城津宁高速与永定新河交叉口东北部片区土地征收成片开发方案》《宁河区16-16单元北部片区土地征收成片开发方案》《宁河区大北镇16P-02-01单元土地征收成片开发方案》的编制、评审论证和报批工作，征收土地总面积227.11公顷，切实维护了被征地农民的合法权益，同时为项目落地奠定基础。

**【矿产资源管理】** 配合市规划资源局完成宁河区2023年第一批矿业权出让，科学有序配置地热资源；进一步掌握宁11区块地热井勘探项目完成情况，对接市地质中心完成开发利用方案现场验收；按要求组织开展了辖区内地热、矿泉水勘察开采情况检查。

**【土地供应】** 完成用地规划审批138件，其中规划条件25件，用地预审与选址意见书113件。完成土地划拨45宗，面积90.98公顷，完成财政收入1832.16万元；办理出让土地10宗，财政收入51557.48万元，保障了一批重点项目用地需求，进一步完善城区配套设施配置，助力宁河区打好2023年度“六项攻坚战”。

**【批而未供处置】** 全面梳理历史以来所有土地征转和土地供应数据资料，建立批而未供土地台账和矢量数据库，分类研判地块情况，形成批而未供项目推动台账。2023年处置增存挂钩批而未供土地121公顷，圆满完成2023年批而未供消化指标。

**【供后监管】** 积极推动违约项目和闲置土地处置，以存量换增量，加快盘活存量建设用地。与属地园区、镇街密切配合，对宁河区所有供后监管项目进行起底式梳理，结合项目实际建设情况进行调研走访，建立了宁河区土地供后监管处置台账。2023年共处置逾期项目14宗，面积104.47公顷，已收缴违约金141.53万元。

**【资源资产盘活】** 优化新增建设用地手续办理流程，促进存量资源尽快消化，及时办理供地手续，消化存量用地，办理北淮淀示范镇12条道路及公园绿地的审批，及时缴纳耕地占补平衡费用；加快审批潘庄示范镇的消防站、派出所、污水处理站等项目，积极协调滨海新区、北辰区、静海区等其他区域，尽快消化国家统筹和跨省节余指标。

**【耕地保护】** 建立宁河区耕地保护奖惩机制，制定《宁河区关于进一步加强耕地保护管理工作实施方案》《宁河区耕地保护奖惩机制实施办法（试行）》，进一步压实了政府耕地保护主体责任，对15个街镇实施田长制考核。宁河区永久基本农田非耕98.66公顷，整改恢复图斑31个，面积2.38公顷；调整补划图斑1227个，面积96.28公顷。同时深入基层开展普法教育，利用“地球日”“土地日”等宣传节点，走进社区、乡村、企业、学校、田间地头广泛宣传相关法律知识；组织街镇村干部观看宣传片，提高基层干部耕保法治意识。完善2022年度耕地进出平衡方案，向市规划资源局、市农业农村委报备。30个土地整治工程项目，通过套合2022年变更调查数据产生“非粮化、非农化”图斑面积共计70.61公顷。

**【地热井治理】** 开展地热井巡查检查，按时完成实地核查任务，对发现的违法违规行为依法查处。按照市控沉领导小组《关于无采矿许可证地热井专项清理整治行动整改方案》要求，多次组织属地街镇及相关单位研究推动，梳理宁河区未封填无证地热井基本情况、未封填原因及整改困难，为下步封填做足准备工作。

**【变更调查】** 按时完成2022年度变更调查，外业调查图斑7659个；大力推进日常变更工作，宁河区七里海镇城乡建设用地增减挂钩拆旧复垦项目成为天津市首个一次性通过自然资源部审核的日常变更项目；完成城乡建设用地增减挂钩拆旧复垦、全域整治等7个项目日常变更工作，变更图斑1564块，面积242公顷。

**【确权登记】** 开展集体土地所有权汇交工作，变更宗地514宗，新颁证514宗，汇交数据库总宗地数1523宗。此次登记成果更新汇交一次性通过自然资源部质检，进一步规范了集体土地所有权登记成果管理使用机制，突出在项目选址、村庄规划编制等工作中的支撑作用，为集体经营性建设用地入市等工作奠定坚实基础。首批推进天津古海岸与湿地国家级自然保护区、潮白新河、蓟运河3个市级自然资源登记单元的确权工作，摸清登记单元内自然资源家底。

**【地名和测绘管理】** 办理地名命名、更名许可4件，核发测绘作业证6本。积极开展测绘法宣传，推动测绘行业安全生产工作，组织5家测绘单位进行安全生产自查，并抽取3家单位开展实地检查工作；开展测绘行业“双随机、一公开”测绘资质巡查，实地巡查被抽检单位，保障测绘地理信息市场的健康有序发展；开展地图监督检查工作，组织辖区内相关单位开展“问题地图”自查并与文旅局联合执法检查图书销售行业地图情况，维护地图市场秩序。

## 不动产登记

**【不动产登记管理】** 办理不动产业务33200件，同比2022年业务量增加10%。完成各类项目初始登记30个，为群众上门服务31次；为企业办理抵押登记121件，上门服务21次。继续开展“交地即送证”“不受理完不打烊”“上门服务”“延迟服务”等绿色服务，服务质量得到群众和企业的一致好评。

**【优化不动产登记营商环境】** 提高服务质量及效率，严格落实不动产登记办理时限要求。成立主管局长带队的走访小组，了解企业需求，协助解决困难；开设“企事业综合受理”窗口，推行“领帮办”等一系列绿色服务，实现“交地即交证”“交房即交证”，减少办件跑动次数，以实际行动赢得社会好评。

**【农村宅基地确权登记】** 将农村宅基地和集体建设用地19000余宗录入不动产登记系统，对3个镇30个村进行入户颁证；推进不动产登记数据整合治理工作，梳理数据1万余条。

**【解决历史遗留问题】** 加快解决宁河城区国有土地未确权的历史遗留登记问题，针对不同情况类型，开展多轮专题研究，制定了《宁河区历史遗留土地及地上房屋确权登记方案》。创新招法保障宁河区蓝光雍锦湾、当代海逸嘉园等“保交楼”项目按期交付，真正做到为百姓办实事，为企业解难题。

## 监督检查与城建档案

**【执法监察】** 违法用地治理“去存量、遏增量”，协同各街镇完成历年督察反馈问题点位整改172宗，整改到位率排名全市第三；加大“前端执法”力度，采用多种宣传手段提前介入项目服务，引导合理用地需求，处理卫片865宗、8179.05亩，保持了2023年全区违法占用农用地行为“零新增”；出动巡查920次，累计巡查48647千米，发现疑似违法占地37宗。

**【政务公开】** 坚持“公开为常态，不公开为例外”的原则，全面推行政务公开，推动行政决策透明化和规范化。2023年公开政务信息434条，涉及不动产公告、征地公告、规划公示等领域。持续提升依申请公开工作质量，加强与申请人沟通，充分了解申请人诉求。全年受理依申请政府信息公开44件，均在法定期限内答复，保障了公众的知情权。

**【复议诉讼】** 积极办理行政复议答复、行政诉讼应诉工作，组织相关科室对案件案情作充分研判，严格遵循程序和答辩、举证等时限要求，落实行政机关负责人出庭应诉制度。2023年涉及诉讼案件3件，机关负责人出庭应诉率100%，无败诉情况。

**【法治政府建设】** 将习近平法治思想纳入每季度党组中心组学习和党员教育培训计划，认真落实党的二十大精神。主要负责同志及时研究解决法治建设重大问题，并举办“主要负责同志讲法治课”活动，发挥“关键少数”作用。年内，3名处级干部深入街镇、企业和乡村带头宣讲政策。宁河分局深入推进严格规范公正文明执法，确保习近平法治思想贯穿规划资源工作始终。

**【信访工作】** 开展源头预防并深入排查，认真研判矛盾突出案件，对重点人员及时做好疏导、化解和稳控工作。宁河分局主要负责同志和分管负责同志主动接访、包案下访，按反映问题依分类处理，审慎答复。共接待“北方网、公仆接待日、政民零距离、部系统转办”及来信来访共116件，12345反映问题196件，全部答复信访人。

【制度建设】 完善规章制度，增强按制度办事、依法办事意识，提升管理效能。印发《天津市规划和自然资源局宁河分局财务管理制度（试行）》《天津市规划和自然资源局宁河分局预算管理办法（试行）》，规范财务核算程序。组织编制分局机关和3个下属单位《内部控制手册（试行）》，提高内部管理水平，加强廉政风险防控。印发《市规划资源局宁河分局局长办公会议事规则》《市规划资源局宁河分局“三重一大”制度》进一步完善分局议事规程，切实提升单位行政决策质量。

【固定资产管理】 建立健全固定资产管理制度，对分局机关及下属单位2000多件（项）实物资产进行全面盘点，对其中1800多件（项）建立起账实相符的固定资产台账，实现分局系统固定资产的全面监控，切实提高固定资产的使用效率，杜绝固定资产流失。

【闲置资产盘活利用】 根据宁河区委、区政府关于持续推进国有闲置资产盘活工作的要求，宁河分局高度重视、多措并举、有效推进闲置资产（房产和土地）的梳理盘活。建立盘活资产工作架构，压实责任到人。与宁河区财政局、国资委密切协同，结合实际情况确定了切实可行的盘活路径和盘活方案。

【企业划转】 为贯彻落实市委、市政府关于推进国有企业改革的总体部署，根据宁河区政府和市规划资源局关于推进国有企业改革工作要求，将下属企业天津市田禾土地开发整理有限公司、天津宁诚志远建筑设计有限公司（宁河区城乡规划设计研究所）划转至天津宁河投资控股集团有限公司，促进企业规范健康发展。

【档案管理】 落实档案专项整治工作要求，进一步加强档案规范化管理，做实做细档案收集、整理和移交归档等基础工作，全部档案按时移交。经多方统筹协调，划定档案存放场所，实现城建档案和文书等其他门类档案的集中保管。接收城建档案1100卷，接待档案查阅57人次，档案利用330卷，发挥档案的应用价值。

（胡中飞）

# 天津市规划和自然资源局静海分局（天津市不动产登记局静海分局）

【简况】 2023年度，市规划资源局静海分局坚持以习近平新时代中国特色社会主义思想和党的二十大精神为指导，在市规划资源局党委、区委、区政府的领导下，不断加强局党组的领导核心作用，全面提升党建引领和依法治理能力水平，围绕服务保障静海区高质量发展，认真落实市、区两级“十项行动”，打好“六大攻坚战”，推动规划资源事业取得新成效、开创新局面。

## 规划设计编制审批

【国土空间总体规划】 完成“三区三线”划定工作，明确规划期内56.22平方千米生态保护红线范围、82.41万亩耕地和70.07万亩永久基本农田保护底线以及207.49平方千米城镇开发上限，充分衔接天津国土空间总体格局，全面优化生产、生活、生态空间布局，构建“双城四组团、两心两带多廊”国土空间总体格局。2023年6月向市政府报送《天津市静海区国土空间总体规划（2021—2035年）》，由市司法局履行法制审核程序。该总体规划明确静海总规编制的作用、依据、范围、期限、指导思想和规划原则，阐明了静海国土空间开发与保护的自然本底条件、人口情况、国土资源利用现状、资源环境承载能力和国土空间适宜性评价、存在问题以及风险灾害评估。同时，同步制作8个附表和53张附图，对部分主要任务进行清单式、图表式呈现，增强规划可操作性。

【重点规划】 完成大邱庄镇17-38等3个单元控规编制修改以及静海新城17-10单元等3个单元细分导

则调整工作，为中国医学科技创新体系核心基地天津基地系列项目落位和博通慧谷项目实施提供支撑；通过简化固化土地用途转换、细分导则调整、容积率调整等程序，支持首个用途转换项目子牙高新产业园爱玛电动车研发总部地块由工业用地向商务用地转换，提升园区土地利用价值，为后续同类项目明确路径。

**【村庄规划】** 综合市级层面关于静海集体经营性建设用地入市试点、全域土地综合整治试点、宅基地改革试点、乡村振兴示范村创建等工作安排，制定静海村庄规划编制审批计划。全年推动完成村庄规划审批28个，推动杨成庄乡东寨村产业融合发展示范中心项目落地实施开工建设，成为村庄规划批复实施后首例取得乡村规划建设用地许可证项目。

## 规划和自然资源管理

**【规划行政许可和行政审批】** 实行承诺办结制度，积极推行“以函代证、容缺后补”等审批方式，2023年，办理规划条件（含市政类项目选址）30件、临时建设用地批准书5件、核发用地预审与选址意见书33件、用地预审与选址意见书（市政工程）23件、建设工程规划许可证141件，建设工程规划验收合格证137个、标准地名证8个、建设工程档案认可证83个。

**【建设工程规划管理】** 核发建筑类建设工程规划许可证107件，审批建筑规模325.03万平方米；市政类建设工程规划许可证34件，长度107.31千米；乡村建设工程规划许可证2件，建筑规模5.73万平方米。

**【测绘管理】** 联合区教育部门开展区域内地图监督检查工作；结合“双随机、一公开”监督检查工作有关要求，对辖区内5家从事测绘活动单位开展行政检查工作；按照市规划资源局印发的《天津市测绘行业重大事故隐患排查整治2023专项活动暨“安全生产月”活动方案》的有关要求，开展了测绘行业安全生产工作排查整治专项活动。

**【证后管理】** 积极推进规划验收，落实建筑工程和市政工程规划验收的有关规定，全年共验收项目137个，其中建设项目136个，市政项目1个，全部按期完成。

**【地名管理】** 为天街商业广场、学府嘉园、泊镜园、祥泰新苑、盛华苑、康宁津园（2个）、尚林苑等8个项目核发《标准地名证》。

**【耕地保护】** 坚持最严格的耕地保护制度和最严格的节约用地制度，提升“田长制”巡查效能。各级田长累计巡田11万余次，开展耕地保护普法宣传近1400次，发现并督促整改到位问题4个，完成卫片执法1035宗、8271.61亩核查处置工作。对“三区三线”划定的耕地和永久基本农田进行了全面核实，完成补划基本农田3397亩，多出补划任务约1800亩，为解决基本农田中存在的历史遗留问题留出空间。严格控制非农建设占用耕地，落实耕地占补平衡制度、农用地进出平衡制度，积极挖掘存量用地潜力；做好耕地保护责任传递，制作耕地、永久基本农田保护分布示意图发至各村进行张贴，组织签订违法违规用地治理责任书和耕地保护责任书，持续织紧织密耕地保护责任网，坚决防止耕地非农化。

**【农用地转用土地征收】** 2023年报批农用地转用土地征收16个批次，面积128.04公顷，全部获批。包括教育类用地2个批次，面积65.01公顷，确保了天津医学健康研究院项目、北京协和医学院天津校区及时落地；商业住宅项目5个批次，面积18.59公顷；集体转用项目2个批次，面积3.38公顷；基础设施、公共服务设施等6个批次，面积18.67公顷；单独选址项目1个批次，面积22.39公顷，保障了城投公司铁路专用线项目的用地需求。

**【土地出让】** 实行清单制调度，促进土地出让项目尽快落地。积极推动园林草分等定级及基准地价制订；对国家医学中心，健康研究院项目实现交地即送证；2023年出让土地10宗，出让面积311亩，土地出让金10.3亿元，其中经营性用地4宗，出让土地面积249.7亩，出让金10.054亿元；工业用地6宗，出让土地面积62.3亩，出让金0.238亿元。

**【土地开发利用管理】** 合理编制土地供应计划。严格履行闲置土地处置程序，通过定期巡查，提前预警等方式，减少闲置土地的产生。推进批而未供土地消化利用，按照“以用为先，分类处置”原则，分类制定处置方案。2023年应消化2009—2022年批准的批而未供土地189.8公顷，任务完成率100.9%。

【集体经营性建设用地入市试点】 静海区2023年3月增补进入集体经营性建设用地入市试点地区名单，截至年底，起草《静海区农村集体经营性建设用地入市试点推进方案》《静海区集体经营性建设用地入市操作流程》等文件并通过区长办公会审议；与财政、农业农村、金融等部门联合制定入市管理办法、土地增值收益调节金征收使用管理办法、收益分配指导意见、鼓励金融机构开展农村集体经营性建设用地使用权抵押贷款工作意见4个配套文件，为形成样本经验夯实基础。

## 不动产登记

【不动产登记管理】 办理不动产登记58000件，其中产权登记19108件，抵押登记29701件、查封登记3562件、预告登记5445件、商品房首次登记184件；办理不动产查询22982件。发放农村宅基地房地一体证书7.3万件，超过市级层面工作70%任务要求及乡村振兴考核宅基地发证量不低于80%的满分指标。

【不动产登记创新服务】 创新设立登记自助服务区，被市规划资源局作为典型做法宣传推广；延长对外办公时间，提供不便到场办理的人群网上办、上门办，解决群众的急难愁盼问题；将预售登记从3个工作日压缩为即时办结，减少企业办理商品房预售登记的时间成本；在原“一窗受理”的基础上，设置“品”“吕”形布局，使群众和企业享受一次性、便捷化、高效化的政务服务；推出新房“竣工即交证”服务，解决市民子女迫切入学难题，其事例刊载在《中国自然资源报》等主流媒体上。

## 监督检查与城建档案

【违法用地治理】 2023年度实现自然资源领域乱占耕地建房“零”新增；配合静海区农委对全区设施农业项目进行监管，将全区设施农业项目纳入到日常巡查范围，有效遏制“大棚房”等问题反弹；完成“三区三线”划定后仍占用基本农田等“看的准”问题，以及卫片执法、历年督察等相关专项整改拆除任务。已拆除1276.06亩，超额完成全年1000亩任务指标；按照国家农村乱占耕地建房部际协调机制办要求，结合国家重新下发4264宗图斑，完成农村乱占耕地建房（非住宅类）补充摸排及台账报送工作；制定印发《关于静海区历史遗留公益基础设施类项目完善手续实施方案的通知》，完成历史遗留公益基础设施整改路径顶层设计，完成27个党群服务中心手续补办，取得乡村规划许可证。

【执法监察】 开展行政处罚案件法制审核和案卷评查，对11件行政处罚卷宗履行法制审核，参加4次市规划资源局组织的案卷评查工作。全面推进部门联合“双随机、一公开”监管。按照市、区两级工作部署，加强检查对象、执法人员“两库”建设，制定2023年抽查检查计划，依托市“双随机、一公开”系统、市局独立抽查检查系统，与市局执法总队、其他分局共同抽查检查5个建设工程项目、3个供地项目、21个采矿权项目、1个测绘资质单位。

【信访和依申请公开】 大力化解信访矛盾纠纷。召开两次信访维稳专题会议，围绕静海分局信访工作形势进行分析研判、统筹部署，研究调度信访积案化解路径。2023年通过网络平台、来电、来访、来信等多途径处理各类信访案件1149件次；各级干部接访192批次289人次。深入落实领导干部接访包案机制，聚焦信访积案攻坚战任务，实行“一案一专班”工作方式，推动化解12件重复访积案。2023年做出政府信息依申请公开120件。

【档案管理】 利用静海分局办公场所搬迁契机，扩大档案库房至500平方米，满足未来5至10年存放空间。配备恒温恒湿、微型消防站、视频监控、温湿度计设备，完善库房巡查台账机制。接收建筑工程类档案2886卷，新增城建档案实现纸质档案与电子档案同步归档；接收业务科室专业档案2445卷。争取静海区档案馆支持，将机构改革前原规划和土地文书档案2万余件向区档案馆进行移交；对历史欠缴的工程档案进行催收，归档率达到80%；结合市规划资源局档案备案工作，核对文书档案7889件、会计档案2594卷、业务档案24696卷，摸清工作底数；结合大部制试点工作，将城建档案、机关档案、业务档案进行融合，静海分局档案管理纪录片在市规划资源系统进行宣传。

（元绍伟）

# 天津市规划和自然资源局滨海新区分局
# （天津市不动产登记局滨海新区分局）

**【简况】** 2023年以来，滨海新区分局坚持守正创新，锐意进取，认真学习贯彻习近平新时代中国特色社会主义思想和党的二十大精神，充分发挥规划引领、资源保障作用，全力推进滨海新区高质量发展支撑引领行动落地落实。坚持集约节约用地，加大土地出让力度，强化土地资源管理，验收耕地保护底线红线，深化专项整治工作，全力维护安全稳定大局。

## 规划设计编制审批

**【规划编制】** 2023年，滨海新区分局发挥规划引领作用，擘画美丽“滨城”蓝图；聚焦新区高质量发展大局，持续增强保障能力；坚持系统观念，加快推进城市更新，为美丽“滨城”重大战略实施提供有力支撑。

**【国土空间总体规划】** 2023年，滨海新区分局完成《天津市滨海新区国土空间总体规划（2021—2035年）》编制成果上报工作，继续推动新区12个涉农街镇国土空间总体规划编制工作，高效推进“滨城”规划导则编制工作，已形成成果。

**【专项规划】** 2023年，滨海新区分局探索特色专项规划研究，不断推动政策创新。结合各类上位规划编制交通系统“一张图”，形成交通系统“一张图”规划空间落位控制方案，着力解决滨城百姓的急难愁盼问题，针对新区现状“断头路”深入调研。开展新型产业用地管理创新研究。形成政策优化建议和政策适用范围扩区方案。加强“滨城”重点区域和项目外檐风貌的管控。制定《关于加强滨海新区城市建设项目风貌管理工作的通知》。编制海河下游两岸堤岸提升改造规划，对海河下游堤岸分段分类提出规划提升策略，已形成成果。

**【控制性详细规划】** 2023年，滨海新区分局着力推动街区控规编制试点工作，选取海河入海口区域、汉沽街街区两个试点开展控规编制，同时推动城市设计法定化，完成了中部新城两个分区单元城市设计和控规新编报批工作；落实“放管服”改革，印发了《关于进一步加强滨海新区控制性详细规划管理有关工作的通知》等文件，整体审批时限相比市级提高20%。

**【城市设计】** 编制完成《滨城总体城市设计（2021—2035年）》，明确风貌特色定位、确定城市风貌格局、划分全域风貌分区并提出风貌引导、提出全域系统性城市设计策略，擘画风貌特色鲜明的美丽“滨城”蓝图。已完成专家评审、征求意见、社会公示，准备报批。其精华内容已纳入《“滨城”规划导则》。

**【城市更新】** 2023年，滨海新区坚持产业引领、港产城融合，进一步提升产业用地效能，提高城市服务水平和核心功能。全年联合属地政府对外招标8个城市更新项目，聚焦项目推动开展了一系列举措，包括推动已中标城市更新项目开工建设等；完成新北街新北路TOD项目实施主体招标工作，顺利推动新区重点项目轨道交通B1线新北路站的开工建设；为抓住城市更新政策窗口期，积极谋划储备了新河街、杭州道街、新港街、海滨街、古林街等城市更新项目。

健全城市更新“1+1+1+N”政策体系，修订《滨海新区城市更新项目土地出让环节操作细则（试行）》，出台《滨海新区城市更新项目土地出让预交金管理工作规则》，编制《滨海新区城市更新专项规划》并已获批复。

**【各类规划设计编制】** 《“滨城”规划导则》（以下简称“导则”）构建以国土空间总体规划为引领的“滨城”规划体系，是指导城市规划参与者在实践中科学谋划和高效推进美丽“滨城”建设的参考书，是回答新时代“滨城”样板定位、形象、实现路径的明白纸。导则立足“滨城”本底特色，以“三生融合之城、三智科技之城、港产城融合的四宜和谐之城、四化底蕴之城、五彩美丽之城、五维畅达之城、五度幸福之城、先行先试创新之城”为导向，通过可视图则、分级指标、管控政策等多种手段，描绘“滨城”规划愿景，明晰规划管理指标，指明规划实现路径，优化规划政策，为助力打造高质量发展、共同富裕的中国式现代化“滨城”样板提供明确的行动方向。

《滨海新区民用建筑规划设计管理创新的指导意见》着力从展现集聚发展新格局、以提升城市活力创产百姓理想中的房子、先进理念引领城市高质量发展三个方面贯彻落实“坚持以人民为中心的发展思想，坚持人民城市为人民”重要理念。通过架空平台、露台、坡屋顶、阳台、挑空空间、庭院等设计手法，将公交导向、绿色低碳、开放活力社区等理念融入民用建筑规划设计，达到土地高效复合利用和地下空间增值利用的目的。

《关于加强滨海新区城市建设项目风貌管理工作的通知》以“精准规划、精致建设、精细管理、精美环境”为原则，加强对滨海新区重点地段、重要类型建筑风貌管控，从管理要求、管理方式及审查程序等方面对沿海、滨河、重要公共空间、大型公共建筑、迎宾道路沿线以及其他城市标志区域内建设项目的规划和风貌管理提出具体要求。

编制完成《滨海新区“滨城居”社区提升创新规划导则》，形成了“滨城居”评价指标体系，从“邻里、居住、治理、出行、学习、健康、环境、低碳、工作、服务”10个应用场景引导创建“更智慧、更宜居、能够自我成长”的社区。以新河街城市更新为首个试点推动“滨城居”策划落实。

## 规划和自然资源管理

**【重大项目选址】** 2023年，滨海新区分局完成滨海职业学院等17个重点项目规划承诺工作，完成天津医学高等专科学校等重大项目的选址工作。组织推动天津海警局工作站及滨海新区海警局机关、国家军事院校、某部队雷达站点、武警博物馆等重大项目选址工作，推进三峡新能源、中海油融风公司和三一重能等新能源项目选址工作。

**【重点项目规划管理】** 2023年，滨海新区分局为兴港高速、津潍高铁、京滨城际、津歧公路等重点项目分段办理了建设工程规划许可证。为神华小王庄三期5万千瓦风电场、神华小王庄四期风电项目、华能天津小王庄10兆瓦分散式风电、国华小王庄零碳小镇50兆瓦风电、智通滨海杨家泊43.2兆瓦风力发电项目（风机）等8个项目核发建设用地预审与选址意见书。为天津华电滨海汉沽48兆瓦“绿色生态复合”光伏发电项目110千伏升压站、国电电力天津滨海新区大港板桥农场“渔光互补”光伏发电项目110千伏升压站、天津太平镇分散式风电一期送出线路工程等7个项目核发规划许可手续。对排水、给水、供电等符合条件的200米以内管线严格实行规划“零审批”。为津滨城际、西中环跨海河桥、轨道交通Z2线等项目出具了规划意见函，为重点项目办理破路、破绿等前期手续提供依据。

**【容积率调整】** 依申请办理天津港原客运站候船厅改造项目地块容积率调整、汉沽四纬路49号商服用地容积率调整，均获得滨海新区人民政府批复。

**【规划行政许可和行政审批】** 2023年，完成规划和用地审批管理共1312件，其中核发选址意见书360件（含市政170件）、规划条件139件、建设用地规划许可证72件（含市政13件）。核发建设工程规划许可证（建筑）466件，核发建设工程规划许可证（市政）254件。核发标准地名证21件（含变更3件）。

**【证后管理】** 2023年，核发建设工程规划验收合格证131件，其中，市政工程规划验收31件。

**【地名管理】** 2023年，滨海新区办理地名命名、更名30件，共审批保税区空港区域、东疆综合保税区、经开区、大港、新港等片区共计74条道路标准地名；完成中部新城、经开区等片区路名规划方案前期审查工作；开展滨海新区地名行政执法工作。与滨海新区区委宣传部、档案馆、文旅局、市规划资源局滨海新区分局联合主办“走进古籍·品读家国情怀”滨海新区古籍科普展，助力弘扬传统地名文化；积极推进滨海新区路名规划编制工作，与相关单位积极沟通，确保规划成果科学合理。积极开展“乡村著名行动”助力乡村振兴工作前期调研沟通，编制工作方案和项目预算并报送相关单位。

**【土地市场管理】** 全年土地出让金累计192亿元，超过全市完成率的26%，出让金额和出让面积总量在全市各区县中均位居第一。贯彻落实“制造业立市”的战略部署，新区产业用地成绩亮眼，累计供应产业用地84宗，土地面积579.5公顷，占全市总量67.64%。

## 不动产登记

**【不动产登记管理】** 2023年滨海新区分局共办理涉及集体土地所有权裁余登记469宗，注销登记248宗；开展不动产登记数据整合治理工作，共接收市规划和自然资源局下发宗地、海域数据4613条、房产数据394218条，完成第一阶段宗地、海域数据整合治理并出具质检报告，第二阶段房产数据整合治理完成35万余条。

**【权属登记与核查】** 2023年，滨海新区各不动产登记机构共受理二手房协议网签25464件，完成各类权属登记149598件，全年接收不动产登记资料97059件，提供档案对外查询53788件，完成各类权籍调查371件，完成不动产登记类土地测绘成果校验323件，完成海域项目土地权属核查38件；全年累计提供现状地类查询服务工作565件。

## 监督检查与城建档案

**【批而未供土地处置】** 2023年，滨海新区“增存挂钩”口径（2009—2022年）批次2388公顷，按照25%的处置率2023年实际任务量为597公顷，已经消化127.01公顷，包括已供地99.61公顷，批次作废27.4公顷，处置率为21.27%。

**【耕地图斑整改】** 2023年，滨海新区分局推动永久基本农田非耕地图斑的整改工作。推动街镇开展耕地卫片的核查上报工作，对自然资源部下发的1465个2022年耕地卫片监督图斑，组织街镇现场核查，逐一征求街镇意见后纳入全区进出平衡方案。开展滨海新区占用耕地和永久基本农田超标准建设廊道问题排查整改工作。对7004个存量图斑及116个新增图斑进行排查，按时填报统计台账及相关数据。

**【自然资源督察整改】** 2023年，自然资源督察发现非农化问题4个；非粮化问题2个；土地节约集约问题1个。滨海新区分局整改完成3个，剩余4个积极推动整改工作。

**【日常巡查工作】** 2023年，滨海新区分局累计巡查发现违法占地行为82宗、面积1051.50亩。完成整改23宗、面积489.19亩，剩余未整改完成59宗、面积562.31亩。巡查发现疑似违法建设已移送线索共计33宗、约224.84亩。

**【闲置土地治理】** 2023年，滨海新区“一本账”闲置土地共114宗、面积1132.78公顷；处置106宗，面积1112.48公顷，处置率98.21%；处置到位97宗，面积1095.60公顷，处置到位率96.72%。新区“一本账”逾期未竣工项目108宗、414.12公顷；处置96宗，面积374公顷，处置率90.31%；处置到位91宗，面积364.02公顷，处置到位率87.9%。

**【卫片整治工作】** 2023年，滨海新区分局接到自然资源部共下发新区土地月度卫片执法图斑2084个，根据分割图斑个数2129个，涉及监测土地面积70100.55亩。判定为违法的316个，面积7164.65亩，其中270宗为违法建设图斑，移送相关部门。违法占地图斑46个，其中45个未供即用，1个占用永久基本农田建设畜禽养殖设施、水产养殖设施；不属于违法占用农用地“零新增”。

**【重大事故隐患专项排查整治行动】** 2023年，滨海新区分局深入开展自然资源领域重大事故隐患专项排查整治行动，重点围绕地质地矿、控规管理、测绘、规划审批、建筑规划管理、执法检查和储备地块等7个方面重大事故隐患自查排查工作。

**【土地资源利用清查整理专项工作】** 2023年，滨海新区历史遗留违法占地共计涉及图斑4985个、28539.85亩，已整改2637个、16191.77亩，已整改完成项目占比52.90%，已整改面积占比56.73%。推进农村乱占耕地建房问题整治。纳入农村乱占耕地建房问题整治台账图斑共1131宗，面积2977.4亩。整治996宗，面积2761.50亩，整改率达到92.75%。国家自然资源督查历年反馈问题整改涉及滨海新区问题共计412个，已整改到位共计407个，整改到位率98.79%。完成了“大棚房”问题回潮反弹排查整治工作。

**【信访工作】** 2023年共承办信访2124件次，8件按程序办理，其余均办结。

**【城建档案】** 完成地下管线建设项目数据108件的图面、数据库检查、入库工作，动态更新管线长度900千米。为地下管线工程建设单位提供报建前现状数据查询3406千米；推动滨海新区286个历史遗留未入库城建档案的催收工作并发送建设工程档案报送通知书，对152个超期项目移交执法大队，组织各功能区召开滨海新区城建档案工作会议，拟定新区城建档案规范化管理工作方案，完善新区城建档案规范管理工作。

（康艳红）

# 天津市规划和自然资源局局属单位

## 天津华北地质勘查局

【简况】 2023年，天津华北地质勘查局（以下简称“华勘局”）坚持以习近平新时代中国特色社会主义思想为指导，深入学习贯彻党的二十大精神，坚决贯彻中央、市委决策部署，认真落实市规划资源局工作要求，在局党委坚强领导下，围绕市委、市政府“十项行动”，全力推动“十个加力提效”落实落地、见行见效，社会影响力和市场竞争力显著提升，华勘高质量发展成色更加充足、动能更加强劲、基础更加稳固。

【经济发展】 2023年，华勘局新签合同32.3亿元、结算收入25.9亿元、实现利润1.78亿元，同比分别增长7.1%、6.6%、7.6%。全局平均利润率6.9%，较2022年进一步提高；收入成本率88.2%，成本管控持续改善。资产负债率30.6%，全员劳动生产率42.75万元，营业现金比率3.2%，研发经费投入强度1.4%，均高于行业平均水平。

【保障国家能源资源安全】 积极参与新一轮找矿突破战略行动，资源地质板块增势迅猛，新签合同额同比增长29%。出台2023年地勘工作方案，推动主业技术人才回归，设立矿业权专项资金，赛汉等自有矿权勘查局内立项，地勘主业资源整合有效推进。围绕铜、铁、锂、镍、钾盐等紧缺战略性矿产，新实施国内外地勘项目190个，13个项目新增资源量达到中型以上。新获、恢复万泉寺等7宗探矿权；新获毛西嘎达坂采矿权；成功延续卡拉盖雷采矿权。老挝爬奔金矿年产黄金693公斤，新增矿石量超65万吨，实现利润5600万元；沽源铀业钼综合回收率提升至78.3%、实现利润1.24亿元。

【服务生态文明建设】 支撑服务碧水保卫战，围绕工业企业污水处理、黑臭水体治理、地下水生态环境保护、海洋生态修复等领域，承揽实施恒源石化地下水生态环境保护与治理、泉州污水处理等一批项目。深入服务净土保卫战，围绕农用地安全利用、湿地生态修复、建设用地污染土壤修复、垃圾填埋场土壤污染防治等领域，承揽实施巴彦淖尔受污染耕地安全利用、廊坊柳伯安丽土壤修复等一批项目。有效服务蓝天保卫战，围绕VOCs治理、重点监管企业监测等领域，承揽实施蒙西油漆单修区VOCs治理系统建设、中节能（天津）环境监测等新领域项目。精准服务矿山生态治理，围绕矿山地下水防治、废弃无主矿山治理等领域，承揽实施彝良帷幕注浆矿山防治水、峰峰矿区矿山生态修复、蓟州矿山地质环境综合治理等标志性工程。主动服务“双碳”战略实施，推动天津近海二氧化碳海底封存研究及成果转化，中标承德高新区碳达峰碳中和规划编制服务项目，实施多个企业碳盘查项目。

【服务地质灾害防治】 积极响应政府防灾减灾救灾号召，全程参与津南八里台“5・31”地面沉降处置，高质量完成地表裂缝动态监测、地热井封堵监理等紧急任务。参与“23・7”暴雨洪涝灾害应急保障，驻灾区单位和项目第一时间落实应急响应，在人员密集区巡查、交通要道清淤、水情态势分析、灾后恢复重建等方面提供技术支撑。编制天津市地方标准《地质灾害群测群防技术规范》，为地灾精细化防治提供操作指南；高标准落实蓟州山区地灾巡查、排查、治理等任务，确保平稳度过汛期。

【服务京津冀协同发展】 全方位参与城市基建，在城市地下市政基础设施普查、轨道交通建设、道路应急保障、工民建施工等领域，实施天津港保税区排水管网检测修复、京雄铁路桩基检测、京滨城际补充勘察、保定道路塌陷探测、河北燕达陆道培医院桩基等工程。多领域服务环境治理，在生态环境保护、环渤海海域综合治理、矿山生态修复等领域，实施滨海新区海洋生态保护修复、北京平原区断裂地质调查、白洋淀上游废弃矿山修复、冀东水泥厂采区边坡治理、高阳环城水系综合治理等项目，助推京津冀生态环境协同发展。

【服务乡村振兴】 全面参与第三次全国土壤普查，承揽实施32个县（市）土壤普查任务，为掌握耕地质量、做好土壤改良提供重要参考。实施复耕农业生产符合性评价、高标准农田建设、土壤重金属污染修复等系列项目，有效提升土壤资源保护和利用水平。对接国家部委、省市科技管理部门，开展特色农产品产业化关键技术研究，获准颁布富锶山楂、富锶小米、富锶矿泉水3项团体标准；完成天津盐碱地普查成果总结，参编《天津小站稻土壤条件》地方标准正式颁布。围绕农村集体经济产业规划、特色农产品产业化、人居环境改善、农村劳动力就业、“地质文化村”建设、乡村生态旅游等方面，做好蓟州、承德、保定等驻村帮扶工作，助力乡村振兴。

【资质矿权】 截至2023年底，拥有自然资源部、住建部等部门颁发的各类资质213个，其中：综合甲级、专业甲级（含壹级）86个、乙级（含贰级）92个、丙级（含叁级）11个，检验测试、施工劳务等（不分级）资格证书16个，施工总承包二级资质2个，施工总承包三级资质6个。拥有探矿权42宗（其中，境内25宗，境外17宗），面积共计545.2082平方千米；拥有采矿权11宗（其中，国内3宗，国外8宗），面积共计27.3186平方千米，权益面积14.7253平方千米。

【科技创新】 出台强化企业科技创新主体地位实施意见，新立科研项目114个，支持5个创新平台打造，年度投入3400万元。科研成果孵化项目合同额达4.43亿元，全局占比13.5%；主编或参编标准11项，新获国家发明专利21项、省部级科技奖3项。获批国家级博士后科研工作站、河北省地质资源勘探开发与生态保护重点实验室。

【人才培育】 多渠道引进人才，新招各类技术管理人才169名。多方式培养人才，精心组织开展“雏鹰培育”、实践锻炼、以干代训。多平台用好人才，遴选147名专家进入局内地质勘查与开发专家库，53名科技人员入选市规划资源局人才库。1人获评国务院特贴专家和自然资源部科技领军人才称号。

【数字赋能】 全年数字赋能类项目合同总额3.46亿元，全局占比10.8%，新优势新应用新业态逐步形成。矿山三维实景建模、物联网超高温监测、地下空间探测、无人机激光雷达测量等相关数字技术竞相迸发，提升传统产业工作质效。“绿水青山一张图”“矿山水工环自动化监测预警”“空天地一体化”、实验室信息化管理、土壤环境数字智慧管理、地下水环境监测井评估等数字平台应用场景持续丰富，平台“孵化器”作用愈加凸显。

【机制创新】 加强考核引导，将科研投入视同当期利润纳入经营业绩考核，激发基层单位创新创造活力；增设“解困进步鼓励奖”，激励经营者担当作为；实施专技职称聘期考核，突出实绩实效、推动能上能下，激活专技人员内生动力。

【管理提效】 加强精细化管理，发挥资金规模效应，实现结构性存款收益1038万元；深化单项工程预核算管理，成本定额日益清晰；加大做实资产质量，清理核销不良资产2233万元。加强安全管理，出台“半军事化”管理意见，全面开展安全生产大排查大起底大整治等专项行动，安全管理再上新台阶。加强规范化管理，提升审计效能，推动审计工作由审查财务行为向企业经营行为延伸，全面揭示经营成效；强化法务把关，开展应收未结大起底，实现合同把关全覆盖，有效预防经营风险；开展“嵌入式”监督，“管到关键处、管住关键事”的效能更加凸显。

【民生保障】 以干部职工“三感”提升为着力点，全面落实2023年“我为群众办实事”十项任务。事企职工人均工资同比分别增长3.7%、4.5%；

全年投入2200余万元，用于“三供一业”改造、基地环境提升、员工技能培训、文体设施配置、野外安全装备配备等，职工生产生活条件持续改善。满足职工精神文化需求，多层次、多方式开展文体活动、心理辅导、红色教育累计超200次。帮扶特殊群体82人次，精准支持困难企业。

（张忠义）

# 天津市地质矿产勘查开发局

**【简况】** 2023年，市地矿局坚持以习近平新时代中国特色社会主义思想为指导，深入学习贯彻党的二十大和二十届二中全会精神，坚决贯彻党中央、市委决策部署，认真落实市规划资源局工作要求，在局党委坚强领导下，围绕市委、市政府“十项行动”，聚焦建设“具有社会影响力和市场竞争力”的新地矿，着力开拓“公益市场化、市场项目化、项目规模化”“事业与企业并行、公益与商业并重、科技与人才并举、津内与津外并进”实现路径，提振信心、团结奋斗，形成了风清气正的政治生态和干事创业的浓厚氛围，圆满完成年度各项目标任务。

**【机构调整】** 2023年地矿局内设机构调整，依据《关于天津市地质矿产勘查开发局调整部分内设机构的批复》，调整后，市地质矿产勘查开发局设办公室、纪委办公室、组织人事处、宣传教育处、综合管理处（审计处）、地勘科技处、地质工程处、财务资产管理处8个内设机构，其他机构编制事项不变。

**【资质建设】** 截至2023年底，全局拥有自然资源部、住建部、水利部等部门颁发的资质共59项，其中地调院（总站）6项，地质二队28项，地热院16项，测试中心9项。按资质等级划分，甲级资质共9项（含一级，如地质勘查、地质灾害、实验测试、工程勘察、工程施工、测绘、地基基础工程等），乙级资质11项（如水资源论证、土地规划、建筑工程设计、岩矿鉴定等），丙级资质2项（含三级，如地灾治理、地灾危险性评估、环保工程等），其他资质37项。按专业领域划分，地质灾害防治类9项，工程勘察设计类3项，工程施工类7项，工程质量检验与测试分析类11项，测量测绘类4项，钻探及安全施工类11项，管理体系认证类8项，资源论证评价类3项，规划与咨询类2项，贸易经营类1项。

**【经济发展】** 2023年，全局新签合同61550.54万元，实现经营收入为55461.32万元，同比增长25.8%。地质二队新签合同34829.08万元，完成经营收入36035.20万元，同比增长21.3%；地热院新签合同23228.53万元，完成经营收入13662.91万元，同比增长34.8%；地调院新签合同1671.93万元，完成经营收入2317.37万元，同比减少25.0%；测试中心新签合同1821.00万元，完成经营收入2339.23万元，同比增长56.0%。珠宝公司完成经营收入1103.49万元，同比增长19.9%。

**【公益履职】** 紧紧围绕国家重大战略和市委、市政府工作部署，主动服务和聚力推动高质量发展。保障能源资源安全，地质支撑作用进一步发挥。参编《天津市地质调查工作三年行动方案》《天津市地热勘查开发利用战略研究报告》，围绕煤层气、锰方硼石矿开展研究，开展矿产资源国情调查工作，掌握天津市矿产资源供应能力和开发利用潜力；完成“十四五”地质灾害防治规划、矿产资源规划的中期评估，主要指标进展总体符合预期。

**【助力京津冀协同发展】** 高质量服务雄安新区自然资源和规划局。创新性编制全国首个大区块地热采矿权开发利用方案和水资源论证、矿山地质环境保护与土地复垦“四合一”方案，编制完成了《雄安新区地热资源开发利用方案编写技术规程》《雄安新区地热生产井钻井技术规程（试行）》等，推动了雄安新区地热资源规范管理和科学高效利用。

【服务生态文明建设】 技术服务领域进一步拓展。发挥地热资源禀赋为各区减碳工作提供地热资源替代，推动天津市公共机构能源托管；开展地热井能源站一体化建设项目，打造“交钥匙”工程；创新地热矿权管理模式，开展天津市首个地热矿权集中打包出让项目；积极创新拓展供热运营、合同能源管理等业务发展模式；开展《天津市自然资源降碳能力提升综合研究》和《地热资源开发利用碳资源核算方法研究》，提交《关于天津市地热资源安全高效开发利用，助力“双碳”战略的建议》，为服务“双碳”战略提供技术支撑；入库中央生态环境专项资金项目7项，成功出库1项；积极探索公益地勘成果的市场转化，总结天津土壤三普试点经验，应用拓展众多外埠市场，承担土壤三普采样项目2项，土壤三普测试项目5项。

【支撑城市地质安全】 助力韧性安全城市建设。加强山区、平原区地质灾害防治，北部山区汛期地灾气象风险预警、地灾隐患点巡查、专业自动化监测等，全面掌握地灾隐患现状和发展趋势。高效开展津南区八里台镇局部地面沉降突发地质灾害应急处置工作，提交了《津南区八里台镇局部地面沉降地热井封堵和固砂帷幕应急工程效果评估及区域地质安全调查报告》。

【服务自然资源管理】 技术保障主动有力。常态化开展天津市地质环境监测、天津市地热和矿泉水资源动态监测等；围绕国有自然资源资产权益管理需求，开展自然资源资产三维时空数据库建设、自然资源资产一张图编制等；开展耕地破坏鉴定，精准服务土地破坏违法案件查处工作；积极参与行业规范标准制定，为地面沉降监测管理提供技术依据。自主研发地上—地表—地下三维一体化全空间模式“透视天津”地质大数据服务平台；助力蓟州区常州村、铁岭子村荣获中国地质学会“地质文化村”，蓟州区下营镇和西青区辛口镇共计7.4万余亩富硒土地获中国地质学会天然富硒土地认证。地调院荣获全国“2023年度优秀地质调查队伍”称号，地质二队耿华亮荣获“全国自然资源系统先进个人”称号。

【规范管理】 狠抓法治建设第一责任人责任落实，大力推动“八五”普法工作，深入学习宣传贯彻宪法，自觉遵法学法守法用法，大力推进法治地矿建设，对局2005年以来出台的行政制度进行整理修订和分类汇编，视情况予以保留、废止、修订、新立，其中，修订制度35项、校核保留16项、废止和不再执行84项，新订制度12项，最终形成六类63项行政制度，进一步发挥制度建设引领、规范和约束作用，提高全局治理体系和治理能力水平，以制度建设持续凝练改革成果，不断提升善作善成的能力，为“两力”新地矿建设和高质量发展提供制度保障。

【深化改革】 着力破除制约改革发展的体制机制性障碍，制定实施《关于进一步深化内部改革的意见》。各单位先后制定《综合改革方案》《实现经济总量倍增工作方案》和《推进“十大”地矿产业发展链建设方案》。持续推动事企“五分开”改革，先后成立天津市地质矿产集团有限公司、天津市地质调查研究院有限公司、天津市地质矿产测试中心有限公司等，地矿集团组织架构更加清晰，有力促进地勘事业转型与企业经营之间的协同发展。

【科技创新】 出台《局科技攻关三年行动方案（2023—2025）》，实施科技创新项目49项。大力推进科技创新平台建设，自然资源部“天津中低温地热野外科学观测研究站”获批建设，这是自然资源部科技创新平台中唯一的中低温水热型地热资源领域的科技创新平台。主编自然资源部行业标准《地面沉降分层标建设与运维技术规程》，参编国家标准《地热资源地质勘查规范》，主编完成《雄安新区地热生产井钻井技术规程（试行）》已于2023年8月发布实施，这些标准的编制，为地矿局服务自然资源标准化管理及提升地矿行业话语权提供了有力支撑。

【人才建设】 落实地矿局人才队伍建设规划，招聘32名优秀人才。创新专业技术职务评聘机制，出台《局事业编人员专业技术职务聘任管理办法》。完成33名干部的两类岗位任职清理工作，畅通专业技术岗位人才上升通道。解决职工最急最盼的职称评审问题，125人申报职称，评审通过83人。建立完善局科技创新人才梯队推荐库，稳步推进人才培养、对号入座工作目标。开展市高层次创新型人才培养交流，不断提升人才专业素养。统筹人才推优工作，1人入选自然资源部高层次科技创新人才工程。

【安全生产】 扎实开展安全管理体系建设，健全完善《安全风险分级管控和隐患排查治理管理规定》和《安全文明作业标准化管理办法》两项体系文件，提升安全生产标准化、岗位操作规范化、现场管理精细化水平。集中力量开展事故隐患排查整治专项行动，持续强化安全风险分级管控和隐患排查治理双重预防体系建设，识别并登记备案重要风险10项，采取“四不两直”等形式开展安全督查检查36次，隐患整改复查和防范措施落实率达100%，切实把风险管控挺在隐患之前，把隐患治理挺在事故之前。全局“安康杯”竞赛、“安全生产月”等活动取得积极成效，实现源头治理、系统治理、超前防范，有效提高事故预防能力和本质安全水平。

【党建引领】 局党委坚持以习近平新时代中国特色社会主义思想为指导，深入学习领会习近平总书记关于党的建设的重要思想，习近平总书记重要指示批示精神，扎实开展学习贯彻习近平新时代中国特色社会主义思想主题教育。持续加强组织体系建设，创新开展局院（队）两级“模范机关和双型处室（科室）”创建工作，推动党组织如期换届、新设立企业建立党组织，不断夯实基层组织基础。选优配强干部队伍，对25名处级领导干部进行了交流、调整和提拔使用，选派2人到企业锻炼。实施干部政治能力和专业能力提升计划，举办“地矿大讲堂”，开办了6次夜校，培训120余人。加强对外宣传，讲好地矿故事，在《天津日报》《中国自然资源报》等主流媒体发布新闻报道38篇。坚定不移推进全面从严治党，召开持续净化政治生态暨警示教育大会，组织观看警示教育专题片，结合典型案例作警示教育报告。坚持严管与厚爱相结合，强化监督执纪，精准运用四种形态处置18人次，制作“清廉”主题展板，为干部家属发送“廉政家书”，营造了风清气正的清廉地矿。

（杨耀栋）

## 天津市城市建设档案馆<br>（天津市地质资料馆）

【简况】 2023年，天津市城市建设档案馆（天津市地质资料馆）以习近平新时代中国特色社会主义思想为指导，全面贯彻落实党的二十大和二十届二中全会精神，深入贯彻落实习近平总书记对档案工作的重要指示批示精神，扎实开展主题教育，对标对表上级决策部署和局党委工作要求，加快推进档案事业现代化建设，以档案事业高质量发展助力市委、市政府“十项行动”高质量落实。

【城建档案审查接收】 接收塘承高速滨海新区段项目期间，针对高速集团自主研发电子文件归档系统的特殊性，组织专业技术人员主动研究接收对策，打破传统接收方式，成功接收天津市首个建设工程原生电子档案，实现城建档案数字化转型新突破。全年审查、接收720个建设工程档案，同比增长69.8%，包括纸质档案34670卷，声像档案光盘570张，电子档案数据2546GB。

【城建档案提供利用】 通过优化线上预约机制，前置查询服务需求，实现查询者到馆后即可完成电子阅览，当场选取所需档案，大幅缩短查询利用时间。全年累计接待档案查询5969个项目，接待人数4736人，调取档案17308卷，复制文件102784页、图纸82762张，制作光盘581张，通过“容缺”机制办理档案查询1717个项目。2023年城建档案馆大厅提供复印文件、图纸能力比2022年同期（文件24266页，图纸30312张）提升了3倍有余。

【地质资料汇交和利用】 完成馆藏部分原始资料数字化工作，数字化率达到100%。全年接收验收北京市、河北省和天津市有关单位在天津开展地质工作或者工作区域涉及天津的104个项目地质资料，电子数据共709GB，发放凭证104个。为40余个项目提供了地质资料借阅服务，全年接待到馆借阅50余人次，借阅地质资料483份次6070件次，复制电子资料54GB。开展网络订单服务工作，为社会公众提供在线检索、“一站式”下单的网络订单服务。

**【矿产资源储量评审】** 2023年共受理46个项目，其中地热勘探项目9个，地热储量核实项目34个，项目压覆煤矿1个，矿泉水储量核实项目2个。已经完成45个项目。

**【城建档案信息化建设】** 坚持以修订、颁布、实施《天津市城市建设档案利用办法》为契机，优化服务举措，持续开展电子档案利用程序开发和完善工作，程序进行30余项功能升级，实现线上预约查档和短信沟通、电子档案全程电子浏览电子利用、纸质档案利用业务无纸化办公，有效提高了档案提供利用工作效率，实现城建档案为民惠民便民服务。

**【声像服务工作】** 全年共计拍摄42个规划资源领域的重大会议及活动，拍摄照片1280张、录像资料60小时；编辑、整理照片档案577张，编辑、制作录像资料片及宣传片36部。为局办、党建处、调查权益处、综合服务中心等处室提供会议照片及视频48人次，为在学习强国、《天津日报》、津云平台、市规划资源局官方网站、市规划资源局微信公众号等媒体平台宣传全局工作助力；为2022年天津市规划资源年鉴彩页及封面提供照片。

**【城建档案法治建设】** 深入学习贯彻习近平法治思想，每个部门指定法务专员，负责梳理汇总涉及城建档案工作的国家法律、行政法规、国家（地方）层面规范性文件，编印《城建档案法律法规文件参考目录（2023年版）》《城建档案法律法规和规范性文件汇编（2023年版）》，进一步夯实了依法管档治档基础。每周利用馆长办公会组织中层集中传达学习最新有关城建档案工作的政策法规等文件精神，并组织专题研讨。

**【档案规范化建设专项整治】** 坚持以市规划资源局系统档案规范化建设专项整治为契机，组织清点市局、市内六区分局地籍资料125354卷，移交外商投资地籍资料1897盒。严密开展115760卷档案的鉴定工作，重新确定档案的利用条件，将历史档案利用纳入法治轨道。在全馆范围内开展全员性档案数字化工作，截至年底每名职工完成不少于1000页档案数字化，严明工作机制，挂钩绩效工资，督促全馆干部职工进一步提高应对突发事件本领。移交天津市滨海新区规划编制研究中心地籍档案615卷，移交天津滨海高新技术产业开发区不动产登记中心地籍档案387卷。

（刘海峰）

## 天津市规划展览馆

**【简况】** 2023年，天津市规划展览馆（以下简称“规划馆”）在天津市规划和自然资源局党委的正确领导下，以习近平新时代中国特色社会主义思想为指导，以党建工作为引领，紧密围绕天津市规划和自然资源局主责主业，以高度的政治责任感展示城市规划和自然资源工作成果，打造服务品牌高地，以接待服务和宣教活动为载体，大力提高展览展示和接待服务水平，切实推进全馆各项工作稳定有序持续提升，在圆满完成各项接待任务的基础上，不断提高社会声誉和影响力。先后获评“自然资源部宣传工作业绩突出单位”“天津市干部教育培训‘三百’工程市级现场教学点”“第一批市级机关党员教育培训基地”、规划资源系统“党员服务示范窗口”、规划资源系统“先进基层党组织”等荣誉称号。

**【接待服务】** 细化接待服务标准，严格执行各项细则，进一步规范完善接待工作和讲解服务标准，着力打造“规范、专业”讲解员队伍，提升公众满意度。2023年不断优化接待服务品质，圆满完成市委、市政府主要领导调研、外省市领导等重要政务团体接待，以及新西兰惠林顿市市长、日本神户副市长、泰国驻华大使、新加坡驻华大使等外事接待任务，共计接待参观团体520个，其中包括外事团体12个，港澳台各界参观团体24个，全年完成接待超过10万人次。完成天津市房地产企业恳谈会、国土空间规划与韧性城市建设等会议的保障工作。

**【展览展示】** 围绕规划资源领域重点工作和成果，充分发挥展示窗口、参与平台、教育基地作用，2023年共主办、承办各类自然资源、科普宣教、法治主题展览10余项。

**【方案评审会议】** 承办“天津南站核心枢纽及周边地区城市设计国际方案征集召开终期评审会”，此次国际方案征集成果于2023年2月28日至3月26日在规划馆通过多媒体、展板、沙盘等方式公开展示，广泛征求公众意见和建议，以段进院士、庄惟敏院士领衔的9名专家评审团，对由国内外高水准设计机构组成的4家设计联合体设计方案进行了评审。

**【规划建筑主题展】** 承办“天津大学第八届存量规划展暨‘重回一机床’影像展”。展览于2023年4月在规划馆临展区展出，通过影像作品，展示第一机床总厂所承载的丰富的价值，老旧厂区的更新研究作为当下国土空间规划中推进城市更新的重要方向的目的意义，现场还安排了丰富的存量规划图纸和模型展示交流活动。承办“天津国际设计周建筑展”。展览于2023年5月在规划馆临展区展出，展示内容以展现城市建筑、规划及更新为主导方向，旨在集结相关建筑设计师和设计单位，通过展览的方式共同探讨与之关联的建筑设计理论，挖掘可以应用于实践的建筑设计方法。

**【科技法治主题展】** 承办“探秘天津地热之源体验绿色能源新科技——天津市地热资源暨第37届科技周专题展”。展览于2023年5月至6月在规划馆临展区展出。展览以深入贯彻落实“双碳”战略目标为指导，通过图文展示、模型演示、实物、VR互动等形式科普地热资源的概念、原理、分布与应用，全面介绍天津地热及历史、天津地热科技开发创新、天津地热管理利用。展览为期1个月，累计接待参观4万余人次。充分发挥法治宣传教育阵地职能，利用多种手段和载体，不断拓宽宣传领域，通过积极组织开展专题展览、活动等形式，向公众普及相关法律知识，2023年共组织开展“习近平法治思想”《宪法》《民法典》《土地管理法》《野生动物保护法》等法治主题展览6次；开展法制讲座等系列活动2次；发放普法材料9000余份，累计接待参观3万余人次。

**【科普宣传】** 不断创新宣传教育模式，推出了一批主题鲜明的线上线下宣传教育活动。组织开展线上线下科普宣教主题活动20场（线上直播7场），受众超过17万人。举办第四届城市宣传小使者品牌活动，结合儿童友好城市建设，精心开发适合青少年的建筑、规划课程，引导青少年通过新时代的视角创建心中的理想城市。举办“习近平法治思想”等专题展；录制献礼建党102周年专题MV《旗帜》；联合河西区教育局、河北区教育局、河北区科学技术协会开展天津市“爱鸟护飞天津在行动2023百鸟争鸣计划”暨第42届爱鸟周、天津市规划展览馆第37届科技周宣传活动——城市辩论展演；举办“认识湿地资源保护美丽遗鸥”“天津市地热资源”全国科普日期间专题活动；完成2023年测绘法宣传日外展活动；开展“城建档案培训实践”“党建服务月”等一系列主题和科普宣教活动；受邀赴重庆参加全国国土空间规划宣传展示交流会，以《让城市留下记忆，让人们记住乡愁——城市规划展览赋能美丽天津建设》为题作现场交流，推介宣传城市“规划、建设、管理”新职能。不断推出便民服务新举措，在倾听百姓心声和政府决策规划之间架起沟通的桥梁，积极开展各项特色线上活动，在规划馆官方微信公众号推出“科普画报”“城市研学”“行走的科普课堂”等系列科普专栏。

2023年度微信公众号发布推文数量321篇、总阅读量89195次、粉丝数量99562人。

（杨佳锟）

# 天津市规划和自然资源综合行政执法总队

**【简况】** 2023年，执法总队以习近平新时代中国特色社会主义思想为指引，围绕党的二十大报告部署，紧密结合深入学习贯彻习近平总书记对天津工作“三个着力”的重要要求和一系列重要指示批示精神，聚焦主责主业，为坚决落实市委、市政府“十项行动”，踔厉奋发、勇毅前行，持续开创天津市规划和自然资源行政执法工作的良好局面。坚决遏制新增违法乱占耕地，以“零容忍”的态度坚决整治查处到位；加强和改进卫片执法工作，严格落实行政执法“三项制度”；守住“大棚房”问题清理整治成果，开展常态化执法检查工作；加大城乡规划违法建设查处和加强历史文化名城名镇名村保护；开展矿产资源执法检查专项行动，指导并促成跨地域行业执法联动机制的建立；扎实做好第七届世界智能大会、第二十五届中国矿业大会服务保障工作；全面梳理做好历史遗留市政管线项目违法案件处置工作和市政项目规划验收工作；扎实推进林草资源监督整改，坚持做好安全生产相关执法工作；持续开展“黑鸟市”治理行动，循序渐进开展全市野生动物执法监督指导工作；开展土地、规划、林业、古海岸等自然资源领域执法宣传活动，加强执法宣传；以案释法，大力开展自然资源领域执法培训工作；全面梳理法定职权，进一步加强行政执法职权事项全覆盖。

**【规划执法监督】** 进一步完善对已取得《建设工程规划许可证》的在建项目施工过程的“双随机、一公开”检查工作，全年组织8期共77个项目（含5个《乡村建设规划许可证》项目）检查。加大违法建设整治力度，深入基层调研，进一步健全违法建筑案件移送和查处机制。开展天津市历史文化街区保护和违法建设日常执法检查工作599个点位，出动1799人次。会同市规划资源局科技处联合开展规划资质执法检查工作，全年共检查25家单位，出动60人次。

**【证后执法监督】** 全力推动历史遗留交通和市政项目规划验收。组织市能源集团、市高速集团、市地铁公司等市属国有企业推进开展54项历史遗留项目规划验收审查工作，项目涵盖供热、道路、电力、供水、轨道交通等不同类型，顺利履行完成各项规划验收程序并通过规划验收，为天津市市政基础设施项目建设提供了有力保障。积极开展市政项目证后执法检查工作。针对滨海小王庄风电110千伏并网工程等项目，组织完成4次证后执法检查服务保障工作，确保地铁、电力等市政重大基础设施项目建设符合规划管理和相关技术规范要求，推进相关项目依法依规实施建设。

**【测绘地名执法监督】** 组织开展互联网地图网上检查、地图出版物检查179次，标准地名使用情况执法检查78次。共出动车辆140次，人员352人次，行驶里程数5702.6千米。开展测绘地理信息、城建档案执法调研工作，对测绘成果的保管、提供、利用情况，测绘成果质量鉴定工作开展情况，地图审图等有关情况，以及城建档案归集整理工作开展过程中，各个环节存在的问题和难点逐一进行调研。组织开展第七届世界智能大会、第二十五届中国矿业大会地图服务保障工作。聚力实施市委、市政府“十项行动”，规范天津市道路地名标志设置，开展天津市中心城区城市道路地名标志专项治理工作。开展“8·29测绘法”宣传活动，切实增强了广大群众的国家版图意识和地理信息安全意识。对各分局执法人员开展“问题地图”的鉴别、案件查处培训工作。

**【土地执法监督】** 按照《农业农村部自然资源部关于开展“大棚房”问题回潮反弹排查整治的通知》要求，协同配合市农业农村委相关部门，以两委局名义向各涉农区人民政府印发《关于组织开展“大棚房”问题回潮反弹排查整治工作的函》，要求各涉农区高度重视，坚决履行第一责任人责任，切实加强领导，组织相关部门密切沟通协作，扎实开展“大棚房”问题回潮反弹排查整治。同时，积极发挥市级“蓝军”机制作用，会同市农业农村委相关部门组织力量对照重点聚焦的三类“大棚房”问题，对各涉农区“大棚房”问题回潮反弹排查整治情况开展为期1个月的联合暗访抽查，组织成立5个联合暗访检查组，累计排查82个点位，未发现三类典型“大棚房”问题。2023年6月，以两委局名义将《天津市农业农村委员会天津市规划和自然资源局关于天津市开展“大棚房”问题回潮反弹排查整治有关情况的报告》报送农业农村部，抄送自然资源部。

**【矿产执法监督】** 在2022年全国自然资源执法查处案卷评查工作中，执法总队一宗矿产领域执法案件获评全国优秀案卷，实现局系统优秀案卷零的突破。会同北京规资总队、河北省厅执法局共同组织召开了2023年度三省四地“平蓟三兴”联合打击私挖盗采联席会议。会上签订了《北京市平谷区、天津市蓟州区、河北省三河市、兴隆县交界处联合打击非法开采矿产资源行为工作机制》，以“互信合作、统一协调、属地负责、快速高效、严厉打击”为原则，形成联席会议制度、建立起协查移送机制及共享反馈机制，进一步强化“跨省市、跨区县、跨乡镇”多层次执法合作机制，助力矿山保护工作京津冀协同发展。紧跟中央决策，发力安全生产领域行政执法。2023年2月，内蒙古阿拉善左旗突发矿难，习近平总书记就此作出重要指示批示。本着举一反三的原则，6月组织开展了为期1个月的蓟州区固体矿山行政执法专项检查。此次行动采取“四不两直”（不发通知、不打招呼、不听汇报、不用陪同接待，直奔基层、直插现场）的方式，以夜巡为主，对蓟州北部山区各镇街、历史遗留尾料堆放点、废弃矿山点位等开展实地突击检查，严防非法开采的发生，消除安全隐患。

**【林业执法监督】** 做好林业执法督导工作。参与开展2023年森林督查专项行动、2023年打击毁林专项行动和“护松2023”打击涉松材线虫病疫木违法犯罪行为专项整治行动、打击整治破坏古树名木违法犯罪活动“春风2023”专项行动。为更好地开展以上工作，与市局森林野保处、生态修复处、公安环食药总队积极开展合作，以行政牵头部署、林业事务中心技术支撑、执法总队执法督导的形式全程参与，提前介入，对全市执法工作开展执法督导。根据国家林草局2022年10月至2023年10月案件统计数据，督导全市完成52起林业行政案件查处，涉及对23名公民、24名法人、5家单位（组织）进行处罚。恢复林地1.79公顷、罚款62.69万元，补种树木716株。对全市2022年森林督查10起遗留案件情况进行核实和督导。经督导，10起案件全部完成查处整改。对2023年9起森林督查案件进行督导，其中7起案件完成查处整改，2起待植树季整改。做好案件统计分析。完成2023年度上半年、2022—2023年度林业行政执法案件统计分析报告，上报市规划资源局。统计分析报告就案件发生数量、类型、当事人类型、案件发生原因及存在问题和下阶段工作计划作出详尽分析。全面履行执法职责。对57项执法权责进行全覆盖执法检查，共进行执法检查70次，出动人数209人次，检查点位（区域）170个，单位13家，行驶里程11772千米，填写执法记录487条。督导全市各区林业执法机构开展执法检查，共出动4855车次、10404人次，检查重点点位1217个、单位27家、运输车40辆、制止违规进入森林高火险区100余人次。做好行政执法宣传工作。在市人民政府“政务动态”刊发《市规划资源执法总队开展森林防火执法督查工作》简报。督导全市各区林业执法机构开展执法宣传30次，发放宣传材料3500余份，悬挂宣传标语24幅，开展执法培训5次。

**【野生动物保护执法监督】** 2023年，行政执法总队积极开展“清风行动”以及“秋冬季候鸟保护行动”，在重要工作时节以及专项行动中先后下发《关于“两会”期间加强野保行政执法工作提示函》《关于加强2023清风行动期间野生动植物执法工作的通知》《市规划资源执法总队关于切实加强2023年秋季候鸟保护工作的通知》等文件，对需着重注意事项进行了进一步明确。经统计，2023年全市林业行政执法部门针对野生动植物保护工作开展执法巡查1057批次，共计出动执法人员3558人次，检查监督各类场所2582处，查办行政案件46起，行政处罚违法人员40人，收缴野生动物663只/头，行政罚款34.42万元。在做好执法工作的同时，按照谁执法谁普法的原则，认真做好普法宣传工作，积极开展“世界野生动植物日”“第42届爱鸟周暨新《野保法》宣传普法活动”，提升群众守法意识，取得了较好的宣传普法效果。

【古海岸执法监督】 开展“世界地球日”普法宣传活动。2023年4月22日在第54个世界地球日来临之际，联合宁河分局和滨海新区分局在市古林古海岸遗迹博物馆、太平第二中学、丰台和太平大集主办了多场以“珍爱地球，人与自然和谐共生”为主题的法律宣传活动。开展“五一”联合执法专项行动。4月28日至5月2日，联合市公安局生态环境和食品药品安全保卫总队、七里海湿地自然保护区管理委员会开展联合执法行动。开展“6・8海洋日”普法宣传活动。2023年6月8日是第15个世界海洋日。在宁河区七里海湿地、市古林古海岸遗迹博物馆、天津石油工程技术学院、天津城建大学土木工程学院等单位以“珍爱湿地，守护未来，人与自然和谐共生”为主题，开展了多场古海岸遗迹及湿地知识和政策法规的宣传活动。2023年7月27日，联合市公安局宁河分局七里海警务站、七里海湿地自然保护区管理委员会、七里海湿地保护中心开展以“守护绿肺重拳出击”为主题的系列活动。开展“中秋、国庆”联合执法专项行动。2023年9月29日，与市公安局环食药保卫总队、七里海管委会在两节期间统筹巡护和加强执法力量，开展联合执法专项行动。2023年7月21日，参加七里海湿地联合执法巡护交流座谈会。七里海管理委员会，执法总队、市公安局环食药保卫总队、宁河公安分局、俵口镇派出所、七里海湿地警务站、七里海湿地保护中心等执法机构相关人员参会。

（张小锟）

## 天津市海监总队

【简况】 天津市海监总队全面贯彻落实党的二十大精神和天津市委、市政府以及市规划资源局党委决策部署，围绕聚力实施“十项行动”，助推高质量发展，扎实推进2023年各项工作任务，持续强化监管水平，创新服务方式，增强保障能力，坚决推动重大项目提质增效、重点任务落地见效，实现全年工作圆满收官。

【开展日常执法】 2023年，市海监总队完善“人防+智防”的执法监管方式，健全早发现早制止的快速反应处置机制，在用好远程视频监控、无人机动态巡查的基础上，探索使用卫星遥感监测手段，快速发现“疑点疑区”，结合常态化“片区”制管理巡查、“蓝剑”“蓝湾”等专项行动全面排查，持续完善布阵“海天陆网”监管，摸清辖区海域使用底数，及时处置问题情况。全年共开展岸线巡查350次，海上巡航32次，远程视频巡查158次，检查点位2712次，抽查检查用海企业32家，通过卫星遥感监测疑点疑区101处，依法处置发现的违法行为21宗，共处罚款约2768.23万元，没收违法所得约23.36万元，按职责移送违法线索6条，切实做到了执法监管全覆盖无死角，对发现的问题及时依法处置。

【处置围填海历史遗留问题】 2023年，按照对天津市围填海存量区域的处罚计划，市海监总队推进3宗围填海历史遗留问题案件查处，完成共计23.15亿元的围填海历史遗留问题案件罚款收缴，至此，标志着天津市大规模区域用海规划外围填海历史遗留问题基本依法处置完成，累计释放围填海存量资源约13176公顷，持续推动天津市海洋资源有效利用，不断提升用海要素保障水平。

【加强海洋环境保护】 市海监总队持续落实“天津市生态环境保护‘十四五’规划”，在“污染防治攻坚战”“天津市塑料污染整治”等专项工作中，市规划资源局依据分工，履行好“海上环卫”工作机制中三项牵头职责，两项配合职责，压实新区政府属地责任，发挥海漂垃圾视频监控平台优势，提升实时发现效率，建立海漂垃圾路径预测预报模型，完善动态预报能力，畅通与属地联系通报机制，协同加强海上垃圾打捞能力建设，依法打击各类破坏海洋环境的行为，全年及时发现并通报新区处置海洋垃圾103处，岸线、岸滩环境质量持续改善，不断助力推动打造群众高品质生活。

【服务重大项目建设】 市海监总队积极落实市

委、市政府“港产城融合发展行动”，聚焦重点项目，大力服务推动。对标“提升天津港集团的经营水平和服务能力”目标任务，对涉及的天津LNG外输管道复线项目、复线首站工程，积极就政策调整情况与属地管委会、当事企业沟通联系，加快完成行政处罚案件查处工作，服务推动重大项目建设进程，推进市级重点储备项目尽早落地。靠前服务天津港保税区临港区域生态修复治理项目，主动沟通协调市生态环境主管部门，协助解决项目环境影响评价管理问题，助推天津港保税区顺利完成海洋督察整改，有序推进生态修复治理项目向公众开放。

**【推进服务型法治政府建设】** 市海监总队创新执法服务理念，优化监管方式，通过分类监管、现场监管与非现场监管手段相结合等举措，减轻企业迎检负担。在现场检查中，融入服务调研、政策法规宣讲、行业安全生产提醒等，主动了解企业长远发展用海需求，提出依法依规用海建议，持续跟进存在问题整改情况，实现“进一次门，办多件事，全面提醒帮扶到位”，推动营商环境优化和企业主体责任落实，促进海洋资源利用、环境保护与企业经济协同向好发展。积极推进企业信用修复，在被执行企业主动纠正失信行为、履行相关义务后，主动帮助6家企业完成信用修复，移出失信企业名单，第一时间消除不利影响，恢复市场信誉，更好地释放发展活力。高度重视群众信访问题，坚持“现场核查实情、压实整改责任、持续跟踪督促”全链条跟进，确保反映问题得到妥善处理、合法权益得到依法保护，全年接群众信访件6宗，做到回复率和群众满意度100%。

（王　敏）

# 天津市自然资源调查与登记中心

**【简况】** 天津市自然资源调查与登记中心（以下简称调查登记中心）隶属天津市规划和自然资源局，为公益一类处级事业单位。2023年，调查登记中心坚持以党的二十大精神为引领，深入开展学习贯彻习近平新时代中国特色社会主义思想主题教育，贯彻落实市委、市政府“十项行动”，围绕自然资源调查与登记职能，砥砺深耕，提质增效，圆满完成了市委、市政府和局党委交给的各项工作任务，为辅助市政府顶层设计和重大决策提供有力数据支撑和服务保障。

**【政策研究】** 应邀参加自然资源部《自然资源管理工作手册》的编写，并独立完成“自然资源调查监测”章节起草工作。研究提出的《天津市局对年度国土变更调查提出三点建议》，被自然资源部《部内要情》第62期采用，并得到王广华部长的批示。推动自然资源部立项的《基于深度学习的耕地种植属性和耕地“非粮化”智能监测技术研究》课题工作，提高天津市调查监测技术水平。起草《不动产登记业务场景规范》，为自然资源部建立全国统一的不动产登记业务标准及流程提供基础条件。研究修改完善《天津市不动产登记规范》，将居住权、林权、承包经营权等最新政策要求纳入，配合深入推进集体林权制度改革。完成《天津市变更调查村庄用地多用途潜力和功能转换分析研究》和《“互联网+”不动产登记电子档案管理研究》课题研究。完成《全市不动产登记档案集中统一管理可行性研究报告》。起草《关于进一步落实〈天津市农村集体土地使用权及其地上房屋确权登记发证工作实施方案〉的通知》《市规划资源局关于进一步明确天津市农村集体土地使用权及其地上房屋确权登记发证有关事项的通知》和《宅基地历史登记成果批量入库数据制作标准》，有力推动全市农村宅基地确权登记。协助滨海分局修改完善《天津市滨海新区地籍调查示范点实施方案》，经市规划资源局审定上报自然资源部登记局，有力促进滨海地籍调查国家示范点项目顺利开展。按照自然资源部不动产登记数据库标准，形成《土地承包经营权数据移交处理意见》，为各区顺利接收土地承包经营权数据提供技术支撑。

**【国土调查】** 组织各区完成2022年度国土变更调

查，对各区上报的调查成果进行市级核查，全市调查成果顺利通过自然资源部组织的国家级核查和数据库质量检查，持续更新国土调查数据库；组织各区开展2023年上半年地类变化监测和日常变更调查，对各区上报的上半年变更调查和33批次日常变更调查成果进行市级核查，成果为全市土地整治项目立项和验收等自然资源管理工作提供了基础数据；按照《关于天津市国土调查成果共享应用的有关意见》及时制作共享版2022年度国土变更调查数据，及时提供给相关部门共享应用，充分发挥了国土调查数据作为自然资源管理底数、底版和底图工作基础的作用。组织开展2023年度国土变更调查。

**【农村宅基地确权登记】** 强化调研组织推动，赴江西省南昌市、九江市进行调研交流，深入学习宅基地确权登记发证先进经验，结合天津市各涉农区宅基地工作调研情况，全面梳理工作难点、堵点，研究制定政策文件和技术标准，有力指导全市宅基地确权登记工作开展。坚持“每周一统计，两周一调度，每月一通报”制度，制定《宅基地确权登记颁证到户检查工作方案》，对静海、蓟州宅基地颁证到户工作开展实地抽查，严格督导宅基地登记颁证工作，并取得显著成效。全市应登记57.3万宗宅基地均已完成确权登记，登记率100%，实现“应登尽登”；完成房地一体宅基地登记成果入库48.1万宗，房地一体登记入库率100%；宅基地制度改革试点静海区和蓟州区颁证到户率达到80%。

**【预约服务平台建设】** 2023年天津市不动产登记预约服务平台关注人数超过96万，协助各区进行各类公告、信息发布和技术服务1844次，共有223421人次通过津心办和微信进行预约办理登记。

**【不动产登记事务】** 全年共完成各类不动产登记93件，建筑面积84.89万平方米，土地使用权面积520.12万平方米。扎实推进军队资产移交和部队转隶、收储确权登记，共完成25个军队资产移交融通公司项目的不动产登记，为国防和军队改革、强军兴军提供了有力的服务保障；全面推动驻津部队安置类住房产权办证工作，多次前往警备区开展调研服务，牵头各区分局建立联动机制，召开推动会，为部队讲解政策，梳理登记路径，全力解决部队官兵的后顾之忧；积极推动党政机关办公用房及市级公用公房登记工作，完成天津市公安局、天津市体育学院、天津医科大学口腔医院等单位产权登记，做好对教育、医疗、社会保障系统的支持服务，完成天津医科大学、滨水饭店等历史遗留产权问题，办理和平区解放路10-12号、河西区紫金山路77号、河西区环湖西路22号等产权登记，助推政府资产盘活。

**【案卷检查】** 以季度为周期对全市不动产登记经办机构办理的不动产登记案卷进行检查，全年合计检查案卷14420卷。通过对登记材料齐全性、登记程序合法性、登记种类适用性、办件时限及时性、案卷整理标准性进行检查，综合考评各不动产登记经办机构的登记业务办理情况，及时检查纠正违规登记行为，提高登记服务质量。

**【窗口服务规范化建设】** 持续推动不动产登记窗口规范化建设。为了杜绝窗口单位“打年盹”的现象，在春节假期结束的第二天前往全市各区不动产登记经办机构进行明察暗访，现场发现问题及时督促整改，力争让每一窗口工作人员都做到精神饱满、热情洋溢的接待办事群众。聘请第三方暗访公司以季度为周期对全市28个不动产登记服务场所的服务环境、服务设施、服务管理、服务质量、服务效能等方面进行暗访，将暗访结果上报市局，将视频、音频材料反馈各不动产登记经办机构落实、整改。

**【档案数字化建设和档案查询利用】** 赴各区不动产登记机构调研20余次，组织全市不动产登记人员研讨不动产登记电子文件全流程管理、电子档案“单套制”发展趋势及当前档案管理工作存在问题等交流会，对不动产登记档案管理及数字化建设情况进行交流宣讲。全市不动产登记档案共1323万卷，完成数字化卷数约1026万卷，整体完成率78%，完成页数约3.8亿页。各不动产登记经办机构通过档案利用系统进行信息查询利用24.8万余次。

（陆　嫣）

# 天津市土地利用事务中心
# （天津市中国国际矿业大会综合服务中心）

**【简况】** 2023年，天津市土地利用事务中心以习近平新时代中国特色社会主义思想为指导，全面贯彻落实党的二十大精神，扎实开展学习贯彻习近平新时代中国特色社会主义思想主题教育，落实天津市高质量发展“十项行动”，在局党委和局领导的带领下，全体同志凝心聚力、奋勇前行，推动土地利用事业高质量发展。中心认真落实市委、市政府“盘活存量、培育增量、提升质量”工作要求，经营性土地收入超额完成目标，推动地块拆迁移交、精细储备、存量盘活，持续防范土地债务风险，成功举办第二十五届中国国际矿业大会。

**【土地储备】** 加强土地储备计划管理，会同市财政局编制《天津市2023年度土地储备计划》，保障产业项目用地需求。推动9宗地块拆迁移交工作，接收土地面积约34.45公顷；加快推进出让前期准备工作，完成河西区陈塘热电厂、河西区体育学院等地块公开出让工作。加强地块精细化管理，优化调整储备地块看管范围，加大违法占地行为清理力度，完成20余宗储备地块排除妨害清理工作；全面开展共计73宗储备地块的土地看管招标工作，完成15000多延米围墙建设工作。

**【土地出让】** 科学编制《天津市2023年国有建设用地供应计划》，聚焦全年土地出让目标，全年累计供应各类用地1401宗、土地面积3778.4公顷，实现土地成交价款791.4亿元，同比增长86%。其中，居住商服用地128宗、466.9公顷，实现土地价款693.1亿元；工业用地147宗、828.3公顷，实现土地价款63.9亿元；基础建设用地1126宗、2483.2公顷，实现土地价款12.3亿元。

**【出让保障】** 严格规范程序，全年组织市级相关部门召开国有建设用地供应项目预审会15次，完成31宗市级地块出让预审，现场勘探土地60余宗，委托开展地块评估37宗，初审评估报告百余份，审核报名材料182份；制作并上报47宗市级经营性收益项目土地出让方案，发布47宗地块公告，土地面积223公顷，土地出让金413亿元。配合各区分局及市局利用处审核并将出让方案上报市政府后，共发布40宗区级经营性地块出让公告，土地面积119公顷，土地出让金91亿元。发布79宗工业地块出让公告，土地面积300公顷，土地出让金约23.6亿元，科学保障土地出让工作顺利进行。

**【地价监测】** 完成天津市商业和居住用地328.3074平方千米监测范围和工业用地311.3442平方千米监测范围内，311个监测点的城市地价动态监测数据采集；按照文件要求，完成天津市地价监测体系调整和优化工作（调整监测范围、划分地价区段、变更监测点），将监测范围扩大到城市开发边界，监测点增加至455个，持续做好数据采集、维护以及变化前后动态监测成果的衔接。

**【成本返还】** 承接市级经营性地块的成本返还工作，先后为10家整理单位跟进落实整理成本返还，为盘活土地资产化解债务风险打下基础。协助市局财务处申请返还土地整理成本30余次，累计约68亿元；历年沉淀未返还土地整理成本约7148万元，经过协调推动，返还符合条件的相关整理单位3896万元，上缴市财政局3252万元。

**【债务化解】** 提前谋划、用足用全政策，超额完成中心全年化债118.46亿元的任务目标。加强内部债务管理工作，制定《市土地利用中心关于2024年到2028年政府债务化解工作方案》，量身定制化债计划。偿还市级土储政府债务本金19.73亿元，返还市级平台公司整理成本21.22亿元，有效化解市级债务风险。

**【基础设施配套】** 积极开展中心拟出让地块市政基础设施项目建设相关工作，全年取得项目建议书批复11个、可行性研究报告批复16个、初步设计（含概算）批复15个、已开工项目6个。经与相关部门充分沟通，形成《市规划资源局关于我市基础设施配套体制改革工作有关情况的报告》并报市政府。

东丽区智慧科学城一期疏通污水排放施工现场

**【25届中国国际矿业大会】** 10月26日至28日，2023（第二十五届）中国国际矿业大会成功举办。大会是疫情后首次线下举办，以“创新驱动、促进矿业高质量发展”为主题，共谋全球矿业创新之路，共促全球矿业高质量发展。采取多种形式对大会进行广泛推介，联合北京、河北两省自然资源厅共同研究策划“京津冀矿业协同创新发展”专题展，成为大会亮点。来自28个国家和地区的13000余人参会和参观展览；260余家国内外企业参展，展数位共计317个，展览面积3万平方米。

第25届中国国际矿业大会京津冀矿业协同发展展览

**【土地存量盘活】** 全面保障民生用地供应，会同市城管委拟定《关于加强天津市储备用地树木保护和迁移管理的通知》，确保储备用地树木迁移有据可依。配合市局利用处等相关处室研究制定《天津市储备用地临时利用管理办法》，探索利用边角地、暂时不具备按规划实施储备土地建设停车场的可行性。全年完成河西区梅江风景区津门湖充换电站等4宗土地的临时利用工作，累计实现财政收入约201.8万元。

**【招商引企】** 实地开展重点房企招商调研工作，赴深圳、广州、上海、北京、厦门、武汉等城市，拜访20余家房企单位，推介本年度优质地块。于天津市规划展览馆组织房地产开发企业恳谈会，天津市政府副市长范少军出席，邀请中海、绿城、华润置地、万科、龙湖等10家知名开发企业进行沟通，提振企业信心。充分利用中心招商云平台系统，全年在平台系统共发布地块公告及新闻366个，上传挂牌文件267个，在市规划资源局官方网站发布公告336个，为开发企业参与土地竞买提供详实出让信息和参考数据。

企业总部拜访座谈，进行拟出让地块推介

**【推动解决历史问题】** 提高管理水平，强化跟踪问效，全年累计整改查找出的历史问题21项。通过整改，清理历史长期挂账往来资金22744万元，推动南开区黄河道（鞋城）、河西区洞庭路（中芬乳品）、南开区长江道（工业用呢厂）等地块的收储进度，对河西区解放南路（环渤海汽车城）项目历史遗留问题形成工作方案并上报市政府，对22个超期未完成收储项目制定工作方案，推动相关单位加快征拆进度并及时纳入管护，针对违规占用等历史遗留问题实现了新增净地。

（张　琪）

# 天津市自然资源生态修复整治中心（天津古海岸与湿地国家级自然保护区管理中心）

**【简况】** 天津市自然资源生态修复整治中心（天津古海岸与湿地国家级自然保护区管理中心）（以下简称“生态修复整治中心”）成立于2019年12月，为公益一类事业单位。2023年，生态修复整治中心以习近平新时代中国特色社会主义思想和党的二十大精神为指导，对标对表市委、市政府“十项行动”和市局年度重点工作任务清单，结合工作实际，狠抓落实，圆满完成各项工作。

**【征地事务性工作】** 完成农用地转用土地征收初审173批次；办理土地征收成片开发方案初审18个；办理农用地转用土地征收项目批后报自然资源部备案166个；办理土地征收成片开发方案批后报自然资源部备案21个；办理“城乡建设用地增减挂钩在线监管系统”中使用节余指标的建设项目审核20个，涉及节余指标174公顷。高质量完成京滨城际南段、津潍铁路、北京协和医学院天津校区等一批区域协同发展重大项目用地报批协调推动工作；协助市规划资源局圆满完成自然资源部建设用地审批“双随机、一公开”检查工作；完成京津塘高速公路（天津段）改扩建工程（武清段）征地补偿资金预存工作；协助市规划资源局完成天津市建设用地审查报批评估工作。

**【耕地事务性工作】** 完成26个建设项目补充耕地信息审核确认工作，出库补充耕地指标74公顷；完成70个使用国家统筹补充耕地指标的建设项目信息填报，涉及国家统筹指标122公顷；对各区上报的50个建设项目占补平衡地块进行现状核查，涉及图斑208个，补充耕地指标75公顷；按照《市规划资源局关于开展2022年度耕地占补平衡核查工作的通知》要求，对90个建设项目的267公顷补充耕地情况进行逐一检查汇总，为耕地保护考核工作提供数据支撑；完成天津市2021年度和2022年度耕地资源质量分类更新与监测工作，成果已通过自然资源部审查；协助市规划资源局组织各区完成国家下发天津市的共计1542个、2595.15亩疑似问题图斑的外业核实工作，积极推动各区落实“进出平衡”和开展原地整改。

**【国土空间生态修复】** 落实历史遗留废弃矿山生态修复项目日常监督管理工作，针对天津市蓟州区别山矿区进行了最新卫星遥感影像核实和外业现场核查，定期将核查月报和报告报送市规划资源局；以历史遗留矿山核查成果和遥感监测数据为基础，围绕矿山生态修复治理成效，开展矿山新增损毁和生态修复调查，分析矿区生态损毁对区域生态系统的影响，提出矿山生态修复对策建议，为准确掌握历史遗留矿山基本情况，科学谋划和实施“十四五”时期矿山生态修复工作，加快推进人与自然和谐共生的现代化，以高品质生态环境支撑高质量发展；按照国家林草局防沙治沙工作要求，在3月至5月沙尘多发季，每天采集天津市沙尘天气信息，通过国家林草局沙尘暴应急短信平台进行报告，累计上报沙尘天气和灾情信息92次。

**【农村土地整治】** 完成蓟州区、静海区6个土地整治项目初验工作；完成蓟州区、宝坻区、滨海新区、东丽区4个项目立项备案审查工作，共审核图斑578个，审核现场照片720余张。

**【古海岸与湿地保护】** 2023年度，生态修复整治中心积极开展保护区管理工作。贝壳堤、牡蛎礁勘查与综合研究项目已通过专家评审并完成验收。组织实施了2023年度保护区规范化综合调查监测项目，开展了七里海核心区水文调查研究。联合中国地质调查局天津地质调查中心共同申报了市局自筹资金科研项目《七里海湿地沉积碳汇研究》课题。利用世界湿地日、爱鸟周、科技周、防灾减灾日、全国科普日等时间节点开展了系列宣传活动，采取线上线下多渠道宣传方式，组织“进校园、进社区、进场馆”特色科普，在靖江路小学、马场道小学、达文里社区、古林古遗迹博物馆等地开展灵活互动的科普活动，扩大受众范围，提升科普宣传影响力。2023年度，累计巡护保护区36次，巡护总里程4390千米，记录巡护日志36篇，月报10篇。此外，生态修复整治中心还负责国家林草局“全国自然保护地监督检查管理平台”和生态环境部“自然保护地人类活动监管系统”两个平台的日常管理，根据平台发布的任务开展点位核查工作，与市规划资源局、市生态环境局、综合行政执法总队、七里海管委会、属地政府相关部门积极对接，完成遥感监测点位实地核查82个，派发审核监测点位294个。

（姜梦莹）

## 天津市地质事务中心

**【简况】** 天津市地质事务中心（以下简称“地质事务中心”）隶属市规划资源局，为公益一类处级事业单位。2023年，在局党委的正确领导下，地质事务中心坚持以习近平新时代中国特色社会主义思想为指导，深入学习党的二十大精神和新发展理念，认真践行习近平生态文明思想，扎实推进主题教育活动，积极贯彻落实习近平总书记关于地面沉降防治和矿产资源管理的重要指示批示精神和市委、市政府相关工作要求，按照2023年控制地面沉降工作领导小组会议精神和《天津市平原区地面沉降综合防治实施方案（2020—2022年）》及市局关于积极开展矿产资源开发利用、矿业权前期出让、监管信息平台建设等技术支撑工作部署，统筹推进、狠抓落实，为规划资源事业发展提供有力支撑。

**【落实地面沉降防治方案工作】** 依据《京津冀平原地面沉降综合防治总体规划（2019—2035年）》，系统梳理建立了2023年全市地面沉降防治任务清单。清单涵盖严格控制地下水开采、加强水资源综合管理、统筹开展生态环境保护修复、加强国土空间规划管控和加强地面沉降调查及研究五大方面共计29项，各项任务均已完成。

**【地面沉降考核工作】** 根据《京津冀平原地面沉降综合防治总体规划（2019—2035年）》，科学量化制定“区域平均沉降量、沉降严重区面积和年度地面沉降防治任务清单完成情况”三项2023年度考评指标，狠抓工程举措和管理举措双落实，加快实施进度，早落地、早见效，确保完成年度防治目标任务。同时，要求各区将防治目标任务纳入区绩效考评体系，将具体指标分解到乡镇街道和相关部门，逐层压实防治责任，充分发挥绩效考评的“指挥棒”作用。依据2023年绩效考核打分细则，全市各区均完成了考核目标。

**【联防联控工作】** 持续推进省际地面沉降联防联治工作，推动天津市相关区主动与河北省同级有关部门联动，建立政府主导、部门协同、区域联动、分级负责、齐抓共管的地面沉降防治工作机制，共同加强省际交界地区地面沉降防治工作。西青区、静海区和滨海新区分别与河北省相关单位进行了对接，滨海新区赴河北省唐山市交流联防联控工作，就“持续完善各项监测监控、同步推进农用地下水水源转换、共享交界地区数据信息”达成一致，共享交界地区多维立体地面沉降监测成果，为邻区联防联控丰富基础数据。

**【地面沉降法规、规范、方案编制】** 按照《天津市人民政府办公厅关于印发天津市人民政府2023年度立法计划的通知》，开展《天津市控制地面沉降管理办法》修订工作，经过多次修改完善，形成《天津市地面沉降防治管理办法》征求意见稿，向各区政府、各有关单位、北京市规划和自然资源委员会、河北省自然资源厅以及社会公开征求了意见，并进行修改完善，基本完成了立法计划相关工作任务。因立法条件发生变化，开展了立法计划调整申请工作。依据《京津冀平原地面沉降综合防治总体规划（2019—2035年）》相关要求，科学运用《天津市地面沉降风险评估与区划》成果，落实《天津市地质灾害防治规划（2021—2025年）》中的相关内容，为2023—2025年地面沉降防治工作制定“时间表”和“路线图”，开展《天津市平原区地面沉降综合防治实施方案（2023—2025年）》编制工作，并于2月8日正式印发。

【地面沉降调查及研究工作】　先后赴中国地质调查局地质环境监测院、北京市地质矿产勘察院等单位，就北京市落实《京津冀平原地面沉降综合防治总体规划（2019—2035年）》工作情况、北京市地面沉降信息化平台建设及应用情况开展调研，推动地面沉降防治工作，确保完成年度防治目标任务。积极开展各项科研项目，“高大密集建筑群和城市荷载与地面沉降关系及防控措施研究”于2023年8月结题；“沧州国家野外站”2023年度开放基金资助项目“天津市平原区多源地面沉降监测数据融合技术研究”“北斗+多技术融合地面沉降及城市重要设施安全监测关键技术研究”等项目有序推进。

【地面沉降监测工作】　2023年水准监测面积约1.1万平方千米，覆盖天津市平原区，路线总长度6317千米。地质事务中心完成全年共四期INSAR数据计算和每月一期的GNSS数据计算，通过水准、InSAR、GNSS等多种监测技术手段的综合运用和监测数据的融合处理分析，获得2023年度地面沉降监测结果，编制《2023年度天津市地面沉降监测年报》。2023年天津市平原区平均沉降量4毫米，沉降严重区清零。近三年（2021—2023年）天津市平原区平均年沉降量6毫米，沉降严重区面积8平方千米，超额完成《京津冀平原区地面沉降综合防治总体规划（2019—2035年）》对天津提出的防治目标。全市地面沉降总体形势持续向好，综合防治连续三年取得显著治理成效。

【地面沉降技术支撑和事务性工作】　地质事务中心牵头与天津市地质调查研究院开展“津南区八里台镇局部地面沉降应急工程效果评估与区域地质安全调查项目”工作，组织召开“津南区八里台镇局部地面沉降应急工程效果评估与区域地质安全调查项目”预验收评审会；编制“天津市津南区八里台镇局部地面沉降常态化监测实施方案”，开展“天津市津南区八里台镇局部地面沉降常态化监测”项目立项相关工作；牵头召开了“天津市深部地质灾害防治技术研讨会”，天津市地质学会、天津大学、天津师范大学、天津市地质调查研究院等多家单位参加了此次会议，会后由天津大学、中国地震局第一监测中心等单位联合编制的“天津市平原区深部不良地质体精细识别技术及潜在风险分区研究”项目实施方案，以及由天津师范大学、天津市测绘院等单位联合编制的“天津市平原区地质灾害应急监测技术体系”项目实施方案，两个方案均通过了市规划资源局科技处组织召开的专家评审会。

【地面沉降技术标准】　配合市规划资源局科技处开展报送有关地方标准实施情况工作。中心编制的《地面沉降水准测量规范》已实施满一年，根据要求编制了《地面沉降水准测量规范》实施情况报告和实施情况统计表，积极做好总结、分析与评估工作。

【地热资源矿业权出让前期工作】　对矿业权出让前期工作超前谋划，精心组织，提升“天津市矿产资源监管信息平台”功能，优化成图模块，推动矿业权出让前期工作稳步实施。2023年编写完成13个区块的矿业权出让条件分析报告。

【矿产资源监管信息平台维护与优化升级】　结合矿产资源开发利用和管理新形势、新要求，完善平台和天津掌上矿管App功能，实现矿权数据与审批系统自动同步，优化完善证后监管流程及功能，完善矿权前期出让辅助、证后信息填报、信息推送等功能。按市规划资源局发文要求，在矿权年度超采统计的基础上增加了登记期内总量统计与预警功能。开发监测设备故障维修提示功能。提高信息化、自动化监测水平，完善了远程监控数据容错修正功能，突破性应用了地热、矿泉水流量监测的无纸化抄表和远程自动化抄表，将天津掌上矿管App应用到地热井竣工验收、开发利用设施验收工作中，取得显著成效。

【矿产资源巡查与自动监测设备维护】　地质事务中心始终坚持问题导向，与巡察单位建立月工作例会制度，分析研究巡查和设备维护工作中的各类问题成因，提出可操作解决方案，每月例会前制定会议议题，会后督促议定事项按期完成。2023年度组织召开项目碰头会12次，对已有地热井监测设备进行分类整理，归纳汇总动态监测中存在的问题，将实时监测设备在线率和数传准确率提高到93%，提高矿产资源开发利用监测信息化水平。安装自动水位仪4套，温度传感器26套，并实现水位、温度监测数据与天津市矿产资源监管信息平台对接。

【地质事务支撑工作】 编写完成《2022年地热开发利用情况报告》《2022年矿泉水资源开发利用情况报告》，对2022年矿产资源的开发利用数据进行了详实的统计和分析。每月向管理部门和全市矿权人发布即将到期矿权公告；及时更新平台采矿权、探矿权数据库和法律法规文件，为全市矿权人服务；利用平台的数据优势为矿政管理部门提供信息服务。已向矿管处和各分局提供80余次关于统计、审计、查询确认等事务性支持工作。

【地热矿业权管理工作】 对地热井竣工验收和地热利用设施现场核实验收两项事务性工作，严格按照相关规范性文件的要求制定验收流程，对验收的内容严格把关，对发现的问题零容忍。2023年完成竣工验收17项（31眼地热井），完成开发利用核实验收6项（13眼地热井）。充分发挥自然资源部政务服务App在实地核查中的作用，圆满完成全市32个勘查开采信息公示实地核查工作，并形成总结报告汇总后上报市规划资源局矿管处。

【古生物化石办公室工作】 配合矿管处与天津市国家海洋博物馆积极沟通，海洋博物馆于2023年提交了古生物化石档案数据库，完善了天津市古生物化石档案数据库。

（尹鹏阳）

## 天津市规划和自然资源局林业事务中心（天津市林业调查规划设计院）

【简况】 天津市规划和自然资源局林业事务中心（天津市林业调查规划设计院），为天津市规划和自然资源局所属正处级、公益二类事业单位。2023年，林业事务中心坚持以习近平新时代中国特色社会主义思想为指导，深入开展学习贯彻习近平新时代中国特色社会主义思想主题教育，全面贯彻党的二十大精神，认真践行习近平生态文明思想，坚决落实市委、市政府关于加强生态文明建设的部署要求，围绕市局总体工作部署，狠抓落实，为建设绿色天津贡献林业力量。

【干部队伍建设】 选优配齐正科级干部，7名专业技术干部得到职级晋升，组织架构更加完善，通过提拔、招录、人才引进等多途径招贤纳士，先后招录6名专业对口硕士研究生，引进2名财务专业人才，干部队伍不断优化，工作作风持续转变。

【制度体系优化】 对21项内控制度进行修订补充并印发执行，对接专业机构开展内控制度的更新及完善，形成《天津市规划和自然资源局林业事务中心内部控制管理手册》《天津市规划和自然资源局林业事务中心制度汇编》，确保制度覆盖中心管理全方位。

【森林、草原、湿地调查监测】 编制2023年天津市林草湿生态综合监测工作方案和实施方案；组织各区完成样地监测总计1621个；组织各区完成图斑监测总计24931个；赴蓟州区开展国家级公益林及天然林监测；完成荒漠化沙化图斑监测总计75个；开展宝坻区、武清区森林样地加密试点工作；摸清2023年度天津市林草湿资源现状和变化情况，为科学开展林草湿生态系统保护修复、监督管理提供服务保障。

2023年7月18日，中心相关技术人员在南开区进行林草生态综合监测工作

【森林资源数据分析】 积极发挥林业服务职能，开展森林资源数据分析项目16项，审核各类规划、生态影响报告等60余项，为天津市重点项目落地提供林业技术支撑。

【草地图斑专项监测】 组织开展草地基况分析评价，深化研判天津市草地利用方式发挥其在土地利用中的作用。组织完成草地图斑专项监测总计218个，面积229.1013公顷，为天津市草地管理提供数据支撑。

【森林督查】 组织开展2022年第2期森林督查，总计797个疑似问题细斑，面积1153.1730公顷，发现违法案件6起，均查处整改到位。组织开展2023年1至4期森林督查，总计1113个疑似问题细斑，面积1355.1050公顷，发现违法案件9起，均查处整改到位。

2023年2月8日，中心相关技术人员赴宝坻区进行森林督查工作

【林地布局专项规划】 开展各项林木资源数据分析与评价，为天津市林地保护利用规划落地、“三区三线”的划定提供保障；加快推动新一轮林地保护利用规划编制进度，科学合理明确林地管理边界，明确林地保有量，优化林地属性，规范林地管理；组织各区开展林地地类不一致图斑地类认定总计35万个；组织武清、宝坻、静海、滨海新区等开展森林防火规划编制工作，推进森林防火治理体系和治理能力现代化。

【京津冀晋林草资源动态监督系统平台】 完成京津冀晋林草资源动态监督系统平台下发图斑信息反馈总计1086个，实现对破坏林草资源违法行为的及时预警、迅速响应、快速处置，确保系统运行见到实效，切实提升天津市森林资源保护水平。

【林业有害生物防控】 协助开展京津冀三省市“5·25”林业植物检疫检查专项行动、2023年度松材线虫病秋季普查工作、“护松2023”、京津冀协同发展2023年林草有害生物灾害应急防控演练，配合开展美国白蛾包片蹲点调研指导和松材线虫病疫区拔除数据调查核实工作。发布《天津森防简报》10期，提示监测及防治重点，多次赴天津市各涉农区及国家级中心测报点进行现场调研。组织开展林业有害生物防控培训2次。在松材线虫病疫情防控攻坚行动中，市规划资源局获得松材线虫病疫情防控攻坚行动省级先进单位。

2023年11月10日，京津冀协同发展林草有害生物防控培训暨联防联治联席会

【蓄滞洪区灾情核查评估】 走访查看武清、静海、西青、北辰等区苗圃苗木的受灾状况，向种植企业了解苗木损失情况，完善受灾苗圃苗木的补偿标准并参与蓄滞洪区运用补偿的市级核查工作，完成各蓄滞洪区财产损失公示以及补偿核算。

2023年11月21日，中心领导赴静海区台头镇人民政府参加天津蓄滞洪区运用补偿核查启动会

2023年11月10日，中心领导赴静海区台头镇受灾村查看果树受灾情况

**【天津市古树名木数据档案检查】** 按照国家林业和草原局林草调查规划院要求，完成对天津市4639棵古树名木行政区划编码的检查和补充、每木调查数据规范性检查、古树群调查数据规范性检查以及古树名木档案数据空间位置检查等。

**【种质资源库建设成效评价】** 从种质资源收集保存、基础设施、科技支撑、运行管理四个方面对耐盐碱种质资源库以及中药材种质资源库进行材料核查和评价打分，对资源库建设成果给予评价并对未来规划提出指导性建议。

**【科普宣传】** 以中国第20个科普日和天津市第27届科技周为契机，围绕“全域科普强基础科技创新赢未来”主题，分别在南开区华苑人防公园、规划展览馆等地开展宣传，以“全国林草有害生物防控宣传周”“5·12防灾减灾宣传周”“国际防灾减灾日”等为契机，在水上公园、潮白河湿地公园等地开展林业有害生物防控科普宣传，相关技术人员发放科普宣传资料、手提袋、宣传扇，摆放科普宣传展板，悬挂宣传标语，营造了良好的科普知识宣传氛围，提高了群众参与生态文明建设的积极性。

2023年9月17日，在天津市规划展览馆前广场进行科普日宣传活动

2023年5月12日，在天津市水上公园进行“加强生物安全管理 防治外来物种侵害”科普宣传活动

**【林学会】** 按照人事制度管理权限要求，完成秘书长、法定代表人的届中调整，补选3位理事，吸纳6名新会员，进一步增强学会事务力量。学会理事主持或参与省部级课题10余项，辐射病虫害、林产加工、林业生态等相关领域，完成《“三生”功能视角下大中小城市和小城镇协调发展研究——以京津冀城市群为例》等两项课题的研究。受邀与北京、河北、内蒙古等省市专家团队参加《天津农学院学报》编委会暨天津农学院学报创刊发展路径的

研讨，积极参与第十五届中国青年学术年会活动。多次深入甘肃、宁夏等地深入对接跨区域省市交流合作项目的开展，组织学会理事及理事单位积极参加全国果树生产品质提升技术与经验交流大会，促进了天津市林果产业协同发展和技术交流。按照中国林业产业联合会森林康养分会《关于开展2023年国家级森林康养试点建设单位认定工作的通知》要求，学会推荐静海区崇泰庄园参与国家级森林康养基地的综合评定，是天津市唯一一家民营企业获国家级全域森林康养试点建设基地荣誉。

2023年11月18日，天津林学会参加第十五届中国林业青年学术年会

（祝宏婕）

## 天津市规划和自然资源局综合服务中心

**【简况】** 天津市规划和自然资源局综合服务中心（以下简称综合服务中心）为天津市规划和自然资源局所属正处级、财政补助事业单位，划入公益一类。2023年，综合服务中心以习近平新时代中国特色社会主义思想为指导，完整、准确、全面贯彻新发展理念，按照构建新发展格局、推动高质量发展的要求，坚持系统观念，立足高质高效履行职能职责，聚力服务“十项行动”，有效支撑和保障了局机关和局系统各有关单位持续健康发展，进一步夯实了综合服务中心组织基础、队伍基础、制度基础和工作基础，综合服务保障水平进一步提升。综合服务中心连续两年在局系统全面从严治党考核中被局党委评为优秀等次，中心党支部被局党委评为“先进基层党组织”，中心安全保障部被共青团市委评为“青年安全示范岗”，4名同志获得市局各类称号奖励。

**【局信息机房迁建】** 综合服务中心克服时间紧迫、工程复杂、技术难度高等困难，历时92天圆满完成局西康路机房搬迁工作，实现了规划资源业务审批、不动产登记等业务系统的无感迁移。同时对标智能一体化机房建设标准，进一步整合了市规划资源局网络资源、统一了网络规划、强化了安全防护能力，有效提升了市规划资源局曲阜道信息机房作为全市规划和自然资源信息化枢纽核心的作用，达到了高水平规划、高标准建设、高效能管理，为规划和自然资源事业持续发展，提供更好信息技术支撑和保障。

**【信息网络安全防护】** 综合服务中心结合局信息机房迁建工作，围绕强化局核心机房网络安全防护能力，全面整合网络资源，重新规划网络区域，安装服务器主机防护软件，部署态势感知平台及网络安全监测平台，实现24小时全网智能监测预警，全年共查杀病毒8000余个，确保自然资源各项数据免受攻击和破坏。配合完成局保密自查、网络和数据安全专项检查整改等工作，组织完成局2023年度网络安全应急演练，应急处置能力不断提高。

市规划资源局信息机房

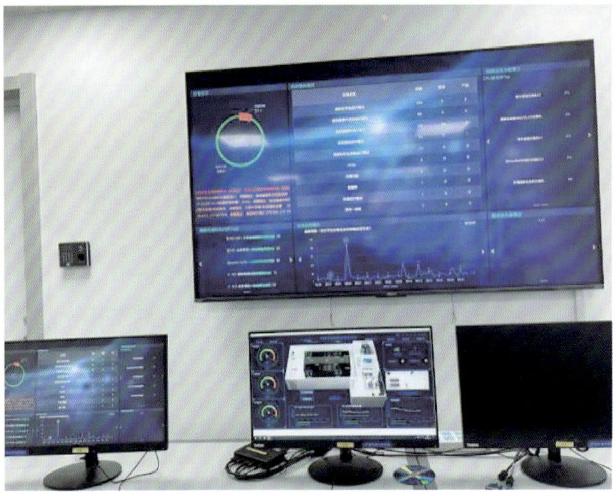

统一运维监控平台

【土地成本审核】 综合服务中心树牢“决不因成本审核影响土地出让”的观念，靠前服务整理单位，提前对接项目进展，高效开展成本审核，全力支持各区盘活存量土地资产，共完成33宗市级土地成本审核，为天津市土地资产盘活、防范化解债务风险提供了有力保障。综合服务中心“助力各区盘活土地存量资产工作”，被市局评为“我为群众办实事”实践活动示范项目。

【助力土地收储】 针对整理单位在城市更新、土地污染治理方面遇到的新情况、新问题，积极研究寻求破题路径，确立审核模式，为河西区柳林、东丽区天钢项目的出让工作提供成本支撑。组织召开5次市级土地资源整理联席会议，推动了西青、东丽等区新增收储项目的顺利实施。天津市环境建设投资有限公司、中车科技园天津有限公司先后送来锦旗表达谢意。

【安全生产管理】 综合服务中心作为天津市规划和自然资源局安全领导小组成员单位，以网格化分区管理为基础，细化安全生产责任，不断完善管理制度和技术规范。紧盯“两会”“达沃斯论坛”等敏感时期，制定安全应急处置预案，对重点领域、重点岗位进行安全提示。全年共推动开展安全检查35次，排查消防用电等各类安全隐患77项，组织燃气泄漏疏散演练等各类安全培训和应急演练10余次，不断提升全员消防安全疏散和应急自救能力。

组织开展消防安全演练

【安全保密工作】 综合服务中心协助天津市规划和自然资源局保密委，开展窃听窃照排查，为密码机房、密件回收销毁室进行防护加固，对800余台办公计算机进行保密检查，对17家外包服务单位276名外包服务人员进行资格审查，全方位树牢安全保密防线。

【培训保障和职业资格审核】 综合服务中心组织完成局指令性培训31期，培训2044人次。完成城乡规划、建筑设计、测绘勘察等3个专业2700余份申报材料初审工作。完成全市1400余名注册城乡规划师职业资格及近300名注册测绘师职业资格人员的资格审核工作。完成局属31家单位提交的3700余人次共计12480余份零散材料整理、入卷及数字化扫描工作，实现“无丢失、无信访、无举报、无违纪”的“四无”目标。

协助局人事处组织开展新录用公务员初任培训

**【综合运维保障】** 综合服务中心高标准完成好局政府采购、固定资产管理、日常维修服务、车务保障、医疗服务、秩序维护、会议保障等综合运维工作，共承办政府采购133项，金额合计约1.5亿元，清查盘点固定资产15780件，报废处置1700余件总金额约1800万元固定资产，完成600余名机关干部健康检查组织工作，接待日常就医咨询近600人次，保障用车2200余次，保障百人以上大会500余次，顺利完成市委巡视五组、市主题教育督导组、市审计局派驻审计组、北京督察局、市委巡察组等重要机构进驻期间的各项服务保障工作，在规定时间内，完成600余部白机电话更换任务，高效推进房产更名、黄埔南路万顺大厦电梯改造、水上西路档案整理、局机关办公楼立面安全监测等重点工作。通过改造局干部值班室、优化升级监控室、重建职工自行车棚、设立职工理发室、组织健康讲座、提前完成“柳林设计之都产业配套项目”审批程序等实质性工作，以“过紧日子”为原则大力提质增效，切实为群众办好实事，提升广大干部职工的满意度。

邀请天津医院专家进行健康讲座

高质量完成局机关监控室升级改造，接受局领导检查

**【信息化综合服务保障】** 综合服务中心进一步加大对各分局信息化运维服务支持力度，组织基层单位开展网络专线调整、防病毒软件安装部署工作，有效的整合了局系统网络资源。扩大专线视频会议服务范围，编制各区林业部门接入国家林草局专线视频会议系统技术方案，制定局系统专线视频会议接入标准。健全了信息服务运维管理机制，形成了上下联动的“一体化”信息保障机制，全年解决终端设备故障等6700余次，机房服务器等硬件设备巡检30余次，保障各类重要视频会议340余次，信息保障效能大幅提升。向市信用信息平台及市信息资源共享平台提供行政许可、行政处罚、电子证照等数据共计13700余条，为市规划资源局“双公示”做好了数据共享技术支撑。

**【机关食堂管理】** 综合服务中心按照“过紧日子”要求，在机关食堂管理中厉行勤俭节约，加强食材成本管控，从源头把控“跑冒滴漏”，以制作代替购买，每季度降低成本4至5万元。积极助力精准扶贫，完成50万元扶贫产品采购任务，同时采购市规划资源局驻点扶贫地区农产品10万元。不断规范加强餐饮保障，增加饮料机等设备，精心准备节日特色食材，努力提升干部职工就餐幸福感。结合爱国卫生教育月，开展消杀“除四害”，定期邀请市疾控中心上门抽检，确保食品卫生安全。

（翁立晖）

# 天津市渤海海洋监测监视管理中心

【简况】 天津市渤海海洋监测监视管理中心（以下简称渤海监视中心）隶属天津市规划和自然资源局，为公益一类处级事业单位。2023年，在局党委正确领导下，渤海监视中心坚持以习近平新时代中国特色社会主义思想为指导，深入开展学习贯彻习近平新时代中国特色社会主义思想主题教育，充分发挥全面从严治党的引领保障作用，实现党建与业务工作深度融合，推动渤海监测监视基地功能发挥，不断提升天津市海域使用动态监视监测和海洋经济运行监测评估能力，为规划自然资源事业发展提供有力支撑。

【海域使用动态监视监测】 以卫星遥感为数据采集的主要手段，结合使用国家海域海岛动态监管系统，初步建立与海域现代化管理要求相适应的覆盖天津市范围的海域使用动态监视监测业务化体系。高效率监视监测海域使用最新动态，及时分析区域变化情况，2023年渤海监视中心共发布海域使用动态监视监测报告12期，监测发现变化点位共83处。开展海域使用动态监视监测业务体系建设研究，获评“天津市海域使用动态监测项目应用案例”三等奖。完善国土空间基础信息平台数据支撑，做好关于海域数据统计收集工作，涉及包括海域权属管理、海域使用统计方面收集、整理等工作内容。配合市局海域处，做好海洋预警监测相关保障工作任务，进一步提升天津市应对海洋灾害和海洋生态突发事件的监测与应对能力。

【海洋经济运行监测评估】 以党建引领业务工作，持续开展海洋经济运行监测数据采集，完成天津市涉海企业海洋经济数据汇总分析，及时掌握天津市海洋经济基本情况。按照自然资源部《海洋统计报表制度》《海洋生产总值核算制度》，组织对天津市重点涉海企业进行监测，分月度、季度、年度采集涉海相关数据，开展数据汇总审核报送。同时，定期走访重点涉海单位，调研了解企业经营状况，建立重点企业联系机制。以涉海单位监测数据为基础依据，结合海洋重大项目建设、涉海举措实施、关键科技创新、重要会议召开等动态，分析天津市12个海洋产业发展情况，分季度形成《天津市海洋经济运行情况报告》4期，为海洋经济发展提供参考。汇集国内外、天津市海洋新闻和行业数据，编辑制作完成首期《海洋经济动态》手册，作为了解海洋发展形势的辅助资料。进一步摸清天津市海洋家底，按照《海洋经济活动单位识别技术规程（试行）》，更新天津市海洋经济活动单位名录。按照《市级海洋生产总值核算技术指南》，完成2022年滨海新区海洋生产总值核算。

【渤海基地运行管理】 牢固树立安全发展理念，严格安全生产责任、加强安全风险防控、坚持守正创新，探索实施节能降耗的各项举措。严格落实安全生产责任，深入学习贯彻习近平总书记关于安全生产重要论述和重要指示精神，持续深化渤海基地安全及网格化管理体系，全员签订安全责任书，层层压实责任，定期召开会议分析安全形势，解决安全工作问题。在局财务处指导下，完成渤海基地年度物业管理、安全托管、班车租赁等招标工作，先后组织开展了5号楼培训设施整修、6号楼屋顶及外檐排险整修、庄盛路水源接入、港池岸线排险整修等工程，为基地平稳运行提供基础保障。开展安全生产重大事故隐患再排查再整治工作，制定专项整治方案，建立隐患台账，实时更新，动态清零。全年开展日常网格巡查300余人次，反馈事项105条，涉及安全隐患13处；开展安全隐患专业排查31次，查摆安全隐患54处，全部督促整改到位；组织开展各类安全生产专项培训、应急演练11次。持续做好厉行节约和节能降耗。持续推进制止餐饮浪费工作，大力弘扬节约理念；完成对热泵机组节能改造加强精细化管理，确保节能效果见效；优化调整园区供水管路，试点开展绿化滴灌改造，提升水资源利用效率。

【聚焦资产盘活】 坚持围绕中心、服务大局，找准渤海监视中心在“十项行动”中的可为、能为、善为之处，结合年度重点工作任务，细化具体措施做好贯彻落实。深化主题教育调研成果，统筹渤海基地存量资源，科学制定盘活策略，针对渤海监测监视基地教育科研规划条件面向属地生态城教育事业进行公开招租，实现资源盘活。此项成果作为全局首例以出租方式盘活国有资产案例，为局系统资产盘活工作提供有力支撑。强化“党建+业务”融合，瞄准海洋业务高质量发展着力点，结合主题教育和不担当不作为问题专项整治，开展“拓展海洋事务中心”“筹备海洋学会”等方式，有效将党建工作的特色优势转化为海洋业务发展的核心竞争力。高质量落实局系统培训保障任务，配合保障局系统开展职称评审、新公务员集中培训等任务18次，累计保障及接待服务2798人次。紧密谋划下一步工作，从土地资源开发利用、楼宇设施对外出租、岸线资源及码头利用等方面，深化沟通调研，积极推动自然资源部海洋天津中心、东疆海事局等相关单位项目引入，拓展深化渤海基地资源盘活。

（胡守政）

## 天津市野生动物救护驯养繁殖中心

**【简况】** 天津市野生动物救护驯养繁殖中心，坐落于天津市静海区徐良公路20号，是天津市规划和自然资源局下属正处级公益性全额拨款事业单位。2023年，中心在局党委的正确领导下，严格依照野保法和收容救护管理办法，坚持党建引领业务协同发展总要求，克服困难，发奋进取，有效推进各项工作有序开展。

**【野生动物救护】** 随着天津市生态环境的日益好转，野生动物也越来越多，作为野生动物救护部门，已充分认识到本职工作的重要性和紧迫性。2023年，救护中心接到各类机构或个人打来的电话900个左右（含咨询类电话），通过核实情况，对确实需要采取救护措施的野生动物，救护驯养中心全部实施了收容救护，救护率达到100%。据统计救护人员赴现场救护500余人次，出动车辆500余台次，累计行程3万余千米，救护各类野生动物487头（只）。主要包括国家一级保护动物11只，国家二级保护动物153只，其他为三有或外来物种。涉及种类50余个，救护范围涵盖天津市行政区域。

**【疫源疫病防控检测】** 疫源疫病监测与防控是野保工作的重点，检疫饲养科严格按照《天津市规划资源局应对陆生野生动物疫源疫病防控应急预案》的要求，采取增加消杀频次，加强笼舍日间清洁等措施强化防控，防止病毒的传播。与天津市动物疫病预防控制中心合作，定期对收容救护的野生动物进行抽样化验，全年采样送检达200余份。配合国家林草局深入宁河七里海、北大港湿地开展春秋两季东方白鹳流行病学调查工作2次。

**【野生动物放生】** 为进一步推动党的二十大精神学习宣传贯彻走深走实，贯彻落实习近平生态文明思想，12月10日市野生动物救护中心赴江西鄱阳湖开展野生动物放归工作，成功放归东方白鹳、天鹅等国家一二级保护动物14只，有效提升了中心的野生动物保护工作水平。

**【宣传保护】** 面向社会公布救护热线和救护地点，以方便广大群众来电求助或进行业务咨询。同时工作人员充分利用每一次野生动物救护的机会，做好野生动物保护宣传工作。在救护过程中，始终坚持广泛宣传野保法和保护野生鸟类重要意义，预防禽流感等相关知识，从生态环境、法律法规、饮食健康等方面，引导广大民众树新风、改陋习，自觉保护野生动物资源。在重点救护、放归等活动中，主动联系电视台、报刊等新闻媒体，对活动全程进行跟踪报道，通过常态化宣传引导，社会大众的野保意识得到了进一步提高，截至2023年，共计接受新闻媒体采访10余次。

**【野生动物临时认定】** 中心多次协助环食药总队、行政执法总队和野生动物保护主管部门开展野生动物临时认定工作，中心工作人员做到随叫随到，第一时间赶赴现场开展野生动物临时认定工作，对被罚没的野生动物提供专业处置及认定的意见建议，为天津市有效打击非法养殖行为，及时保护野生动物资源发挥了应有责任。

**【疫源疫病培训】** 成功举办全市野生动物疫源疫病培训班，课程设计紧扣野生动物疫源疫病防控新形势、新要求，与工作实际结合紧密，使参会人员掌握了野生动物相关知识，提高了野生动物疫源疫病监测防控水平，增强了做好野生动物疫源疫病监测防控的责任和信心。

**【科普知识进校园】** 野生动物救护驯养繁殖中心联合生态修整中心，在静海实验小学共同举办“爱鸟周”宣传活动，旨在进一步提高同学们生态保护意识，促进生态文明理念融入校园，号召全民共建人与自然和谐共生的美丽家园。救护驯养中心携带大量的动物标本进校园，通过鸟类标本展示、爱鸟知识讲解、摆放宣传牌等方式，进一步增进了同学们对鸟类知识的认识与了解，激发了他们对鸟类知识学习的兴趣。爱鸟知识小讲台展示了鸟类及其栖息地美丽多彩的形象以及保护区的保护成果，为同学们普及了湿地保护与爱鸟护鸟的知识。

（刘　洋）

# 天津市规划编制研究中心

**【简况】** 2023年，在局党委正确领导下，规划编研中心深入开展学习贯彻习近平新时代中国特色社会主义思想主题教育，充分发挥全面从严治党的引领保障作用，实现党建与业务工作深度融合，推动规划编研中心各项工作再上新台阶。

**【国土空间规划】** 积极推进《天津市国土空间总体规划》编制、修改完善及报批相关工作，做好对区级总规建设用地指标分解、控制线划定等强制性内容的传导落实。推进区、镇级总规技术审查工作，制定文本、数据库标准等规范性文件，完成对10个涉农区国土空间总体规划成果的多轮审查及600余条意见反馈，并组织各区开展数据库制作工作。同步完成40件承诺制项目、20个成片开发等项目的规划审查、数据管理，制定天津市乡镇级国土空间规划技术审查及数据汇交规范标准。主持起草《天津市城镇开发边界管理办法》，参加《天津市生态保护红线管理办法》《国土空间总体规划实施管理办法》制定，为天津市国土空间规划实施管理夯实基础。全面完成全市永久基本农田核实补划工作，依规则调出约1.48万亩，补划约3.35万亩，多补划约1.87万亩。

**【规划数据审查】** 优化技术审查流程，成功研发控制性详细规划技术审查自动质检工具，通过人机交互判定审查对象与上位规划之间的空间关系，实现了部分控规技术审查内容流程化、自动化和标准化。完成控规前期论证阶段合规性初审20件，控规技术审查30个，细分上网81个，成果公布26个，道路定线26个。指导设计单位修改完善南门外大街商圈北部片区城市更新项目地块、京滨工业园起步区等重点区域控规修改，保质提效完成技术审查工作。紧密配合市局，推进天津市街区层面控规单元划定等工作，并做好控规审查的全市培训。

**【规划数据汇交】** 持续推进村庄规划成果数据汇交，完成560个村庄规划数据库审核，其中298个村庄规划已完成审批汇交。自主研发集数据库质检、指标审核、控制线审核于一体的审查软件，保障村庄规划编审。市级国土空间专项规划数据汇交实现业务化运行，推进42个市级专项规划的成果数据加工和汇交。完成1466个点位的竖向高程数据动态维护，基本实现津城核心区道路规划高程“一张图”管理。完成8条天津市已建成轨道控制线、211个车站、1187余个出入口及风亭的数据制作。持续开展中心城区地下管线综合规划数据动态维护，完成数据汇交12件次。

**【规范标准编制】** 以国土空间规划体系建立为契机，成功申报《控制性详细规划技术审查规程》市级地方标准并获准立项，是国内首个立项的规划审查类地方标准。修订《天津市村庄规划编制导则》，确保规划成果质量适应新时代、新发展阶段、新发展格局需要。修订《控制性详细规划技术审查操作手册》，为天津市控制性详细规划审查报批四个阶段提供全流程技术支撑。

【科研项目管理】　重点布局课题研究，深化与高校联动，开展《天津市典型开发区土地配置效率及空间规划优化研究》《村庄规划建设用地兼容性和规划实施评估研究》课题研究，提升科研水平。完成《国土空间规划背景下控制性详细规划实施情况调研——以西青区2020—2022年为例》《党建引领社区规划师参与基层治理效能分析》等5份调研报告，为提高城市规划水平和推动城市经济高质量发展提供决策参考。规划编研中心作为共建单位参与的自然资源部工程技术创新中心——陆海统筹关键带国土空间规划与治理工程技术创新中心正式挂牌运行。多学科互动申报天津市社会发展与农业领域重点科技项目《面向国土空间治理的多目标规划协同管控关键技术研究》，推动国土空间规划领域的理论水平和实践水平的不断提高。

（邹广彦）

## 天津市测绘地理信息研究中心

【简况】　2023年，天津市测绘地理信息研究中心（以下简称测绘地理中心）在局党委和局领导的正确领导下，在全体职工的共同努力下，始终坚持以习近平新时代中国特色社会主义思想为指导，认真贯彻落实党的二十大精神，深刻领悟“两个确立”的决定性意义，增强“四个意识”，坚定“四个自信”，做到“两个维护”，紧扣“十项行动”要求，扎实开展学习贯彻习近平新时代中国特色社会主义思想主题教育，立足测绘地理信息“两支撑两服务”的工作定位，围绕中心，服务大局，充分发挥测绘地理信息数据要素的保障作用，落实落细各项工作职责，稳步推进测绘地理中心各项工作有序开展，并取得一定成绩。

【应急测绘保障】　稳步推进测绘应急保障能力建设，组织安排3名人员参加无人机使用培训并成功考取国家ALPA无人机驾驶证。开展两次无人机测绘应急演练，对所有应急测绘仪器进行常态化调试，提升了测绘应急队员们的技术水平和团队协作能力。编制完成《2023年天津市测绘应急保障队伍工作预案》《2023年天津市测绘应急演练实施方案（初稿）》，后者被纳入市规划资源局2023年赤潮灾害海上应急监测联合演练工作方案中。在海河“23・7”流域性特大洪水期间，在多部门的支持下，充分发挥本部门在卫星遥感方面的技术优势，运用测绘地理信息数据成果，绘制了首张永定河泛区天津段遥感影像图和多张SAR洪水监测图，全力协助天津市防洪防汛工作。

【基础测绘工作】　完成年度基础测绘项目过程巡查。按照《测量标志巡查工作方案》完成滨海新区的测量标志巡查工作。截至2023年10月，累计巡查测量标志1200个，完成天津市16个区的测量标志巡查工作。积极推动2023年测量标志普查工作，共完成全市1438个测量标志普查工作，按照国家要求录入全国测量标志管理系统中。完成与天津海事测绘中心达成北斗位置框架合作协议签订工作。协助编制《实景三维天津建设实施方案（2023—2025年）》，制定项目工作计划和相关作业单位的工作分工，并编制项目进度安排表，推动组建了实景三维天津建设项目工作组和实景三维天津建设项目技术统筹小组，组织技术统筹小组成员通过采取集中讨论和线上交流等方式解决项目中出现的各种技术问题，组织召开多场项目推动会和现场调研会，积极推动项目开展。

【测绘成果接收及对外提供数据服务】　完成2021年天津市基础测绘、2020至2022年地理国（市）情、2022年天地图/空间地理库和政务版电子地图、2022年城市国土空间监测等成果资料的汇交接收入库工作，数据量合计约46TB。完成行政审批提供9项，数据量共196幅，约2.02GB。完成政务公开业务事项办理27项，涉及不同历史年代正射影像497幅。协助局处室为相关单位提供22项，数据量共722GB，为国家级项目提供了数据支撑保障。两次重新部署非线性纠正软件新版本，为天津市天地图和国土调查数据库管理系统和共享服务平台提供了16次非线性纠正服务，数据量共958GB。扎实开展“我为群众办实事”活动，共完成全国地理信息资源目录服务系统站内消息索取资料电话回复和答疑合计47次，并制作上传更新元数据，发布更新消息，共计8批次。汇总、目录化和归档天津市测绘资质单位国家及外省测绘成果领取情况，共计163次。如期完成2022至2023年国家测绘地理信息统计上报。整理中心历年测绘成果接收情况，编制中心自然资源部政务数据成果目录，报局网信办备案。

**【卫星应用中心建设】** 深入推进卫星遥感与自然资源管理深度融合，积极服务主责主业，推动成果高效利用配合做好卫星中心验收相关工作，编制省级卫星应用技术中心评估工作——共享情况报告等相关材料。编制2024年卫星中心建设方案、2024年财政专项资金评审材料及发展行动计划。整理2023和2024年卫星中心需求调研情况，编制需求调研报告。接收完成32批次卫星遥感成果数据合计约32TB。向18家单位提供了44批次卫星遥感成果合计约11TB。

**【质量监督检验】** 严格按照质检标准完成了4项基础测绘项目、5项国家和市规划资源局重点测绘地理信息项目以及卫星应用中心2022年11月至2023年共23期遥感卫星项目成果的检查验收工作。开展天津市2023年测绘地理信息成果质量监督检查工作，采用“双随机、一公开”的方式，利用“天津市测绘地理信息抽检系统”随机抽取资质单位和测绘项目，共完成83家资质单位质量体系考核和106个测绘项目的质量监督检查工作。编制《实景三维天津建设成果质量控制方案》，组织开展实景三维天津建设成果过程质量监督检查，对生产单位的质量管理情况和阶段成果情况进行检查，保障生产过程质量控制的有效性。对二维地理实体建设进行首件成果检查，确保成果的正确性、符合性。

**【地图审核、鉴定、培训、保障工作】** 严格按照地图审核程序，2023年完成17项行政许可申请的地图审核，共110余张地图；互联网地图监管作为一项常态化工作，事关国家主权、安全和利益，借助互联网地图监管平台全年实时检查100余幅地图图片，未发现问题地图；依据国家地图管理相关法律、法规及标准规范对公开的地图内容表示进行技术鉴定，全年完成8件地图鉴定工作，为测绘执法监察提供了技术支撑和保障。依照局测管地名处的工作要求，结合测绘法宣传日主题，为全市各区分局、测绘资质单位进行2023年天津市测绘法宣传日——规范使用地图、新旧规范对比的主题讲座。为第七届世界智能大会、2023中国国际矿业大会会展地图用图提供现场服务，确保天津市重大活动用图无“问题地图”，切实维护国家主权尊严，促进规范使用地图。依照局测管地名处的工作要求，组织天津市“美丽中国”第五届少儿手绘地图大赛活动，编制方案细则，提供全市赛事咨询服务工作，接收、整理、分类、审核参赛作品，最终遴选出12幅优秀作品上报国家系统参加全国决赛。

**【城市国土空间监测及公共服务平台维护】** 组织开展2023年天津市城市国土空间监测工作，以城区监测范围为主，更新学校、医院、福利机构、公用设施等15项48类监测对象，掌握天津市城市建设总量、国土用地结构，基础设施和服务功能等情况，为城市体检评估和规划实施监督等国土空间治理工作提供基础资料，监测成果已完成质量验收并汇交国家。根据《2023年综合评估指标体系》开展地理信息公共服务平台更新与升级维护工作，按照国家要求完成数据更新。平台注册用户10201个，机关、企事业单位用户176家，开发用户申请数6849个，应用于各行业平台的有效密钥9668个，相比2022年增长15%。已服务于自然资源、住建、卫健、农业农村、应急等众多行业发展。2024年1月自然资源部公布了2023年地理信息公共服务平台（天地图）综合评估结果，“天地图·天津”节点以优异成绩连续第三年获得最高等次“五星级”。

**【测绘行业专项工作】** 配合局测管地名处，组织开展了天津市测绘资质申报单位资质申请材料“三个体系”的技术性审核工作，2023年共完成89家测绘资质单位申请材料的审核。

**【自然资源调查监测评价】** 完成自然资源部自然资源调查监测数据评价指标验证与完善天津试点工作，以滨海新区为验证区域，统筹考虑自然资源现状、趋势和保护利用情况，重点抓住需求调研、技术论证、难点攻关、指标验证等关键节点推进各项工作。在试点工作开展中，结合滨海新区自然地理特征，增加区域特色评价指标。充分考虑区域差异性，在全国首次探索性验证指标体系在乡镇级别评价单元下的适用性，形成了包括综合分析评价的3个技术报告、71个专题图件、3个数据集、1套软件工具、1套算法模型等一系列丰富多样的技术成果，相关工作成果已报送自然资源部，为今后开展常态化评价工作积累工作经验。

**【新型基础测绘关键技术研究试点】** 组织项目开展工作，定期与技术合作单位进行沟通，完成了试点区域数据成果制作，推进全空间数据立体获取、多源数据融合、地理实体智能提取、变化检测发现、实体建库、地理实体数据库质量评定、基于地理实体的时空智能分析技术的研究与突破。2023年9月组织开展验收工作，2023年12月项目正式结项，为加快构建新型基础测绘体系提供可借鉴、可推广的智能新型基础测绘生产模式、技术标准体系、产品模式、服务模式。

**【信息系统平台移交】** 完成地理国情信息共享平台应急测绘保障系统迁移工作。国情平台已初步上线，并与电子政务网联通，并具备面向网内用户提供测绘地理服务的环境；应急测绘管理系统已与国地信联通。开展了“天津市GNSS卫星定位连续运行基准站网系统”“地理国情信息共享平台”等四套测绘地理信息系统平台运维相关工作：编制了运维技术方案，组织开展系统运维巡检、设备及应用整合等工作，为未来承接其他系统运维奠定了技术保障基础。

**【涉密网建设】** 项目工程建设部分已完成，配置了安全软件系统、服务器及存储设备子系统等系统；配置了可用容量不低于450T的磁盘阵列及磁带库，形成双保险成果管理，建立了涉密成果资料管理机制，满足大数据量测绘地理数据的集中存储管理和数据备份需求；部署了17个数据加工节点，2个涉密数据服务站点，满足业务部门工作需要。机房各类软硬件系统已试运行，测绘成果管理及质检等涉密业务正常开展。2024年1月份保测评证书已通过保密局审核，正在积极推进整网接入电子政务内网工作。

**【信息化基础设施建设】** 项目工程建设部分已完成，建成综合业务管理系统1个，非密机房1个。综合业务管理系统已上线试运行。机房完成了基础环境建设，配置了服务器、交换机、日志审计、终端防护系统等软硬件设备，完成办公网及互联专网环境搭建，为中心各项信息化工作开展提供硬件、软件、网络等基础支撑和保障服务，后续可为全市全量国土空间数据管理提供技术安全保障。

**【科技发展研究】** 完成申报各类科研项目共10项，包括2023年度部省合作试点项目（省部级）1项、社会发展与农业领域科技项目（市级）2项、市规划资源局项目（局级）7项。完成申报地方标准4项。完成局级《数字遥感影像质量检测应用技术研究》科研项目，并通过专家验收。编制了《测绘成果资料接收和保密处理系统管理规定（试行）》，规范了成果资料档案接收和提供工作，完善了成果共享和信息安全管理。

**【科技创新与人才培养】** 申请乙级测绘资质证书、承办《实景三维天津建设实施方案》《天津市第三次国土调查数据库管理系统和共享服务平台试运行实施方案》专家评审会2次。申报上海科委入库专家1人，推荐天津市工程技术系列测绘勘察专业职称评审委员会评审专家库成员。

**【科普工作与技术培训】** 在2023年第七届世界智能大会期间，配合局科技处承办由市规划资源局主办“新时代数字孪生城市”平行论坛活动和“自然资源智慧空间规划”主题展相关工作。组织完成测绘地理中心第三届科技周、测绘法宣传日、全国知识产权宣传周、2023年标准化研学行动相关工作。

（朱继欣）

# 滨海新区功能区规划工作机构

## 天津经济技术开发区规划和自然资源局

【简况】 天津经济技术开发区规划和自然资源局（简称经开区规资局），是开发区管委会所属内设机构。2023年，在滨海新区区委、区政府，开发区党委、管委会的领导下，经开区规资局紧紧围绕经开区发展大局，在关注安全、规范的同时注重效率，完成各项规划建设工作，有效发挥了规划的引领作用。

### 规划设计编制审批

【规划编制及研究】 推动天津市区级国土空间总体规划方案报批工作，针对滨海新区、东丽区、西青区、宁河区国土空间总体规划（2021—2035年），配合各级区政府和市规划资源局开展第二轮征求意见工作。配合市规划资源局、滨海新区、东丽区完善市、区国土空间总体规划成果，最大程度保障经开区未来发展空间。天津市国土空间总体规划已提交自然资源部审查，各区级国土空间总体规划已通过市政府审查，正在按要求履行报批程序。在此基础上，分解传导上位规划对经开区各园区规划约束要求，明确规划管控分区、重要交通市政廊道、各类控制线对经开区各园区管控要求，横向发挥经开区国土空间总体规划对专项规划指导约束作用。

【重点片区规划】 完成核心区“向海十千米”总体策划，形成“一河两岸、一带六区”的空间结构，划定十个重点主题街区；完成于家堡片区控规修改必要性论证初稿，提出片区未来发展策略；完成经开区核心区土地招商规划推介，并进行宣讲。启动潮音寺、亚细亚火油库等片区的规划策划；对接荣程集团CBA场馆、乌戈音乐节、中国传媒集团等运营单位，启动于家堡南半岛空间策划；启动核心区再造行动方案，谋划核心区再造八大工程。

【重点项目规划调整】 已完成天保C03、光大银行二期、文化中心滨电充换电站、拖靶队、东区生物医药园、唐山三孚新型产业用地、逸仙园三恩、西区民生村220千伏变电站等项目控规（细分导则）修改，上述控规修改项目已获得滨海新区政府批复；启动泰达医院、西区蓝白领公寓、西区P3实验室及周边地块项目、西区北空、西区欧能项目、东区吉利甲醇加注站项目、复地高铁东幼儿园等项目控规（细分导则）方案编制，并推动报审程序。

### 规划和自然资源管理

【重点项目审批】 重点完成时尚广场城市更新住宅A地块、中石化聚龙湾居住项目、泰达一中改扩建工程二期、伴景湾保障性租赁住房、中海响螺湾C02复工项目等民用民生项目审批工作；完成津滨01-78产业H地块（一期）等新型产业用地项目、吉利远程新能源商用车天津工厂、大乙烯系列项目、“两化”搬迁罐区项目、鸿图汽车智能制造项目、格拉默内饰天津生产基地项目等工业项目审批工作，着力促进区域人气聚集、激活于响地区活力、提高产城融合水平。

【重点市政项目审批】 重点完成响螺湾海晶、合景西区小镇、复地高铁东、西区凯莱英瑞博、北区敏实周边及专项债涉及项目道路管网规划审批工作。完成主城区公共空间规划设计导则编制，并在天碱万科、复地高铁东、耀华学校等周边道路规划设计中予以落实，全面指导天碱—于响区域公共空间提升改造，在此基础上，创新公共空间管理模式，全面推广经营性用地红线内外一体化规划建设模式。组织编制了经开区核心区围挡提升方案并督促于家堡汇金中心项目完成围挡整改工作。组织完成时尚广场城更湖区景观、塘沽南站城更滨河公园等景观方案并办理规划审批手续，并督促推动景观工程启动建设。组织开展于家堡东半岛道路交通市政配套、塘沽南站城更道路管网等规划研究工作，对耀华中学、岳阳道小学、中石化于家堡项目、地铁Z4线融仁路站周边公共空间统筹研究，并组织完成中石化于家堡项目地块内电力、中水等管线切改工作；协调推动津潍和京滨高铁、轨道工程、天津港集疏运通道等重大交通工程经开区范围规划设计，落实管线切改，协调推动跨高铁道路、管线预留工程，确保重点工程平稳推进。

**【规划行政许可和行政审批】** 2023年全年处理建设用地规划管理事项473件，其中核发用地预审与选址意见书69件；规划条件56件；核发建设工程规划许可证198件；核发建设工程规划许可证（市政工程）80件、建设用地规划许可证（市政工程）8件、选址意见书（市政工程）62件。

**【证后管理】** 2023年全年核发建设工程规划验收合格证209件（含市政）。

**【提高审批效率】** 2023年，经开区规资局全面提升审批效率，完成行政许可审批810件，办理企业收发文270件，平均办件周期控制在4个工作日内，持续提升政府工作效率。

**【土地出让】** 2023年通过出让、划拨、现状补办、续期等方式共成交土地54宗，土地面积共计278.50公顷，成交金额共计59.15亿元。其中，产业用地成交37宗，供地面积239.16公顷，成交金额17.38亿元;经营性用地成交5宗，供地面积9.94公顷，出让金共计13.94亿元；城市更新地块成交5宗，土地面积16.36公顷，出让金共计24.16亿元；划拨、续期等其他地块7宗，土地面积13.04公顷，出让金共计3.67亿元。

**【于响楼宇盘活促建工作】** 通过赴总部约谈拜访、召开座谈会、组织楼宇推介会等多种方式，了解企业经营状况及意愿，广泛宣传并用足用好“于响”片区高质量发展及招商、落户、民水民电民热等扶持政策，进一步提振企业信心。融商大厦、新经济人才中心、江西大厦、海嘉贸易广场项目的逾期竣工处置取得积极进展；协调区住建委，落实“于响”片区酒店型公寓民水民电政策涉及的家庭居住认定工作责任主体及工作方案，并以江西大厦为试点，完成“于响”片区首例家庭居住认定。建立政企联盟机制，定期召开政企对接会，进行常态化沟通，快速解决企业问题和困难。海昌大厦、德域大厦完成转让，融商大厦产权证办理及转让滨海建投的协议签署完成，碧桂园凤凰酒店股权转让协议签署完成。探索通过分步开发、分段投入使用、改建保障性租赁住房、调整项目规划方案等多种思路推动在建楼宇盘活。新经济人才中心5月底开工；海嘉贸易广场一期体育运动场馆规划方案、工程规划许可证审批完成，已开工；中惠熙元广场项目1、2号楼建成，3号楼施工至主体6层，拟对原设计方案进行调整，中惠熙元广场9月底提供设计方案，该方案已初步通过其总部集团审议。以诉讼方式追缴逾期竣工违约金督促企业加快复工复建，按阶段完成土地清查整治关于土地出让逾期开竣工问题整改要求。

**【工业地盘活工作】** 通过对企业节余工业地的收储，为吉利汽车醇氢生态总部项目、SEW项目、诺和诺德扩产项目、七一二移动民用通信项目等大项目增资扩产提供新的载体。积极配合市规划资源局滨海分局开展关于盘活存量资源的各项工作，认真贯彻落实市规划资源局《关于盘活存量土地房产有关支持政策的通知》，有序开展经开区企业节余工业地摸排盘活工作。截至2023年底，梳理形成87家企业共计约472.65公顷节余工业地的台账，完成对东区和西区所有节余地企业的上门对接，更新企业的最新诉求和发展计划，根据企业实际情况分类制定下一步策略；完成乐富容器地块、阿尔卑斯地块、普乐包装地块等的收储盘活工作，顺利做好诺和诺德项目、七一二项目的土地资源保障工作，2023年累计盘活企业节余地约19公顷；针对有意愿被收储的企业，分批逐个深入协商，制定盘活工作计划，加大盘活力度，促进土地资源高效利用。

**【城市更新】** 塘沽南站构建“1+5”设计工作团队，由1名历史文化保护及城市设计领域知名专家牵头组织项目片区总体设计及历史资源利用，协调滨河景观、M0产业、茉莉亚文化艺术主题街区、住宅、市政及道路配套等5大子项目规划设计工作，保障项目按计划实施。

完成茉莉亚艺术商业街区、滨河景观、M0项目、住宅地块及市政道路方案设计；外挂项目耀华中学主体封顶，新河租赁住房主体完工，新城家园小区环境综合整治初步完成；完成时尚广场项目会展中心整体拆除，景观湖区方案编制，首开居住用地、湖区景观及产业用地已启动施工。

### 监督检查与城建档案

**【土地供后监管】** 完善经开区储备土地管理体系，逐步实现土地管理智能化，开展安全治理专项行动，重拳出击清理违法占地，保障储备土地资源安全，维护社会和谐稳定。

**【执法监察】** 按照市规划资源局、滨海分局工作要求，切实推动违法占地整治工作。经开区面积整改到位率92.5%，位居各功能区第1名，在新区区排名第2。同时联合各园区主动对接企业，加快手续补办，督促涉及属地执法处置，保证高效推进。

**【档案管理】** 对接原新城公司、原于家堡投资集团公司、原新金融公司规划编制成果资料，收集总体规划、区域规划、景观规划、市政规划、专项规划、城市设计、交通、地下空间、策划方案、详细规划及其他规划成果数百项，开展已有规划资料进行整合梳理，建立园区、片区级档案袋。

（郜舒睿）

## 天津港保税区规划国土和建设交通局

**【简况】** 2023年，天津港保税区规划国土和建设交通局积极落实中央、市委、区委的决策部署，坚持以习近平新时代中国特色社会主义思想为指导，规划全面落实天津市“三区三线”划定成果，协调相关规划诉求，聚焦产业体系转型升级、国土空间格局优化、港产城融合发展等内容，助力推动天津市高质量发展“十项行动”见行见效。加大土地规划招商推介力度，积极向市场传递信心、释放潜力，多维度推动项目落地。创新盘活方式，形成一批可复制、可推广的盘活经验和典型案例。在全市范围内保税区首个使用整体打捆论证方式办理用海预审，有效解决有关区域海域使用论证问题。

### 规划设计编制审批

**【国土空间总体规划】** 2023年，在保税区国土空间规划领导小组的指导和引领下，按照市规划资源局和东丽分局、滨海新区分局的工作要求，规划结合最新国土空间规划编制技术要求与时间要求有序推进，形成报审成果。规划全面落实天津市“三区三线”划定成果，协调相关规划诉求，聚焦产业体系转型升级、国土空间格局优化、港产城融合发展等内容，助力推动天津市高质量发展“十项行动”见行见效。分别于5月、12月提交规划阶段成果汇总至东丽分局及滨海新区分局，发展定位、产业体系等重点内容纳入上位东丽区及滨海新区国土空间规划。

**【控制性详细规划调整】** 2023年，为保证区内规划合理协调，进一步优化用地布局，引导要素集中发展；合理安排产业用地、居住用地和基础设施、公共服务设施、公共安全设施，保障城市高效运行，保税区完成控规项目11个，涉及调整面积约230公顷。

## 规划和自然资源管理

【规划行政许可和行政审批】 2023年，保税区完成建设用地管理事项91件，其中核发选址意见书34件（含市政27件）、规划条件28件、建设用地规划许可证29件（含市政16件）。完成建设项目规划管理事项250件，其中核发建设工程规划许可证152件，核发建设工程规划许可证（市政）98件。标准地名证核发10件。

【证后管理】 2023年，保税区核发建设工程规划验收合格证82件，其中，市政工程规划验收10件。

【土地出让】 2023年，受房地产市场下行影响，全国经营性土地出让形势面临挑战，市场需求萎缩。保税区加大土地规划招商推介力度，积极向市场传递信心、释放潜力，多维度推动项目落地。共完成土地挂牌20宗，土地面积139.6公顷。其中，积极推动完成保税研发中心项目完成滨海新区首宗“标准地”出让，出让面积13公顷。在滨海新区范围内首次使用“用地清单制”方式完成麦康医疗项目土地挂牌，出让面积5公顷。创新开展储备土地临时使用，既规范了相关工作，又增加了土地收入。

【盘活闲置房地资源】 2023年，保税区在房地资源盘活中，坚持以用为先、依法依规、多方参与、共同受益等原则，“一地一策”“一企一策”制定盘活方案，创新盘活方式。全年推动25个项目加快盘活，土地面积178公顷，形成一批可复制、可推广的盘活经验和典型案例。

【储备土地临时使用】 2023年，保税区为进一步规范储备土地临时使用，编制完成《天津港保税区储备土地临时使用管理办法（试行）》。完成19宗储备临时使用，面积48.9公顷，收取租金2757万元。

【海域管理】 2023年，在全市范围内保税区首个使用整体打捆论证方式办理用海预审，有效解决临港综保区191公顷海域使用论证问题。

## 不动产登记

【不动产登记管理】 全年办理各类不动产登记2.1万件，同比增长31.25%。其中新建商品房预告登记3322件，存量房转移登记4940件，全年共收取契税3.03亿元。办理抵押登记8699件，涉及抵押金额约3150.96亿元。

【带押过户】 依托津心登App功能，积极推动“带押过户”推广应用。在推动住宅项目的同时，在为中天电气有限公司与厦门唯科模塑科技股份有限公司办理转移登记时，实现了天津港保税区首例工业厂房“带押过户”。

【交地即交证】 探索土地登记再次突破和提升的新模式，对标年度土地出让批次项目，将土地登记受理关口前移，在签订出让合同的同时，同步开展土地登记申请及受理工作，对接空客天津第二条A320系列飞机项目，实现了“交地即交证”。

（孙雅楠）

# 天津滨海高新技术产业开发区规划和自然资源局

【简况】 2023年，天津滨海高新技术产业开发区规划和自然资源局坚持以习近平新时代中国特色社会主义思想为引领，坚定不移贯彻新发展理念，深入落实滨海新区高质量发展支撑引领行动和高新区两委各项工作部署要求，抓紧抓实规划、土地、不动产登记等重点工作，创新竞进，奋勇争先，全面实现全局工作“提速提质提效”，不断为高新区高质量发展赋能增效。

## 规划设计编制审批

【控规调整】 全年共开展电信枢纽、农产品批发市场改扩建、渤龙湖控制性详细规划修编、华苑片区（环外）细分导则编制、北塘西货场等10余项控规工作。根据项目建设需求，倒排工期，主动沟通，与各部门无缝衔接报审进度，进一步加快规划调整速度，缩短项目落地时间。

**【华苑综合环境提升策划】** 积极发挥统筹作用，推动片区转型升级，推动完成行政审批中心提升改造、陈台子排水河公园提升改造、社区卫生医疗中心建设、VI系统设计筛选等工作。组织编制华苑片区商业配套提升策划方案、辨识强化品质提升策划方案，为后续细化提升项目提供上位依据和工作方向。同步开展一系列更新盘活工作，包括恒基电子、利安隆、津创国荣等企业闲置厂房盘活及华苑力神厂区改扩建项目，助力企业发展，激发市场活力。

**【高铁西规划研究】** 为贯彻落实滨海新区高质量发展支撑引领行动部署，推动京津冀协同发展重大国家战略走深走实，完成《高铁西开发建设实施规划研究》。对高铁西片区进行深入整体的研究谋划，评估开发条件，确定主导产业，研究空间载体，充分利用京滨城际、滨海西站优势条件，明确开发计划，开展财务分析，制定开发模式。为后续招商引资、开发建设和规划审批提供科学依据和行动方案，进一步推动“中国信创谷”高质量建设。

**【海绵城市专项规划】** 2023年10月，《高新区海绵城市专项规划》获批。该规划以《滨海新区海绵城市专项规划（2017—2030年）修编版》为上位规划，根据高新区生态本底条件、水文气象特点、水资源禀赋状况，结合本区域协调发展需求而量身定制，将华苑、渤龙湖、海洋片区分为14个海绵管控单元，合理确定海绵城市规划控制与建设目标，逐步构建城市排水防涝系统和低影响开发系统。规划明确，到2030年，建成区80%以上面积达到海绵城市建设要求；到2035年，建成区全域系统化实现海绵城市建设目标，同时消除内涝防治标准内降雨条件下的城市内涝现象。该规划将更加科学有效地指导推进高新区海绵城市建设工作，保障城市生态安全，促进人与自然和谐发展，打造“会呼吸”的韧性城市。

## 规划和自然资源管理

**【推动实施“工业上楼”】** 推广实施《高新区新动能产业载体（工业上楼）开发建设导则》，帮助双创园、康达新材料等新落户企业实现“工业上楼”模式和土地节约集约利用，指导天地伟业（恒基电子）公司谋划一批“工业上楼”项目。积极回应传统制造业企业升级意愿，超前服务，帮助企业驶入“政策快车道”。

**【地下管线监管】** 制定《高新区地下管线数据管理办法》，实现管线数据实时更新。为建设单位提供测绘全流程服务，已服务7家企业。通过华苑片区市政类项目免费测绘，解决重复测绘、测绘质量参差不齐等问题，进一步提升地下管线监管水平和城市安全水平。

**【规划行政许可和行政审批】** 全年共核发建设项目规划条件13件，面积829274.8平方米；选址意见书6件，面积185088.26平方米；建设用地规划许可证（建设工程）5件，面积127290.7平方米；建设用地规划许可证（出让用地）16件，面积833234.8平方米；建设工程规划许可证71件，面积2434793.81平方米；建设工程规划验收合格证39件，面积1148940.71平方米；市政项目核发线性选址意见书47件，长度88670.3米；建设用地规划许可证（市政工程）18件，长度7858.995米；线性建设工程规划许可证68件，长度67752.745米；线性建设工程规划验收合格证36件，长度54977.764米。建设工程档案认可证35件，标准地名证3件。全年完成建管审批事项357项，完成“以函代证”4件。修编《“以函代证”保障“拿地即开工”的实施方案》，探索“挂地即实现桩基部位方案公示，摘地即出具规划审查意见函”流程，压缩审批环节，提高审批效率，持续优化营商环境，同时严格后期监管，保证项目手续完备。

**【土地整理储备】** 完成滨海西站南侧片区（约2个平方千米）土地征收成片开发方案编制，取得滨海新区政府批复文件；启动滨海西站南侧片区土地征收成片开发一期（约50万平方米）土地征转前期测绘等工作。完成渤龙湖污水处理厂二期、光大得然等土地征收转用手续，新增建设用地面积约6万平方米。累计管护土地面积约13.33平方千米。

【土地出让】 2023年高新区共计出让土地13宗，土地面积87.83公顷，土地出让金16.2亿元，实际到账14.85亿（包括2022年出让的保障房、德盛和、芯哲微等3宗地的3.65亿）。其中经营性用地3宗，面积8.1公顷，土地出让金12.93亿元；工业用地9宗，面积68.1公顷，土地出让金3.1亿元；划拨补办出让用地1宗，面积11.64公顷，土地出让金0.18亿元。

【土地成本审核】 为合理利用土地资源，规范国有土地有偿使用行为，按照滨海新区财政局、市规划资源局滨海分局关于规范新区土地整理成本审核的相关要求，对华苑、渤龙湖、海洋3个片区土地成本进行审核。截至2022年12月底，华苑片区土地成本80.79亿元、渤龙湖片区土地成本131亿元、海洋片区土地成本123.66亿元。

【土地划拨和地籍调查】 2023年划拨土地24宗，面积为29公顷。完成39个地块地籍调查，其中华苑片区7宗地，渤龙湖片区32宗地。

【土地节约集约利用评价】 按照自然资源部“每五年开展一次全面评价，全面评价年期间每年进行监测统计”的要求，开展华苑、渤龙湖、海洋3个片区共计约73平方千米的土地节约集约利用监测统计工作，并通过审核。

## 不动产登记

【登记业务】 2023年完成不动产登记12112件。产权登记4386件，面积合计159.2万平方米。抵押登记5678件，合计金额8.2亿元。代收税款4593.49万元。

【交地即交证】 实现“交地即交证”办理新模式，为海油加油站项目完成首个现场发证。将原来土地供应后再进行不动产登记的串联流程变为同步办理，实现土地交付和不动产登记“一站式”服务，极大节省企业时间和成本。

【工业项目产权分割】 编制印发《高新区工业项目产权分割及抵押、转让操作规程》。为盛友科技、中科昊宇2家公司办理工业项目产权分割登记，分割登记面积3.75万平方米。

【竣工备案即首登】 采用前置预审、容缺受理、并联审核等多措并举，将竣工验收和房屋首次登记紧密联系在一起，在项目取得竣工备案表当天完成房屋首次登记。完成海秦（天津）智能制造项目首个现场发证。

【交房即交证】 坚持以人民为中心的发展理念，进一步便民利企，推出首个“交房即交证”服务。让购房者在房屋交付同时取得房产证，受到群众一致好评，为房地产市场健康发展提供有力支持。

## 监督检查与城建档案

【违法用地治理】 对天津市土地领域问题整治信息平台内高新区的213个违法用地图斑进行了系统整治，完成整改135个，面积整改率为63.3%。完成占用耕地建房国家试点整治工作，5个点位审核全部完成销号。督促高新区国资公司和海泰集团整治基础建设涉及违法用地图斑33处，督促新区相关委办局整治违法用地图斑11处，督促整治津秦客专和蓟港铁路违法图斑35处。通过民事诉讼收回新河集团国有（集体使用）土地面积230余亩，提交法院强制执行3宗。其中收回涉案地块3块，并安排专人看护。

【“一本账”整改】 推进“一本账”闲置土地及违约竣工项目整改，对26宗闲置土地、27宗违约竣工土地重点整改。闲置土地已全部处置到位，逾期竣工完成处置25宗。

【执法监察及信访工作】 全年执法巡查共出动120余人次。处理信访事宜、接待来访群众、答复24小时服务热线问题共计726件次，实现答复率100%。配合高新区城环局、新北街和新河街街道对疑似违法建筑进行规划手续核查29项，答复率和准确度100%。

【档案管理】 全年整理城建档案案卷1709卷。其中建管类1282卷，市政类427卷。

（王晓暄）

# 天津东疆综合保税区规划国土和建设管理局

**【简况】** 天津东疆综合保税区规划国土和建设管理局（以下简称规建局）主要负责区域规划、国土资源管理、基础设施建设及消防管理、区域房屋管理、不动产登记等行政工作。2023年，规建局按照职责分工，依法依规做好区域规划管理相关工作，完成东疆港分区GKa（19）13单元01–10地块控规调整。不断优化审批流程、提高审批效率，全力推动东疆创新产业园、汇盛西堆场、天津新港北集装箱中心站第二线束工程等一批重点产业项目选址落位；依托东疆电力专项，进一步推动东疆供电环网的完善，规划审批110千伏宁夏道10千伏澳洲路主干网架构建工程，完善综保区内电力供应环网。

## 规划设计编制审批

**【国土空间总体规划】** 持续配合天津市、滨海新区国土空间总体规划编制及报批工作，落实海陆分界线、开发边界、人口分解等内容。深化东疆国土空间总体规划研究，落实“魅力五彩城、东疆海洋岛”定位，近期打造“港产城融合发展示范样板区”，明确“一带双轴、三区联动、组团发展”空间结构，统筹交通、产业等专项规划，优化拓产优港、产城互促、港城协调港产城融合发展策略，联动规划资源局滨海分局形成工作专班，向滨海新区汇报阶段成果。开展综合配套服务区空间规划提升研究，在综合配套服务区形成“北产、中服、南旅”功能组团，提升港产服务、绿色低碳、海洋文旅三大功能，以文旅赋能港产城融合发展。

**【专项规划】** 开展综合交通规划研究，围绕港产城融合发展，服务打造绿色智慧港、高端开放产业、活力五彩城建设，实现内外交通的需求与供给最优，构建“客货分离、外联内畅、绿色智慧、高效便捷”的港产城融合交通支撑体系。货运方面打造“2横1纵”对外集疏运通道，客运方面打造“三横两纵”对外快速客运通道，铁路方面提升海铁换装中心能力，将进港三线延长线调整为智能集卡通道，提高集散效率，轨道方面提出东疆轨道环线，南接于家堡方向B6线，北沿跨海大桥至生态城临港新城接B3线，串接滨城核心区、东疆、生态城的方案，内部交通网络打造“八横四纵”主干路系统，提高内部网络服务水平和出行畅达性。结合文旅规划和城市发展需求，打造滨水骑行通道、健康生活通道、慢行生活道三层级慢行网络，提升慢行体验。

**【控制性详细规划】** 东疆港分区GKa（19）13单元01–10地块控规修改项目，2022年11月18日完成一报批复，2023年1月22日取得滨海新区人民政府批复。

## 规划和自然资源管理

**【重大项目选址】** 2023年，东疆创新产业园、汇盛西堆场、天津新港北集装箱中心站第二线束工程等一批重点产业项目选址落位。

东疆创新产业园项目系东疆打造先进制造业产业集群区、高端绿色智能制造区的重要抓手和途径，是东疆综合保税区适港制造业发展的重要载体，将为落户东疆的智能制造企业提供适宜的空间载体和发展环境，用地性质为二类工业用地，用地面积128688.5平方米，建筑面积107620平方米，建设内容包括丙类通用厂房以及配套服务的展示中心、服务中心、动力中心等。

天津港汇盛码头有限公司西侧集装箱堆场工程项目建成后与既有汇盛码头后方堆场形成一体化运营，完善码头经营需求，更好地发挥出自身区位、资源等优势，适应市场需求变化，大大提高自身服务能力和服务水平，用地性质为港口码头用地，用地面积170761.9平方米，建筑面积46200.79平方米，建设内容主要分为换装库区、辅建区、堆场区，建筑单体包括1#换装库、2#换装库、侯工楼、设备用房。

天津新港北集装箱中心站第二线束工程项目

建成后可加快铁路集装箱运输发展，提高铁路的市场竞争能力，优化运输资源配置，促进国民经济和对外贸易发展，用地性质为铁路用地，用地面积117696.7平方米，建设内容包括建设铁路第二线束，以及主箱区堆场、道路、装卸设备设施、电力和信息增容等相关配套工程。

东疆创新产业园项目鸟瞰图

**【基础设施规划管理】** 依托东疆电力专项，进一步推动东疆供电环网的完善，规划审批110千伏宁夏道10千伏澳洲路主干网架构建工程，完善综保区内电力供应环网。完善智慧东疆基础设施规划审批，新建约29千米通信路由，为区域智慧化建设提供了充足的基础设施保障。新建水上消防站配套营海路及地下管线已全部建成投入使用，保障水上消防站使用需求。

**【规划行政许可和行政审批】** 处理建设用地规划管理事项14件，其中核发用地预审和选址意见书7件（含市政5件）、规划条件3件、建设用地规划许可证4件（含市政1件）；处理建设工程规划管理事项7件，其中核发建设工程规划许可证7件（含变更2件）；处理市政工程规划管理事项7件，其中核发建设工程规划许可证（市政工程）7件（含变更3件）；核发标准地名证1件。

**【证后管理】** 核发建设工程规划验收合格证16件，核发建设工程档案验收认可证27件。

**【建设项目用地】** 东疆保税港区规划建设用地总面积3112.39公顷，截至2023年12月31日，已供应建设项目用地1336.85公顷，其中有偿出让土地868.96公顷，划拨用地467.89公顷；在有偿出让的建设项目土地中，包含工业仓储用地450.89公顷，港口码头用地291.61公顷，住宅用地68.56公顷，商服用地60.02公顷。

**【土地市场管理】** 2023年，东疆通过挂牌方式出让土地2宗，面积共计约29.94公顷，土地出让金共计26630万元。其中一宗为工业用地，面积约12.87公顷，土地出让金14890万元；另一宗为港口码头用地，面积约17.07公顷，土地出让金11740万元。通过划拨方式供应土地2宗，面积共计约1.5公顷，其中1宗为公用设施用地，面积约0.6公顷；另1宗为城镇村道路用地，面积约0.9公顷。

## 不动产登记

【不动产登记管理】 2023年登记信息查询、办件量2570件，其中通过天津市不动产登记一网通平台办理线上抵押业务463件，占抵押业务总量71%，所有线上业务即时办结。新建商品房销量505套，销售金额约46958万元。登记中心非税收入（登记费）共计收取36960元，减免非税收入27220元。

【缩减办件时限】 深化“放管服”改革，持续优化营商环境，进一步压缩不动产登记办理时限。不动产查封登记、异议登记、企业间转移登记、土地使用权首次登记、地役权、“一网通”银行端和“津心登”App移动端线上业务即时办结；不动产变更登记、注销登记、线下抵押登记（不含在建工程抵押登记）、社会投资低风险项目的房屋所有权首次登记、新建商品房转移登记1个工作日内办结；上述情形以外的房屋所有权首次登记、不动产转移登记、在建工程抵押登记（线下）、预告登记、更正登记等一般登记，3个工作日内办结。

【登记服务便民化】 针对中小微企业、老幼病残开通绿色通道，不动产登记优先办理，对重大项目、紧急项目提供加急服务，最大限度缓解企业压力；针对特殊情况，还可提供上门办理，将便民服务力度最大化。依托“智能化”登记服务手段，实现不动产登记“不见面”查询登记资料，并提供不动产登记簿在线查询结果免费邮寄服务，切实将“群众跑腿”变为“数据跑路”。2023年，全市首个区级“点对点”不动产网络查控系统在东疆试点上线，不仅为法院执行工作节省大量的人力、物力，大幅提升案件查封及财产处置效率，也切实维护了当事人合法权益。自查控系统上线以来，已办理60余件线上业务，通过线上信息即时对接，法院执行效率大幅提升。

## 监督检查与城建档案

【违法用地治理】 2023年，开展辖区内“卫片核查”工作，依托自然资源部外业调查App“i自然”全国统一平台，核查卫片56个，核查结果无违法用地情形。开展土地巡查工作，加强土地供后管理，全年未新增违法用地。后续东疆将加强日常监管力度，有效避免违法用地问题再次发生。

【执法监察】 对辖区范围内的建设项目实施许可证监管法律措施，对墨线、零米、标准层、主体外檐等工程进度进行查验。严格依照天津市的要求，对外檐材质样品封存，并在外檐施工3日后进行现场查验。按要求开展双随机执法检查工作，建立证后巡查制度，严格落实日常巡查计划，对区内16个证后监管项目进行全覆盖检查，2023年累计检查163项目次，出动检查人员326人次。

【档案管理】 2023年结合优化营商环境、建设项目审批改革和区域实际需求，规建局聘请第三方技术审查，在项目前期、施工和竣工的各阶段开展及时专业的指导服务，通过对新建项目、历史项目城建档案宣贯和服务，城建档案收录工作发展迅速。截至2023年底，共办理档案验收认可证27件（含1件承诺办理）；共接收城建档案项目31个，接收城建档案1042卷。

（魏相谋）

# 中新天津生态城建设局

【简况】 生态城建设局是中新天津生态城管委的职能机构之一，负责规划、土地、建设、房管等多项业务，从上游政策制定到下游建设管理，全面落实滨海新区及生态城部署的各项规划建设工作。2023年，持续推动顶层设计规划编制、各类专题研究、绿色建筑发展、规划行政审批、土地出让及划拨、不动产登记、档案管理等工作。各项工作有序开展，完成年初确定的任务指标。

## 规划设计编制审批

**【城市设计】** 完成生态城合作区主中心绿创园城市设计工作。

**【控规编制】** 完成中等职业学校项目控规修改、中心渔港海警工作站控规修改、滨海旅游区03单元教育及社区中心组团控规修改、滨海旅游区02单元航溪道两侧居住组团细分导则调整、中心渔港海洋环境监测站细分导则调整工作。

**【专题研究】** 推动完整居住社区试点建设、生态城体育设施专项规划、生态城城市体检等项目。7月20日，住建部等7部门联合印发了《完整社区建设试点名单的通知》，生态城第四社区入选完整社区试点名单，成为天津市唯一入选社区。

**【市政专项】** 完成水系规划并通过专家评审；完成花园城市总体规划；继续推动中低运量线网规划、市政专项规划修编、道路竖向规划修编等方案编制工作。

**【政府投资项目前期设计】** 继续推进北方大数据交易中心、滨旅北部教育组团、91b#中学、宝龙第二幼儿园、北岛第一幼儿园、35#地块幼儿园、59#地块幼儿园、海鸿道幼儿园、滨旅北幼儿园、吉宝北岛第一社区中心等政府投资项目设计及内装工作。

组织完成北塘港区北区航道扩建、5号污水泵站、临海新城外排泵站、和风路公交站、泰四泰五盛三道路排水、航清道等四条道路排水、渔泽路（航海道—航苑道）道路排水工程、三家民营周边道路、Z4接驳改造、二号雨水泵站泵后湿地、四号雨水泵站泵后湿地、三合一泵站泵后湿地、鸟类观测站、精神堡垒等方案研究工作。

完成北堤生态廊道、永定洲体育健身公园、故道河北岸三期、如鱼岛周边道路两侧绿化工程、88号地社区公园、34号地法治公园、42号地交通主题公园、北岛生态谷景观工程；为了满足海域督查和生态修复要求，完成南湾滨水景观带和滨海湿地项目方案设计工作。与新加坡国家公园局共同创建花园城市，持续推进合作区绿化项目的规划建设。与新加坡国家公园局签署了“静思景观设计与康疗花园”谅解备忘录，拟打造为全龄游客带来有益身心健康的康养花园。

**【企业投资项目前期设计】** 完成了绿创中心、动漫04-A#地块住宅项目、远洋83号地05-05-06地块项目、临海新城鑫盛08-02-80地块项目、15号地块公屋二期2C住宅项目、贻成35#地块住宅项目、远洋84a号地05-02-03地块项目、滨旅北部区域03-09-03住宅地块项目、18b-2住宅项目、滨旅北部区域03-09-05住宅地块、滨旅北部区域03-09-11住宅地块、生态岛片区54a地块住宅项目、丹娜总部基地建设项目（一期）、智慧科技产业园起步区一期（产城融合示范区）项目、中福天河智慧养老服务示范区二期项目、联泰天津物流中心嘉盛泰项目、交通运输部水运科学研究所天津海上溢油应急处置实验系统建设工程项目、润丰正通集团总部基地及汽车零部件智能工厂项目、中国农批天津国际冻品交易市场项目、信息园08地块项目、旅游区域北部能源中心（二期）、滨旅北部区域03-09-07商业地块、平禄冷链、科技园014地块兴业大厦项目、北疆电厂热源引入工程二期（区内）项目中继泵站工程、志禹加油加气站、Z4线东南侧（智慧）停车场项目、栖智滨海智造基地、磐石伟业电力总部基地、生态岛片区54a地块商业项目、临海新城08-04-24地块一期项目、天津汉德三维教育园区、天东大健康产业园、控感产业园的设计工作。

## 规划和自然资源管理

**【规划行政许可和行政审批】** 全年完成规划审批事项341件，其中核发选址意见书39件、规划条件38件、建设用地规划许可证28件、标准地名证10件，建设工程规划许可证131件、建设工程规划验收合格证76件、建设工程档案验收认可证19件。

**【证后管理】** 生态城全年竣工建筑面积185.51万平方米，核发建设工程规划验收合格证76个（建筑工程46个，市政工程30个），一次验收合格率100%。

**【绿色建筑管理】** 为响应国家“碳达峰、碳中和”战略，推动生态城全域节能减排，在全力推动下已完成2022年节能考核工作，并开展2023年绿色建筑节能考核工作，收集项目能耗数据，提出提升建议，从制度层面推动建筑项目节能低碳运营。

**【绿色建筑示范工程】** 严格落实“绿色建筑100%”的控制性目标，2023年109万平方米绿色建筑全部达到二星级及以上绿色建筑标准。推动超低能耗、近零能耗建筑技术落地，以北方大数据中心、安明路社区中心等项目为示范案例，构建全国领先的“绿色建筑三星级+近零能耗/超低能耗建筑”的高水平建设模式；以动漫04A#地块住宅项目、北方大数据中心等项目为示范项目，探索智能建造技术示范应用；打造一批绿色建筑、装配式建筑典范工程，推动南湾公园南侧卫生间建设成为天津市首个零碳、零能耗、装配式公共卫生间；以万科生态之光1#楼项目为示范案例，推动高装配率项目示范建设。该项目装配率达到80.8%，达到了国家AA级装配式建筑标准，成为滨海新区首个天津市首批高装配率住宅示范工程。

**【规范标准编制】** 编制完成生态城可再生能源专项规划，该规划成果通过中国工程院院士刘加平等权威专家及管委会验收，对加快推进生态城可再生能源高质量发展提供了科学依据；组织专业单位编制完成《地源热泵设计导则》，同时完善绿色建筑标准体系建设，组织完成绿色建筑评价标准、设计标准及施工管理规程3本标准的修编工作，并上报市住建委。

**【绿色建筑宣传】** 推广绿色建筑建设管理经验，持续扩大生态城在绿色建筑领域影响力，完成了城乡建设杂志生态城专刊的编制和印发，有效推广了生态城建设经验；参加天津与英国曼彻斯特市联合举办的绿色低碳主题交流会及城科会举办的国家绿建大会，在会上做了生态城绿色低碳相关主旨演讲，宣传生态城绿色发展理念；与生态城合资公司圆满举办了2023“生态创想·绿色行动”国际青年英才创新大赛暨生态城“创新之星”评选大赛，大赛共收到国内外136个项目报名参赛，整体取得了良好效果。

**【绿色金融】** 创新绿色金融支持绿色建筑产品，推广绿色建筑性能保险及绿色信贷产品应用，以动漫04住宅项目为示范案例，实现了“建筑面积奖励+绿色保险+绿色信贷”的创新金融模式建立，从政策引导、资金支持、风险管控上对开发建设项目给与了全方面支持，促进了房地产市场繁荣，营造了更好的招商环境。

**【绿色建筑荣誉】** 积极申报绿色低碳奖项，梳理总结生态城人居环境建设经验，彰显生态城人居环境建设成效，以南部片区绿色生态城区建设项目为案例，组织申报国家人居环境奖（范例）的申报工作。生态城入选拟获奖名单，预计住建部将于近期颁发该奖项；4月组织不动产登记中心、公屋二期被动房、第四社区中心3个项目申报并获得天津市低碳（零碳）优秀应用场景的荣誉；8月组织不动产登记中心奖项申报并荣获了第九届C21国际“绿色解决方案”奖中国区“既有建筑绿色改造解决方案奖”的殊荣；组织北方大数据中心、动漫04住宅两个项目申报并入选天津市第一批智能建造试点项目；组织不动产登记中心、滨海小外高中部两个项目申报并获批天津市公共机构低碳（零碳）示范点。

**【CIM平台】** 2023年底，生态城完成全域全业务数据核对、更新工作，控规、住宅小区物业收费数据、固投完成情况更新。完成覆盖全域的三维底板数据中心建设，其中全部公建类BIM模型（含翻模）26个，三维建筑模型房屋粗模不少于7500栋，精细模型不少于5600栋，共计不少于819万平方米，完成生态城10大类管线不少于338万米管线三维建模，地质数据、河道模型、倾斜模型均已更新。并新增为智慧城管、智能网联车等生态城智慧城市建设项目提供了三维底板和空间分析能力支撑。

**【供地工作】** 出让（含转让）土地14宗，总面积96.3公顷，实现出让（转让）金26.9亿元，其中包括住宅用地5宗，31.3公顷，对应出让（转让）金23.2亿元；产业用地8宗，总面积65公顷，出让（转让）金3.7亿元，完成了标准地供应任务，保障了栖智、福聿、天东土木、汉德教育、磐石电池、中环电子等产业项目顺利落位。

**【供后监管】** 完成中加工业园、华强产业园、斯凯奇物流仓、新兴青旅土地延期。完成中加58、59闲置土地收回。推动了天房蓝钻用途调整、亿利北部住宅盘活等事宜。同时对照逾期竣工项目台账，对12宗无明确后续建设计划地块启动诉讼追缴违约金相关工作。

**【历史问题】** 解决了3家民营历史遗留问题，完成土地置换。合作区中长期土地开发计划通过市规划资源局及滨海新区政府审议后，报送至市政府审批，按照市政府要求，与市规划资源局一道共同研究反馈意见。持续推动海域验收工作，迎接自然资源部海域海岛司实地核查，获得向自然资源部提交海域验收申请准许。

**【土地划拨】** 截至2023年12月31日，完成划拨手续办理地块43宗（其中补办项目32宗），总面积126公顷，开展划拨前公示地块7宗，总面积5公顷。进一步补齐了生态城公建项目权属缺口，有效推动了区委巡查整改任务落实。

**【督查迎检】** 除继续推动以往审计督查整改问题外，全年对接、配合上级部门各项督查、巡视、审计、调研活动16次，主要包括自然资源部例行督查、审计署驻深圳特派办专项审计、推进产业用地高质量规划利用管理政策落实情况专项审计、市规划资源局土地储备资源专项审计等。各项涉及规划资源部门的材料，均及时、全面报送。

## 不动产登记

**【登记业务】** 2023年登记中心继续以优化办事流程、提升登记效率及水平为目标，不断开拓创新工作思路，及时推出窗口登记服务工作的具体措施，保障各项业务有序开展。全年实现办理各类权属登记4.6万件，实现征收各类房屋登记税费2.97亿元，为生态城区域财政收入做出突出贡献。各项不动产权籍管理工作高效、保质地完成了全年登记量化任务。

**【竣工即办证】** 为切实解决工程建设项目竣工验收和首次登记两项业务涉及多个部门、材料繁琐、时间长等限制，中心依托局内统筹办理优势，协调建管中心，梳理程序，寻找业务流程结合点等，共同推出工程项目竣工一件事（非住宅项目试点），试点企业在项目竣工验收阶段，即可同步申请不动产首次登记，实现“验登合一”“验收即发证”，打通竣工验收到不动产登记的“最后一千米”。

**【交房即交证】** 中心积极开展新建商品房“交房即交证”试点项目创新实践工作，确定了“企业申请—现场调研—前置服务—多部门联动”的试点创新方案，并推动试点项目落地。减少业主办证等待时间，实现住权和产权“零时差”，有利于及时解决落户、入学等问题，更好地保障购房者合法权益。

**【办理无公证继承业务】** 为解决“先公证后登记”模式存在的耗时长、环节多、成本高等问题，充分优化营商环境，更加便民、利民，中心积极探索无公证继承登记业务模式，以《天津市不动产登记条例》《天津市不动产登记规范》为依托，借鉴滨海新区经验，围绕完善基本流程、登记要件、理清亲属关系的方法办理业务，通过现场问询留证的办理方式，实现区域无公证继承登记零突破，节约了办事群众费用成本的同时，减少了往返跑次数，业务办理更加便利。

## 监督检查与城建档案

**【执法监察】** 在执法巡查阶段，建设局按照规划资源局滨海分局要求执行月报制度，每周对区域内规划及国土项目进行执法巡查，每月将当月巡查内容上报规划资源局滨海分局。同时，建设局按照新区法制部门要求，完成相关智慧执法的巡查及上报工作。

**【档案管理】** 2023年结合优化营商环境、建设项目审批改革和区域实际需求，生态城建设局共办理档案验收认可证19件。

（李晓源　张世慕　胡文培）

# 党政与巡察

## 党群工作

【干部队伍建设】 坚持固本培元，将旗帜鲜明讲政治融入干部血脉。选调130余名局处级干部参加全市专题培训，组织5批205人次参加党政领导干部政治理论水平测试；聚焦规划资源职责任务，会同市住房城乡建设委等单位举办3期推进实施“十项行动”专题培训班。组织召开青年干部座谈会暨青马工程一、二期总结会，总结评估青苗计划，制定《青帆计划实施方案》，启动青帆计划。

坚持德才兼备，以正确选人用人导向引领干事创业导向。丰富政治考察测评措施，研究制定《处级领导干部政治素质考察实施方案》，建立300余份政治素质档案。注重在基层一线、吃劲岗位培养锻炼干部，先后选派20名干部参加“天开园”、盘活存量资源工作专班等重点岗位，4名干部进驻一线帮扶共治，4名干部赴基层实岗锻炼。围绕市规划资源年度重点工作，组建多领域青年突击队，50余名年轻干部得到实践锻炼。

坚持事业为上，着力锻造高素质专业化干部队伍。建立“一个班子一本账”管理模式，围绕事业需要选配干部，交流班子成员34人，调整领导班子22个，提拔重用处级干部26人，处级干部轮岗交流36人，免职4人。聚焦干部队伍源头建设，形成130余名优秀年轻干部库并动态调整完善。健全能上能下选人用人机制，制定《推进领导干部能上能下实施细则》。统筹职务职级两条晋升通道，开展四级调研员以上职级公务员晋升75人，局机关科级干部职级晋升62人次。释放岗位锻炼效能，跨系统交流处科级干部10余人。

坚持严管厚爱，以制度体系建设激发干事创业热情。建立全流程监督机制，对局属30家单位开展干部工作全覆盖专项检查，审核批准基层科级干部选拔任用41批159人次。落实“三个区分开来”，修订《容错纠错实施办法》，制定《关于进一步加强和规范干部因私出国（境）管理工作的通知》等制度。持续完善考核评价机制，印发《关于加强业务工作年度考核的通知》。紧盯关键少数，在提拔、晋升、交流、退休等关键节点开展谈心谈话210余人次，完成283人次个人有关事项首次填报和70余人次核查比对。

【统战工作】 市规划资源局党委统战工作坚持以习近平新时代中国特色社会主义思想为指导，以学习贯彻党的二十大精神为主线，以党外人士开展“凝心铸魂强根基、团结奋进新征程”主题教育为抓手，紧紧围绕市委、市政府“十项行动”，广泛团结各方力量，积极构建大统战工作格局，为推动规划资源事业高质量发展汇聚磅礴力量。严格落实“三个带头”“四个纳入”要求，深化“七个一”工作思路，研究印发年度统战工作要点，局党委会、理论学习中心组集中学习党在新时期统一战线的方针政策5次、研讨交流4次。组织召开局系统统战工作培训会暨主题教育动员部署会，组织党外人士开展“学思践悟·规划资源党外干部说”活动，在局微信公众号刊发学习体会4期20余篇。推动统一战线教育培训提质增效，将习近平总书记关于铸牢中华民族共同体意识的重要论述列入中共党员干部、党外干部学习培训计划，组织党外知识分子、无党派人士参加全市专题培训，组织党内党外干部集体观看爱国主义教育电影《单声》，弘扬爱国主义精神，厚植爱国主义情怀。落实局系统党员领导干部与党外知识分子广交深交朋友制度。积极服务各民主党派调研和专项监督，全力支持服务民营经济健康发展，全年完成提案办理87件，满意率100%。注重理论学习与实践调研相结合，撰写的《统筹党内党外人才队伍建设问题及对策研究》获2023年度天津市统战理论政策研究成果二等奖。强化党外干部队伍建设，4人选任市人大代表、市政协委员，1人任市政府参事，1人由“十百千工程”第三层次调整至第二层次，2人入选“十百千工程”第三层次，1名无党派人士入选市知联会理事，8名无党派人士入选市知联会会员，1人参加全市党外干部实践锻炼，11名党外干部入选局系统优秀年轻干部库，9名党外干部入选局青苗计划，全年提拔使用和晋级晋升党外处级干部7人、党外科级干部20人。

**【共青团工作】** 局团委聚焦“三力一度”工作目标，以团员和青年主题教育为全年工作主题主线，组织召开局系统团员和青年主题教育动员部署会，局主要领导作出专门批示，分管局领导出席会议并讲话，300余名团员青年以现场+视频形式参会学习。推动团员和青年主题教育走深走实，组建总规模300余人的规划资源青年先锋突击队，构建多层次、多主体、多领域运行体系，组织开展练兵备战、专业培训、调查研究等常态化训练。组织开展局第一届争当青年岗位能手活动，采取现场竞演、实务问答、专题写作等多种形式，从180余名团员青年中择优选树54名青年岗位能手典型。组织开展岗位建功行动，围绕学习贯彻习近平生态文明思想等，联合开展七里海湿地实地宣讲、“传承津沽文化，讲好天津故事”主题学习交流等5项活动。围绕落实习近平总书记重要讲话精神，开展靖江路小学防灾减灾志愿服务宣讲、“行走的科普课堂——走进遗鸥”等10余项活动，参加、观看人次超10万。联合市发展改革委、市政务服务办、市体育局等开展联学共建交流近10次，推出理论篇、实践篇、建功篇团员和青年主题教育专题报道10余篇，作为唯一机关事业单位代表在全市团员和青年主题教育工作推进会上作典型发言。组织完成局属团组织到期换届12个，连续3年在全市基层团组织考核中获“好”等次，全年获市级以上团内荣誉6个（人），在团中央、团市委、学习强国等国家和市级宣传平台发表工作信息近20篇。

**【全面从严治党】** 市规划资源局党委坚持以习近平新时代中国特色社会主义思想为指导，深入学习贯彻党的二十大精神，围绕主责主业聚力推动高质量发展“十项行动”，抓稳扛实管党治党主体责任，全力营造风清气正的政治生态，以“钉钉子”精神推动各项工作任务落实落地。坚持凝心聚魂加强政治引领，扛稳抓牢政治责任，深入推进党委监督，自觉接受“政治体检”，对党绝对忠诚更加坚强有力；着眼思想强基夯实理论武装，深入开展学习贯彻习近平新时代中国特色社会主义思想主题教育，有力推动宣传思想文化各项工作，知行合一氛围愈加浓厚；坚持组织塑形激发支部活力，有效抓好干部队伍建设，深入推进党建与业务融合，党组织政治功能和组织功能不断增强；坚持作风固本敢于动真碰硬，持续净化政治生态，深入推进作风建设，坚持不敢腐、不能腐、不想腐一体推进，同时发力、同向发力、综合发力，不断强化警示教育，不断激发深入推动全面从严治党的强大动力，为开创规划资源事业新局面提供坚强政治保障。

**【组织工作】** 市规划资源局着力加强基层党组织建设，基层党组织政治功能和组织功能得到有效提升。市海监总队成立党委和内设机构党组织重构、西青分局设立机关党委、市登记调查中心撤销党总支设立党支部，党组织设置得到进一步优化。建立党建工作包联服务责任制，安排专人对接基层党委（党组），负责指导监督基层党委（党组）党建工作落实情况。始终将政治标准放在党员发展的首位，坚持向高层次人才、产业工人等一线倾斜，全年计划发展党员38名，其中35周岁以下青年29名，高层次人才4名，产业工人4名。开展“两优一先”评选表彰活动，表彰优秀共产党员50名、优秀党务工作者10名，先进基层党组织20个。组织举办“双百示范班”党组织书记、党务干部培训，做好发展对象党员培训工作，自主举办新党员和入党积极分子等系列培训共7期。今年局党委培训学员331人次，基层党委培训党员212人次，参加上级党组织调训的党员50名，今年参加脱产培训的党员占在职党员的31.6%。开展“学习红旗渠精神激发奋进力量”党员党性教育培训班，组织50余名“两优一先”代表赴河南红旗渠干部学院参训。推动党员教育培训由“委托培训”向“自主培训”转变。印发《关于建立党员教育培训现场教学点及培育党员教育培训基地的通知》，市规划展览馆已被命名为“市级党员教育基地”，积极培育渤海监视监测基地等单位建设党员教育基地，将绿色生态屏障（津南、东丽）现场、古林古海岸遗迹博物馆等纳入教学现场建设范围，为党员教育提供支持。高质量开展《2019—2023年全国党员教育培训工作规划》五年成效评估。充分发挥“先锋堡垒”作用，牵头推动“十项行动”党建引领基层治理行动工作。举办局系统“我为群众办实事”实践活动十佳案例评选活动，评选出一批特色鲜明、成效显著的工作实绩。号召基层党组织、党员干部在急难险重任务和重点工程一线充分发挥基层党组织战斗堡垒和党员先锋模范作用，组织防汛抗洪救灾专项捐款活动，筹集善款35万余元。

**【意识形态工作】** 坚持以习近平新时代中国特色社会主义思想为指导，认真落实习近平总书记关于宣传思想文化工作的重要指示和全国、全市宣传思想文化工作会议部署要求，始终坚持党管意识形态不动摇，压紧压实意识形态工作责任。开展意识形态专项检查，加强意识形态工作检查监督帮扶。举办市规划资源系统意识形态工作专题培训，开展“坚定理想信念强化党员身份认同”党日活动，加强对宣传阵地的规范管理和日常维护，不断巩固马克思主义在意识形态领域的指导地位。

**【局党委理论学习中心组】** 市规划资源局党委始终坚持思想建党、理论强党，始终把学习贯彻习近平新时代中国特色社会主义思想作为首要政治任务，强化制度落实，以政治学习为根本，推动习近平新时代中国特色社会主义思想在规划资源领域持续走深走实。注重学习形式创新和学习流程优化，将系统学习与专题聚焦、重点发言与集体研讨有机结合，将理论学习与调查研究、线下授课辅导与线上多平台自学有机结合，持续推进理论学习的广度、深度和效度。全年共组织理论学习中心组集中学习研讨12次、专题读书班1次、邀请专家开展授课辅导6次、现场践学1次、调研成果现场交流1次。加强对局属党委（党组）理论学习中心组学习监督指导，督促落实“一学一报”要求，局领导带头落实“列席旁听”制度，利用年中、年底调研督查和包联服务等对基层党委（党组）理论学习情况进行全覆盖检查，7名局领导班子成员列席基层党委（党组）理论学习中心组学习8次。党委理论学习中心组学习的质效得到进一步提升，理论武装成果持续转化为推动规划资源事业高质量发展的有力举措和生动实践。

**【政工职评】** 市规划资源局开展拟申报政工职称摸底工作。开展初、中级思想政治工作人员专业职务任职评审工作。组织召开局中级政工专业职务任职资格评审委员会会议暨申报高级政工师述职答辩会，审议确定局系统2022年申报高级政工师任职资格推荐人选；完成研究员任职资格人选推荐工作。经市第48次高级政工师评审会审议，局系统2人取得高级政工师任职资格；经市第20次思想政治工作研究员评审会审议，1人取得研究员任职资格。

**【精神文明建设工作】** 围绕宣传贯彻党的二十大精神，组织开展“二十大精神润心田文明实践谱新篇”群众性主题宣传教育活动。组织举办“理响新征程·礼赞新时代”规划资源系统基层理论宣讲员大赛。参加《时代新人说·改革创新专题赛》，市规划资源局作为市级机关工委选送的唯一一支队伍，获得全市第五名（三等奖）的好成绩。组织开展自然资源部2023最美自然守护者学习宣传活动，国家林草局第二届“奋进新征程建功新时代”全国林草诗歌大赛活动和第二届“我自豪我是林草人”林草故事征集活动。组织开展2021—2023年度天津市文明单位申报推荐工作，6家单位获得市级文明单位。印发《“争做文明有礼天津人”活动方案》《关于推动局系统“争做文明有礼天津人”活动深入开展的通知》，并完成活动总结上报工作。组织开展全国学雷锋活动示范点和岗位学雷锋标兵、第八届天津市道德模范评选推荐，第三届天津市文明家庭申报推荐工作。印发《关于开展2023年学雷锋系列活动的通知》，组织开展“学雷锋，满意在登记窗口”服务活动，推动学雷锋志愿服务制度化常态化。在市文明办举办的“五美”宣讲千名优秀志愿宣讲员推选活动中，市规划资源局推送的两名同志被评为优秀志愿宣讲员。组织开展2023全民阅读活动、《天津市文明行为促进条例》宣传月活动、“全民国防教育月”活动、2023年全民国家安全教育日活动和“我们的节日”活动，贯彻落实《天津市新时代爱国主义教育实施方案》。市规划展览馆举办全国关心下一代党史国史教育基地挂牌仪式。

宣传贯彻落实《天津市促进精神文明建设条例》《天津市文明行为促进条例》等地方性法规，认真做好本市历史文化名城保护和古树名木保护工作。精心组织认真落实纳入市文明委2023年重点工作项目的市规划资源局生态文明主题宣传活动，围绕世界湿地日、世界野生动植物日、爱鸟周、野生动物宣传月等开展具有规划资源行业特色的主题宣传活动，宣传阐释习近平生态文明思想在津沽大地的生动实践。

**【主题教育】** 按照中央部署和市委安排，市规划资源局党委扎实开展学习贯彻习近平新时代中国特色社会主义思想主题教育，在组织推动上聚力用劲，成立主题教育领导小组及其办公室，制定主题教育《工作方案》，设置8个专项工作组，发布主题教育《工作提示》19期，印发《主题教育重点任务（一）（二）》，积极宣传主题教育成果成效，编发《主题教育简报》39期，发布主题教育有关媒体报道40余篇，市委主题教育简报共3期刊发市规划资源局经验做法。在强化理论武装上聚力用劲，全面对标对表市委要求，组织开展为期7天的读书班，做到430余名局处两级干部全覆盖。推动各级党组织高质量完成5个专题学习研讨，“准”生活会标准落实到位。丰富学习形式和载体，举办高水平理论学习辅导讲座6场次，策划举办“我为群众办实事”实践活动示范项目现场评选、“理响新征程·礼赞新时代”基层理论宣讲员比赛、“凝心聚魂强忠诚践行宗旨促发展”知识竞赛活动等各类比赛、大讨论活动、建言献策活动、领导班子带头讲党课活动10余次，向市级机关工委推荐6个“微党课”优秀案例。在推动高质量发展上聚力用劲，聚焦市委、市政府“十项行动”，制定印发“1+10”落实方案；大力推动中心城区盘活存量资源，优化生产力布局工作，会同市内六区政府编制市、区两级生产力地图，形成“1+6”策划方案；印发《市规划资源局关于支持天津港集团主导开发建设区域高质量发展有关事项的通知》，从创新规划管理、优化用地管理、支持存量房产盘活、优化用海审批等4个方面提出12项支持政策。在解决突出问题上聚力用劲，局领导班子紧扣制约高质量发展和党员干部队伍查摆的24条突出问题，研究制定整改措施59条，对标对表市级层面10个专项整治任务，制定了9个专项整治方案，全部完成整改并取得成效。坚持“当下改”和“长久立”相结合，推动建立健全主题教育长效机制42项。

**【老干部工作】** 加强离退休党的建设，与在职党员同步开展学习贯彻习近平新时代中国特色社会主义思想主题教育，深刻学习领悟习近平新时代中国特色社会主义思想的核心要义，引导老同志坚定理想信念，拥护“两个确立”，做到“两个维护”。广泛开展学习教育。坚持线上线下双送学、学习活动两结合，组织离退休干部收看5场全国离退休干部网上专题报告会，开展“学报告、悟思想、谱新篇”暨“两读一看”学习竞答、“深学笃用老干部行动”每日一答、撰写心得体会、专题研讨交流等活动。积极推动老同志发挥作用。持续开展“增添正能量.共筑中国梦”活动，带动老同志积极参与到党的建设、政策宣讲、社区治理等各项工作中。机关离退休党员干部响应市级机关组织开展的“携手并肩战洪灾同心合力复家园”专项捐款活动，共捐款19350元。严格落实老同志各项待遇，“七一”前夕，为7名离退休党员颁发了“光荣在党50年”纪念章。落实向老同志通报情况、邀请老同志参加重要会议、联系老干部等制度。组织老同志进行健康体检、考察参观天津鹏瑞利国际健康商旅城康复社区、滨海新区沿海步道、东丽湖生态公园，开展艺术摄影暨欢度重阳节活动。

在全市老干部局（处）长培训班暨中期工作推动会上，局作为全市六个典型之一，进行了大会发言。

（耿艺铭　董文斌　吕怀峰）

## 宣传工作

**【对外宣传】** 2023年，是贯彻党的二十大精神的开局之年，是天津市全面建设社会主义现代化大都市的关键之年，在市委宣传部指导和局党委的领导下，规划资源对外新闻宣传工作紧紧围绕规划资源“两统一”职责，聚焦助力推动高质量发展“十项行动”，坚持“内筑防线、外塑形象”的宣传工作思路，全方位、多角度宣传规划资源系统各项工作开展情况，不断壮大正能量，为规划资源事业高质量发展营造良好舆论氛围和社会环境。

2023年初，结合市规划资源局工作实际，在总结机构改革以来对外新闻宣传报道工作经验做法的基础上，制定下发《市规划资源局党委关于加强新闻宣传工作管理的通知》，进一步夯实对外新闻宣传工作基础，规范新闻宣传报审程序和工作纪律，强化舆情研判意识，确保市规划资源局对外新闻宣传报道的客观、及时、准确，为高水平开展对外新闻宣传工作、营造良好舆论氛围提供了制度保障。

**【新闻报道】** 全年工作立足“严守资源安全底线、优化国土空间格局、促进绿色低碳发展、维护资源资产权益”的工作定位，积极对接全局各项业务工作，主动策划宣传选题，分析研判宣传窗口期，全方位、多角度、深层次宣传报道规划资源系统的工作成效和先进经验，形成各类新闻报道492篇，对外新闻宣传报道连续三年高水平开展。其中重磅报道161篇，占比33%，较2022年的22%上升11个百分点，其中，各类报纸头版报道63篇（同比增长9%）、2版要闻版63篇（同比增长62%）、整版报道2篇（持平）；浏览量50万—100万报道17篇（同比增长467%）、超百万14篇（同比增长100%，其中新华社新华全媒+《卫星瞰高质量发展·一抹青绿绘新颜》浏览量176.2万）；中央广播电视总台《新闻联播》2篇（持平），进一步增强了规划资源新闻传播力和舆论引导力，为全局各项工作顺利开展营造积极有利的舆论环境。

全年新闻报道中，行业媒体占27%，较2022年下降3个百分点；市级地方媒体新闻报道占41%，较2022年下降3个百分点；中央头部媒体新闻报道占32%，较2022年上升6个百分点，舆论宣传影响力显著提高。初步形成资源集约、结构合理、差异宣传、协同高效的规划资源全媒体传播体系，通过中央头部媒体放大宣传辐射的效应逐步显现。

（焦　捷）

## 巡察工作

**【制度机制建设】** 修订和制定了《巡察办组织巡察工作流程》《巡察组实施巡察工作流程》《市规划资源局党委巡察工作“十严禁”》《市规划资源局党委巡察监督工作联席会议机制(试行)》《关于加强巡察期间食宿等费用管理的暂行办法》5项巡察工作制度，规范了巡察工作流程，梳理了巡察工作政策清单和法律法规清单，推动巡察工作进一步正规化，为发挥巡察利剑作用提供了制度保证。

**【干部队伍建设】** 坚持巡察机构满编运行，进一步优化巡察队伍年龄结构；坚持发挥巡视巡察工作的“熔炉”作用，在巡视巡察中锻炼培养干部，2名干部被选派参加市委巡视；4人次授权组长，9人次授权副组长，抽调23余名优秀年轻干部参加巡察，4名抽调干部在巡察期间被提拔为副处级领导干部。

**【巡察工作开展】** 全年共开展两轮巡察。3月，启动局党委第三轮巡察工作，对蓟州、武清、宝坻、宁河分局党组进行常规巡察。9月，启动局党委第四轮巡察工作，对滨海新区、静海分局党组和中心城区分局党委开展常规巡察。落实局党委“一巡三整改、上下两见效”的工作要求，加强巡察整改和成果运用。组织有关部门协同驻局纪检监察组对一至三轮巡察涉及的9个单位巡察整改情况进行了检查评价。检查结果纳入局系统年度主体责任考核内容，督促巡察整改落实落细改到位。

（杨美镇）

## 政务工作

**【局长办公会】** 2023年，组织召开局长办公会11次，审议事项57项，会议效率和决策水平不断提升，严格依法开展重大行政决策，公共政策研究力度进一步加强，依法行政意识和水平进一步提升。

**【公文管理】** 规范收文办理。实行AB岗制，优化办理流程，着力在收件环节严防死守不漏件、进件环节优化流程保运转、分件环节准确拟办勤协调、运转环节线上线下提速度、归档环节核实查漏抓规范，确保文件安全快捷科学运转。2023年全年收文12747件，其中密件1882件。文件收、登、办、转、存无重大错失，科学有序完成重点工作督办。

提升公文审核。不断提高政治站位和提升文字能力，提升公文审核，对报市委、市政府和国家部局的请示报告类公文实施“三审一校”制度，严把公文内容政审首关，严格落实二审、三审和重要文稿复核清单制度，无重大失误发生。2023年全年发文6094件，其中报市领导沟通件186件、带号文件1088件（包括上行文、平行文和下行文，分别为462件、402件、224件）、无号便函4820件。

加强公文队伍建设。2023年8月，邀请市委办公厅、市政府办公厅公文办理、党政信息和公开方面的专家领导对全局进行线上线下大培训，着力提升系统公文和信息工作水平。全面提速分类办理，实行急件急办、特件特办、平件稳办的分类公文审核制度；特急文件启动应急快办机制，进行并联审修、串联报批、提前编号排版、领导签批呼应，全流程无缝衔接，高效服务。

**【提案办理】** 积极协调建议提案办理工作，组织召开交办会、重点推动会，年度办理建议提案160件，其中人大代表建议85件，政协委员提案75件；市规划资源局主办29件，协办131件。所有“两会”件均按时完成答复，满意率100%。完成人大闭会及其他建议提案27件，全部按期作了答复，都与代表委员作了沟通并取得满意效果。

**【会务管理】** 坚持精准办会、精简会议、高效服务，局全年承办局外会议2787件；加大会议协调审核力度，积极合并压减局内会议，总数呈下降趋势；积极推行视频会议，减少人员来回流动，减轻基层负担。依法依规做好接待工作，保障有关工作高效有序开展。

**【档案管理】** 强化档案规范化管理，归集档案文件级22329件、案卷级1775盒。完成“市级机关数字档案室”建设，室藏文书档案全部实现数字化。完成局机关档案工作“三合一”制度规范的汇总编制，持续推动档案规范化建设专项整治，组织召开局系统现场观摩活动暨档案业务培训。1人被评为“市档案工作先进个人”，1单位被评为“市档案工作先进单位”。

**【政务公开】** 持续加大主动公开力度，主动公开信息约2.5万条。规范依申请公开办理，受理依申请公开1573件，其中代市政府答复108件，指导各区分局做好依申请疑难件办理。在“信用天津”平台公示行政许可5161条、行政处罚261条，定期组织核查整改，提高“双公示”数据的准确性、及时性。

加强政务网站管理，优化整合网站栏目11个，在市政府网站监测考核中全年均为满分，获局主要领导批示表扬。及时组织处理“政府网站找错”网民留言，规范网民留言办理程序。精心策划微信公众号发布内容，守好网络意识形态重要阵地，编辑推送文章1287篇，累计阅读次数近138万次。

**【党政信息】** 突出机制制度、队伍建设、管理考核等，编制业务指导手册并开展业务培训。发挥党政信息主渠道作用，围绕化解债务风险、盘活资源资产等重点工作，向市委报送党委信息135篇、被刊用50余篇，报送市委信息调研成果2篇，被市委办公厅评为“2021—2023年天津市党委信息工作先进集体”“年度信息工作成绩优异单位”，1名同志被评为“2021—2023年天津市党委信息工作先进个人”；向局系统各部门征集党政信息约920篇，向市政府、自然资源部和国家林草局政务信息主管部门报送信息215篇、被刊用100余篇，全年成绩在市政府组成部门中排名第三，被自然资源部评为“年度政务信息工作表现突出单位”，多篇信息获市、部主要领导批示。

**【安全管理】** 2023年，市规划资源局按照党中央、国务院的决策部署，落实市委、市政府关于安全生产工作的系列要求，牢固树立安全发展理念，坚持安全第一、预防为主、综合治理的原则，统筹协调安全与发展两件大事，坚定拥护“两个确立”、坚决做到“两个维护”，严格落实“管行业必须管安全、管业务必须管安全、管生产经营必须管安全”的要求，强化风险防控、深化隐患排查治理、严格安全管理，以高度负责的政治态度，精心组织、扎实推进安全生产各项工作，筑牢安全防线，实现了市规划资源局安全生产无事故的工作目标。

组织开展全国两会期间安全防范、重大事故隐患排查整治专项行动、安全生产领域行政执法等，采取“四不两直”方式对40余家单位进行安全检查。完成自然资源部安全督导检查、市安全生产巡察迎检。集中开展了防灾减灾宣传周、自然资源领域“安全生产月”系列活动，组织紧急疏散和消防演练，有效推动干部职工树立安全生产责任意识。

（孙君普）

## 人事工作

**【规划资源队伍现状】** 截至2023年12月31日，市规划资源局系统共有公务员（含参公）1080人，局直属事业单位在编职工462人。

**【人才队伍】** 市规划资源局先后完成了2023年度21名公务员公开招录；完成了2023年度注册测绘师、注册规划师报名审核，持续做好取得测绘师人员的注册管理；组织完成了全国自然资源系统先进集体和先进个人，国家工程师、国务院特殊津贴、绿化奖章先进个人和“第四届最美退役军人”评选推荐工作，接收7名军队转业干部和3名退役士兵。继续抓好领导干部联系人才制度的落实，开展局系统人才工作调研，加大对各类优秀人才事迹的宣传力度。

**【教育培训】** 市规划资源局扎实开展教育培训工作，全年组织完成各类集中培训85期，培训1万余人次。抓好公务员初任培训，举办了局系统2023年度新录用公务员初任培训；充分利用天津干部在线学习网络平台，按照计划开展公务员和事业单位人员的网上学习，确保年度每人不低于50学时的网上学习目标。

（于振民）

## 财务工作

**【财会监督工作】** 全面贯彻落实中央两办《关于进一步加强财会监督工作的意见》和市委、市政府办公厅《关于进一步加强和改进财会监督工作实施方案》的精神。一是以党委会、党建中心组、局系统财务培训等多种形式在全局系统开展系列学习宣传。二是按照财政局要求组织局属单位针对八个专项问题开展专题自查并迎接部、市两级复查。三是借助中介力量对局属单位进行财务管理情况检查，督促各单位加强对经济业务、财务管理、会计行为的日常监督。

**【2023年专项经费预算执行】** 2023年，市规划资源局年初下达预算中用于局系统自身项目经费总计2.83亿元，其中一般预算1.34亿元，政府性基金1.49亿元；资产盘活追加项目预算0.5亿元，合计3.33亿元。通过与市财政局加强沟通协调、督促局各部门单位，实现上述预算资金下达率、下达执行率均接近100%，取得了改革以来的最好成绩。

**【推进预算绩效管理扩围升级】** 自主开发财政专项绩效管理系统，利用动态管理机制对财政专项全流程整合，从财政专项自立项、设定绩效目标、申请财政预算、资金额度分配、资金评审、执行政府采购、合同签订、资金申请等各环节，深度融入了预算额度编制、执行、监督、绩效评价等各项工作，从“事前、事中、事后”三方面实时监测和跟踪项目执行情况，为完善标准科学、规范透明、约束有力的预算绩效制度提供技术保障。

**【修订完善财务管理制度】** 结合国家和天津市预算一体化、非税收入等财经制度及体制改革变化情况，重新修订了包括部门预算、经费收支、政府采购在内的11项财务制度，覆盖财务管理各领域，基本满足市规划资源局现行管理需求，确保各项制度的可操作性和实用性。

**【加强全局系统财务人员管理水平】** 联合举办两期财务审计培训班，邀请市财政局、市审计局、天津财经大学等在财务审计领域具有丰富理论和实践经验的专家，开展《政府会计准则制度重点解析与实务操作》《行政事业单位部门预算执行审计常见问题及防范》和《行政事业单位国有资产管理》等课题进行辅导讲座，解读新法新规。同时结合局审计、巡察发现各单位存在的典型问题，剖析原因，总结经验，督导基层单位财务人员在工作中提高管理水平。

（林雅静）

## 审计工作

**【审计工作概况】** 2023年，市规划资源局研究制定年度审计工作要点，经局党委审批后组织实施。组织开展林业有害生物防治补助资金专项审计。完成对14名领导干部离任经济责任审计。配合国家审计署、天津市审计局完成14个审计项目涉及市规划资源局事项工作。高质量落实审计整改工作，初步搭建市规划资源局审计管理信息系统，形成年度调研成果1篇。

**【重大项目审计】** 市规划资源局首次聚焦规划资源业务领域实施重大项目审计，组织开展天津市林业有害生物防治补助资金专项审计，审查2019至2022年林业有害生物防治资金的总体规模、构成及其分配情况，制度建设情况，来源、使用和绩效情况等。审计发现：2019至2022年，全市林业有害生物防治补助资金分配依据欠缺科学性；部分区资金使用缺乏制度约束；部分区资金滞留在区级财政，存在被挤占、挪用的风险；部分区资金拨付不及时；个别区专项资金被挪用；个别区资金使用程序倒置；绩效评价主体作用未充分发挥；绩效结果严重滞后导致运用不够；个别区病虫害防治效果不佳等问题。

**【经济责任审计】** 市规划资源局采取“自行审计+委托审计”相结合的组织方式，完成对14名领导干部离任经济责任审计，涉及8个分局、6个直属事业单位的主要领导干部。通过审计发现问题金额11.43亿元，向被审计单位提出的审计建议被采纳198条，被审计单位根据审计建议建立健全规章制度10项，优化完善业务流程35项。加大对权力运行的监督制约，进一步细化经济责任审计内容，重点关注贯彻落实党和国家重大经济方针政策和决策部署，单位经济决策，财政财务收支和经济运行风险防范，以及在经济活动中落实党风廉政建设责任和遵守廉洁从政规定等情况，加强干部管理监督，促进党风廉政建设，维护经济安全。

**【配合外部审计】** 市规划资源局积极配合国家审计署、天津市审计局做好14个审计项目涉及市规划资源局事项工作。配合完成国家审计署开展的天津市2022年财政收支专项审计、2022年贯彻落实京津冀协同发展规划纲要情况审计等2个审计项目涉及市规划资源局事项工作。配合完成天津市审计局开展的2022年度组织国有土地使用权出让收入情况审计、2022年度预算执行和决算草案及其他财政收支情况审计、天津市支持重点企业发展政策措施落实情况专项审计、2022年税收和非税收入征管审计、政府债务资金使用绩效审计、2022年度津滨双城中间绿色生态屏障建设情况审计、提高自然灾害防治能力政策落实情况审计、联网实时审计监督、天津市推进产业用地高质量规划利用管理政策落实情况专项审计、天津市耕地保护利用情况审计10个审计项目涉及市规划资源局事项工作。配合做好天津市审计局开展的畜牧水产品稳产保供相关资金专项审计调查、2023年度组织国有土地使用权出让收入及土地整理储备资金管理使用绩效情况审计等2个审计项目涉及市规划资源局事项工作。积极与审计组进行沟通协调，组织局相关业务处室和局属单位按照审计需求，及时、真实、完整地提供相关业务资料，就审计征求意见稿组织反馈意见，审计配合工作得到审计组认可。

**【审计整改工作】** 市规划资源局积极推进外部审计发现问题的整改落实，建立全口径的审计整改台账。组织完成国家审计署开展的天津市2022年财政收支专项审计项目整改，涉及市规划资源局整改问题1个，整改率100%。组织完成天津市审计局开展的2022年度预算执行和决算草案及其他财政收支审计、2022年度津滨双城中间绿色生态屏障建设项目专项审计、2022年度组织国有土地使用权出让收入情况审计、2021年度预算执行和决算草案及其他财政收支审计、天津市提高自然灾害防治能力政策落实情况专项审计、全市水务资金管理使用情况专项审计、联网实时审计监督等7个项目整改，涉及市规划资源局整改问题63个，整改率100%。加大内部审计整改推动力度，开展审计整改情况“回头看”，梳理汇总局属19家单位持续整改事项。会同被审计单位及相关部门，召开整改推动会、沟通会，研究解决问题的途径。根据查出问题数量按时反馈整改进展情况以及整改完成率等指标，客观评价各单位审计整改落实程度，提升审计服务成效，确保问题整改到位。

**【审计基础工作】** 市规划资源局组织开展二十届中央审计委员会第一次会议精神专题学习宣讲，就近年来审计揭示发现的8方面50项典型问题向局党委作专题汇报。先后选派6名人员参与国家审计署重点审计项目，与天津市审计局召开审计监督和规划资源执法工作局级联络会议。配合完成《天津市内部审计工作规定》的立法工作，成为《市审计局关于建立审计项目后“三个一”工作机制的意见（试行）》首个示范单位。持续加强与纪检、干部、财务、巡察等部门的信息沟通、线索移交、措施配合和成果共享。组织局属30家单位报备年度内审计划、审计报告、整改情况等审计资料，圆满完成2次内部审计年统工作。赴8家基层单位走访服务，形成调研成果1篇。初步搭建市规划资源局审计管理信息系统，完成内部审计基础数据采集。联合局财务处举办两期局系统财务审计培训班。

（齐晓宇）

# 人物　荣誉

## 人物简介

陈勇，男，汉族，1967年6月生，安徽无为人，1988年12月加入中国共产党，1990年7月参加工作，清华大学土木工程系地震工程与防护工程专业毕业，研究生学历，工学硕士学位，正高级工程师。

现任职务：天津市规划和自然资源局党委书记、局长，市海洋局局长（兼）

简历：

| | |
|---|---|
| 1985.09—1990.07 | 清华大学土木工程系建筑结构工程专业学习 |
| 1990.07—1992.09 | 天津市建筑设计院三所技术干部、助理工程师 |
| 1992.09—1995.04 | 清华大学土木工程系地震工程与防护工程专业硕士研究生 |
| 1995.04—1997.03 | 天津市建筑设计院三所工程师 |
| 1997.03—1997.11 | 天津市建筑设计院三所副主任工程师 |
| 1997.11—1999.02 | 天津市建筑设计院三所副所长 |
| 1999.02—1999.09 | 天津市建筑设计院三所副所长、主任工程师 |
| 1999.09—2000.01 | 天津市建筑设计院院长助理 |
| 2000.01—2000.09 | 天津市建筑设计院三所副所长兼总工办副总工程师 |
| 2000.09—2002.12 | 天津市建筑设计院三所所长 |
| 2002.12—2005.06 | 天津市建筑设计院副院长 |
| 2005.06—2007.02 | 天津市海河建设发展投资有限公司总经理 |
| 2007.02—2008.11 | 天津市海河建设发展投资有限公司董事长 |
| 2008.11—2009.01 | 天津城市基础设施建设投资集团有限公司总经理助理，天津市海河建设发展投资有限公司董事长 |
| 2009.01—2014.12 | 天津城市基础设施建设投资集团有限公司副总经理 |
| 2014.12—2015.01 | 天津市河西区委常委 |
| 2015.01—2017.09 | 天津市河西区委常委、副区长、区政府党组副书记 |
| 2017.09—2018.03 | 天津城市基础设施建设投资集团有限公司党委副书记、总经理 |
| 2018.03—2018.11 | 天津市规划局党组书记、局长 |
| 2018.11—2020.05 | 天津市规划和自然资源局党委书记、局长 |
| 2020.05— | 天津市规划和自然资源局党委书记、局长，市海洋局局长（兼） |

（迟　鸣）

# 人物名录

## 2023年天津市规划和自然资源局局领导名录

| 姓名 | 职务 | 性别 | 出生年月 | 籍贯 | 学历学位 | 职称 | 职务（起止年月） |
|---|---|---|---|---|---|---|---|
| 陈　勇 | 党委书记、局长、<br>海洋局局长（兼） | 男 | 1967.06 | 安徽<br>无为 | 研究生<br>工学硕士 | 正高级<br>工程师 | 2018.11任现职 |
| 霍　兵 | 一级巡视员 | 男 | 1963.10 | 河北<br>张家口 | 研究生<br>工学博士 | 正高级<br>工程师 | 2020.09任现职<br>2023.12任市政府参事 |
| 张志强 | 党委委员、副局长 | 男 | 1963.11 | 山东<br>临朐 | 大学<br>农学学士 | | 2018.11任现职<br>2023.12退休 |
| 罗　平 | 党委委员、副局长<br>滨海新区分局党组书记、局长 | 男 | 1974.07 | 湖北<br>荆州 | 研究生<br>理学博士 | 教授级<br>高级工程师 | 2020.08任现职<br>2023.10调出 |
| 崔　龙 | 党委委员、副局长 | 男 | 1976.11 | 吉林<br>永吉 | 研究生<br>工商管理硕士 | | 2021.06任现职 |
| 张宏晖 | 党委委员、副局长 | 女 | 1972.10 | 天津 | 大学<br>公共管理硕士 | | 2022.05任现职 |
| 刘　荣 | 党委委员、<br>总规划师（副局级） | 女 | 1965.01 | 天津 | 市委党校<br>研究生<br>工商管理硕士 | 正高级<br>工程师 | 2020.09任现职 |
| 张　坚 | 党委委员<br>驻局纪检监察组组长、<br>二级高级监察官 | 男 | 1970.06 | 河北<br>乐亭 | 市委党校研究生<br>工商管理硕士 | | 2023.10任现职 |
| 刘　捷 | 党委委员、副局长 | 男 | 1974.02 | 广西<br>柳州 | 大学<br>理学学士 | 高级<br>农艺师 | 2023.12任现职 |
| 师武军 | 总规划师（副局级） | 男 | 1967.02 | 陕西<br>韩城 | 大学<br>工学学士 | 正高级<br>工程师 | 2020.08任现职 |
| 高明兴 | 二级巡视员 | 男 | 1967.06 | 天津 | 大学<br>军事学学士 | | 2018.11任现职 |

（迟　鸣）

## 2023年度天津市规划和自然资源局系统晋升正高级职称人员名录

| 姓名 | 性别 | 出生年月 | 单位 | 从事专业 | 授予时间 |
|---|---|---|---|---|---|
| 王　玫 | 女 | 1964.06 | 规划编研中心 | 建筑设计 | 2023.12 |
| 王志林 | 男 | 1964.06 | 地质事务中心 | 测绘勘察 | 2023.12 |
| 王世全 | 男 | 1970.10 | 土地利用中心 | 城乡规划 | 2023.12 |
| 汪海霞 | 女 | 1970.03 | 林业事务中心 | 农学 | 2023.12 |

（于振民）

# 部、市表彰单位、集体

### 2023年度天津市规划和自然资源局系统受部、市表彰单位、集体

| 被表彰单位名称 | 荣誉称号 | 授予单位 | 授予时间 |
|---|---|---|---|
| 天津市自然资源调查与登记中心 | 天津市五一劳动奖状 | 天津市总工会 | 2023.04 |
| 天津市土地利用事务中心工会 | 天津市模范职工之家 | 天津市总工会 | 2023.04 |

（王鸿滨）

# 部、市表彰个人

### 2023年度天津市规划和自然资源局系统受部、市表彰个人

| 姓名 | 性别 | 出生年月 | 荣誉称号 | 工作单位 | 授予单位 | 授予时间 |
|---|---|---|---|---|---|---|
| 高振宇 | 男 | 1983.05 | 天津市五一劳动奖章 | 天津市自然资源调查与登记中心 | 天津市总工会 | 2023.04 |
| 王光艳 | 女 | 1972.02 | 天津市优秀工会积极分子 | 天津市测绘地理信息研究中心 | 天津市总工会 | 2023.04 |
| 郭秀民 | 男 | 1966.09 | 全国林草系统先进工作者 | 天津市规划和自然资源局 | 人社部、国家林草局 | 2023.02 |

（王鸿滨　于振民）

# 综合统计

## 执法监督工作统计

【执法监督工作】 2023年，市规划资源局各执法单位开展执法巡查21531次，巡查里程561450.62千米，巡查时长33849小时；市规划资源局各执法单位共下达处罚决定235件，其中土地类133件、地矿地热类50件、城乡规划类22件、古海岸与湿地保护类12件，海洋类11件、野生动物保护类4件，测绘类、地质灾害防治类、自然保护区类各1件，共处罚款4535.57万元。

（李 扬）

## 行政复议、应诉与信访工作统计

【行政复议、应诉工作】 2023年，市规划资源局办理行政复议案件59件，包括不动产登记及查询类37件，信息公开类15件，履职申请类7件。其中，市政府受理19件，自然资源部受理40件；市规划资源局代市政府答复案件3件，包括行政复议2件，国务院行政复议裁决1件。办理一审行政诉讼案件98件，包括不动产登记及查询类79件，履职申请类6件，信息公开类7件，其他类（土地出让、行政赔偿、行政协议等）6件。推动落实行政负责人出庭制度，局主要领导带头出庭应诉，分管领导积极出庭，形成了“应出庭尽出庭”“出庭又发声”的良好局面。全年负责人出庭应诉37人次，出庭应诉率100%。

【信访工作情况】 2023年，市规划资源局系统以习近平新时代中国特色社会主义思想为指导，深入学习贯彻习近平总书记关于加强和改进人民信访工作的重要思想，坚持和加强党对信访工作的全面领导，牢记为民解难、为党分忧的政治责任，落实《信访工作条例》要求，组织开展各项信访工作。全年共办理各类群众诉求事项11267件，其中属于市规划资源局职能的5412件。接待群众278批次603人次，其中属于市规划资源局职能268批次591人次；市矛调中心接待群众461批次573人次，其中属于市规划资源局职能460批次571人次；办理12345政务服务专线等平台工单2745件，按时答复率100%；承办自然资源部等各级部门转、交办800件；网上信访511件；群众来信540件；组织“公仆接待日”活动9次，“12345热线在行动”活动1次，跟踪督办群众反映事项88件，均按期办结。在全市年度信访工作评估中进入优秀等次，受到市联席办、市信访办的通报表扬。

**天津市规划和自然资源局信访工作统计表**

| 时间 | 接待群众来访（批/人次） | 办理各平台来件（件） | 办理各部门转、交办（件） | 办理群众诉求（件） | 接听群众电话（个） |
|---|---|---|---|---|---|
| 2023年 | 278/603 | 2745 | 1311 | 540 | 88 |

（于小川 王 欣）

# 天津市规划和自然资源局系统队伍状况统计
## （截至2023年12月31日）

### 2023年度天津市规划和自然资源局公务员（参公）管理人员统计表

| 序号 | 单位名称 | 公务员人数（人） | 所占比例（%） |
|---|---|---|---|
| 1 | 天津市规划和自然资源局机关 | 319 | 29.54% |
| 2 | 天津市不动产登记局中心城区分局 | 28 | 2.59% |
| 3 | 天津市规划和自然资源综合行政执法总队 | 133 | 12.31% |
| 4 | 天津市海监总队 | 84 | 7.78% |
| 5 | 天津市规划和自然资源局和平分局 | 30 | 2.78% |
| 6 | 天津市规划和自然资源局河西分局 | 33 | 3.06% |
| 7 | 天津市规划和自然资源局河东分局 | 31 | 2.87% |
| 8 | 天津市规划和自然资源局河北分局 | 33 | 3.06% |
| 9 | 天津市规划和自然资源局南开分局 | 31 | 2.87% |
| 10 | 天津市规划和自然资源局红桥分局 | 28 | 2.59% |
| 11 | 天津市规划和自然资源局东丽分局 | 45 | 4.17% |
| 12 | 天津市规划和自然资源局西青分局 | 37 | 3.43% |
| 13 | 天津市规划和自然资源局北辰分局 | 40 | 3.70% |
| 14 | 天津市规划和自然资源局津南分局 | 37 | 3.43% |
| 15 | 天津市规划和自然资源局武清分局 | 37 | 3.43% |
| 16 | 天津市规划和自然资源局宝坻分局 | 31 | 2.87% |
| 17 | 天津市规划和自然资源局宁河分局 | 30 | 2.78% |
| 18 | 天津市规划和自然资源局静海分局 | 30 | 2.78% |
| 19 | 天津市规划和自然资源局蓟州分局 | 43 | 3.98% |
| 合计 | | 1080 | |

### 2023年度天津市规划和自然资源局专业技术队伍统计表

| 专业技术人员总数（人） | 其中 | |
|---|---|---|
| | 正高级职称 | 副高级职称 |
| 1130 | 22 | 282 |
| 比例 | 1.9% | 24.9% |

（于振民）

# 天津市建成区面积

**2022年天津市城市建成区及城市现状建设用地统计表**　　**单位：平方千米**

| 序号 | 城市（县城）名称 | 2021年城市建成区面积 | 2022年城市建成区面积 | 增减值 | 城市规划建设用地面积 | 城市建设用地情况 | | | | | | | | |
|---|---|---|---|---|---|---|---|---|---|---|---|---|---|---|
| | | | | | | 小计 | 居住用地 | 公共管理与公共服务用地 | 商业服务业设施用地 | 工业用地 | 物流仓储用地 | 道路与交通设施用地 | 公用设施用地 | 绿地与广场用地 |
| 1 | 和平区 | 9.99 | 9.99 | 0.00 | 9.77 | 9.55 | 3.63 | 1.56 | 1.86 | 0.01 | 0.00 | 2.23 | 0.05 | 0.21 |
| 2 | 河东区 | 41.58 | 41.56 | -0.02 | 41.56 | 34.64 | 17.28 | 2.99 | 3.93 | 0.66 | 0.17 | 7.27 | 0.52 | 1.82 |
| 3 | 河西区 | 48.17 | 48.18 | 0.01 | 48.18 | 44.52 | 17.58 | 5.55 | 6.15 | 1.61 | 0.24 | 8.96 | 0.54 | 3.89 |
| 4 | 南开区 | 41.43 | 41.43 | 0.00 | 41.43 | 40.15 | 17.06 | 5.84 | 5.20 | 1.00 | 0.18 | 6.71 | 0.73 | 3.43 |
| 5 | 河北区 | 29.58 | 29.60 | 0.02 | 29.60 | 26.52 | 12.24 | 2.33 | 2.35 | 1.31 | 0.15 | 5.50 | 0.68 | 1.96 |
| 6 | 红桥区 | 23.75 | 23.75 | 0.00 | 23.75 | 21.08 | 9.68 | 2.24 | 1.56 | 0.72 | 0.13 | 4.48 | 0.62 | 1.65 |
| 7 | 武清区 | 99.80 | 100.63 | 0.83 | 109.60 | 76.92 | 23.44 | 5.16 | 8.65 | 16.58 | 2.67 | 11.07 | 1.02 | 8.33 |
| 8 | 静海区 | 41.02 | 42.02 | 1.00 | 55.24 | 38.11 | 12.57 | 4.96 | 3.67 | 8.28 | 2.13 | 5.05 | 0.48 | 0.97 |
| 9 | 宁河区 | 26.58 | 27.44 | 0.86 | 39.00 | 25.65 | 6.82 | 1.01 | 1.93 | 10.62 | 0.71 | 2.93 | 0.53 | 1.10 |
| 10 | 蓟州区 | 27.92 | 27.93 | 0.01 | 69.44 | 24.20 | 15.31 | 1.86 | 2.71 | 0.61 | 0.06 | 2.45 | 0.15 | 1.05 |
| 11 | 宝坻区 | 69.52 | 70.20 | 0.68 | 84.16 | 63.27 | 21.55 | 4.04 | 4.92 | 20.47 | 0.89 | 7.62 | 0.74 | 3.04 |
| 12 | 西青区 | 113.15 | 116.01 | 2.86 | 177.14 | 92.36 | 29.25 | 9.91 | 9.48 | 17.71 | 2.74 | 13.57 | 1.55 | 8.15 |
| 13 | 东丽区 | 91.69 | 96.63 | 4.94 | 144.60 | 91.14 | 27.60 | 3.39 | 7.15 | 27.84 | 4.51 | 13.19 | 1.60 | 5.86 |
| 14 | 北辰区 | 86.81 | 86.91 | 0.10 | 100.04 | 70.11 | 23.00 | 3.47 | 4.61 | 21.32 | 2.50 | 10.21 | 0.99 | 4.01 |
| 15 | 津南区 | 45.29 | 45.78 | 0.49 | 155.00 | 43.74 | 12.33 | 10.80 | 2.94 | 5.31 | 0.33 | 5.92 | 0.49 | 5.62 |
| 16 | 滨海新区 | 427.24 | 439.12 | 11.88 | 720.00 | 380.67 | 61.60 | 21.29 | 27.53 | 126.58 | 35.94 | 51.34 | 9.50 | 46.89 |
| 17 | 滨海国际机场区域 | 13.81 | 17.28 | 3.47 | - | 5.85 | 1.06 | 1.14 | 0.47 | 1.84 | 0.98 | 0.30 | 0.04 | 0.02 |
| 总计 | | 1237.33 | 1264.46 | 27.13 | 1848.51 | 1088.48 | 312.00 | 87.54 | 95.11 | 262.47 | 54.33 | 158.80 | 20.23 | 98.00 |

（杨　锴）

# 附　录

## 天津市规划和自然资源局<br>关于印发《天津市陆生野生动物致害补偿<br>管理办法（试行）》的通知

（津规资发〔2023〕2号）

各区人民政府，市政府各有关部门，有关单位：

经市人民政府同意，现将《天津市陆生野生动物致害补偿管理办法（试行）》印发给你们，请认真贯彻执行。

2023年12月5日

### 天津市陆生野生动物致害补偿管理办法（试行）

**第一条**　为保障公民、法人和其他组织因保护陆生野生动物造成人身伤害或财产损失依法享有政府补偿的权利，根据《中华人民共和国野生动物保护法》《中华人民共和国陆生野生动物保护实施条例》等法律、法规，结合本市实际，制定本办法。

**第二条**　本办法所指陆生野生动物包括《中华人民共和国野生动物保护法》所称的珍贵、濒危的陆生野生动物和具有重要生态、科学、社会价值的陆生野生动物，以及天津市重点保护的陆生野生动物。以下简称野生动物。

**第三条**　在本市行政区域内，因保护野生动物造成人员伤亡、农作物或者其他财产损失的，可以依照本办法申请经济补偿。

**第四条**　市林业行政主管部门负责全市因保护野生动物造成人员伤亡、农作物或者其他财产损失的补偿工作的组织指导和监督工作。

区林业行政主管部门负责组织本行政区域内因保护野生动物造成人员伤亡、农作物或者其他财产损失的认定、核实和补偿工作，未设林业行政主管部门的区，由市林业行政主管部门负责。

财政、民政、农业农村等有关行政主管部门应协助做好因保护野生动物造成人员伤亡、农作物或者其他财产损失的评估及补偿工作。

乡（镇）人民政府和街道办事处应当做好因保护野生动物造成人员伤亡、农作物或者其他财产损失的调查工作，村（居）民委员会配合做好相关调查取证工作。

**第五条** 市和区林业行政主管部门应当做好下列工作，预防和控制野生动物可能造成的危害：

（一）组织开展野生动物资源调查和致害情况调研，研究制定有效防控措施；

（二）在野生动物频繁活动区设置警示牌，开展有关致害野生动物生物习性、防护技术等内容的宣传和培训工作；

（三）开展野生动物保护的法律法规宣传；

（四）制定野生动物危害人身财产安全的应急预案。

**第六条** 在本市行政区域内，因保护野生动物造成人员伤亡、农作物或者其他财产损失，有下列情形之一的，受害人有权取得经济补偿：

（一）造成公民身体伤害或死亡的；

（二）造成合法种植的农作物、经济林木或其他栽培植物损失的；

（三）造成合法饲养的畜禽、养殖的水产或其他饲养动物损失的；

（四）造成合法建设的农林牧副渔业生产生活设施或其他财产损失的；

（五）法律、法规规定的其他应当补偿的情形。

**第七条** 野生动物造成人身和财产损害，属于下列情形之一的，不予补偿：

（一）主动挑逗、攻击或故意伤害，违规投食、饲喂野生动物的；

（二）违反规定进入自然保护地严格保护区域的；

（三）未经许可进行猎捕或狩猎的；

（四）在依法划定的生产经营区域外进行生产经营的；

（五）拒不遵守有关野生动物致害警告或预防建议的；

（六）因第三人或第三方的行为，导致野生动物致害发生的。

**第八条** 人工繁育、运输野生动物的单位或者个人，因管理不善致使野生动物逃逸造成人身伤害或财产损失的，由人工繁育、运输单位或者个人依法承担民事责任。

**第九条** 因保护野生动物造成人员伤亡、农作物或者其他财产损失的，属本办法第六条规定情形之一，受害人或者其近亲属要求人身伤害补偿或者财产损失补偿的，应当保护或记录现场，并在抢救、治疗结束后30日内或者遭受财产损失之日起15日内向损害行为发生地的乡（镇）人民政府或街道办事处提出补偿申请或者递交补偿申请表。人员受到伤害的，还需提供医疗机构出具的诊断证明、病历、支付凭证及用药清单等相关证明。

补偿申请表应当载明下列事项：

（一）受害人的姓名、性别、年龄、身份证号和住址，单位申请的应注明法人或组织的名称、地址和法定代表人或者主要负责人的姓名、职务等；

（二）具体的损害事实、补偿要求和理由等；

（三）人身伤害或者财产损失的有关证明材料；

（四）法律法规规定的其他材料。

补偿申请人递交申请书确有困难的，可以口头申请，由受理机关记入笔录。

**第十条** 乡（镇）人民政府或街道办事处接到补偿申请之日起15日内，完成对野生动物造成的人身伤害或者财产损失情况的初步调查，获取相应证明材料，并出具同意补偿或不同意补偿的初步处理意见。

调查核实工作必须客观、公正、准确，且调查人员不得少于2人，受害人及其近亲属应当协助调查并提供证据。调查人员应当做好调查记录，并如实完成调查报告。

乡（镇）人民政府或街道办事处完成初步调查工作后，应当将补偿申请材料和调查报告一并报送区林业行政主管部门审核，未设林业行政主管部门的区，报送市林业行政主管部门审核。

**第十一条**　市或区林业行政主管部门应当自收到补偿申请相关材料和调查报告之日起15日内，根据具体情况组织同级财政、民政、农业农村等有关行政主管部门进行核实确认，提出补偿或者不予补偿的意见，书面通知申请人，并将意见在本部门网站和损害行为发生地村（居）民委员会公示，公示期为7日。

公示期内，对公示内容有异议的，可以向区级以上林业行政主管部门提出。区级以上林业行政主管部门应当在7日内组织重新调查核实。对异议较大的，可委托专业鉴定机构评估认定。

公示期满，没有异议或者异议不成立，对应当补偿的，由区级以上林业行政主管部门作出补偿决定，同级财政行政主管部门根据补偿决定及时向申请人一次性发放补偿费；对不予补偿的，由区级以上林业行政主管部门作出不予补偿决定。

需要进行伤残鉴定的，由市或区林业行政主管部门委托有资质的医疗、司法鉴定机构进行鉴定，确定伤残等级；鉴定时间不计入上述期限，鉴定费用由委托机关承担。

**第十二条**　市或区林业行政主管部门依法确认有本办法第六条规定的因保护野生动物造成人员伤亡、农作物或者其他财产损失的情形之一的，应当给予补偿，补偿费按照下列规定计算：

（一）造成身体伤害的，应当支付全额医疗费及因误工减少的收入。误工减少收入每日的补偿费按照天津市上年度职工日平均工资计算，误工减少收入补偿费总额最高为天津市上年度职工年平均工资的2倍；实际误工天数根据受害人接受治疗的医疗机构出具的有效证明确定。

（二）造成部分或者全部劳动能力丧失的，应当支付实际医疗费及一次性残疾补偿费，残疾补偿费根据丧失劳动能力的程度确定，部分劳动能力丧失的补偿额度为天津市上年度居民人均收入的10倍，全部劳动能力丧失的补偿额度为天津市上年度居民人均收入的20倍。

（三）造成人员死亡的，应当支付全额医疗费、丧葬费和死亡补偿费，死亡补偿费总额为天津市上年度居民人均收入的20倍。

（四）造成农作物、经济林木或其他栽培植物损失的，以实际受损面积或株数计算补偿金；按照核实损失量和天津市上年度该类农作物、经济林木或栽培植物产品的市场平均价格计算，补偿总金额不高于全部损失的70%。

（五）造成畜禽或其他饲养动物轻度及以下受伤的，可治疗的按照不高于治疗费用的70%，或不高于天津市上年度市场价格的40%予以补偿；造成严重受伤或死亡的，按照不高于天津市上年度市场价格的70%予以补偿。

（六）造成养殖水产被采食的，结合评估损失量，按照损害行为发生所在区上年度该水产类别市场价格计算，赔偿总金额不高于全部损失的70%。

（七）造成生产生活设施损失的，可维修的按照不高于维修成本市场价的70%予以补偿；不可维修的按照不高于天津市上年度市场价格的50%予以补偿。

**第十三条**　因保护野生动物造成人员伤亡、农作物或者其他财产损失的补偿费列入区级财政预算。发生较大范围野生动物致害造成较大数额财产损失的，且对区财政运行造成较大影响的，由市财政对相关区给予适当补助。

因保护野生动物造成人员伤亡、农作物或者其他财产损失的补偿费用实行专款专用，不得挪作他用。区级以上财政行政主管部门依法对因保护野生动物造成人员伤亡、农作物或者其他财产损失的补偿费使用情况进行监督。

鼓励各级政府推动保险机构开展野生动物致害赔偿保险业务。

**第十四条**　虚报、冒领、骗取补偿费的，由市或区林业行政主管部门责令退回补偿费；构成犯罪的，依法追究刑事责任。

**第十五条**　本办法涉及的补偿申请表、补偿认定表等格式文书由市林业行政主管部门统一制作，由市、区林业行政主管部门及乡（镇）人民政府免费提供。

**第十六条**　本办法自2024年1月1日起实施，有效期2年。

# 天津市规划和自然资源局机关处室名录

| 序号 | 处室 | 电话 | 地址 | 邮编 |
| --- | --- | --- | --- | --- |
| 1 | 办公室 | 63083045 | 天津市和平区曲阜道84号 | 300042 |
| 2 | 综合业务处 | 63083070 | 天津市和平区曲阜道84号 | 300042 |
| 3 | 政策研究室 | 63083081 | 天津市和平区曲阜道84号 | 300042 |
| 4 | 法规处 | 63083089 | 天津市和平区曲阜道84号 | 300042 |
| 5 | 自然资源确权登记处（市不动产登记局） | 63083102 | 天津市和平区曲阜道84号 | 300042 |
| 6 | 自然资源调查监测和所有者权益处 | 63083109 | 天津市和平区曲阜道84号 | 300042 |
| 7 | 自然资源开发利用处 | 63083117 | 天津市和平区曲阜道84号 | 300042 |
| 8 | 总体规划管理处（市规划委员会办公室秘书处） | 63083172 | 天津市和平区曲阜道84号 | 300042 |
| 9 | 详细规划管理处 | 63083190 | 天津市和平区曲阜道84号 | 300042 |
| 10 | 建筑规划管理处 | 63083225 | 天津市和平区曲阜道84号 | 300042 |
| 11 | 交通与市政基础设施处 | 13502161875 | 天津市和平区曲阜道84号 | 300042 |
| 12 | 村镇规划管理处 | 63083202 | 天津市和平区曲阜道84号 | 300042 |
| 13 | 资源保护管制处 | 63083207 | 天津市和平区曲阜道84号 | 300042 |
| 14 | 国土空间生态修复处 | 63083220 | 天津市和平区曲阜道84号 | 300042 |
| 15 | 地质勘查管理处 | 63083230 | 天津市和平区曲阜道84号 | 300042 |
| 16 | 矿产资源管理处 | 63083237 | 天津市和平区曲阜道84号 | 300042 |
| 17 | 海洋经济与规划处 | 63083243 | 天津市和平区曲阜道84号 | 300042 |
| 18 | 海域管理与预警监测处 | 63083256 | 天津市和平区曲阜道84号 | 300042 |
| 19 | 测绘管理处（地名管理处） | 63083257 | 天津市和平区曲阜道84号 | 300042 |
| 20 | 网络安全和信息化办公室 | 63083267 | 天津市和平区曲阜道84号 | 300042 |
| 21 | 执法监督处 | 63083280 | 天津市和平区曲阜道84号 | 300042 |
| 22 | 森林资源和野生动植物保护处 | 63083288 | 天津市和平区曲阜道84号 | 300042 |
| 23 | 湿地和自然保护地处 | 63083302 | 天津市和平区曲阜道84号 | 300042 |
| 24 | 绿色生态屏障建设管理处 | 63083313 | 天津市和平区曲阜道84号 | 300042 |
| 25 | 名城保护处（城市设计处） | 63083319 | 天津市和平区曲阜道84号 | 300042 |
| 26 | 科技合作处 | 63083331 | 天津市和平区曲阜道84号 | 300042 |
| 27 | 财务管理处 | 63083343 | 天津市和平区曲阜道84号 | 300042 |
| 28 | 审计处 | 63083349 | 天津市和平区曲阜道84号 | 300042 |
| 29 | 人事处 | 63083361 | 天津市和平区曲阜道84号 | 300042 |
| 30 | 政务服务处 | 63083348 | 天津市和平区曲阜道84号 | 300042 |

**续表**

| 序号 | 处室 | 电话 | 地址 | 邮编 |
|---|---|---|---|---|
| 31 | 信访处 | 63083370 | 天津市和平区曲阜道84号 | 300042 |
| 32 | 森林防火处 | 63083378 | 天津市和平区曲阜道84号 | 300042 |
| 33 | 干部处 | 63083389 | 天津市和平区曲阜道84号 | 300042 |
| 34 | 党建工作处（宣教处） | 63083405 | 天津市和平区曲阜道84号 | 300042 |
| 35 | 机关党委办公室 | 63083409 | 天津市和平区曲阜道84号 | 300042 |
| 36 | 巡察工作办公室 | 63083421 | 天津市和平区曲阜道84号 | 300042 |
| 37 | 巡察组 | 63083427 | 天津市和平区曲阜道84号 | 300042 |
| 38 | 离退休干部处 | 23358265 | 天津市和平区西康路48号 | 300070 |

# 天津市规划和自然资源局派出机构名录

| 序号 | 单位 | 电话 | 地址 | 邮编 |
|---|---|---|---|---|
| 1 | 天津市规划和自然资源局和平分局 | 23308191 | 天津市和平区岳阳道88号 | 300041 |
| 2 | 天津市规划和自然资源局河北分局 | 26292000 | 天津市河北区昆纬路98号 | 300143 |
| 3 | 天津市规划和自然资源局河东分局 | 24020210 | 天津市河东区十三经路2号增2号 | 300171 |
| 4 | 天津市规划和自然资源局河西分局 | 28287012 | 天津市河西区洞庭路20号<br>（河西区行政许可中心四楼） | 300201 |
| 5 | 天津市规划和自然资源局南开分局 | 85682003 | 天津市南开区广开四马路229号 | 300102 |
| 6 | 天津市规划和自然资源局红桥分局 | 27729991 | 天津市红桥区西青道125号 | 300122 |
| 7 | 天津市不动产登记局中心城区分局 | 87065276 | 天津市南开区育梁道3号 | 300191 |
| 8 | 天津市规划和自然资源局东丽分局<br>（市不动产登记局东丽分局） | 24985050 | 天津市东丽开发区二经路增2号 | 300300 |
| 9 | 天津市规划和自然资源局西青分局<br>（市不动产登记局西青分局） | 27395783 | 天津市西青区杨柳青镇柳口路8号 | 300380 |
| 10 | 天津市规划和自然资源局津南分局<br>（市不动产登记局津南分局） | 88510860 | 天津市津南区咸水沽镇南环路3号 | 300350 |
| 11 | 天津市规划和自然资源局北辰分局<br>（市不动产登记局北辰分局） | 26395233 | 天津市北辰区双街镇双江道39号 | 300400 |
| 12 | 天津市规划和自然资源局武清分局<br>（市不动产登记局武清分局） | 82111566 | 天津市武清区泉发路12号 | 301700 |
| 13 | 天津市规划和自然资源局宝坻分局<br>（市不动产登记局宝坻分局） | 29998091 | 天津市宝坻区政融街北侧 | 301800 |
| 14 | 天津市规划和自然资源局宁河分局<br>（市不动产登记局宁河分局） | 69561555 | 天津市宁河区芦台镇光明路72号 | 301500 |
| 15 | 天津市规划和自然资源局静海分局<br>（市不动产登记局静海分局） | 68962688 | 天津市静海区义乌新湖畔广场F区14号楼 | 301600 |
| 16 | 天津市规划和自然资源局蓟州分局<br>（市不动产登记局蓟州分局） | 29146846 | 天津市蓟州区迎宾大街18号 | 301900 |
| 17 | 天津市规划和自然资源局滨海新区分局<br>（市不动产登记局滨海新区分局） | 66223565 | 天津市滨海新区迎宾大道1988号国泰大厦A座10楼 | 300452 |

# 天津市规划和自然资源综合行政执法总队名录

| 序号 | 单位 | 电话 | 地址 | 邮编 |
|---|---|---|---|---|
| 1 | 天津市规划和自然资源综合行政执法总队 | 23338207 | 天津市河西区紫金山路3号增1号 | 300074 |

# 天津市海监总队名录

| 序号 | 单位 | 电话 | 地址 | 邮编 |
|---|---|---|---|---|
| 1 | 天津市海监总队 | 67139990 | 天津市滨海新区中新生态城海旭道渤海监测监视基地4号楼 | 300480 |

# 天津市地质矿产勘查开发局名录

| 序号 | 单位 | 电话 | 地址 | 邮编 |
|---|---|---|---|---|
| 1 | 天津市地质矿产勘查开发局 | 23699570 | 天津市南开区长实道8号 | 300191 |

# 天津华北地质勘查局名录

| 序号 | 单位 | 电话 | 地址 | 邮编 |
|---|---|---|---|---|
| 1 | 天津华北地质勘查局 | 84236606 | 天津河东区广瑞西路67号 | 300170 |

# 天津市规划和自然资源局本级所属事业单位名录

| 序号 | 单位 | 电话 | 地址 | 邮编 |
|---|---|---|---|---|
| 1 | 天津市规划展览馆 | 24456501 | 天津市河北区博爱道30号 | 300010 |
| 2 | 天津市城市建设档案馆（天津市地质资料馆） | 23591919 | 天津市南开区长实道5号 | 300191 |
| 3 | 天津市规划编制研究中心 | 28359936 | 天津市河西区黄浦南路81号 | 300201 |
| 4 | 天津市测绘地理信息研究中心 | 58780322 | 天津市河西区黄埔南路万顺花园2号楼1-2层 | 300201 |
| 5 | 天津市自然资源调查与登记中心 | 23300830 | 天津市河西区黄浦南路81号 | 300201 |
| 6 | 天津市土地利用事务中心（天津市中国国际矿业大会综合服务中心） | 23195955 | 天津市和平区曲阜道88号 | 300042 |
| 7 | 天津市自然资源生态修复整治中心（天津古海岸与湿地国家级自然保护区管理中心） | 83127200 | 天津市和平区湖北路29号 | 300040 |
| 8 | 天津市地质事务中心 | 28452258 | 天津市和平区湖北路29号 | 300040 |
| 9 | 天津市渤海海洋监测监视管理中心 | 67139193 | 天津市滨海新区海旭道716号渤海监测监视基地 | 300480 |
| 10 | 天津市规划和自然资源局林业事务中心（天津市林业调查规划设计院） | 27796066 | 天津市南开区水上公园西路68号 | 300191 |
| 11 | 天津市野生动物救护驯养繁殖中心 | 68976639 | 天津市静海区良王庄乡（徐良路20号） | 301699 |
| 12 | 天津市规划和自然资源局综合服务中心 | 23295387 | 天津市和平区曲阜道84号 | 300042 |

# 天津市滨海新区规划工作机构名录（非局系统）

| 序号 | 单位 | 电话 | 地址 | 邮编 |
|---|---|---|---|---|
| 1 | 天津经济技术开发区规划和自然资源局 | 25201538 | 天津市滨海新区融义路与金滨道交叉路口西北侧（宝信大厦） | 300450 |
| 2 | 天津港保税区规划国土和建设交通局 | 24896112 | 天津市空港经济区西三道166号 | 300308 |
| 3 | 天津滨海高新技术产业开发区规划和自然资源局 | 25319792 | 天津市滨海高新区塘沽海洋科技园宁海路577号海洋建设大厦6F | 300459 |
| 4 | 天津东疆保税港区规划国土和建设管理局 | 25600681 | 天津市东疆港区鄂尔多斯路599号东疆商务中心A2楼701室 | 300456 |
| 5 | 中新天津生态城建设局 | 67289620 | 天津市滨海新区生态城安正路188号 | 300457 |

# 天津市城乡规划编制资质单位名录
# （截至2023年12月31日）

## 城乡规划编制资质甲级单位

| 序号 | 单位名称 | 证书编号 | 发证日期 | 有效期 |
|---|---|---|---|---|
| 1 | 天津市城市规划设计研究总院有限公司 | 自资规甲字21120026 | 2021.09.03 | 2024.12.31 |
| 2 | 中国市政工程华北设计研究总院有限公司 | 自资规甲字21120027 | 2021.09.03 | 2024.12.31 |
| 3 | 天津大学城市规划设计研究院有限公司 | 自资规甲字21120028 | 2021.09.03 | 2024.12.31 |
| 4 | 天津市滨海新区规划编制研究中心 | 自资规甲字21120029 | 2021.09.03 | 2024.12.31 |
| 5 | 天津中怡建筑规划设计有限公司 | 自资规甲字21120030 | 2021.09.03 | 2024.12.31 |
| 6 | 天津华汇工程建筑设计有限公司 | 自资规甲字21120208 | 2021.10.18 | 2024.12.31 |
| 7 | 中国铁路设计集团有限公司 | 自资规甲字21120209 | 2021.10.18 | 2024.12.31 |
| 8 | 天津市筑土建筑设计有限公司 | 自资规甲字21120353 | 2021.11.26 | 2024.12.31 |
| 9 | 天津市建筑设计研究院有限公司 | 自资规甲字21120354 | 2021.11.26 | 2024.12.31 |
| 10 | 天津市市政工程设计研究院 | 自资规甲字21120355 | 2021.11.26 | 2024.12.31 |
| 11 | 天津市天友建筑设计股份有限公司 | 自资规甲字21120356 | 2021.11.26 | 2024.12.31 |
| 12 | 易景环境科技（天津）股份有限公司 | 自资规甲字21120417 | 2021.12.31 | 2024.12.31 |
| 13 | 天津滨海新区城市规划设计研究院有限公司 | 自资规甲字22120480 | 2022.03.01 | 2024.12.31 |
| 14 | 天津城建设计院有限公司 | 自资规甲字22120481 | 2022.03.01 | 2024.12.31 |
| 15 | 中国生态城市研究院有限公司 | 自资规甲字22120482 | 2022.03.01 | 2024.12.31 |
| 16 | 艾奕康（天津）工程咨询有限公司 | 自资规甲字22120538 | 2022.04.28 | 2024.12.31 |
| 17 | 天津城建大学建筑设计研究院有限公司 | 自资规甲字22120539 | 2022.04.28 | 2024.12.31 |
| 18 | 中国汽车工业工程有限公司 | 自资规甲字23120738 | 2023.07.31 | 2024.12.31 |

## 城乡规划编制资质乙级单位

| 序号 | 单位名称 | 证书编号 | 发证日期 | 有效期 |
|---|---|---|---|---|
| 1 | 中交第一航务工程勘察设计院有限公司 | 津自资规乙字22120001 | 2022.08.29 | 2027.08.28 |
| 2 | 中冶天工集团有限公司 | 津自资规乙字22120002 | 2022.09.09 | 2027.09.08 |
| 3 | 天津华厦建筑设计有限公司 | 津自资规乙字22120003 | 2022.09.15 | 2027.09.14 |
| 4 | 天津渤化工程有限公司 | 津自资规乙字22120004 | 2022.09.19 | 2027.09.18 |
| 5 | 天津市园林规划设计研究总院有限公司 | 津自资规乙字22120005 | 2022.10.09 | 2027.10.08 |
| 6 | 天津公路工程设计研究院有限公司 | 津自资规乙字22120007 | 2022.10.21 | 2027.10.20 |
| 7 | 中水北方勘测设计研究有限责任公司 | 津自资规乙字22120008 | 2022.11.03 | 2027.11.02 |

**续表**

| 序号 | 单位名称 | 证书编号 | 发证日期 | 有效期 |
|---|---|---|---|---|
| 8 | 天津天怡建筑规划设计有限公司 | 津自资规乙字22120010 | 2022.11.29 | 2027.11.28 |
| 9 | 中汽迈赫（天津）工程设计研究院有限公司 | 津自资规乙字23120011 | 2023.01.09 | 2028.01.08 |
| 10 | 天津市房屋鉴定建筑设计院有限公司 | 津自资规乙字23120012 | 2023.01.09 | 2028.01.08 |
| 11 | 天津市金地润通规划咨询有限公司 | 津自资规乙字23120013 | 2023.02.07 | 2028.02.06 |
| 12 | 天津市泰达园林规划设计有限公司 | 津自资规乙字23120014 | 2023.03.03 | 2028.03.02 |
| 13 | 天津易天诚建设工程设计有限公司 | 津自资规乙字23120015 | 2023.03.13 | 2028.03.12 |
| 14 | 天津市津南区规划设计所 | 津自资规乙字23120016 | 2023.03.21 | 2028.03.20 |
| 15 | 天津建工集团建筑设计有限公司 | 津自资规乙字23120017 | 2023.04.03 | 2028.04.02 |
| 16 | 天津方标世纪规划建筑设计有限公司 | 津自资规乙字23120018 | 2023.04.13 | 2028.04.12 |
| 17 | 中铁十八局集团有限公司 | 津自资规乙字23120019 | 2023.04.19 | 2028.04.18 |
| 18 | 天津泰达规建技术服务有限公司 | 津自资规乙字23120020 | 2023.04.26 | 2028.04.25 |
| 19 | 中汽研汽车工业工程（天津）有限公司 | 津自资规乙字23120021 | 2023.05.04 | 2028.05.03 |
| 20 | 华勘（天津）生态城市研究院有限责任公司 | 津自资规乙字23120022 | 2023.05.24 | 2028.05.23 |
| 21 | 天津市天勘建筑设计有限公司 | 津自资规乙字23120023 | 2023.05.30 | 2028.05.29 |
| 22 | 国能绿色智慧工程设计研究院（天津）有限公司 | 津自资规乙字23120024 | 2023.08.02 | 2028.08.01 |
| 23 | 天津市轻工业设计院有限公司 | 津自资规乙字23120025 | 2023.09.12 | 2028.09.11 |
| 24 | 中铁第六勘察设计院集团有限公司 | 津自资规乙字23120026 | 2023.09.20 | 2028.09.19 |
| 25 | 天津昱丞高科工程设计有限公司 | 津自资规乙字23120027 | 2023.10.25 | 2028.10.24 |
| 26 | 天津中建国际工程设计有限公司 | 津自资规乙字23120028 | 2023.11.02 | 2028.11.01 |
| 27 | 天津叁目堂园境景观规划设计有限公司 | 津自资规乙字23120029 | 2023.11.15 | 2028.11.14 |
| 28 | 天津城投建筑设计有限公司 | 津自资规乙字23120030 | 2023.11.28 | 2028.11.27 |

# 2023年天津市测绘资质单位名录

| 序号 | 单位名称 | 资质等级 | 证书编号 |
|---|---|---|---|
| 1 | 天津市陆海测绘有限公司 | 甲级 | 甲测资字12100003 |
| 2 | 中科遥感科技集团有限公司 | 甲级 | 甲测资字12100296 |
| 3 | 天津市测绘院有限公司 | 甲级 | 甲测资字12100269 |
| 4 | 天津金宇信息技术有限公司 | 甲级 | 甲测资字12100278 |
| 5 | 天津泰达规建技术服务有限公司 | 甲级<br>乙级 | 甲测资字12100406<br>乙测资字12502762 |
| 6 | 天津市地球物理勘探中心 | 甲级<br>乙级 | 甲测资字12100127<br>乙测资字12500776 |
| 7 | 水电十三局天津勘测设计研究院有限公司 | 甲级<br>乙级 | 甲测资字12100055<br>乙测资字12502474 |

**续表**

| 序号 | 单位名称 | 资质等级 | 证书编号 |
|---|---|---|---|
| 8 | 国家海洋信息中心 | 甲级<br>乙级 | 甲测资字12100190<br>乙测资字12501408 |
| 9 | 天津华铁工程咨询有限公司 | 甲级<br>乙级 | 甲测资字12100064<br>乙测资字12502189 |
| 10 | 中铁十八局集团有限公司 | 甲级<br>乙级 | 甲测资字12100359<br>乙测资字12501014 |
| 11 | 天津市远景测绘有限公司 | 甲级<br>乙级 | 甲测资字12100395<br>乙测资字12502799 |
| 12 | 核工业（天津）工程勘察院有限公司 | 甲级<br>乙级 | 甲测资字12100250<br>乙测资字12501946 |
| 13 | 中国石油集团工程技术研究有限公司 | 甲级<br>乙级 | 甲测资字12100485<br>乙测资字12501847 |
| 14 | 天津市房屋质量安全鉴定检测中心有限公司 | 甲级<br>乙级 | 甲测资字12100368<br>乙测资字12502429 |
| 15 | 天津市汇泰工程勘测有限公司 | 甲级<br>乙级 | 甲测资字12100377<br>乙测资字12501252 |
| 16 | 天津海滨工程勘察设计有限公司 | 甲级<br>乙级 | 甲测资字12100316<br>乙测资字12500049 |
| 17 | 天津市城市规划设计研究总院有限公司 | 甲级<br>乙级 | 甲测资字12100476<br>乙测资字12502206 |
| 18 | 天津国测伟业科技有限公司 | 甲级<br>乙级 | 甲测资字12100458<br>乙测资字12500686 |
| 19 | 易景科技（天津）股份有限公司 | 甲级<br>乙级 | 甲测资字12100154<br>乙测资字12502582 |
| 20 | 天津市建联工程勘测有限公司 | 甲级<br>乙级 | 甲测资字12100415<br>乙测资字12500607 |
| 21 | 中冶天工集团有限公司 | 甲级<br>乙级 | 甲测资字12100307<br>乙测资字12502942 |
| 22 | 天津市勘察设计院集团有限公司 | 甲级<br>乙级 | 甲测资字12100102<br>乙测资字12501200 |
| 23 | 北斗智云（天津）科技有限公司 | 甲级<br>乙级 | 甲测资字12100241<br>乙测资字12500021 |
| 24 | 天津市水务规划勘测设计有限公司 | 甲级<br>乙级 | 甲测资字12100073<br>乙测资字12501219 |
| 25 | 中水北方勘测设计研究有限责任公司 | 甲级<br>乙级 | 甲测资字12100287<br>乙测资字12502339 |
| 26 | 天津市国土资源测绘和房屋测量中心 | 甲级<br>乙级 | 甲测资字12100232<br>乙测资字12502771 |
| 27 | 中交第一航务工程勘察设计院有限公司 | 甲级<br>乙级 | 甲测资字12100028<br>乙测资字12501318 |
| 28 | 天津水运工程勘察设计院有限公司 | 甲级<br>乙级 | 甲测资字12100430<br>乙测资字12502726 |
| 29 | 易竞合科技（天津）有限公司 | 甲级<br>乙级 | 甲测资字12100467<br>乙测资字12500105 |
| 30 | 天津北方测绘有限公司 | 甲级<br>乙级 | 甲测资字12100421<br>乙测资字12500418 |
| 31 | 天津市滨海新区规划编制研究中心 | 甲级<br>乙级 | 甲测资字12100082<br>乙测资字12501147 |
| 32 | 天津市政工程设计研究总院有限公司 | 甲级<br>乙级 | 甲测资字12100091<br>乙测资字12500884 |
| 33 | 中国地震局第一监测中心 | 甲级<br>乙级 | 甲测资字12100136<br>乙测资字12501005 |
| 34 | 天津港湾水运工程有限公司 | 甲级<br>乙级 | 甲测资字12100145<br>乙测资字12502053 |
| 35 | 中交（天津）生态环保设计研究院有限公司 | 甲级<br>乙级 | 甲测资字12100331<br>乙测资字12500730 |

续表

| 序号 | 单位名称 | 资质等级 | 证书编号 |
|---|---|---|---|
| 36 | 天津市地质工程勘测设计院有限公司 | 甲级<br>乙级 | 甲测资字12100111<br>乙测资字12501039 |
| 37 | 中铁第六勘察设计院集团有限公司 | 甲级<br>乙级 | 甲测资字12100449<br>乙测资字12502898 |
| 38 | 天津东晟图地理信息技术有限公司 | 甲级<br>乙级 | 甲测资字12100322<br>乙测资字12502221 |
| 39 | 交通运输部北海航海保障中心天津海事测绘中心 | 甲级<br>乙级 | 甲测资字12100208<br>乙测资字12503239 |
| 40 | 中国铁路设计集团有限公司 | 甲级<br>乙级 | 甲测资字12100223<br>乙测资字12501309 |
| 41 | 天津津准工程勘测有限公司 | 甲级<br>乙级 | 甲测资字12100163<br>乙测资字12500820 |
| 42 | 星际空间（天津）科技发展有限公司 | 甲级<br>乙级 | 甲测资字12100181<br>乙测资字12500785 |
| 43 | 天津市空间数据科技有限公司 | 甲级<br>乙级 | 甲测资字12100386<br>乙测资字12503220 |
| 44 | 天津市北方勘察设计院有限公司 | 甲级<br>乙级 | 甲测资字12100340<br>乙测资字12501568 |
| 45 | 中科津典勘测规划设计有限公司 | 甲级<br>乙级 | 甲测资字12100217<br>乙测资字12502753 |
| 46 | 天津市普迅电力信息技术有限公司 | 甲级<br>乙级 | 甲测资字12100172<br>乙测资字12501540 |
| 47 | 天津金拓测绘有限公司 | 乙级 | 乙测资字12502294 |
| 48 | 天津市希晨测绘有限公司 | 乙级 | 乙测资字12500166 |
| 49 | 天津世纪新塬建设工程管理有限公司 | 乙级 | 乙测资字12501129 |
| 50 | 天津市地质环境监测总站 | 乙级 | 乙测资字12500157 |
| 51 | 天津和顺达测绘有限公司 | 乙级 | 乙测资字12500006 |
| 52 | 海洋石油工程股份有限公司 | 乙级 | 乙测资字12501183 |
| 53 | 民航机场建设工程有限公司 | 乙级 | 乙测资字12500715 |
| 54 | 天津大港油田集团工程建设有限责任公司 | 乙级 | 乙测资字12501793 |
| 55 | 天津泰达建安工程管理咨询有限公司 | 乙级 | 乙测资字12501156 |
| 56 | 国家海洋技术中心 | 乙级 | 乙测资字12501720 |
| 57 | 天津港航工程有限公司 | 乙级 | 乙测资字12502161 |
| 58 | 天津铁三院实业有限公司 | 乙级 | 乙测资字12500244 |
| 59 | 天津市静水测绘有限公司 | 乙级 | 乙测资字12501066 |
| 60 | 天津市卓实测绘有限公司 | 乙级 | 乙测资字12500280 |
| 61 | 中国能源建设集团天津电力建设有限公司 | 乙级 | 乙测资字12501397 |
| 62 | 天津信泰建筑测绘服务有限责任公司 | 乙级 | 乙测资字12500271 |
| 63 | 天津华北勘测设计院有限公司 | 乙级 | 乙测资字12501289 |
| 64 | 天津市建业测绘有限责任事务所 | 乙级 | 乙测资字12501432 |
| 65 | 天津正道测绘服务有限公司 | 乙级 | 乙测资字12501138 |
| 66 | 天津泽盛市政工程测绘有限公司 | 乙级 | 乙测资字12500488 |
| 67 | 天津市安基工程监测技术有限公司 | 乙级 | 乙测资字12500370 |
| 68 | 天津市水文水资源管理中心 | 乙级 | 乙测资字12501775 |

**续表**

| 序号 | 单位名称 | 资质等级 | 证书编号 |
|---|---|---|---|
| 69 | 天津市津鉴检测技术发展有限公司 | 乙级 | 乙测资字12500508 |
| 70 | 天津市万贸科技有限公司 | 乙级 | 乙测资字12501261 |
| 71 | 天津市宽达市政工程测绘有限公司 | 乙级 | 乙测资字12503034 |
| 72 | 天津恒达文博科技股份有限公司 | 乙级 | 乙测资字12501507 |
| 73 | 天津路航信息科技有限公司 | 乙级 | 乙测资字12500569 |
| 74 | 天津市滨海新区自然资源调查与登记中心 | 乙级 | 乙测资字12501928 |
| 75 | 天津渤化海晶建设发展有限公司 | 乙级 | 乙测资字12501829 |
| 76 | 天津市津南区大地汇通测绘有限公司 | 乙级 | 乙测资字12500442 |
| 77 | 天津图葳数码科技有限公司 | 乙级 | 乙测资字12501487 |
| 78 | 天津中海勘测有限公司 | 乙级 | 乙测资字12501766 |
| 79 | 天津华北地质勘查总院 | 乙级 | 乙测资字12501676 |
| 80 | 天津市建院测绘有限公司 | 乙级 | 乙测资字12501621 |
| 81 | 天津港湾工程质量检测中心有限公司 | 乙级 | 乙测资字12501748 |
| 82 | 中海油田服务股份有限公司 | 乙级 | 乙测资字12502951 |
| 83 | 天津市五行测绘有限公司 | 乙级 | 乙测资字12501496 |
| 84 | 中国能源建设集团天津电力设计院有限公司 | 乙级 | 乙测资字12501388 |
| 85 | 天津正天伟业测绘科技有限公司 | 乙级 | 乙测资字12500299 |
| 86 | 天津圜宇经纬勘测有限公司 | 乙级 | 乙测资字12500479 |
| 87 | 天津益港物流技术服务有限公司 | 乙级 | 乙测资字12501192 |
| 88 | 天津滨海地基研究所 | 乙级 | 乙测资字12502366 |
| 89 | 天津万宁基础工程有限公司 | 乙级 | 乙测资字12500596 |
| 90 | 天津市静海区规划建筑设计所 | 乙级 | 乙测资字12500938 |
| 91 | 天津市田辰测绘有限公司 | 乙级 | 乙测资字12501658 |
| 92 | 天津亿航达测绘有限公司 | 乙级 | 乙测资字12502170 |
| 93 | 天津汇创测绘技术有限公司 | 乙级 | 乙测资字12500814 |
| 94 | 天津港通勘测有限公司 | 乙级 | 乙测资字12500866 |
| 95 | 天津冠中贺工程勘察设计有限公司 | 乙级 | 乙测资字12502035 |
| 96 | 天津水务集团华森规划勘测设计研究院有限公司 | 乙级 | 乙测资字12502357 |
| 97 | 天津市吉兴测绘科技发展有限公司 | 乙级 | 乙测资字12501104 |
| 98 | 天津经纬智图信息技术有限公司 | 乙级 | 乙测资字12502198 |
| 99 | 天津市蓟州区地质测量队 | 乙级 | 乙测资字12500983 |
| 100 | 天津熙汇工程技术有限公司 | 乙级 | 乙测资字12501630 |
| 101 | 天津市博智测绘有限公司 | 乙级 | 乙测资字12500175 |
| 102 | 天津华兴测绘有限公司 | 乙级 | 乙测资字12500532 |
| 103 | 天津云祥市政工程有限公司 | 乙级 | 乙测资字12502627 |
| 104 | 天津市华倬测绘科技有限公司 | 乙级 | 乙测资字12500497 |
| 105 | 天津智汇海洋科技有限公司 | 乙级 | 乙测资字12501964 |

**续表**

| 序号 | 单位名称 | 资质等级 | 证书编号 |
| --- | --- | --- | --- |
| 106 | 坤海（天津）测绘科技有限公司 | 乙级 | 乙测资字12501324 |
| 107 | 天津达明测绘有限公司 | 乙级 | 乙测资字12500085 |
| 108 | 诚道（天津）测绘有限公司 | 乙级 | 乙测资字12500805 |
| 109 | 天津云智空间规划设计有限公司 | 乙级 | 乙测资字12502465 |
| 110 | 天津海禾测绘有限公司 | 乙级 | 乙测资字12500965 |
| 111 | 天津恒通盛测绘有限公司 | 乙级 | 乙测资字12501757 |
| 112 | 天津恒泰测绘科技有限公司 | 乙级 | 乙测资字12500076 |
| 113 | 天津恒德建设工程技术有限公司 | 乙级 | 乙测资字12500300 |
| 114 | 天津市西青区测绘有限公司 | 乙级 | 乙测资字12500226 |
| 115 | 百川伟业（天津）建筑科技股份有限公司 | 乙级 | 乙测资字12502602 |
| 116 | 天津市行之电力科技发展有限公司 | 乙级 | 乙测资字12501705 |
| 117 | 政通智慧城市运营科技有限公司 | 乙级 | 乙测资字12501165 |
| 118 | 首创爱华（天津）市政环境工程有限公司 | 乙级 | 乙测资字12501838 |
| 119 | 天津鑫泰测绘有限公司 | 乙级 | 乙测资字12500114 |
| 120 | 天津索为信息科技有限公司 | 乙级 | 乙测资字12503124 |
| 121 | 中交一公局第八工程有限公司 | 乙级 | 乙测资字12500015 |
| 122 | 中海石油技术检测有限公司 | 乙级 | 乙测资字12500201 |
| 123 | 天津生态城数聚空间信息技术有限公司 | 乙级 | 乙测资字12501874 |
| 124 | 天津信达测绘科技有限公司 | 乙级 | 乙测资字12501441 |
| 125 | 天津智创天成市政工程有限公司 | 乙级 | 乙测资字12502143 |
| 126 | 天津中腾测绘科技有限公司 | 乙级 | 乙测资字12501649 |
| 127 | 天津科地土地规划咨询有限公司 | 乙级 | 乙测资字12500857 |
| 128 | 天津华宇工程勘测有限公司 | 乙级 | 乙测资字12502001 |
| 129 | 中铁十八局集团第五工程有限公司 | 乙级 | 乙测资字12501813 |
| 130 | 天津市北洋水运水利勘察设计研究院有限公司 | 乙级 | 乙测资字12502215 |
| 131 | 天津鑫冠三维科技发展有限公司 | 乙级 | 乙测资字12500541 |
| 132 | 中铁一局集团天津建设工程有限公司 | 乙级 | 乙测资字12501685 |
| 133 | 天津飞眼无人机科技有限公司 | 乙级 | 乙测资字12501174 |
| 134 | 天津市禹道测绘有限公司 | 乙级 | 乙测资字12500904 |
| 135 | 交通运输部天津水运工程科学研究所 | 乙级 | 乙测资字12502852 |
| 136 | 中国船舶集团有限公司第七〇七研究所 | 乙级 | 乙测资字12502573 |
| 137 | 天津天瞳威势电子科技有限公司 | 乙级 | 乙测资字12502276 |
| 138 | 海域海岛环境科技研究院（天津）有限公司 | 乙级 | 乙测资字12501270 |
| 139 | 天津云顶建设工程有限公司 | 乙级 | 乙测资字12500875 |
| 140 | 天津城建大学建筑设计研究院有限公司 | 乙级 | 乙测资字12500433 |
| 141 | 天津市武清区土地整理中心 | 乙级 | 乙测资字12500184 |
| 142 | 天津市山河测绘有限公司 | 乙级 | 乙测资字12500460 |

**续表**

| 序号 | 单位名称 | 资质等级 | 证书编号 |
|---|---|---|---|
| 143 | 天津恒津测绘有限公司 | 乙级 | 乙测资字12500992 |
| 144 | 天津金亿测绘有限公司 | 乙级 | 乙测资字12502305 |
| 145 | 云创科技（天津）有限公司 | 乙级 | 乙测资字12502413 |
| 146 | 天津方泽测绘服务有限公司 | 乙级 | 乙测资字12502654 |
| 147 | 天津星航测绘服务有限公司 | 乙级 | 乙测资字12500319 |
| 148 | 天津市宁河区土地整理中心 | 乙级 | 乙测资字12501225 |
| 149 | 中煤科工生态环境科技有限公司 | 乙级 | 乙测资字12502152 |
| 150 | 天津欣图科技有限公司 | 乙级 | 乙测资字12500139 |
| 151 | 天津融汇测绘科技有限公司 | 乙级 | 乙测资字12500659 |
| 152 | 天津市建筑科学研究院有限公司 | 乙级 | 乙测资字12500094 |
| 153 | 天津市航道工程处 | 乙级 | 乙测资字12500578 |
| 154 | 天津海滨测绘有限公司 | 乙级 | 乙测资字12500721 |
| 155 | 天津长芦汉沽盐场有限责任公司 | 乙级 | 乙测资字12501804 |
| 156 | 渤海石油航务建筑工程有限责任公司 | 乙级 | 乙测资字12500451 |
| 157 | 天津航遥谷道数据处理技术有限公司 | 乙级 | 乙测资字12500677 |
| 158 | 天津航天中为数据系统科技有限公司 | 乙级 | 乙测资字12501586 |
| 159 | 中水电（天津）建筑工程设计院有限公司 | 乙级 | 乙测资字12500956 |
| 160 | 天津海发测绘技术服务有限公司 | 乙级 | 乙测资字12501865 |
| 161 | 天津鼎州勘测有限公司 | 乙级 | 乙测资字12501093 |
| 162 | 天津市宏图测绘有限公司 | 乙级 | 乙测资字12500947 |
| 163 | 天津宏大测绘有限公司 | 乙级 | 乙测资字12501450 |
| 164 | 天津鼎晟测绘科技有限公司 | 乙级 | 乙测资字12500839 |
| 165 | 天津浩翼测绘服务有限公司 | 乙级 | 乙测资字12500794 |
| 166 | 天津军之翼科技有限公司 | 乙级 | 乙测资字12500848 |
| 167 | 天津骋宇工程科技发展有限公司 | 乙级 | 乙测资字12501075 |
| 168 | 天津越达自然资源勘测技术开发有限公司 | 乙级 | 乙测资字12500343 |
| 169 | 天津津图恺华测绘有限公司 | 乙级 | 乙测资字12503070 |
| 170 | 天津华科自然资源勘测技术开发有限公司 | 乙级 | 乙测资字12500631 |
| 171 | 天津滨投建筑设计有限公司 | 乙级 | 乙测资字12501595 |
| 172 | 天津天鸿空间信息技术有限公司 | 乙级 | 乙测资字12501057 |
| 173 | 中煤天津设计工程有限责任公司 | 乙级 | 乙测资字12501478 |
| 174 | 天津市垚安测绘科技有限公司 | 乙级 | 乙测资字12503257 |
| 175 | 天津市东丽区土地整理中心 | 乙级 | 乙测资字12501784 |
| 176 | 天津市大地海陆岩土工程技术开发有限公司 | 乙级 | 乙测资字12503089 |
| 177 | 天津中测测绘有限公司 | 乙级 | 乙测资字12502456 |
| 178 | 天津市地质研究和海洋地质中心 | 乙级 | 乙测资字12500668 |
| 179 | 天津华兴勘察设计有限公司 | 乙级 | 乙测资字12502663 |

续表

| 序号 | 单位名称 | 资质等级 | 证书编号 |
| --- | --- | --- | --- |
| 180 | 天津市云圣岩土工程勘察设计有限公司 | 乙级 | 乙测资字12502125 |
| 181 | 天津首驿测绘有限公司 | 乙级 | 乙测资字12502230 |
| 182 | 天津午易测绘有限公司 | 乙级 | 乙测资字12502447 |
| 183 | 天津市华昊测绘有限公司 | 乙级 | 乙测资字12502320 |
| 184 | 天津力合测绘有限公司 | 乙级 | 乙测资字12502492 |
| 185 | 天津世纪图信息技术有限公司 | 乙级 | 乙测资字12502735 |
| 186 | 天津市天睿测绘服务有限公司 | 乙级 | 乙测资字12501955 |
| 187 | 天津市辰景测绘有限公司 | 乙级 | 乙测资字12500929 |
| 188 | 天津市蓟州区规划和自然资源测绘数据中心 | 乙级 | 乙测资字12502438 |
| 189 | 天津市静海区土地整理中心 | 乙级 | 乙测资字12502080 |
| 190 | 天津百世特海洋科技有限公司 | 乙级 | 乙测资字12502819 |
| 191 | 天津蓝图工程技术有限公司 | 乙级 | 乙测资字12503160 |
| 192 | 铁三院（天津）检测科技有限公司 | 乙级 | 乙测资字12503052 |
| 193 | 中汽研智能网联技术（天津）有限公司 | 乙级 | 乙测资字12503188 |
| 194 | 天津泰丰工程建设监理有限公司 | 乙级 | 乙测资字12500067 |
| 195 | 天津公路工程设计研究院有限公司 | 乙级 | 乙测资字12500622 |
| 196 | 中铁北京工程局集团（天津）工程有限公司 | 乙级 | 乙测资字12502267 |
| 197 | 天津浩远工程勘察有限公司 | 乙级 | 乙测资字12501714 |
| 198 | 天津中正元通科技发展有限公司 | 乙级 | 乙测资字12502645 |
| 199 | 中铁上海工程局集团第四工程有限公司 | 乙级 | 乙测资字12501883 |
| 200 | 飞泰交通科技有限公司 | 乙级 | 乙测资字12502348 |
| 201 | 天津所托瑞安汽车科技有限公司 | 乙级 | 乙测资字12502071 |
| 202 | 天津鑫峥成测绘有限公司 | 乙级 | 乙测资字12500148 |
| 203 | 卓鼎蓝阳勘察设计有限公司 | 乙级 | 乙测资字12502555 |
| 204 | 天津迈谱测绘有限公司 | 乙级 | 乙测资字12500334 |
| 205 | 中国石油集团渤海钻探工程有限公司 | 乙级 | 乙测资字12502384 |
| 206 | 众邦合（天津）建筑工程有限公司 | 乙级 | 乙测资字12502314 |
| 207 | 天津筑航检测科技有限公司 | 乙级 | 乙测资字12503284 |
| 208 | 天津兴华测绘服务有限公司 | 乙级 | 乙测资字12501991 |
| 209 | 天津港滨科技发展有限公司 | 乙级 | 乙测资字12503304 |
| 210 | 中煤第三建设（集团）天津有限公司 | 乙级 | 乙测资字12502062 |
| 211 | 天津新安岩工技术有限责任公司 | 乙级 | 乙测资字12502404 |
| 212 | 中交一公局第六工程有限公司 | 乙级 | 乙测资字12502503 |
| 213 | 天津双宸地理信息有限公司 | 乙级 | 乙测资字12503205 |
| 214 | 中国市政工程华北设计研究总院有限公司 | 乙级 | 乙测资字12503214 |
| 215 | 通时迪力电力工程有限公司 | 乙级 | 乙测资字12502861 |
| 216 | 天津云圣智能科技有限责任公司 | 乙级 | 乙测资字12501973 |

续表

| 序号 | 单位名称 | 资质等级 | 证书编号 |
|---|---|---|---|
| 217 | 天津中天地信科技有限公司 | 乙级 | 乙测资字12502546 |
| 218 | 天津鼎润民峰信息科技有限公司 | 乙级 | 乙测资字12502285 |
| 219 | 天津津贝尔建筑工程试验检测技术有限公司 | 乙级 | 乙测资字12502672 |
| 220 | 天津津汉科技有限公司 | 乙级 | 乙测资字12502537 |
| 221 | 天津川泓工程咨询有限公司 | 乙级 | 乙测资字12503151 |
| 222 | 中鑫建交（天津）建设有限公司 | 乙级 | 乙测资字12502483 |
| 223 | 天津华睿工程勘察有限公司 | 乙级 | 乙测资字12502591 |
| 224 | 天津泽诚建筑设计有限公司 | 乙级 | 乙测资字12503025 |
| 225 | 天津基准地理信息技术有限公司 | 乙级 | 乙测资字12503266 |
| 226 | 天津众信测绘科技有限公司 | 乙级 | 乙测资字12502375 |
| 227 | 天津东南测绘有限公司 | 乙级 | 乙测资字12502681 |
| 228 | 天津千岳测绘有限公司 | 乙级 | 乙测资字12502611 |
| 229 | 天津信兴检测技术有限公司 | 乙级 | 乙测资字12503133 |
| 230 | 众奕地信（天津）科技有限公司 | 乙级 | 乙测资字12502889 |
| 231 | 天津图跃科技有限公司 | 乙级 | 乙测资字12502870 |
| 232 | 天津滨海新区城市规划设计研究院有限公司 | 乙级 | 乙测资字12502690 |
| 233 | 天津市龙网科技发展有限公司 | 乙级 | 乙测资字12502825 |
| 234 | 天津恒盛建设工程管理咨询有限公司 | 乙级 | 乙测资字12503098 |
| 235 | 天津中创工程勘察设计有限公司 | 乙级 | 乙测资字12502710 |
| 236 | 天津万象测绘有限公司 | 乙级 | 乙测资字12503019 |
| 237 | 天津市金地润通规划咨询有限公司 | 乙级 | 乙测资字12503179 |
| 238 | 天津其澜科技有限公司 | 乙级 | 乙测资字12502918 |
| 239 | 九华地信空间（天津）科技有限责任公司 | 乙级 | 乙测资字12502800 |
| 240 | 天津市吉信工程管理服务有限公司 | 乙级 | 乙测资字12502780 |
| 241 | 天津市晟泰裕隆科技有限公司 | 乙级 | 乙测资字12502909 |
| 242 | 天津中油能源科技股份有限公司 | 乙级 | 乙测资字12502933 |
| 243 | 天津上腾工程管理咨询有限公司 | 乙级 | 乙测资字12502960 |
| 244 | 北斗数云（天津）科技有限公司 | 乙级 | 乙测资字12502744 |
| 245 | 天津市联辉测绘科技有限公司 | 乙级 | 乙测资字12503061 |
| 246 | 天津顺达绿源生态科技有限公司 | 乙级 | 乙测资字12502119 |
| 247 | 卓羿工程技术服务（天津）有限公司 | 乙级 | 乙测资字12502100 |
| 248 | 栋安（天津）测绘科技有限公司 | 乙级 | 乙测资字12502636 |
| 249 | 天津市蓟州区翔宇城市规划设计咨询有限责任公司 | 乙级 | 乙测资字12503197 |
| 250 | 天津市人防工程鉴定设计有限公司 | 乙级 | 乙测资字12503293 |
| 251 | 天津迈易科技服务有限公司 | 乙级 | 乙测资字12503109 |
| 252 | 天津市中观建筑设计有限公司 | 乙级 | 乙测资字12503142 |
| 253 | 天津铁设科技有限公司 | 乙级 | 乙测资字12503118 |

续表

| 序号 | 单位名称 | 资质等级 | 证书编号 |
|---|---|---|---|
| 254 | 天津住研建科工程技术有限公司 | 乙级 | 乙测资字12502988 |
| 255 | 天津市交通科学研究院<br>（天津市市政工程研究院、天津市市政工程质量检测中心） | 乙级 | 乙测资字12501243 |
| 256 | 天津市辰源测绘有限公司 | 乙级 | 乙测资字12500550 |
| 257 | 天津市经纬测绘服务有限公司 | 乙级 | 乙测资字12503043 |
| 258 | 天津杰迈测绘科技有限公司 | 乙级 | 乙测资字12502701 |
| 259 | 天津市津勘岩土工程股份有限公司 | 乙级 | 乙测资字12501469 |
| 260 | 山竹（天津）工程勘测设计有限公司 | 乙级 | 乙测资字12500523 |
| 261 | 天津星朗测绘科技有限公司 | 乙级 | 乙测资字12502924 |
| 262 | 天津天成测绘服务有限公司 | 乙级 | 乙测资字12500262 |
| 263 | 中建六局（天津）绿色建筑科技有限公司 | 乙级 | 乙测资字12500587 |
| 264 | 天茂数云（天津）科技有限公司 | 乙级 | 乙测资字12501739 |
| 265 | 天津国海海洋工程勘察有限公司 | 乙级 | 乙测资字12501113 |
| 266 | 中铁十八局集团第四工程有限公司 | 乙级 | 乙测资字12500640 |
| 267 | 天津佳测科技有限公司 | 乙级 | 乙测资字12501084 |
| 268 | 天津众恒测绘有限公司 | 乙级 | 乙测资字12500235 |
| 269 | 天津建桓工程技术有限公司 | 乙级 | 乙测资字12500398 |
| 270 | 天津昊图信息技术有限公司 | 乙级 | 乙测资字12501694 |
| 271 | 天津国康技术有限公司 | 乙级 | 乙测资字12501912 |
| 272 | 中铁十五局集团第五工程有限公司 | 乙级 | 乙测资字12501937 |
| 273 | 天津予鑫工程咨询有限公司 | 乙级 | 乙测资字12502258 |
| 274 | 天津市测绘地理信息研究中心 | 乙级 | 乙测资字12503275 |
| 275 | 天津智航海事测绘科技有限公司 | 乙级 | 乙测资字12502512 |
| 276 | 天津逻灵科技有限公司 | 乙级 | 乙测资字12502834 |
| 277 | 天津世纪工程勘察设计有限公司 | 乙级 | 乙测资字12502979 |
| 278 | 天津九河岩土工程有限公司 | 乙级 | 乙测资字12502997 |
| 279 | 天津陆远地理信息有限公司 | 乙级 | 乙测资字12503248 |

# 索 引

使用说明：本索引采取主题索引的形式，对本年鉴中除特载、概览、综述、大事记、新闻媒体关注天津规划及附录以外部分进行索引。主题词后的数字表示该主题所在的页码，页码后面的a或b分别表示一页中的左栏或右栏。